U1021288

"十四五"职业教育国家规划教材

"十二五"职业教育国家规划教材
经全国职业教育教材审定委员会审定

数字测图(第3版)

主　编　冯大福　吴继业

副主编　赵仕宝　林元茂　周金国　李　建
宾　林　雷远丰　杜　银

重庆大学出版社

内容提要

本教材主要为高职高专测绘类专业的教学需要而编写，以草图法、编码法和电子平板法测绘大比例尺数字地形图为主线，按照数字测图生产项目实施过程编排全书内容。以南方全站仪、中海达 CROS RTK 等仪器为主要硬件，以目前最新的南方 CASS10.1 为主要软件为例来示范数字测图的外业数据采集和内业成图操作。

全书共有 7 个项目、31 个任务。主要内容包括：项目 1 绪论、项目 2 数字测图的工作步骤、项目 3 数字测图外业、项目 4 数字测图内业、项目 5 其他数字成图方式简介、项目 6 数字测图的质量控制、项目 7 数字地形图的应用。本书附录还精心为读者提供了 2 个方面的内容：CASS 软件使用常见问题解答、常见地物表示方法对照表。本书可作为高职高专测绘类专业的教材，也可以作为广大测绘工程技术人员的参考书和测绘培训机构数字测图技能的培训教材。

图书在版编目(CIP)数据

数字测图 / 冯大福，吴继业主编. -- 3 版. -- 重庆 ：
重庆大学出版社，2021.8(2025.7 重印)
高职高专工程测量技术专业及专业群教材
ISBN 978-7-5689-2945-5

Ⅰ. ①数… Ⅱ. ①冯… ②吴… Ⅲ. ①数字化测图—高等职业教育—教材 Ⅳ. ①P231.5

中国版本图书馆 CIP 数据核字(2021)第 168594 号

数字测图(第 3 版)

主　编　冯大福　吴继业
副主编　赵仕宝　林元茂　周金国　李　建
宾　林　雷远丰　杜　银
策划编辑　周　立
责任编辑：周　立　　版式设计：周　立
责任校对：邹　忌　　责任印制：张　策

*

重庆大学出版社出版发行
社址：重庆市沙坪坝区大学城西路 21 号
邮编：401331
电话：(023) 88617190　88617185(中小学)
传真：(023) 88617186　88617166
网址：http://www.cqup.com.cn
邮箱：fxk@cqup.com.cn (营销中心)
全国新华书店经销
重庆正文印务有限公司印刷

*

开本：787mm×1092mm　1/16　印张：19　字数：485 千
2010 年 2 月第 1 版　2021 年 8 月第 3 版　2025 年 7 月第 8 次印刷(总第 19 次印刷)
印数：36 064—38 563
ISBN 978-7-5689-2945-5　定价：49.80 元

前言

现代测绘技术和计算机技术的快速发展,一直在促进了地形图测绘手段的不断变革。过去广泛使用的传统白纸手工测图方法早已淘汰,取而代之的是不断创新的数字测图技术。如今,无论是国家基础测绘,还是局域工程地形图的测绘,都采用数字测图的方法来测绘大比例尺地形图,数字测图已成了现代测量人员必备的测绘技能之一。因此,数字测图这一课程在测绘类专业中一直处于非常重要的核心地位。

本教材的编写思路是,以数字测图工作过程为主线进行项目划分,将大比例尺数字测图的理论知识和实操融入其中,以项目为载体,以任务为驱动,以培养学生进行大比例尺数字地形图的职业能力为目标。

在本教材的内容编排上,以地形测量和 CAD 的知识为基础,以大比例尺数字测图项目实施过程为基本顺序编排教材内容:绪论、数字测图的工作步骤、数字测图外业、数字测图内业、其他数字成图方式简介、数字测图的质量控制、数字地形图的应用。

本书所引用的规范和技术标准有国家和行业制定的,也有一些是地方制定的。而规范和标准会不断更新,书中的一些应用软件也会不断升级成高版本。所以,本书中所列的一些技术参数和各种技术规定可供学习中参考,不能作为规范和技术标准直接引用。

本书贯彻落实党的“二十大”提出的“必须坚持科技是第一生产力、人才是第一资源、创新是第一动力,深入实施科教兴国战略、人才强国战略、创新驱动发展战略,开辟发展新领域新赛道,不断塑造发展新功能新优势”等指导思想,注重在教材当中融入创新思维和发展思维。同时,书中各项目设定了课程思政目标,将工匠精神、求实创新、团队意识、质量意识、标准意识、文化自信、勇于奉献等思政元素融入教材内容,以期实现思政要素和德育功能融入教学过程,达到思想政治教育与专业教育协同推进共育人才的目标。

此外,本书还在各项目之后,安排了考核评价环节。精心设计了“专业能力考核表”和“评价考核评分表”，以综合考核和评价学生运用数字测图理论、方法和技能解决实际问题的专业能力，以及学生在职业素养等方面的培养效果。

本教材特别邀请了全国水利行业首席技师、全国技术能手吴继业作为主编之一参与教材编写，书中一些内容是他几十年从事各类比例尺地形图测绘工作的宝贵经验积累、提炼和升华。

本书由重庆工程职业技术学院冯大福、赵仕宝、林元茂、周金国、李建、杜银，长江设计院长江空间信息技术工程有限公司重庆分公司吴继业、重庆市荣昌区职业教育中心宾林、广州南方测绘科技股份有限公司重庆分公司雷远丰共同编写。其中项目1绪论由冯大福编写；项目2数字测图的工作步骤中的任务2.1和任务2.2由冯大福编写、任务2.3由林元茂编写；项目3数字测图外业由赵仕宝编写；项目4数字测图内业中的任务4.1由林元茂编写、任务4.2、任务4.3、任务4.4、任务4.5、任务4.6、任务4.7、任务4.8由吴继业编写；项目5其他数字成图方式简介的任务5.1由宾林编写，任务5.2由周金国编写，任务5.3由周金国、雷远丰编写；项目6数字测图的质量控制由李建编写；项目7数字地形图的应用的任务7.1、任务7.2、任务7.3、任务7.4、任务7.5由冯大福编写，任务7.6由宾林编写；附录1CASS软件使用常见问题解答由雷远丰编写，附录2常见地物表示方法对照表由吴继业和杜银编写；全书由冯大福主编和吴继业主编和统稿。

本书配套有数字测图在线课程视频资源共35个，涵盖了数字测图外业和内业的全过程。该视频资源可以为读者朋友提供非常实用的操作方面的指导和演示，扫描本书正文中排版的各个二维码即可播放相应视频。

本书在编写过程中，参阅了大量文献，引用了同类书刊中的一些资料，在此谨向有关作者表示谢意！同时，对重庆大学出版社为本书出版所付出的辛勤劳动表示衷心感谢！

由于作者水平有限，书中不妥和错漏之处在所难免，恳请读者批评指正。

真诚希望能够将批评意见反馈给我们，以便修订更正。敬请读者朋友将使用过程中发现的问题和建议及时发送245601545@qq.com信箱

编　者

2021年1月于重庆

本书微课视频清单

序号	名称	二维码图形	序号	名称	二维码图形
1	数字测图概述		10	编码法碎部测量(1)	
2	数字测图前的准备工作		11	编码法碎部测量(2)	
3	全站仪数据采集时的操作步骤		12	数字测图的外业跑尺方法	
4	全站仪的一般操作		13	数据传输-数据线传输	
5	GNSS RTK 碎部测量(1)		14	数据传输-U 盘传输	
6	GNSS RTK 碎部测量(2)		15	CASS9.1 软件简介	
7	测站设置与后视定向		16	CASS 软件的工具栏、菜单栏、屏幕菜单	
8	草图法碎部点测量		17	草图法内业成图地物绘制(1)	
9	草图绘制		18	草图法内业成图地物绘制(2)	

续表

序号	名称	二维码图形	序号	名称	二维码图形
19	编码法内业成图		28	图像纠正	
20	草图法内业成图地物绘制(3)		29	地物和地貌的矢量化	
21	等高线的绘制		30	水下地形图测绘(1)	
22	等高线的修饰		31	水下地形图测绘(2)	
23	地物的编辑与修改(1)		32	数字地形图的工程应用(1)	
24	地物的编辑与修改(2)		33	数字地形图的工程应用(3)-土方计算	
25	数字测图的内业成图技巧		34	数字地形图的工程应用(2)-绘断面图	
26	地形图的分幅		35	数字地形图的工程应用(4)-生成数据文件	
27	数字地形图的打印输出				

目录

项目 1　绪论 ………………………………… 1
任务 1.1　数字测图的概念 ………………………… 1
任务 1.2　数字测图技术的发展历程 ……………… 4

项目 2　数字测图的工作步骤 ……………………… 11
任务 2.1　数字测图的工作步骤 …………………… 11
任务 2.2　测图前的准备工作 ……………………… 12
任务 2.3　图根控制测量 …………………………… 15

项目 3　数字测图外业 ……………………………… 22
任务 3.1　数字测图的常见作业模式 ……………… 22
任务 3.2　全站仪数据采集方法 …………………… 23
任务 3.3　GNSS RTK 数据采集方法 ……………… 41
任务 3.4　草图法野外数据采集 …………………… 56
任务 3.5　编码法野外数据采集 …………………… 64
任务 3.6　电子平板法野外数据采集 ……………… 73

项目 4　数字测图内业 ……………………………… 87
任务 4.1　数据传输 ………………………………… 87
任务 4.2　CASS10.1 软件及参数配置 ……………… 96
任务 4.3　展碎部点与绘制平面图 ……………… 101
任务 4.4　地物绘制 ……………………………… 109
任务 4.5　绘制等高线 …………………………… 116
任务 4.6　地物编辑 ……………………………… 123
任务 4.7　数字测图的内业成图技巧 …………… 138
任务 4.8　地形图的整饰与输出 ………………… 151

项目 5　其他数字成图方式简介 ……………………… 162
任务 5.1　地形图扫描矢量化 ……………………………… 162
任务 5.2　水下地形图测绘 ………………………………… 170
任务 5.3　无人机测图 ……………………………………… 197

项目 6　数字测图的质量控制 ………………………… 226
任务 6.1　大比例尺数字地形图质量要求 ………… 226
任务 6.2　作业过程质量控制 ……………………………… 229
任务 6.3　成果检查验收与质量评定 ………………… 230

项目 7　数字地形图的应用 ……………………………… 241
任务 7.1　地形图常见几何要素查询 ………………… 241
任务 7.2　面积计算 …………………………………………… 243
任务 7.3　土方量计算 ……………………………………… 246
任务 7.4　断面图绘制 ……………………………………… 258
任务 7.5　图面点线生成数据文件 …………………… 260
任务 7.6　数字地面模型的建立与应用 …………… 262

附录 ……………………………………………………………… 272
附录 1　南方 CASS 软件使用常见问题解答………… 272
附录 2　常见地物表示方法对照表 …………………… 281

参考文献 ………………………………………………………… 292

项目 1
绪　论

项目目标

- 了解数字测图的概念、内容和主要特点。
- 了解国内外数字测图的发展历程。
- 掌握数字测图的主要软件系统和硬件需求。
- 通过介绍国产软件研发历程，激励学生树立自力更生和不断超越的创新精神。

数字测图概述

任务 1.1　数字测图的概念

任务描述

- 掌握数字测图的概念。
- 掌握数字测图的特点。

知识学习

1.数字测图的概念

地图是对客观存在的特征和变化规则的一种科学概括与抽象。早期的地图是一种古老的精确表达地表现象的方式，是记录和传达关于自然界、社会和人文的位置与空间特性信息最卓越的工具。它对人类社会发展的作用如同语言、文字一样，具有不言而喻的重要性。与早期用半符号、半写景的方法来表示和描述地形的古代地图相比，现代地图是按照一定的数学法则、符号系统概括地将地面上各种自然和社会现象表示在平面上，因此现代地图具有早期地图无法比拟的优点，即可量测性。

我国从新中国成立后一直到 20 世纪 80 年代，大比例尺地形图的测绘一直采用手工白纸测图的方式。它是利用小平板仪、大平板仪、光学经纬仪、电子经纬仪等仪器，配合视跑尺、皮尺、电子测距仪、图板、量角器、比例尺、函数计算器等工具，根据角度、距离等测量数据，在白纸或聚酯薄膜上按图式符号展绘制地物地貌的一种模拟测图方法。

手工白纸测图的实质是图解法测图，例如图 1.1 所示的经纬仪配合量角器测图就是其众多方法之一。由于测图过程中,展点、绘图及图纸伸缩变形等因素的影响使得测图精度较低,而且工序多、劳动强度大、修测和补测不方便等因素,使其难以适应信息时代经济建设的需要。

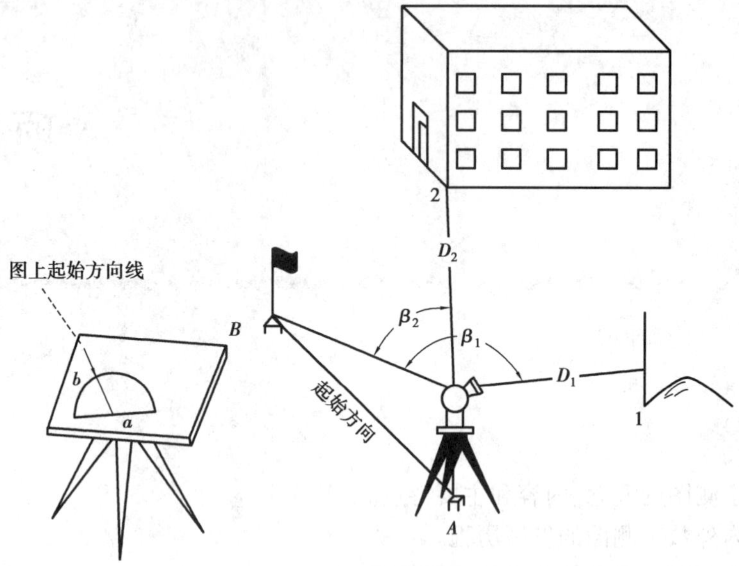

图 1.1　图解法测图

20 世纪 80 年代末期至 90 年代初期,随着电子技术和计算机技术的发展及其在测绘领域的广泛应用,全站型电子速测仪等新型测量设备逐渐普及并投入应用。在当时国内大比例尺地形图测绘生产中,出现了全站仪和数字测图软件,并逐步形成了从野外数据采集到内业成图全过程数字化和自动化的测量制图系统,人们通常称这种测图方式为数字化测图,简称数字测图或机助成图。

数字测图的实质是一种全解析机助测图方法,其成果是数字化的地图。其基本思想:将采集的各种有关的地物和地貌信息转化为数字形式,通过数据接口传输给计算机进行处理,得到内容丰富的电子地图,需要时由计算机的图形输出设备(如显示器、绘图仪)绘出地形图或各种专题地图。数字测图技术的出现,在地形图测绘发展过程中是一项重大的技术变革,它从根本上改变了传统的模拟测图方式,极大地推动了地形图测绘技术的发展。

事实上,除上述方式外,广义的数字测图包括:利用全站仪或 GNSS RTK 等其他测量仪器进行野外数据采集,用数字成图软件进行内业;用无人机采集地面航测相片,用航测软件绘制地形图;卫星或飞机搭载遥感设备对地面进行遥感测图;利用 GNSS RTK 配合测深仪进行水下地形数字测图;利用扫描仪对纸质地形图进行扫描,用软件对图形进行数字化等,如图 1.2 所示。

2.数字测图的特点

传统的大比例尺白纸测图被数字测图所取代,是因为数字测图具有如下的优势和特点。

(1)点位精度高

传统的经纬仪配合平板、量角器的图解测图方法,其地物点的平面位置误差主要受展绘误差和测定误差;测定地物点的视距误差和方向误差;地形图上地物点的刺点误差等影响。实际的图上误差可达±0.47 mm。经纬仪视距法测定地形点高程时,即使在较平坦地区(0°~6°)视距为 150 m,地形点高程测定误差也达±0.06 m,而且随着倾斜角的增大高程测定误差会急剧

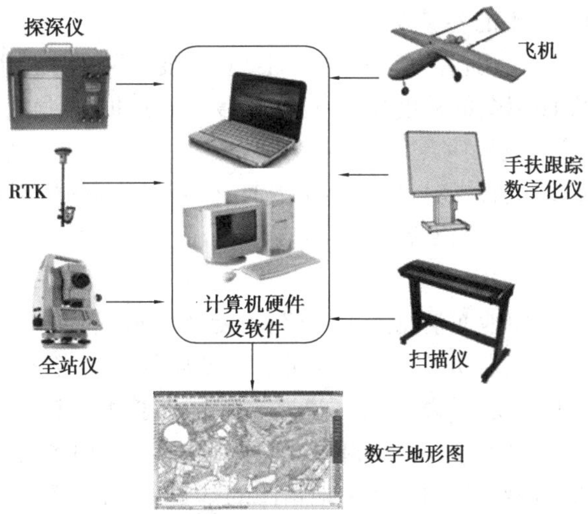

图 1.2 数字测图

增加。如在 1∶500 的地籍测量中,测绘房屋要用皮尺或钢尺量距并配合坐标法展点。普及了红外测距仪和电子速测仪后,虽然测距和测角的精度大大提高,但是沿用白纸测图的方法绘制的地形图体现不出仪器精度的提高。也就是说无论怎样提高测距和测角的精度,图解地形图的精度变化不大,浪费了应有的精度。这就是白纸测图致命的弱点。而数字化测图则不同,测定地物点的误差在距离 450 m 内约为±22 mm,测定地形点的高程误差在 450 m 内约为±21 mm。若距离在 300 m 以内时测定地物点误差约为±15 mm,测定地形点高差约为±18 mm。电子速测仪的测量数据作为电子信息可以自动传输、记录、存储、处理和成图。在全过程中原始数据的精度毫无损失,从而获得高精度(与仪器测量同精度)的测量成果。数字地形图最好地反映了外业测量的高精度,也最好地体现了仪器发展更新、精度提高的高科技进步的价值。

(2)测图用图自动化

数字测图使野外测量自动记录,自动解算,使内业数据自动处理,自动成图,自动绘图,并向用图者提供可处理的数字地形图文件,用户可自动提取图数信息。使其作业效率高,劳动强度小,错误概率小,绘制的地形图精确、美观、规范。

(3)改进了作业方式

传统的方式主要是通过手工操作,外业人工记录、人工绘制地形图;使用图纸时在图上人工量算坐标、距离和面积等。数字测图则使野外测量达到自动记录、自动解算处理、自动成图,并且提供了方便使用的数字地图软盘。数字测图自动化的程度高,出错(读错、记错、展错)的概率小,能自动提取坐标、距离、方位和面积等。绘图的地形图精确、规范、美观。

(4)便于图件成果的更新

城镇的发展加速了城镇建筑物和结构的变化,采用地面数字测图能克服大比例尺白纸测图连续更新的困难。数字测图的成果是以点的定位信息和绘图信息存入计算机,实地房屋在改建扩建、变更地籍或房产时,只需输入变化信息的坐标、代码,经过数据处理就能方便地做到更新和修改,始终保持图面整体的可靠性和现势性,数字测图可谓“一劳永逸”。

(5)避免因图纸伸缩带来的各种误差

表示在图纸上的地图信息随着时间的推移图纸产生变形而带来误差。数字测图的成果以数字信息保存,能够使测图用图的精度保持一致,精度无一点损失,避免了对图纸的依赖性。

(6)能以各种形式输出成果

计算机与显示器、打印机联机时,可以显示或打印各种需要的资料信息。与绘图仪联机,可以绘制出各种比例尺的地形图、专题图,以满足不同用户的需要。

(7)方便成果的深加工利用

数字测图分层存放,可使地面信息无限存放,不受图面负载量的限制,从而便于成果的深加工利用,拓宽了测绘工作的服务面。比如早期 CASS 软件总共定义 26 个层(用户还可根据需要定义新层)。房屋、电力线、铁路、植被、道路、水系、地貌等均存于不同的层中,通过关闭层、打开层等操作来提取相关信息,便可方便地得到所需的测区内各类专题图、综合图,如路网图、电网图、管线图、地形图等。又如在数字地籍图的基础上,可以综合相关内容补充加工成不同用户所需要的城市规划用图、城市建设用图、房地产图以及各种管理的用图和工程用图。

(8)可作为 GIS 的重要信息源

地理信息系统(GIS)具有方便的信息查询检索功能、空间分析功能以及辅助决策功能。在国民经济、办公自动化及人们日常生活中都有广泛的应用。然而,要建立一个 GIS,花在数据采集上的时间和精力约占整个工作的 80%。GIS 要发挥辅助决策的功能。需要现势性强的地理信息资料。数字测图能提供现势性强的地理基础信息。经过一定的格式转换,其成果即可直接进入并更新 GIS 的数据库。一个好的数字测图系统应该是 GIS 的一个子系统。

任务 1.2　数字测图技术的发展历程

任务描述

- 了解数字测图的发展历程。
- 了解数字测图的发展趋势。

知识学习

1.数字测图的发展历程

20 世纪 50 年代,美国国防部制图局开始研究制图自动化问题,即将地图资料转换成计算机可读的形式,并由计算机处理、存储,继而自动绘制地形图。这一研究同时也推动了制图自动化全套设备的研制,包括各种数字化仪、扫描仪、数控绘图仪以及各类计算机接口技术等。

20 世纪 70 年代,制图自动化已形成规模生产,美国、加拿大及欧洲各国建立了自动制图系统,测绘部门都有自动制图技术的应用。当时的自动制图主要包括数字化仪、扫描仪、计算机及显示系统 4 个部分。当一幅地形图数字化完毕后,由绘图仪在透明塑料片上回放出地图,与原始地图叠置,检查数字化过程中产生的错误并加以修正。

20 世纪 80 年代,数字摄影测量的发展为数字测图提供各种数字化产品,如数字地形图、专题图、数字地面模型等。

20 世纪 70 年代,电子速测仪问世,大比例尺地面数字测图开始发展。80 年代全站型电子速测仪的迅猛发展,加速了数字测图的研究与应用,如 80 年代后期国际上有了较先进的用全站仪采集、电子手簿记录、成图的数字测图系统。

我国从 1983 年开始研究数字测图工作。其发展过程大体上可分为两个阶段:

第一阶段:主要利用全站仪采集数据,电子手簿记录,同时人工绘制标注测点点号的草图,到室内将测量数据直接由记录器传输到计算机,再由人工按草图编辑图形文件,并键入计算机自动成图,经人机交互编辑修改,最终生成数字地形图,由绘图仪绘制地形图。

第二阶段:仍采用野外测记模式,但成图软件有了实质性的进展。一是开发了智能化的外业数据采集软件;二是计算机成图软件能直接对接收的地形信息数据进行处理。

20 世纪 90 年代开始,RTK 实时动态定位技术(载波相位差分技术)在测绘大比例尺地形图的运用中越来越成熟,逐渐成为开阔地区地面数字测图的主要方法之一。

近年来,在数字测图过程中,测量技术人员已实现了全站仪与 GNSS-RTK 技术的有机结合,甚至出现了两者合并为一体的超站仪。众所周知,GNSS 具有定位精度高、作业效率高、不需点间通视等突出优点。实时动态定位技术(RTK)更使测定一个点的时间缩短为几秒钟,而定位精度可达厘米级。作业效率与全站仪采集数据相比可提高 1 倍以上。但是在建筑物密集地区,由于障碍物的遮挡,容易造成卫星失锁现象,使 RTK 作业模式失效,此时可采用全站仪作为补充。所谓 RTK 与全站仪联合作业模式,是指测图作业时,对于开阔地区以及便于 RTK 定位作业的地物(如道路、河流、地下管线检修井等)采用 RTK 技术进行数据采集,对于隐蔽地区及不便于 RTK 定位的地物(如电杆、楼房角等),则利用 RTK 快速建立图根点,用全站仪进行碎部点的数据采集。这样既免去了常规的图根导线测量工作,同时也有效地控制了误差的积累,提高了全站仪测定碎部点的精度。最后将两种仪器采集的数据整合,形成完整的地形图数据文件,在相应软件的支持下,完成地形图(地籍图、管线图等)的编辑整饰工作。该作业模式的最大特点是在保证作业精度的前提下,可以极大地提高作业效率。

此外,网络 RTK 在数字地形测量中已得到非常好的推广和应用。早期的 RTK 测图,常规测量时都是架设自己的一个基准站,然后向多个流动站发送差分数据,进行数据采集,如图1.3 所示。但是这种作业模式使得当基准站和流动站的距离增长之后(尤其是>15 km 时),其精度的可靠性大大降低。为了提高精度,当面积比较大时,就需要反复多次建立基准站,完成测图等工作。基于 CORS(Continuous Operational Reference System,缩写为 CORS)系统的网络 RTK 的出现就可以克服常规 RTK 的缺点,大大扩展 RTK 的作业范围(RTK 流动站和基站之间的距离可达 70 km 以上),使 GNSS 的应用更广泛,精度和可靠性进一步得以提高。如图 1.4 所示,在网络 RTK 解算中,各固定基准站不直接向移动用户发送任何改正信息,而是将所有的原始数据通过数据通信线发给数据控制中心,由数据控制中心对各基准站的观测数据进行完整性检查。同时,RTK 用户在工作前,通过网络或者移动通信先向数据控制中心发送一个概略坐标,申请获取各项改正数据,数据控制中心收到这个位置信息后,根据用户位置自动选择最佳的一组固定基准站,整体的改正轨道误差,电离层,对流层和大气折射引起的误差,然后将高精度的差分信号发给 RTK 用户。目前我国的 CORS 网络已在各个省市都具有一定的规模,网络 RTK 在数字测图工作中也发挥着越来越重要的作用。

2.数字测图的发展趋势

随着测绘科学技术水平的不断提高,全野外数字测图技术或许将在以下方面得到较快发展。

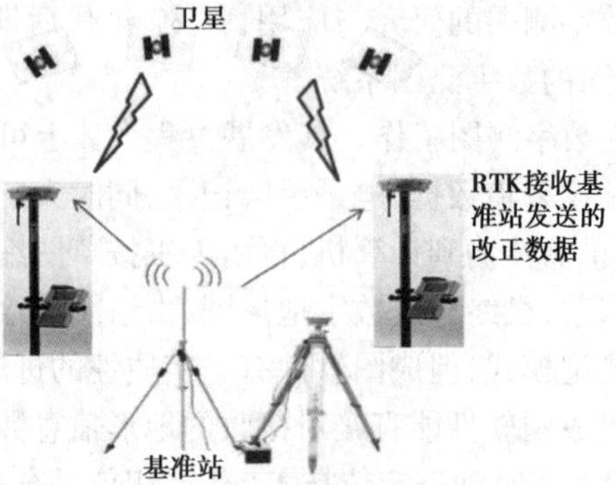

图 1.3　单基准站 RTK 工作原理图

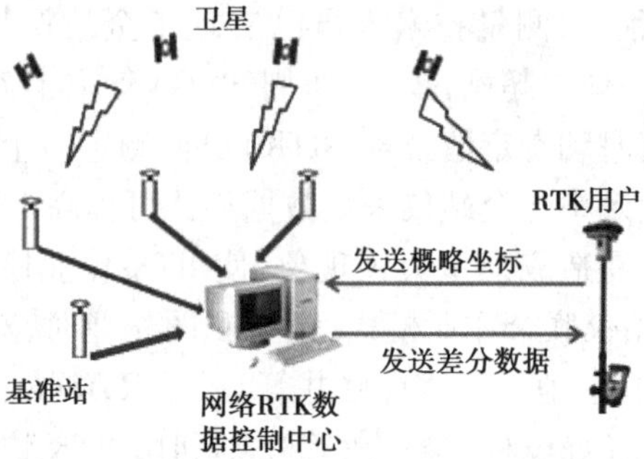

图 1.4　网络 RTK 工作原理图

(1)数字测图系统的高度集成化

大比例尺数字测图的美好未来发展创造需求,需求指引发展,测图系统的集成是必然趋势。GNSS 和全站仪相结合的新型全站仪已被用于多种测量工作,掌上电脑和全站仪的结合或者全站仪自身的功能不断完善,若全站仪的无反射镜测量技术进一步发展,精度达到测量标准要求,那么测量工作只需携带一台新型全站仪和一个三脚架,而操作员也只需一人。展望未来,随着科技的进一步发展,将来的大比例尺测图系统将没有全站仪和三脚架,只是操作员的工作帽上安着 GNSS 接收器以及激光发射和接收器,用于测距和测角,眼前搭小巧的照准镜,手中拿着带握柄的掌上电脑处理数据、显示图形,腰上别着的无线数据传输器将测得的数据实时传回测量中心,测量中心则收集各个测区的测量数据,生成整体大比例尺地形数据库。

(2)GIS 前端数据采集

随着地理信息系统的不断发展,GIS 的空间分析功能将不断增强和完善,作为 GIS 的前端数据采集系统——数字测图技术,必须更好地满足 GIS 对基础地理信息的要求。地形图不再是简单的点线面的组合,而应是空间数据与属性数据的集合。野外数据采集时,不仅仅是采集空间数据,同时还必须采集相应的属性数据。目前,在生产中所用的各种数字测图系统,大多只是简单的地形、地籍成图软件,很难作为一种 GIS 数据前端采集系统,造成了前期数据采集与后期 GIS 系统构建工作的脱节,使 GIS 构建工作复杂化。因此,规范化的数字测图系统(包括科学的编码体系、标准的数据格式、统一的分层标准和完善的数据转换、交换功能)将会受到作业单位的普遍重视。

人类已迈入信息社会,作为信息产业重要组成部分的地理信息产业有了蓬勃发展。近几年我国城市地理信息系统建设的势头亦很迅猛,GIS 的建立离不开空间数据和数据的更新。

没有数据,GIS 不可能建立;有了数据,若不能随大地日新月异的变化及时地更新,GIS 就会失去生命力。数字地(形)图及其更新是建立 GIS 最基础、工作量也最大的工作。在各类土木工程建设中,计算机辅助设计(CAD)技术也得到飞速发展。设计所使用的地形图显示于屏幕,在交互式计算机图形系统的支撑下,工程设计人员可直接在屏幕上进行设计、方案的比较和选择等。完整的土木工程 CAD 技术,离不开数字化的地形图。因此,传统的大比例尺测图方法,必然要经历一场不可避免的革命性变化,变革最基本的目标就是数字化、自动化(智能化)。

(3)三维激光扫描仪测绘地形图的深入应用

三维激光扫描仪是通过激光测距原理可瞬时测得 360°全方位的空间三维坐标值的测量仪器。利用三维激光扫描技术获取的空间点三维云数据,如图 1.5 所示,既可以用来进行地形图测量,又可以直接进行三维建模。由于三维激光扫描仪获取的三维数据量很大,如果要获得大比例尺地形图,其作业流程主要包括外业数据采集、点云数据配准、地物的提取与绘制、非地貌数据的剔除、等高线的生成和地物与地貌的叠加编辑等几个步骤。该仪器工作设站的灵活性,使野外数据采集变得更为快捷方便,在将来的测绘工作中,野外工作人员的工作更为轻松简单,地形图的绘制速度也大大提高。该仪器目前已经成功应用于城市建筑测量、地形测绘、变形监测、隧道工程、桥梁改建等领域,如图 1.6 所示,三维激光扫描仪扫描建筑物进行变形监测。目前,三维激光扫描仪在地形测量中已得到了一定的应用,我们相信,这项技术在数字测图方面将会有更大的发展空间和更好的应用前景。

图 1.5 三维激光扫描仪扫描的三维地形

图 1.6 三维激光扫描仪扫描建筑物

(4)无人机低空数字摄影测量在大比例尺数字测图中的应用

近年来,无人机广泛应用于航空摄影,如图1.7所示。它的机动快速,操作简单,能获取高分辨率航空影像,影像制作周期短、效率高等特点,在应急测绘、困难地区测绘、小城镇测绘、重大工程测绘、自然灾害监测等领域得到了充分体现。目前测图精度可以达到1:1 000地形图精度,相信随着无人机技术、航测数据处理技术和计算机技术的不断发展,无人机低空数字摄影测量会广泛应用到1:500比例尺数字地形图测绘工作当中,并逐步成为大比例尺地形测图的一种重要手段。

图1.7　低空无人机测图

纵观数字测图的发展历程,我们经历了从手工作业到自动成图的漫长演变,我们也正在迎接从接触式测绘到非接触式测绘、从"点"的测绘到"点云"测绘的变革洗礼。笔者相信,通过广大测绘工作者的不断努力,测绘新理论、新技术将会为数字测图技术注入新的生命力和更多创新的元素,我们也期盼着大比例尺数字测图的美好明天。

思考与练习题

1.什么是数字测图?
2.数字测图和手工白纸测图有什么区别?
3.数字测图的实质是什么?
4.数字测图有些什么特点?
5.数字测图经历了哪些发展阶段?
6.广义的数字测图都包括什么内容?

表一 专业能力考核表

<table>
<tr><td colspan="4">项目1:绪论</td><td colspan="4">日期: 年 月 日</td><td colspan="3">考评员签字:</td></tr>
<tr><td colspan="4">姓名:</td><td colspan="4">学号:</td><td colspan="3">班级:</td></tr>
<tr><td rowspan="11">认识全站仪和南方CASS数字测图软件</td><td rowspan="2">1.借领全站仪,观察、查询并记录全站仪信息</td><td>该款仪器的生产厂家</td><td>型号</td><td>标称的测角精度</td><td>标称的测距精度</td><td>测程</td><td>是否具有激光对中功能</td><td>是否具有免棱镜测量功能</td><td>该仪器的数据接口类型</td><td></td></tr>
<tr><td></td><td></td><td></td><td></td><td></td><td>□有
□无</td><td>□有
□无</td><td></td><td></td></tr>
<tr><td rowspan="4">2.进入全站仪的功能菜单,通过试操作,观察并记录全站仪是否具有所列测量功能,并说明其在哪个操作菜单当中</td><td>测角</td><td>测距</td><td>数据采集</td><td>放样</td><td>前方交会</td><td>后方交会</td><td>偏心测量</td><td>对边测量</td><td>悬高测量</td></tr>
<tr><td>□有
□无</td><td>□有
□无</td><td>□有
□无</td><td>□有
□无</td><td>□有
□无</td><td>□有
□无</td><td>□有
□无</td><td>□有
□无</td><td>□有
□无</td></tr>
<tr><td>所在操作菜单</td><td>所在操作菜单</td><td>所在操作菜单</td><td>所在操作菜单</td><td>所在操作菜单</td><td>所在操作菜单</td><td>所在操作菜单</td><td>所在操作菜单</td><td>所在操作菜单</td></tr>
<tr><td></td><td></td><td></td><td></td><td></td><td></td><td></td><td></td><td></td></tr>
<tr><td>3.在观察、查询该软件的等相关信息基础上,熟悉4个问题的内容,并从中任意抽取1题,作详细陈述</td><td colspan="9">①数字测图软件南方CASS的主要界面由哪些部分构成?
②南方CASS软件与CAD软件有哪些内容是相同的?有哪些是不同的?
③南方CASS软件的状态栏都有什么内容?
④在软件绘图界面中,移动鼠标,会发现屏幕左下角的数值在不断变化,认真观察并总结其变化规律,说明由逗号隔开的3个数值各代表什么?</td></tr>
<tr><td rowspan="2">4.试用软件,观察、查询并记录该软件的等相关信息</td><td colspan="2">软件的全称</td><td>版本号</td><td>下拉菜单个数</td><td>工具栏个数</td><td>屏幕菜单地物类型数</td><td>命令行个数</td><td>软件中的图层个数</td><td></td></tr>
<tr><td colspan="2"></td><td></td><td></td><td></td><td></td><td></td><td></td><td></td></tr>
</table>

表二　评价考核评分表

评分项	内容	分值	自评	互评	师评
职业素养考核 40%	积极主动参加考核测试教学活动	10 分			
	团队合作能力	10 分			
	交流沟通协调能力	10 分			
	遵守纪律,能够自我约束和管理	10 分			
专业能力考核 60%	1.借领全站仪,观察、查询并记录全站仪信息	15 分			
	2.进入全站仪的功能菜单,通过试操作,观察并记录全站仪是否具有所列测量功能,并说明其在哪个操作菜单当中	15 分			
	3.在观察、查询该软件的等相关信息基础上,熟悉 4 个问题的内容,并从中任意抽取 1 题,作详细陈述	15 分			
	4.试用软件,观察、查询并记录该软件的等相关信息	15 分			
得分合计					
总评	自评(20%)+互评(20%)+师评(60%)=	综合等级	教师(签名):		

项目 2

数字测图的工作步骤

项目目标

- 了解常见数字测图的工作步骤,了解图根控制测量的方法和技术要求。
- 掌握不同测图方法都需要做哪些测图前的准备工作及其具体内容。
- 通过介绍三大类测图方法的人员组织及准备工作,要求学生树立团队意识,养成耐心细致的工作作风。

任务 2.1 数字测图的工作步骤

任务描述

- 了解数字测图项目实施的流程和步骤。
- 了解在数字测图的不同生产阶段都需要做哪些工作。

知识学习

大比例尺数字测图的比例尺一般为 1∶500、1∶1 000 和 1∶2 000,通常指利用全站仪或 GNSS RTK 进行地面数字测图,下面介绍利用全站仪或 RTK 进行数字测图的基本过程。

1.收集资料及测区踏勘

根据测图任务书或合同书,确定测图范围,收集测区内人文、交通、控制点、植被等信息。进行测区踏勘,分析测区测图难易程度、控制点可利用情况等为技术设计做准备。

2.技术设计

技术设计是数字测图的基本工作,在测图前对整个测图工作做出合理的设计和安排,可以保证数字测图工作的正常实施。所谓的技术设计,就是根据测图比例尺、测图面积和测图方法以及用图单位的具体要求,结合测区的自然地理条件和本单位的仪器设备、技术力量及资金等情况,灵活运用测绘学的有关理论和方法,制定技术上可行、经济上合理的技术方案、作业方法和施测计划,并将其编写成数字测图的技术设计书。

3.控制测量

所有的测量工作必须遵循"由整体到局部,先控制后碎部,从高级到低级"的原则,大比例尺数字测图也不例外。控制测量包括平面控制测量和高程控制测量两个方面，主要步骤：先在测区范围内建立高等级的控制网，其布点密度、采用仪器与测量方法、控制点精度需满足技术设计的要求；然后在高等级控制网的基础上布设加密控制网和图根控制网。

控制网的等级和密度，根据测图范围大小及测图比例尺等因素来确定。

4.碎部测量

全站仪和 GNSS RTK 的定位精度较高，是长期以来大比例尺数字测图碎部测量的主要仪器，所以我们主要采用全站仪或 GNSS RTK 进行野外碎部测量。操作时实地测定地形特征点的平面位置和高程，将这些点位信息自动存储于仪器存储卡或电子手簿中。草图法测图时记录的内容主要包括点号、平面坐标、高程，并手工绘制草图表达地物的类别、属性以及点与点之间的连接关系；编码法测图记录的内容包括点号、简编码、平面坐标、高程等。

5.数字地形图的绘制

内业成图是数字测图过程的中心环节，它直接影响最后输出地形图的质量和数字地形图在数据库中的管理。内业成图是通过相应的软件来完成，比如南方 CASS、清华三维等软件。这些软件主要包括文件操作、图形显示、展绘碎部点、地物绘制、等高线绘制、地物编辑、文字编辑、分幅编号、图幅整饰、图形输出、地形图应用等功能。

6.数字地形图的检查验收

测绘产品的检查验收是生产过程必不可少的环节，是测绘产品的质量保证，是对测绘产品质量的评价。为了控制测绘产品的质量，测绘工作者必须具有较高的质量意识和管理才能。因此，完成数字地形图后也必须做好检查验收和质量评定工作。

7.技术总结

测区工作结束后，根据任务的要求和完成情况来编写。通过对整个测图任务的各个步骤及工作完成情况认真分析研究并加以总结，为今后的数字测图项目生产积累经验。

任务 2.2　测图前的准备工作

数字测图前的准备工作

任务描述

- 了解大比例尺数字测图前都需要做哪些准备工作。
- 了解在实施数字测图项目时如何完成人员组织、仪器工具准备、资料准备、测区划分和编写技术设计书。

知识学习

要顺利完成某一测区的数字测图任务，就必须做好充分的准备工作。内容包括人员安排、仪器工具的选择、仪器检验、测区踏勘、已有成果资料收集，并根据工作量大小、人员情况和仪器情况拟订作业计划，并编写数字测图技术设计书来指导数字测图工作，确保数字测图的有序开展。

1.人员组织

测图方法不同，人员组织也不一样。一般说来，人员组织主要安排两个方面的内容：一是一个小组的人员配备；二是根据测区大小和总的测量任务确定配备多少个小组。

目前的全野外数字测图实际作业,按照数据记录方式的不同,主要分为绘制观测草图作业模式、碎部点编码作业模式和电子平板作业模式。

草图法测图时,作业人员一般配置为:观测 1 人,领尺 1 人,跑尺 1~3 人,所以每个小组至少 3 人。领尺员是小组核心成员,负责画草图和内业成图。跑尺员的多少与小组测量人员的操作熟练程度有关,操作比较熟练时,跑尺人员可以 2~3 人。一般外业观测 1 天,内业处理 1 天。或者白天外业观测,晚上完成内业成图处理。

编码法测图时,每个小组最少为 2 人:观测 1 人,跑尺 1 人,操作非常熟练时也可以增加跑尺人员的数量。目前生产单位多采用自己开发的数字测图软件测图,采集数据时由全站仪观测人员输入自主开发的编码,不需要绘制草图。内业成图时,计算机根据编码自动绘图。

电子平板法测图时,作业人员一般配置为:观测员 1 人,便携机操作人员 1 人,跑尺员 1~3 人。

采用 GNSS RTK 采集数据时,则主要根据配置的流动站数量来确定外业观测人员的人数。除基准站以外,每多 1 个流动站多 1 人。

2.仪器工具准备

通常我们主要用全站仪或 GNSS RTK 进行大比例尺数字测图。用全站仪测图时,所需要的测绘仪器和工具有:全站仪、三脚架、棱镜、对中杆、备用电池、充电器、数据线、对讲机、钢尺(或皮尺)、小卷尺(量仪器高用)、记录用具等。用 GNSS RTK 测图时,与上述不同的是,用 GNSS RTK 接收机、电子手簿等代替全站仪和棱镜。

测量仪器是完成测量任务的关键,所以在选择测量仪器时主要考虑性能、型号、精度、数量、测量的精度要求、测区的范围、采用的作业模式等因素。所以选择测图用的全站仪一般测角精度在 2″以内,测距精度 $3+2\times10^{-6}$以内。采用 RTK 采集数据时,其精度不低于相应规范的要求。

全站仪的检定也是一项目非常重要的工作。按照相关规范规程的规定,在完成一项重要测量任务时,必须对其性能与可靠性进行检验,合格后方可参加作业。有关检验项目应遵循有关规范进行,并出具检定证书,同时还要准确地测定棱镜常数。

数字测图的外业与内业往往是交替进行的,如外业 1 天,内业 1 天,或者白天外业采集,晚上内业处理,所以在考虑外业数据采集的仪器工具外,还要考虑内业处理时所需的电脑硬件及软件。除此之外,测区范围较大时,汽车等交通工具的选择也在我们的准备工作之列。

3.资料准备

数字测图需要准备的资料主要有:已有控制点坐标高程成果、旧有的图纸成果和其他资料。

已有的控制点成果主要有 GNSS 点成果、等级导线点成果、三角点成果和水准点成果等。这些已知点成果主要作为图根控制(图根平面控制和图根高程控制)的起算数据。其内容应说明其施测单位、施测年代、等级、精度、比例尺、规范依据、平面坐标系统、高程系统、投影带号、标石保存情况以及可否利用等。

图纸成果主要是旧的各种比例尺地形图、地籍图、平面图等。旧的图纸资料可以作为工作计划图、制作工作草图的底图。

其他资料。包含测区有关的地质、气象、交通、通信等方面的资料及城市与乡、村行政区划表等。

4.实地踏勘与测区划分

(1)测区踏勘

测区踏勘主要调查了解的内容有:

- 交通情况。包含公路、铁路、乡村便道的分布及通行情况等。
- 水系分布情况。包含江河、湖泊、池塘、水渠的分布,桥梁、码头及水路交通情况等。
- 植被情况。包含森林、草原、农作物的分布及面积等。
- 控制点分布情况。包含三角点、水准点、GNSS点、导线点的等级、坐标、高程系统、点位的数量及分布、点位标志的保存状况等。
- 居民点分布情况。包含测区内城镇、乡村居民点的分布、食宿及供电情况等。
- 当地风俗民情。包含民族的分布、习俗和地方方言、习惯和社会治安情况等。

测区踏勘除了了解测区内的植被情况、交通情况、控制点情况、居民点情况、风俗民情等情况外,还要了解地物特点、地形特点、自然坡度、通视情况、气候特点等。从而根据具体条件和要求,确定碎部点的测量密度、观测方法,合理地安排作业时间。

(2)作业区划分

在数字测图中,一般都是多个小组同时作业。为了便于作业,在野外采集数据之前,通常要对测区的"作业区"进行划分。数字测图与传统手工测图的划分方法不一样,传统手工白纸测图一般以图幅划分作业范围和区域,而数据测图则以道路、河流、沟渠、山脊等明显线状地物为界线,将测区划分为若干个作业区。对地籍测量来说,一般以街坊为单位划分作业区。分区的原则是各区之间的数据(地物)尽可能地独立(不相关)。

5.技术设计书编写

(1)拟订作业计划

拟订作业计划,主要是列出作业内容、范围和作业进度。如完成控制点加密的时间、完成图根导线测量的时间、完成图根导线网平差计算的时间、完成某一范围测图的时间、内业成果整理的时间、质量抽检的时间和验收的时间安排等。值得一提的是,编制作业计划时,要充分考虑到季节和气候等对测量作业的影响,这样安排出的计划才具有可实施性。

拟订数字测图作业计划的主要依据:

- 测量任务书、技术规范、技术规程;
- 仪器设备数量和等级;
- 人员数量、技术水平;
- 所用软件、作业模式;
- 已有资料情况;
- 测区交通、通信及后勤保障。

作业计划的主要内容应包括:

- 测区控制网的点位埋设、外业施测、内业处理等的内容和时间安排;
- 野外数据采集的测量范围、内容和时间安排;
- 仪器配备、经费预算;
- 提交资料的时间计划以及检查验收计划等。

(2)编写数字测图技术设计书

一般说来,数字测图技术设计书的主要内容有:

1)任务概述:说明任务来源、测区范围、地理位置、行政隶属、成图比例尺、任务量和采用的技术依据。

2)测区自然地理概况:说明测区海拔高程、相对高差、地形类别、困难类别和居民地、道路、水系、植被等要素的分布与主要特征;说明气候、风雨季节及生活条件等情况。

3)已有资料的分析、评价和利用:说明已有资料采用的平面和高程基准、比例尺、等高距、测制单位和年代,采用的技术依据,对已有资料的质量评价和可以利用的情况。

4)设计方案:

①成图规格和成图精度:说明投影方式、平面坐标系统和高程系统、成图的平面精度和高程精度。

②根据项目设计要求和地形类别,说明成图方法和图幅等高距。

③平面和高程控制点的布设方案、有关的技术要求。

④平面和高程控制测量的施测方法、限差规定和精度估算等。

⑤根据技术人员素质和资料等情况,提出外业数据采集和内业成图的方案和技术要求,必要时应给出典型示例。

⑥采集和绘图方法要求:根据数字测图的特点,提出对地形图要素的表示要求。如居民地的类型、特征、表示方法和综合取舍的原则;对道路、水系的综合取舍原则;境界的表示方法或原则;地貌和土质表示要求;植被的表示要求和地类界的综合取舍原则;内业方案与要求等。

⑦采用新技术、新仪器时,要说明方法和要求,规定有关限差,并进行必要的精度估计和说明。

5)检查验收及质量评定:主要说明如何进行质量控制,如何进行逐级的检查验收,如何评定成果的质量等级。

6)提交的成果资料:主要说明项目完成时,需要提交哪些成果资料,如各级控制点的点之记、观测资料、计算资料、精度评定资料、图纸资料、各类电子的或纸质的资料等。

7)计划安排:主要说明作业准备、控制点埋设、加密平面控制测量、加密高程控制测量、图根平面控制测量、图根高程、各区域的野外数据采集、内业成图、检查验收和成果归档等工作内容的预计时间节点安排。

8)经费预算:根据设计方案和进度计划,参照有关生产定额和成本定额,编制经费预算表,并作必要的说明。

任务2.3 图根控制测量

任务描述

- 了解采用不同方法进行图根控制测量的技术要求。
- 掌握图根控制测量的方法。

知识学习

1.图根控制测量

图根控制测量是碎部测量之前的一个重要步骤。其主要任务是布设足够密度的测站点,因为此前的首级控制网和加密控制网的点位密度不能够满足大比例尺测图对测站点的要求。

图根控制测量分为图根平面控制和图根高程控制。图根平面控制和图根高程可以同时进行,也可以分别施测。目前,图根平面控制测量主要采用测距导线(网)或 RTK 两种方式,图根高程控制主要采用水准网的方式。在山区,也常用布设全站仪三角高程导线(网)的方式,或者采用 RTK 的方式来测定图根点的坐标和高程。

(1)图根点的埋设

根据当地实际测量条件,图根控制布设的主要形式是附合导线和结点导线网,个别无法附合的地区,可采用支导线的形式补充。局部区域可采用全站仪解析极坐标法测定图根点,但必须有检核条件。

图根点标志尽量采用固定标志。位于水泥地、沥青地的普通图根点,应刻十字或用水泥钉、铆钉做其中心标志,周边用红油漆绘出方框及点号。

当一幅标准图幅内没有有效埋石控制点时,至少应埋设一个图根埋石点,并与另一埋石控制点相通视。图根埋石点一般要选埋在第一次附合的图根点上。

城市建筑密集区,隐蔽地区,应以满足测图需要为原则,适当加大密度。

数字测图时,图根点密度要求一般如表 2.1 所示。

表 2.1　数字测图平坦开阔地区图根点密度表

项目	测图比例尺		
	1∶500	1∶1 000	1∶2 000
图根点密度/(点数·km^{-2})	64	16	4

解析图根点的数量,一般地区不宜少于表 2.2 的规定。

表 2.2　一般地区解析图根点的数量

测图比例尺	图幅尺寸	解析图根点数量/个		
		全站仪测图	GPS-RTK 测图	平板测图
1∶500	50×50	2	1	8
1∶1 000	50×50	3	1～2	12
1∶2 000	50×50	4	2	15
1∶5 000	40×40	6	3	30

(2)图根导线的技术要求

为了确保地物点的测量精度,施测一类地物点应布设一级图根导线,施测二、三类地物点可布设二级图根导线,同级图根导线允许符合两次,技术要求如下(表 2.3):

(3)图根导线的布设要求

①导线网中结点与高级点或结点与结点间的长度不应大于附合导线长度的 0.7 倍。

②一级图根导线,当导线较短,由全长相对闭合差折算的绝对闭合差限差小于±13 cm 时,其限差按±13 cm 计。

③一级图根导线的总长和平均边长可放宽到 1.5 倍,但其绝对闭合差应小于±26 cm。

④当二级图根导线长度较短，由全长相对闭合差折算的绝对闭合差限差小于图上 0.3 mm 时，按图上 0.3 mm 计。

⑤1∶500、1∶1 000 测图的二级图根导线，其总长和平均边长可放宽到 1.5 倍，但此时的绝对闭合差最大不超过图上 0.5 mm。

⑥当附合导线的边数超过 12 条时，其测角精度应提高一个等级。

图根导线的水平角观测使用不低于 J6 级的经纬仪或全站仪，按方向观测法观测。

边长测量用不低于Ⅱ级的光电测距仪或全站仪，实测边长一测回。

采用一级图根导线测定边长时，须测定仪器常数、棱镜常数等边长改正参数。上述参数可在电子手簿中记录，也可直接在全站仪进行设置与改正。

表 2.3　图根光电距导线测量的技术要求

图根级别	适用比例尺	附合导线长度/m	平均边长/m	导线相对闭合差	方位角闭合差	测距中误差/mm	测角测回数		测距测回数（单程）	测距一测回读数次数
							DJ2	DJ6		
一	1∶500	1 500	120	≤1/6 000	$\leqslant \pm 24\sqrt{n}$	±15	1	2	1	2
	1∶1 000									
	1∶2 000									
二	1∶500	1 000	100	≤1/4 000	$\leqslant \pm 40\sqrt{n}$	±15		1	1	2
	1∶1 000	2 000	150							
	1∶2 000	3 000	250							

注：表中 n 为测站数。

（4）图根支导线的测设要求

①因地形条件的限制，布设附合图根导线确有困难时，可布设图根支导线；

②支导线总边数不应多于 4 条边，总长度不应超过二级图根导线长度的 1/2，最大边长不应超过平均边长的 2 倍，如表 2.4 所示；

表 2.4　图根支导线平均边长及边数

测图比例尺	平均边长/m	导线边数
1∶500	100	3
1∶1 000	150	3
1∶2 000	250	4
1∶5 000	350	4

③支导线边长采用光电测距仪测距，可单程观测一测回；

④支导线水平角观测首站时，应联测两个已知方向，采用 J6 级经纬仪观测一测回；

⑤支导线首站以外其他测站的水平角应分别测左、右角各一测回，其固定角不符值与测站圆周角闭合差均不应超过±40″；采用全站仪时，其他测站水平角可观测一测回。

(5)极坐标法测量图根点时,应符合下列规定:

①用6″以上全站仪测角;

②观测限差不超过表2.5的规定:

表2.5 极坐标法图根点测量角度观测限差

半测回归零差/(″)	两半测回角度较差/(″)	测距读数较差/mm	正倒镜高程较差/m
≤20	≤30	≤20	≤h_d/10

注:h_d为基本等高距。

③可直接测定图根点的坐标和高程,并将上、下半测回的观测值取平均值作为最终观测成果;

④极坐标法图根点测量的边长,不应大于表2.6的规定:

表2.6 极坐标法图根点测量的最大边长

比例尺	1:500	1:1 000	1:2 000	1:5 000
最大边长/m	300	500	700	1 000

(6)图根水准测量的技术要求

平坦地区图根点高程用图根水准测定,其技术要求如表2.7。

图根水准路线及图根光电测距导线应起闭于不低于五等水准的控制点上。图根三角高程路线可起闭于图根水准点。

表2.7 图根水准测量技术要求

路线长度			视线长度		前后视距差/m	附合路线或环线闭合差	
附合路线/km	结点间/km	支线/km	仪器类型	视距/m		平地或丘陵/mm	山地/mm
8	6	4	DS3	≤100	≤50	≤±40 $\sqrt{L}$	≤±12 $\sqrt{n}$

注1:山地是指每千米图根水准测量超过16站的路线或环线所在区域;

注2:L为路线长度,以km计,n为测站数;

注3:图根水准测量按中丝读数法单程观测(黑面一次读数),估读到毫米,支线按往返测。

(7)图根光电测距高程导线代替图根水准测量的技术要求

山地或建筑物上的图根点高程可用图根三角高程测量方法测定,可与图根水准测量交替使用。其技术要求如表2.8。

(8)GPS-RTK图根测量的技术要求

1)图根控制测量采用GPS快速静态测量作业模式进行测量应满足下述要求:

①图根GPS点的精度等级可参照GPS二级控制测量,对最小距离、平均距离的要求可适当放宽。

②布网应由非同步观测基线构成多边形闭合环(或符合路线),每一闭合环(或符合路线)边数不超过10条。少数困难地区可采用散点法测定GPS图根点。

③GPS图根点测量的观测时间以能确保准确测定出点位坐标为准。一般双频测量型GPS

接收机不少于 5 min;单频测量型 GPS 接收机不少于 10 min。

④其余有关的测量技术要求按 CJJ73-97 的 GPS 二级网执行。

表 2.8 图根光电测距高程导线代替图根水准测量的技术要求

附合路线总长 /km	平均边长 /m	测回数		垂直角指标差之差		垂直角测回数	对向观测高差较差/m	路线闭合差/mm
		J2	J6	J2	J6	J6		
≤5	≤300	1	2	15″	25″	25″	≤0.02S	≤±40$\sqrt{L}$

注 1:S 为边长,以 hm(百米)计,不足 1 hm 按 1 hm 计算;

注 2:L 为路线总长,以 km(千米)计,不足 1 km 按 1 km 计算;

注 3:与图根水准交替使用时,路线闭合差允许值也为≤±40 $\sqrt{L}$(mm);

注 4:当 L 大于 1 km 且每 km 超过 16 站时,路线闭合差允许值为≤±12 $\sqrt{n}$(mm),n 为测站数;

注 5:觇标高、仪器高量至毫米;

注 6:高程计算至毫米,取至厘米。

2)图根控制测量采用 GPS-RTK 作业模式进行测量应满足下述要求:

①GPS-RTK 基准站至少应联测 3 个高级控制点;

②高级点所组成的平面图形应对相关的 RTK 流动站点有足够控制面积,并对 GPS 基准站坐标系统进行有效检核;

③进行 GPS-RTK 测量时,对每个图根控制点均应独立测定 2 次,在 2 次测量时应重新对中、置平三脚架或对中杆;

④2 次测定图根点坐标的点位互差不应大于±5 cm,符合限差要求后取中数作为图根点坐标测量成果。

(9)图根控制测量的记录与计算

图根控制外业数据采集记录使用电子手簿方式或其他记录方式。无论采用何种记录方式,均应提交图根控制记录资料。

图根控制网的平差计算可使用计算机,采用正确、可靠的平差软件进行。平差所用的原始数据,宜由电子记录手簿与微机通信接口传输而得,相关数据及成果由计算机统一输出并装订成册。

图根控制测量内业计算和成果输出时的取位如表 2.9 所示。

表 2.9 图根控制测量的内业计算和成果的取位要求

各项计算修正值 (″或 mm)	方位角计算值 /(″)	边长及坐标计算值 /m	高程计算值 /m	坐标成果 /m	高程成果 m
1	1	0.001	0.001	0.01	0.01

思考与练习题

1.测区踏勘要了解哪些内容？
2.试述数字测图的工作过程及工作内容有哪些？
3.拟订数字测图作业计划的主要依据是什么？
4.数字测图的技术设计书要编写哪些内容？
5.数字测图时是如何划分测区的？
6.数字测图时是如何进行人员组织的？
7.数字测图时都需要哪些仪器和工具？
8.数字测图时都需要准备哪些资料？
9.图根点的测量有哪些方法？
10.图根导线测量都有哪些要求？
11.图根点的密度是如何规定的？

表一　专业能力考核表

<table>
<tr><td colspan="3">项目 2:数字测图的工作步骤</td><td colspan="4">日期：　　年　　月　　日</td><td colspan="4">考评员签字：</td></tr>
<tr><td colspan="3">姓名：</td><td colspan="4">学号：</td><td colspan="4">班级：</td></tr>
<tr><td rowspan="3">数字测图前的准备相关能力考核</td><td rowspan="2">1.在校园及周边的影像图上，给每个小组划分约 0.2 平方公里的图块，以此作为各组的数字测图测区，学生须针对该测区的数字测图任务进行测图前的准备</td><td>是否进行踏勘</td><td>测区的具体行政区划</td><td>经度和纬度</td><td>海拔</td><td>主要地物类别</td><td>地貌情况</td><td>植被情况</td><td>交通情况</td><td>是否发现控制点</td></tr>
<tr><td>□是
□无</td><td></td><td></td><td></td><td></td><td></td><td></td><td></td><td>□是
□无</td></tr>
<tr><td>2.在充分了解分析上述工作任务的基础上，对 5 个问题作出有针对性的安排，并从中任意抽取 1 题，作详细陈述</td><td colspan="9">①数字测图前要作哪些准备工作？
②测绘该测区时，你安排几个测量人员？为什么？
③测量该测区用什么仪器？并说明原因。
④测量该测区用用什么软件？并说明原因。
⑤没有控制点或控制点数量不够怎么办？</td></tr>
</table>

表二　评价考核评分表

<table>
<tr><td>评分项</td><td>内容</td><td>分值</td><td>自评</td><td>互评</td><td>师评</td></tr>
<tr><td rowspan="4">职业素养考核 40%</td><td>积极主动参加考核测试教学活动</td><td>10 分</td><td></td><td></td><td></td></tr>
<tr><td>团队合作能力</td><td>10 分</td><td></td><td></td><td></td></tr>
<tr><td>交流沟通协调能力</td><td>10 分</td><td></td><td></td><td></td></tr>
<tr><td>遵守纪律，能够自我约束和管理</td><td>10 分</td><td></td><td></td><td></td></tr>
<tr><td rowspan="2">专业能力考核 60%</td><td>1.在校园及周边的影像图上，给每个小组划分约 0.2 平方公里的图块，以此作为各组的数字测图测区，学生须针对该测区的数字测图任务进行测图前的准备</td><td>40 分</td><td></td><td></td><td></td></tr>
<tr><td>2.在充分了解分析上述工作任务的基础上，对 5 个问题作出有针对性的安排，并从中任意抽取 1 题，作详细陈述</td><td>20 分</td><td></td><td></td><td></td></tr>
<tr><td colspan="3">得分合计</td><td></td><td></td><td></td></tr>
<tr><td rowspan="2">总评</td><td rowspan="2">自评(20%)+互评(20%)+师评(60%)=</td><td>综合等级</td><td colspan="3" rowspan="2">教师(签名)：</td></tr>
<tr><td></td></tr>
</table>

项目 3
数字测图外业

项目目标

- 了解数字测图的常见作业模式。
- 掌握用全站仪进行草图法和编码法数据采集工作的步骤和方法。
- 掌握 GNSS RTK 进行数据采集的方法和步骤。
- 了解电子平板法进行数据采集的方法和步骤。
- 通过介绍老一辈测绘人员在数字测图外业中的各类事迹,激发学生热爱祖国和勇于奉献的精神。

全站仪数据采集时的操作步骤

任务 3.1　数字测图的常见作业模式

任务描述

- 了解数字测图的常见作业模式及其主要工作思路。

知识学习

1.全野外数字测图的作业模式

目前的全野外数字测图实际作业,按照数据记录方式的不同可以分为以下 3 种主要的作业模式:

1)绘制观测草图作业模式。该方法是在全站仪采集数据的同时,绘制观测草图,记录所测地物的形状并注记测点顺序号,内业将观测数据传输至计算机,在测图软件的支持下,对照观测草图进行测点连线及图形编辑。

2)碎部点编码作业模式。该方法是按照一定的规则给每一个所测碎部点一个编码,每观测一个碎部点需要通过仪器(或手簿)键盘输入一个编号,每一个编号对应一组坐标(X,Y,H),内业处理时将数据传输到计算机,在数字成图软件的支持下,由计算机进行编码识别,并自动完成测点连线形成图形。

3)电子平板(或 PDA)作业模式。该模式是将电子平板(笔记本电脑)或 PDA 手簿通过专用电缆与全站仪的数据输出口连接，观测数据直接进入电子平板或 PDA 手簿，在成图软件的支持下，现场连线成图。

2.碎部点测量的主要方式

上述三种数字测图的作业模式当中，都需要采集地形碎部点的坐标高程位置的数据，要用到的仪器和方法主要有：

1）全站仪采集碎部点。

2）GNSS RTK 采集碎部点。

3）GNSS RTK 与全站仪相结合采集碎部点。

上述三种方式是目前大比例尺数字地形图测绘中所用到的主要传统方法，其实质是采集地形碎部点位置的坐标高程数据。事实上，数字化测图不仅要采集地形特征点的三维坐标，同时也要采集点位的属性信息和点之间连接关系。

任务 3.2　全站仪数据采集方法

全站仪的一般操作

任务描述

- 掌握常见全站仪的测站设置、后视定向、检查测量、碎部点测量等操作。
- 了解全站仪坐标数据采集方法和极坐标法测量之间的关系，能熟练操作常见的全站仪。

知识学习

1.极坐标法测量原理

测量碎部点的目的，主要是获得碎部点的坐标、高程和绘图信息，一般用仪器直接测得，或通过间接的方法测算得到。方法虽然很多，但用得最多的却是极坐标法。

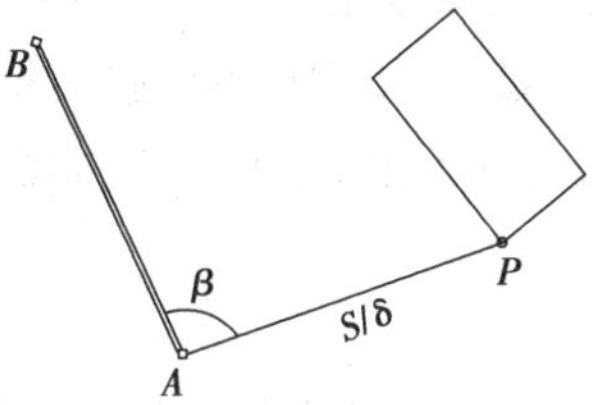

图 3.1　极坐标法

如图 3.1 所示，A 为测站点（已知图根点），B 为后视点（已知图根点，也称定向点），P 为前视点（碎部点）。在 A 点安置全站仪，量仪器高 I，照准 B 点，将全站仪度盘置为 AB 的方位角，然后照准 P 点，读取水平度盘读数（即 AP 边的方位角）、倾斜距离 S、竖直度盘读数 L（垂直角：$\delta=90-L$），并量 P 点棱镜高 V，按公式（3.1）就可求得 P 点坐标和高程。

$$\begin{cases}X_P=X_A+S\cos\delta\cos\alpha_{AP}\\Y_P=Y_A+S\cos\delta\sin\alpha_{AP}\\H_P=H_A+S\sin\delta+I-V\end{cases}\tag{3.1}$$

在式（3.1）中，如果后视 B 点时将水平度盘置于 $0°00'00''$，照准 P 点水平角为 β，测的 AP 边长为平距 D 时，则公式变为式（3.2）：

$$\begin{cases}X_P=X_A+D\cos(\alpha_{AB}+\beta)\\Y_P=Y_A+D\sin(\alpha_{AB}+\beta)\\H_P=H_A+D\tan\delta+I-V\end{cases}\tag{3.2}$$

2.全站仪数据采集方法

全站仪数据采集的实质是极坐标测量数据采集的应用,即在已知坐标的测站点(等级控制点、图根控制点或支站点)上安置全站仪,在测站设置和后视定向后,观测测站点至碎部点的方向、天顶距和斜距,利用全站仪内部自带的计算程序,进而计算出碎部点的三维坐标。如图 3.2 所示。

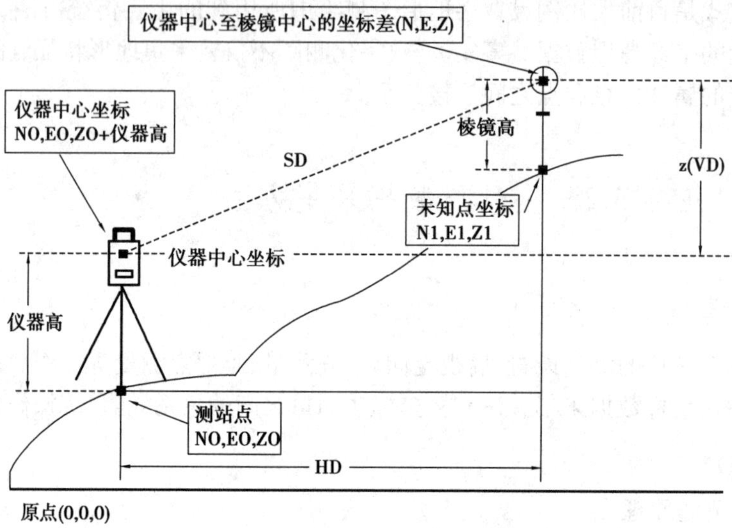

图 3.2 全站仪坐标测量示意图

由于全站仪数据采集具有精度高、速度快、测量范围大、人工干预少、不易出错、能进行数据采集等特点,所以是目前大比例尺数字测图野外数据采集的主要方法。

目前,全站仪品牌众多,操作方法不尽相同,但其坐标数据采集的步骤大同小异,其主要操作步骤如下:

(1)准备工作

在测站点(等级控制点、图根控制点或支站点)安置全站仪,完成对中和整平工作,并量取仪器高。其中全站仪的对中偏差不应大于 5 mm,仪器高和棱镜高量取应精确至 1 mm。

测出测量时测站周围的温度、气压,并输入全站仪;根据实际情况选择测量模式(如反射片、棱镜、无合作目标),当选择棱镜测量模式时,应在全站仪中设置棱镜常数;检查全站仪中角度、距离的单位设置是否正确。

(2)测站设置、定向与检查

1)测站设置

建立文件(项目、任务),为便于查找,文件名称根据习惯(如:测图时间)或个性化(如:作业员姓名)等方式命名。建好文件后,将需要用到的控制点坐标数据录入并保存至该文件中。

打开文件,进入全站仪野外数据采集功能菜单,进行测站点设置。键入或调入测站点点名及坐标、仪器高、测站点编码(可选)。

2)定向

选择较远的后视点(等级控制点、图根控制点或支站点)作为测站定向点,输入或调入后视点点号及坐标和棱镜高。精确瞄准后视定向点,设置后视坐标方位角(全站仪水平读数与坐标方位角一致)。

3)检核

定向完毕后,施测前视点(等级控制点、图根控制点或支站点)的坐标和高程,作为测站检核。检核点的平面坐标较差不应大于图上的0.2 mm,高程较差不应大于1/5倍基本等高距。如果大于上述限差,必须分析产生差值的原因,解决差值产生的问题。该检核点的坐标必须存储,以备以后进行数据检查及图形与数据纠正。

每站数据采集结束时应重新检测标定方向,检测结果若超出上述两项规定的限差,其检测前所测的碎部点成果须重新计算,并应检测不少于两个碎部点。

(3)数据采集

测站定向与检核结束后,进行碎部点进行坐标测量。输入碎部点的点名、编码(可选)、棱镜高后,开始测量。存储碎部点坐标数据,然后按照相同的方法测量并存储周围碎部点坐标。注意,当棱镜有变化时,在测量该点前必须重新输入棱镜高,再测量该碎部点坐标。

3.常用全站仪设站实例

(1)科力达WinCE(R)系列全站仪设站步骤

科力达WinCE系列全站仪主要包括科力达KTS470和KTS580系列全站仪两大类,该系列全站型电子速测仪是自主研发的带WinCE操作系统的新一代全站型电子速测仪。WinCE(R)系列全站仪使用微软Windows CE操作系统,可使得在全站型电子速测仪上的浏览方式与在PC上使用Microsoft Windows的方式相似,真正实现了全站仪的电脑化、自动化、信息化、网络化。非常直观地与基于Windows的PC机进行信息的存取、处理和交换。

1)数据采集准备工作

同样,科力达WinCE系列全站仪在进入数据采集之前,亦应进行有关参数设置。鉴于参数设定的基本原理相同,读者若有需要,请参见科力达WinCE系列全站仪用户手册。此处不再赘述。

2)科力达WinCE(R)系列全站仪界面

按下全站键盘上的“POWER”键开机。进入WIN全站型电子速测仪欢迎界面。科力达KTS470和KTS580系列全站仪的界面在全站仪功能设置上基本相同,如图3.3和图3.4所示。

图3.3　科力达KTS470系列全站仪界

图3.4　科力达KTS580系列全站仪界面

3)新建工程(作业)或打开工程(作业)

在全站仪功能主菜单上,单击［标准测量］键,进入标准测量程序。标准测量程序要求在每次测量时建立一个作业文件名,如不建立文件名,系统会自动建立一个缺省文件名(DEFAULT),测量中的所有观测成果均存入该文件中,见表3.1。

建立一个新的作业文件。作业名包括16个字符,可以是字母A~Z,也可以是数字0~9和_、#、$、@、%、+、-等符号,但是第一个字符不能为空格。

表3.1 新建工程(作业)方法

操作步骤	按键	显示
①在标准测量程序主菜单中,单击【工程】键	【工程】	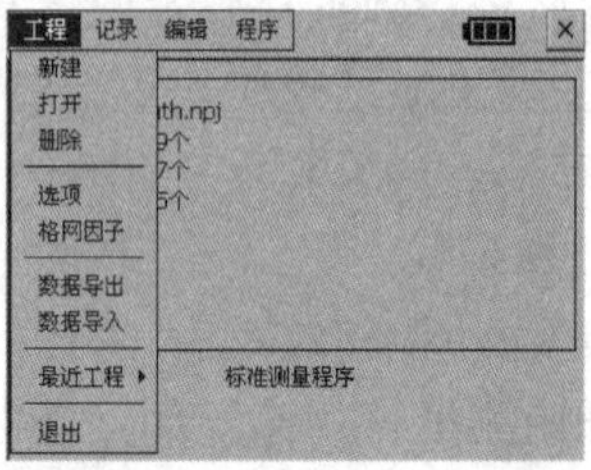
②在【工程】菜单中,单击【新建】	【新建】	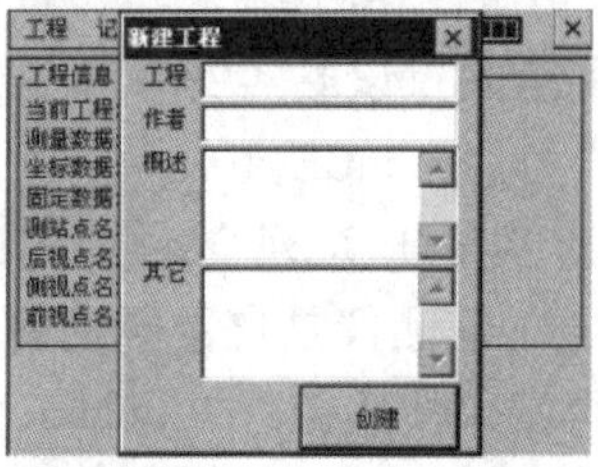
③在弹出的对话框中,输入工程名、作者、工程概述等信息。输入完一项,按【ENT】或用笔针单击下一栏,将光标移到下一输入项。※1)	输入信息【ENT】	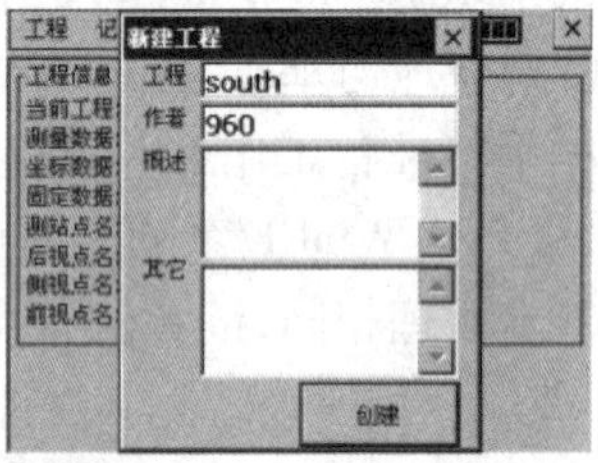
④所有信息输入完毕,单击【创建】键将作业存储。新建立的作业默认为当前作业。系统返回标准测量程序主菜单。※2),※3)	【创建】	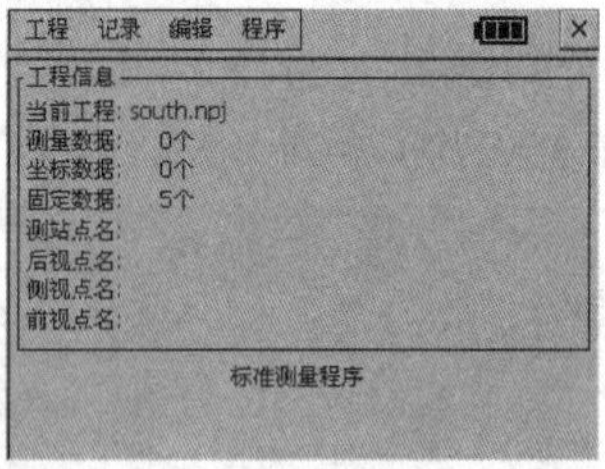

※1)工程:由操作者任意取的作业文件名,此后的测量数据均存于该文件中。

作者:操作者的姓名(可以缺省)。

概述:该工程的大概情况(可以缺省)。

其他:操作者可输入的其他信息,如仪器型号等(可以缺省)。

※2)如按【Esc】键,则该作业文件名不存储而返回到标准测量程序主菜单。

※3)如果作业名已经存在,程序会提示"同名的工程已经存在!"因此,如果不能保证内存中是否存在要新建的作业名,可以在新建作业前通过【打开】菜单查看内存中已经存在的作业名。

若要打开已保存的工程(文件),可在标准测量程序主菜单中,单击【工程】键,按表 3.2 所示完成操作。

表 3.2　打开已保存工程操作步骤

操作步骤	按键	显示
①在“工程”菜单中,单击【打开】或按【▲】/【▼】键选择,屏幕列出内存中的所有作业,如右图所示。	【打开】	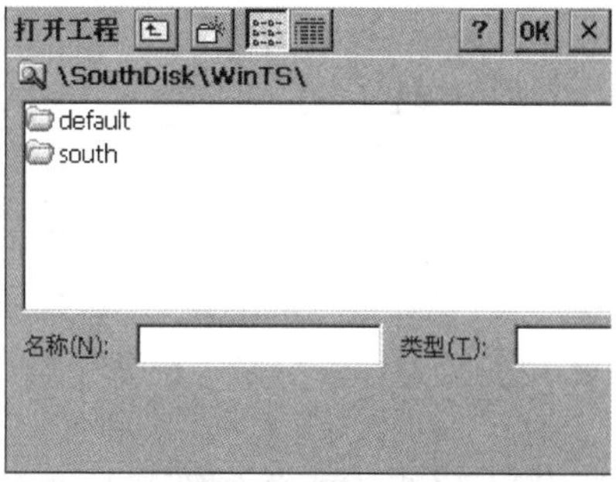
②用笔针双击需打开的作业文件,或在名称栏直接输入作业名。		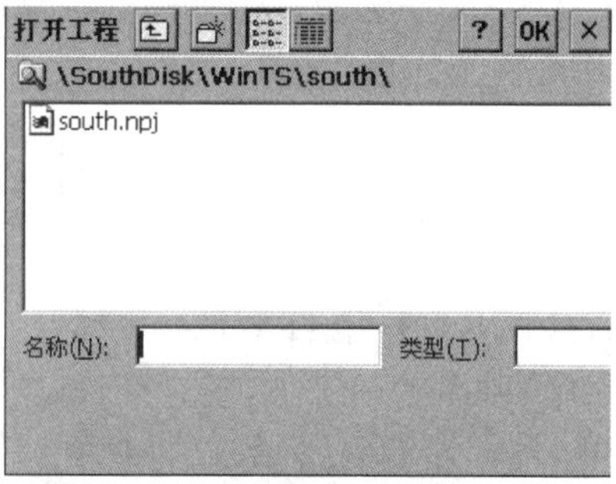
③在弹出的对话框中,双击作业名,便打开该文件作为当前作业,以后的测量数据便存储于该文件中。屏幕返回标准测量程序主菜单。※1)		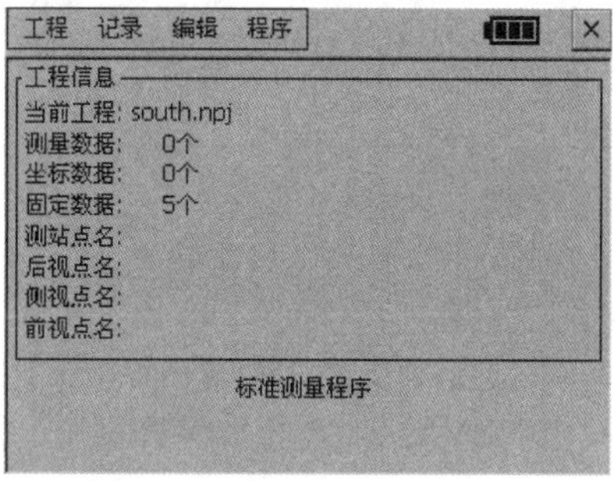
※1)可以通过按【Esc】键放弃刚才的选择,屏幕便返回标准测量程序主菜单。		

4)设置测站点、后视点与检核

测站点与后视点的设置工作主要在“记录”菜单中完成。“记录”菜单主要是用于采集和记录原始数据。可以设置测站点和后视方位,进行后视测量、前视测量、侧视测量和横断面测量。

①设置测站点。

设置测站点见表 3.3。

表 3.3　设置测站点

操作步骤	按键	显示
①在“标准测量程序”主菜单中，单击【记录】或按【◀】/【▶】	【记录】 或 【◀】/【▶】	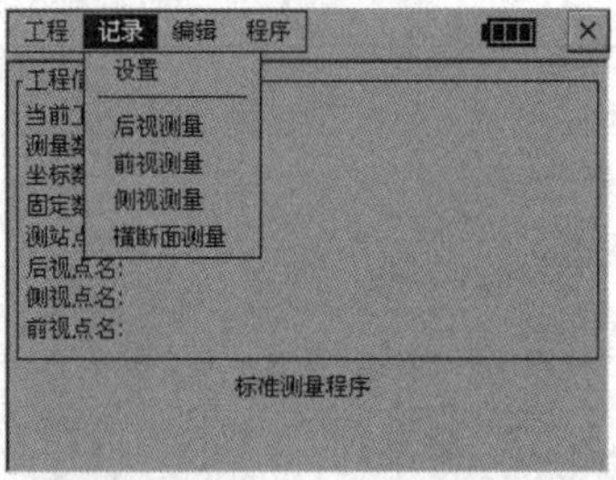
②在【记录】菜单中，单击【设置】。※1)	【设置】	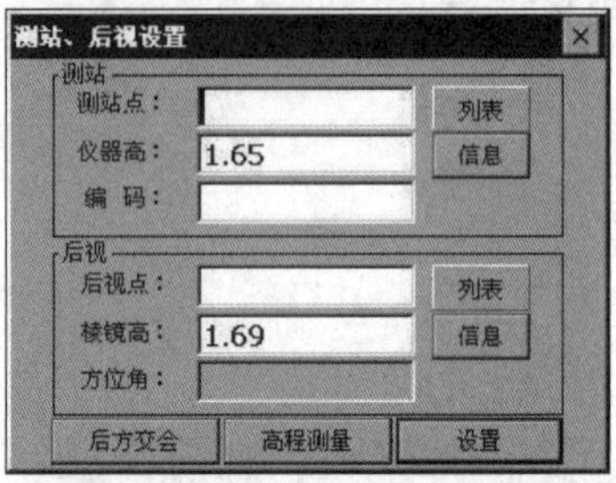
③单击【设置】或按【ENT】键，进入后视点设置功能。 Bks：为输入后视点系统计算的方位角或手工输入的方位角。 HR：为此时仪器显示的水平角。	【ENT】	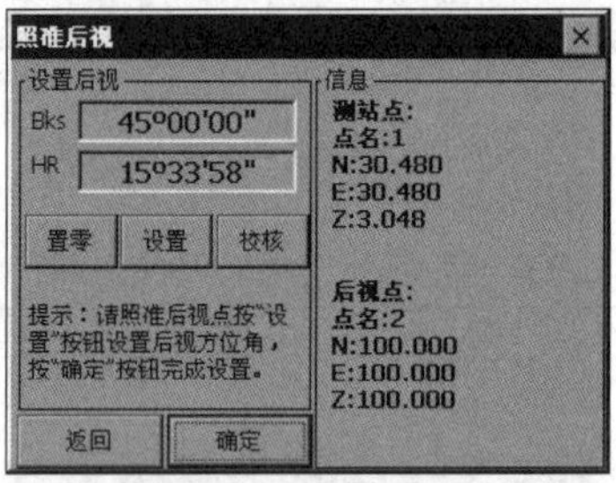
④在“测站点”栏输入点名，并单击【信息】项。 A：系统会启动搜索功能，若内存中不存在该点名，会提示进行坐标输入。如右图所示。	【信息】	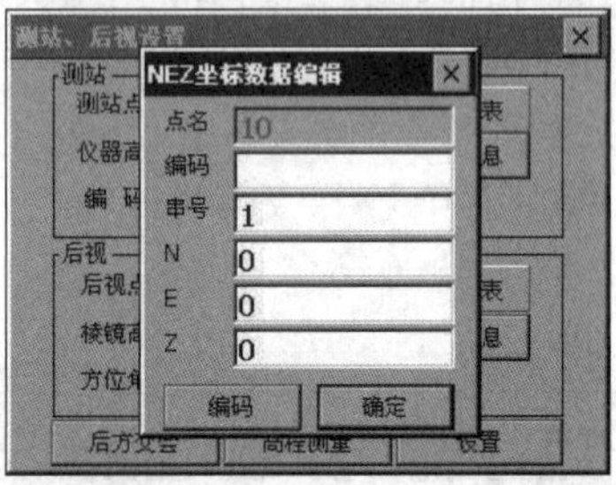
B：若内存中存在该点名，系统会自动调用该点，并显示在屏幕上。		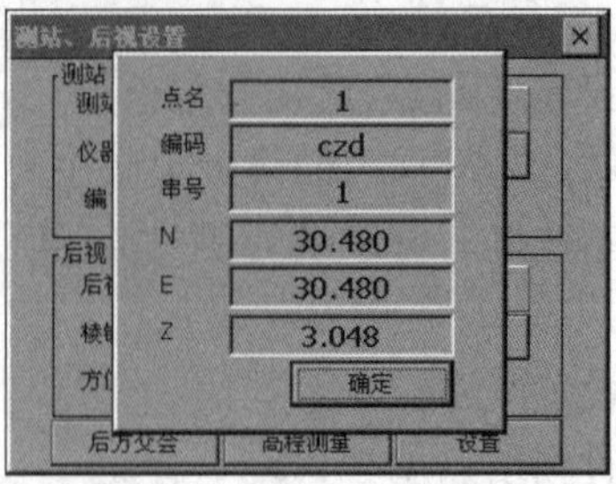

续表

操作步骤	按键	显示
C:单击【列表】,在弹出的对话框中选择【固定数据】或【坐标数据】。系统会列出作业中的坐标数据,选择点名,单击【调用】键。	【列表】	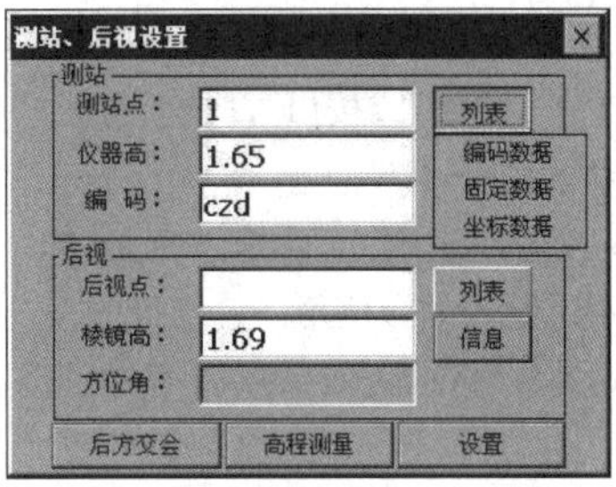 ↓ 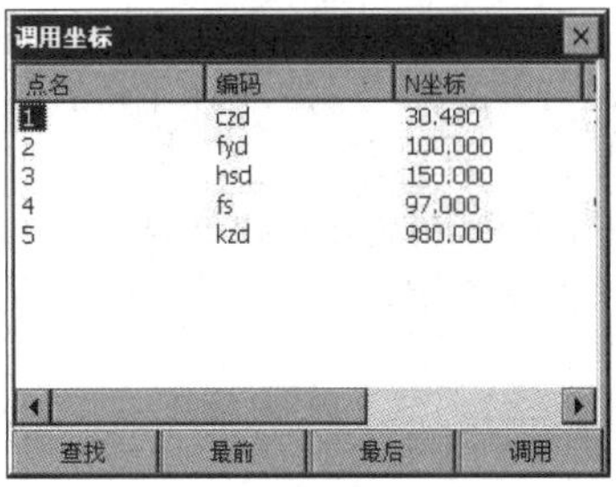
※1)后方交会:后方交会功能键,用于计算测站点的坐标。 2)高程测量:测量一点高程的功能键。		

②设置后视点与检核。

如表 3.4 所示,进行测站设置。

表 3.4　设置后视点与检核

操作步骤	按键	显示
①输入后视点名,方法同测站点设置。		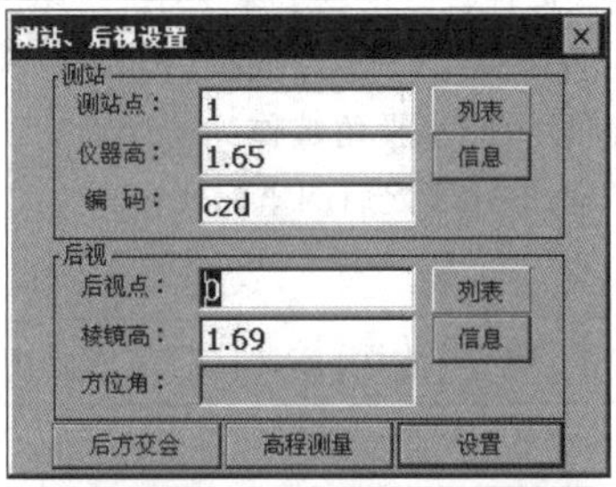
②系统计算出方位角。		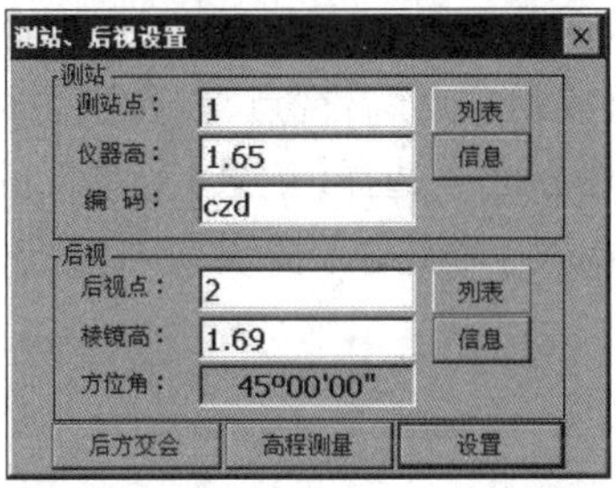

续表

操作步骤	按键	显示
③单击【设置】或按【ENT】键，进入后视点设置功能。 Bks：为输入后视点系统计算的方位角或手工输入的方位角。 HR：为此时仪器显示的水平角。	【设置】	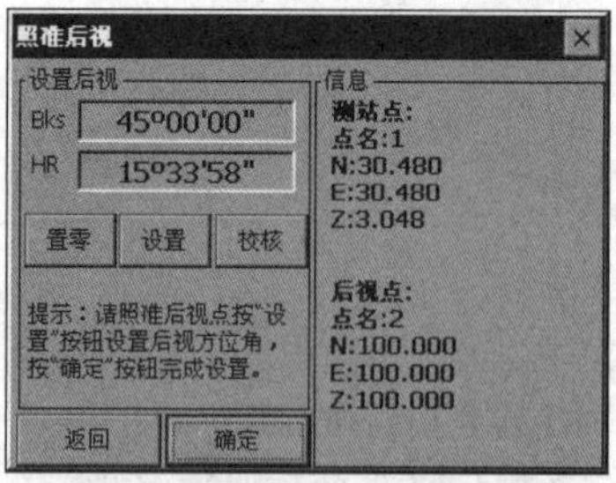
④A：若单击【置零】键，则水平角的显示为零。 再单击【确定】键便退出该屏幕并把后视方向设置为零。	【置零】	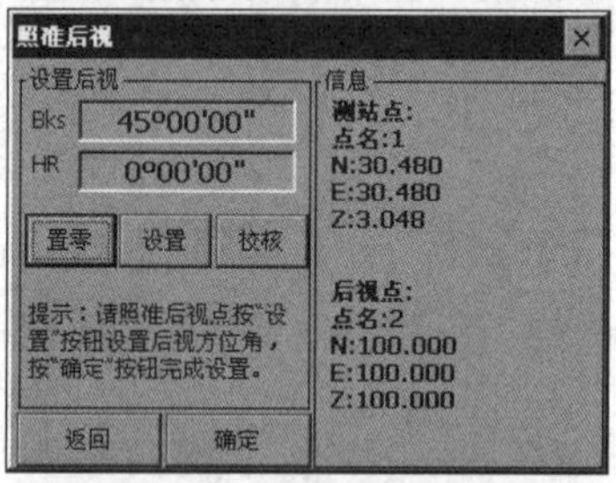
B：若单击【设置】键后，水平角显示的角度便为方位角。	【设置】	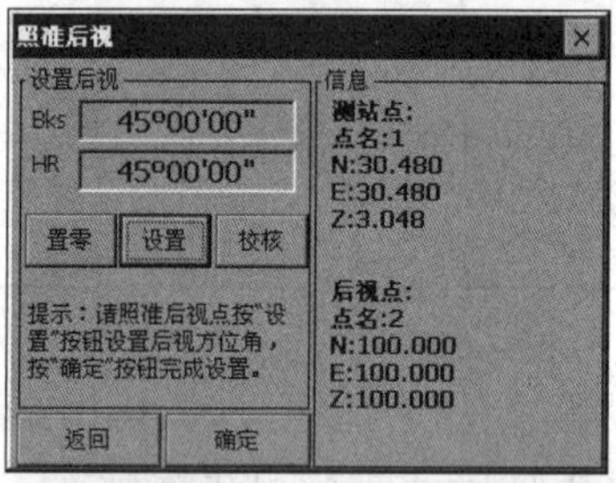
C：若单击【校核】键，便通过测量后视点的斜距而检校后视点坐标。 D：若直接单击【确定】或按【ENT】键，则当前显示的水平角被作为初始后视方向记录，并用于之后的坐标计算。	【校核】	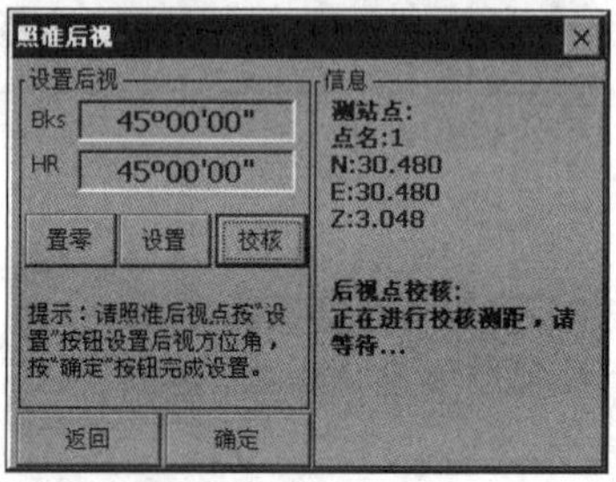
⑤单击【确定】或按【ENT】键，完成后视点的设置，并返回标准测量程序主菜单。		

③数据采集。

在完成测站点、后视点与检核后，可进行数据采集。数据采集可根据工作需要选择"标准测量"程序界面中选择【记录】菜单下的【前视测量】子菜单，根据作业要求输入点名及棱镜高(如不测高程，无须输入棱镜高)，照准棱镜中心，单击【测量】按钮，开始测量，如图3.5和图3.6所示。

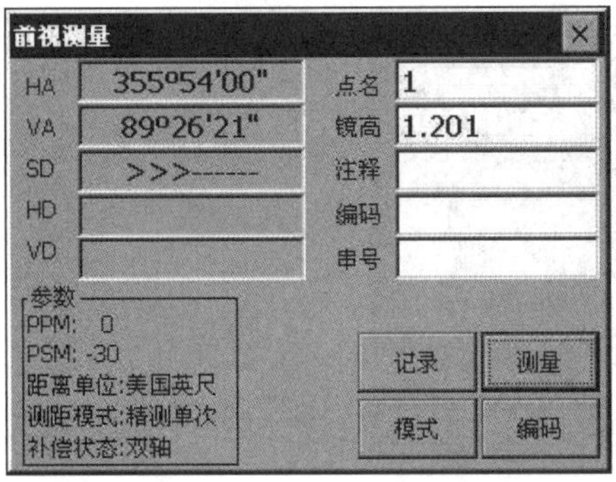

图 3.5　照准前视界面

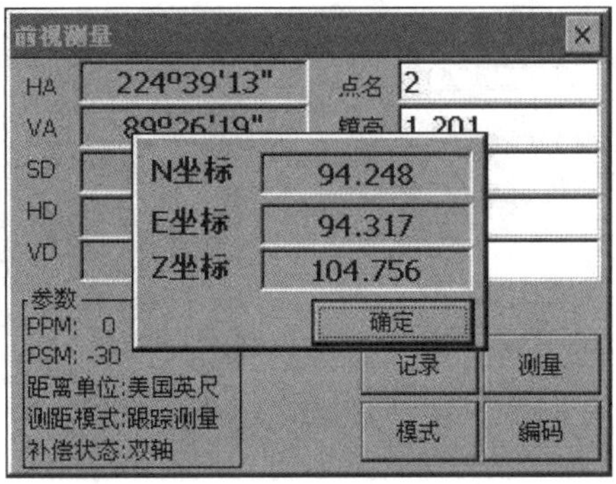

图 3.6　坐标测量成果

测量结束后,单击【记录】按钮,弹出前视测量对话框;单击【OK】键,记录数据,并返回到标准测量程序主菜单,如图 3.7 所示。

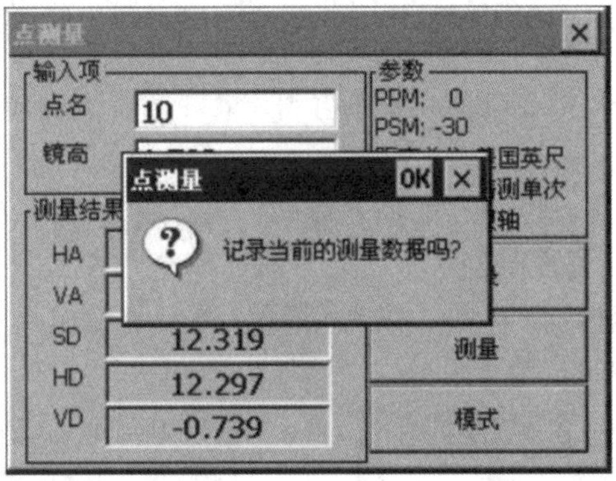

图 3.7　记录当前测量数据

当前碎部点测量完成,照准下一个目标,按以上操作进行(后视测量必须在测站点和后视点设置好了以后才可以进行;否则系统会自动提示设置测站点和后视点,然后才进入后视测量观测屏幕)。

外业结束后,利用全站仪的“数据导出/导入”功能,进行数据导出,供内业成图使用。

(2)WinMG2007 系统全站仪设站步骤

WinMG2007 是南方测绘仪器公司全新开发,为南方 NTS900 系列 Win 全站量身定做的基于 Win CE 平台的外业测量软件。该系统操作方便、功能强大、界面操作人性化设计、实用性强等诸多优点,是掌上平板与 Win 全站的完美结合。

1)数据采集准备工作

同样,WinMG2007 系统全站仪在进入数据采集之前,亦应进行有关参数设置。鉴于参数设定的基本原理相同,读者若有需要,请参见南方 WinMG2007 系统全站仪用户手册。此处不再赘述。

2)南方 NTS900 系列 Win 全站界面

按下 Win 全站仪面板上的电源开关开机,(开机时显示最后一次关机时的屏幕)。Win 全站仪主界面如图 3.8 所示。

双击桌面上 WinMG2007 图标,运行 WinMG2007。

图 3.8　Win 全站仪主界面

3）用 WinMG2007 测图

①新建图形。

双击桌面上 WinMG2007 图标，进入 WinMG2007 主界面。单击【文件】菜单下的【新建图形】，创建一个作业项目。此时作业项目尚未取名，图形信息将自动保存在临时文件 spdatemp.spd 中，为了能使所测的图形数据能实时保存下来，最好先将工程命名保存（如：AA.spd）。

②控制点录入。

施测前要先输入控制点。控制点的输入有两种方式：【手工输入】和【自动录入】，现以【手工输入】方式来输入控制点属性及坐标。

单击【文件】→【坐标输入】→【手工输入】菜单，弹出坐标输入对话框，如图 3.9 和图 3.10 所示。

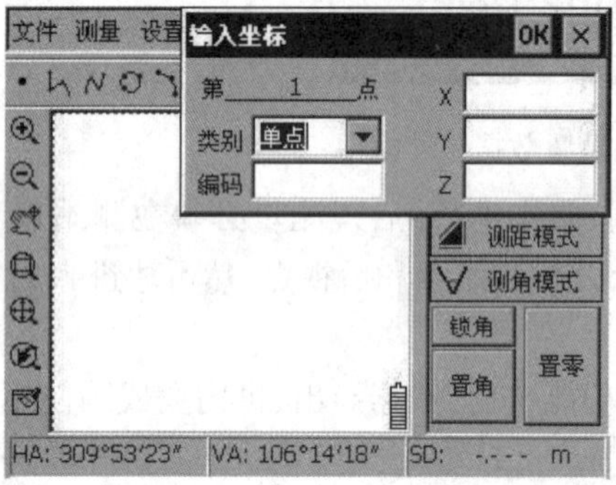

图 3.9　坐标输入对话框

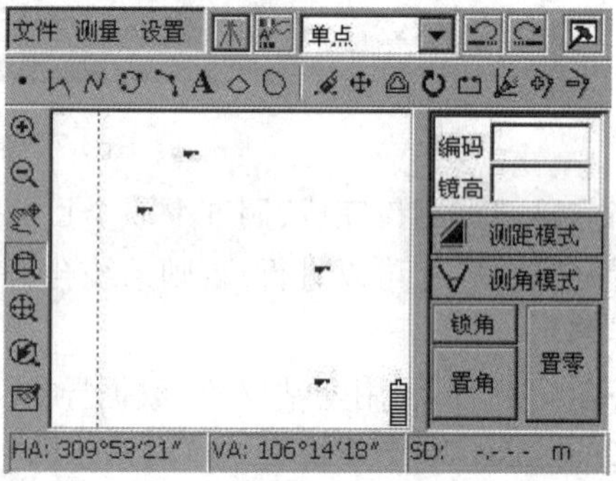

图 3.10　控制点示图

在类别栏里输入该点的属性；编码栏供用户输入自定义编码。例如，我们依照表 3.5 输入 7 个点。

表 3.5　控制点成果表

点号	点名	X/m	Y/m	Z/m
1	1N0104	3355572.389	461531.598	309.21
2	1N0104-1	3355517.171	461507.220	309.86
3	1N0404	3355529.821	461704.684	302.92
4	1N0107	3355455.810	461675.845	304.67
5	1N0108	3355375.898	461692.463	301.15

续表

点号	点名	X/m	Y/m	Z/m
6	1N0109	3355365.920	461576.449	296.055
7	I8	3355532.855	461585.240	303.03

注意:点号自动累加,不能人工干预。

输入第四点后单击右上角☒键退出,再单击🔍可以见到四个点都已展现在屏幕上,如图3.10所示。

③测站定向。

依次单击菜单:【测量】→【测站定向】,则会弹出一个对话框,如图 3.11 所示。测站定向提供了两种方式:点号定向和方位角定向,我们选择点号定向方式。

按图 3.11 所示,分别输入测站点点号、定向点点号、仪器高,如果需要对测站点和定向点进行检核,则需要输入检核点点号,然后按【√】键。其中测站点及定向点的输入既可通过数字键盘输入,也可用辅助笔直接捕捉屏幕上的坐标点来输入。

单击【√】按钮,测站定向完成,可以在屏幕上看到有一个(测站点)、(定向点)符号标示,如图 3.12 所示。

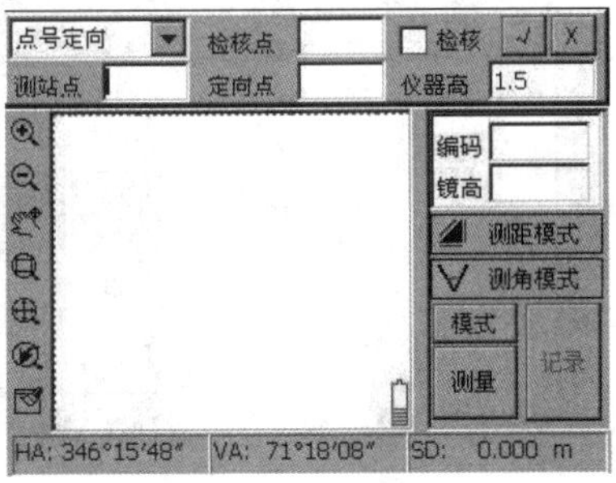

图 3.11　测站定向

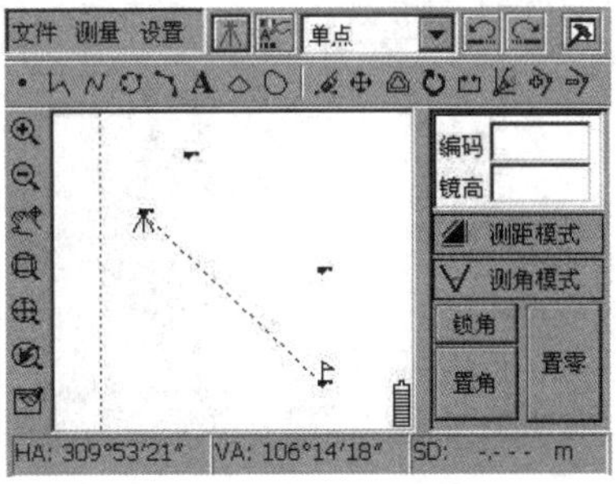

图 3.12　测站定向标示

④启动掌上平板开始测量。

单击屏幕上方工具栏中的“”图标进入掌上平板测量,如图 3.13 所示。

第一步:首先选择地物所在的图层,再设置该地物的属性。我们以测一个房屋为例,先在图层下拉框内选择【居民地层】,如图 3.14 所示,然后在属性下拉框内选择【一般房屋】,如图3.15 所示。

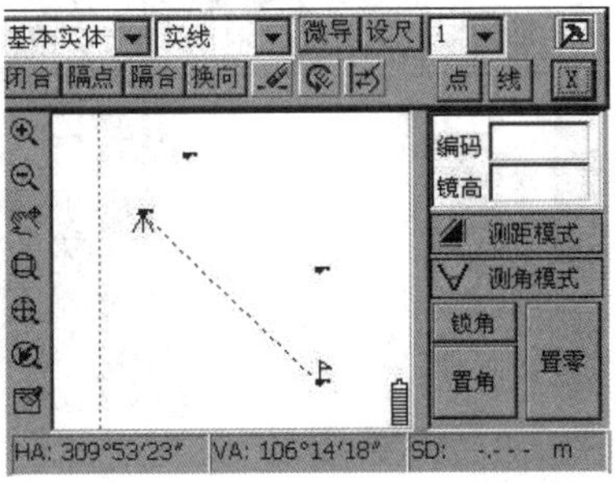

图 3.13　掌上平板

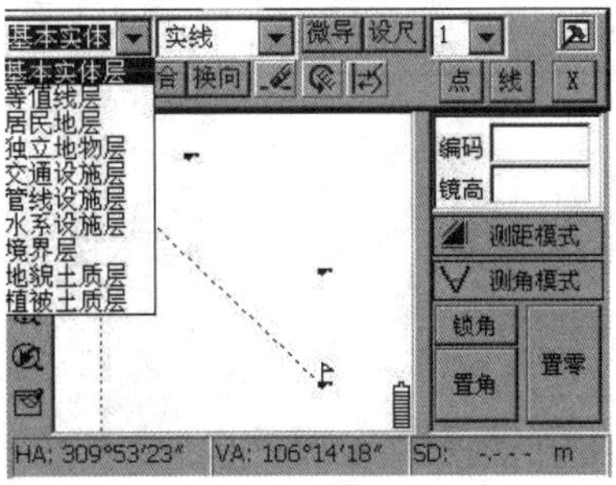

图 3.14　图层下拉框

注意:属性对话框中常用的地物(使用过的地物)符号会自动前排。

第二步:选择【设尺】为"1",单击【线】,然后单击屏幕右侧测量窗口中的【测距模式】按钮进入测量状态,将望远镜对准目标后单击【测量】按钮,如图3.16所示。

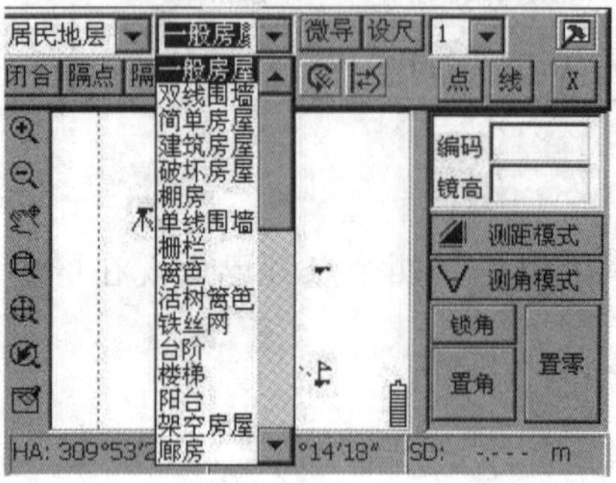

图3.15　属性下拉框

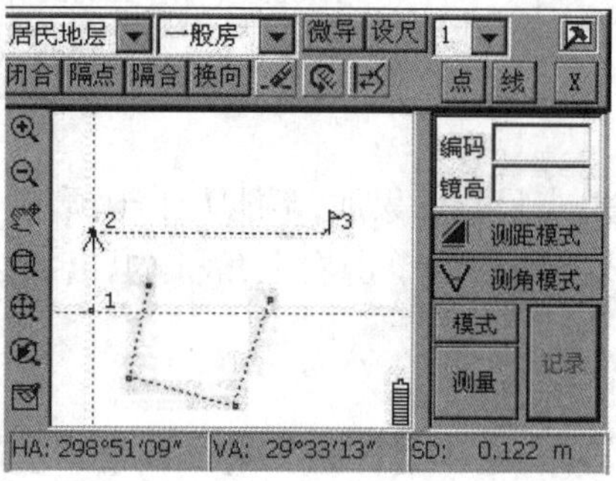

图3.16　同步测量

在同步测量面板中,屏幕下方测量窗口水平角(HA)、垂直角(VA)、斜距(SD)栏内将同步显示全站仪所测得的数值。

【镜高】及【编码】由用户输入。按【记录】按钮保存该点数据,绘图面板同时显示所测坐标点的位置。如图3.17所示。

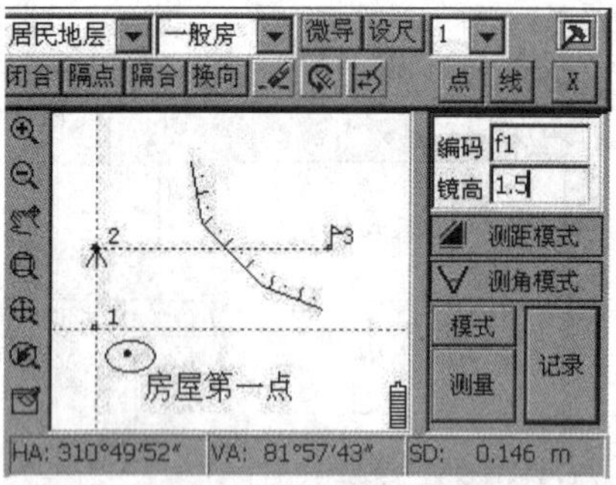

图3.17　房屋第一点

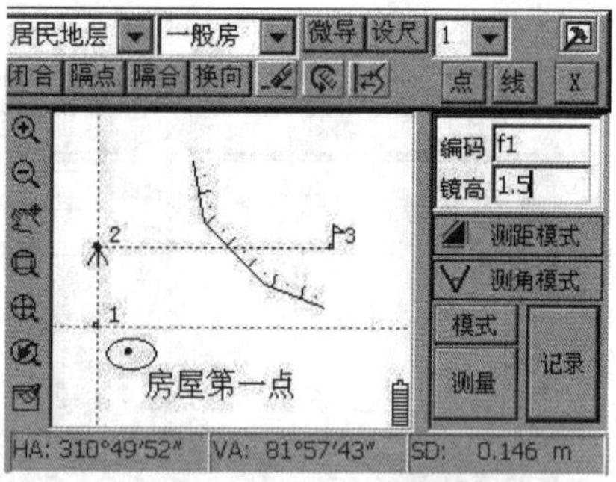

图3.18　房屋的三个点

然后依次测得房屋的第2、3点,如图3.18所示,此时房屋三点已测好,单击【隔合】键,则房屋自动隔一点闭合,如图3.19所示。

下面以测一段陡坎为例。先将图层、属性下拉框分别设置为【地貌土质层】和【未加固陡坎】,选择设尺"1",单击【线】,再单击【测量】→【记录】开始测量,重复"【测量】→【记录】"的工作依次测得陡坎的第1、2、3、4、5点,如图3.20所示。

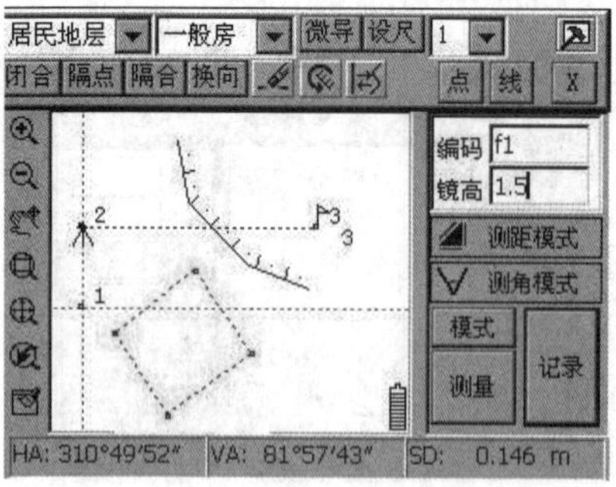

图3.19　隔点生成房屋

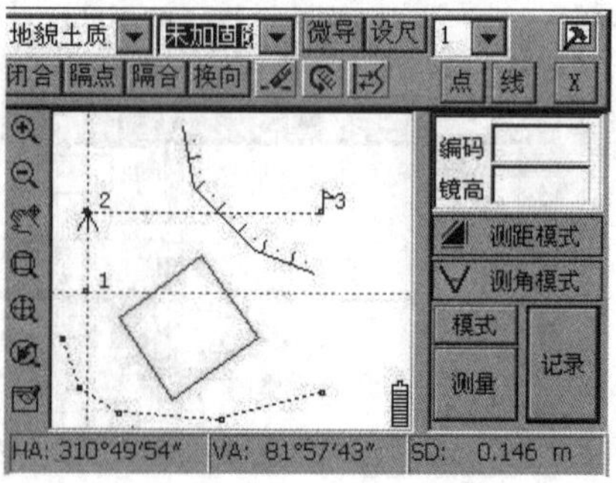

图3.20　未加固陡坎

如果此时陡坎还未测完，但又需要测旁边一个路灯，可以先选择设尺“2”（此时未加固陡坎为被释放状态），再单击一下【单点】，切换到点状地物测量状态，将图层设为【独立地物层】，属性为【路灯】，再单击【测量】开始测量，测完后单击【记录】路灯自动显示在屏幕上，如图3.21所示。

测完路灯后如果要继续测陡坎，只需选择尺“1”（此时刚才所测的未加固陡坎处于选中状态即：当前地物）就可以接着测得陡坎的第6、7点，这样保证了线性地物的完整性。所有地物测完后退出掌上测量平板，然后单击一下“”刷新屏幕，所测的地物如图3.22所示。

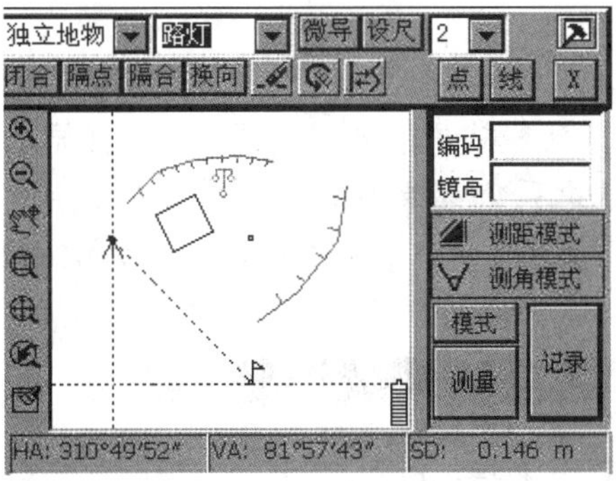

图3.21 路灯

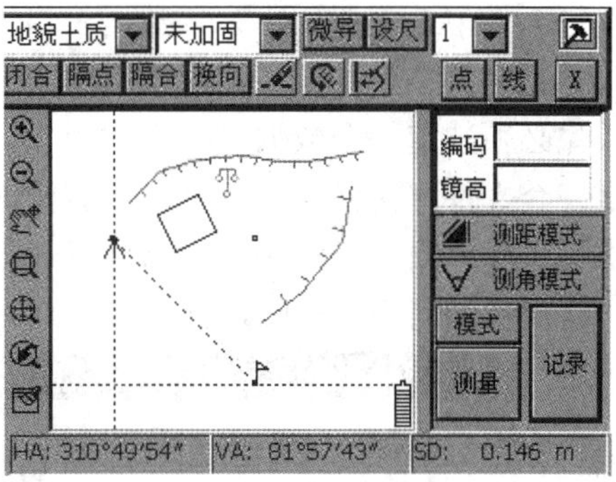

图3.22 简单地物

这幅图中包含了最简单的点状、线状、面状地物，其他地物测量方法均与此类似。

在测量的过程中，可能会同时测量多个地物，可以把不同的地物分别设在不同的测尺上，当选中测尺时（如选中1），则该测尺所代表的地物即陡坎被选中，陡坎处于激活状态，所测的点即为该线上的点。当要继续测房屋时，只需选择相应的尺号2即可。

当要把一个地物设到某个测尺上时（如尺3），先选择地物的图层和属性，然后用光笔选择某个尺号（如尺3），再单击【设尺】按钮即可。

测图完成后，依次单击菜单：【文件】→【保存图形】，在弹出对话框中输入MyFirstMap后单击【确定】按钮，则WinMG2007会将MyFirstMap.SPD保存在SouthDisk目录下。

注意：用户数据必须保存在“SouthDisk”目录下面，除此目录之外保存在其他路径下的用户数据在更换电池重新启动Win全站仪后将被全部清空。

⑤数据导入CASS。

首先将Win全站仪通过电缆线与电脑（PC机）连接，再通过电脑上的移动设备“Microsoft ActiveSync”来浏览Win全站仪上的文件，然后将PDA上MyFirstMap.SPD文件拷入到PC机上。启动CASS，在命令行中键入“readspda”后回车或者单击菜单【数据】→【WinMG2007格式转换】→【读入】，在弹出的对话框中打开MyFirstMap.SPD文件，同时在存放MyFirstMap.SPD文件的目录下会自动生成两个文件MyFirstMap.dat（CASS格式坐标数据文件）和MyFirstMap.hvs（原始数据文件）。这时WinMG2007所测的图形和数据就自动导入到CASS9.0软件当中。

（3）中海达ZTS-420系列全站仪设站步骤

数据采集菜单的操作：按下【MENU】键，仪器进入主菜单P1页，按下数字键【1】（数据采集）如图3.23所示：

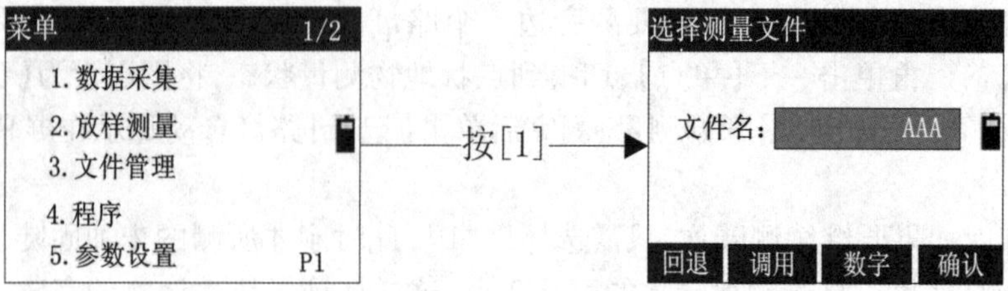

图 3.23 菜单栏

按【F4】确认后，进入图 3.24 数据采集界面。

1）数据采集文件的选择

首先必须选定一个数据采集文件，在启动数据采集模式之前即可出现文件选择显示，由此可选定一个文件。文件选择也可以在该模式下的数据采集菜单中进行，按【F2】（调用）键，则显示磁盘选择界面。选择一个磁盘后，如图 3.25 所示，按【确认】后显示文件列表。按【F4】翻页可进行文件的新建、查找、删除。

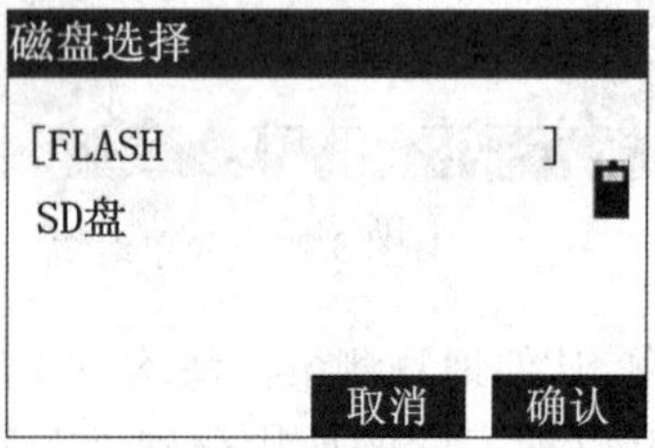

图 3.24 数据采集

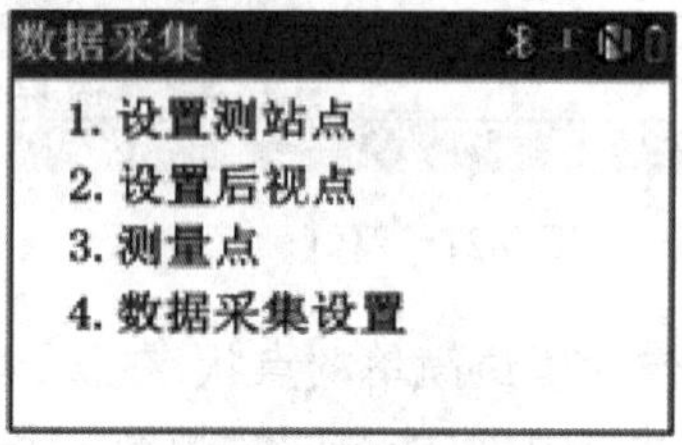

图 3.25 选择磁盘

按【▲】或【▼】键使文件到表向上下滚动，按【◄】或【►】可进行文件列表翻页，选定一个文件，如图 3.26 所示，按【ENT】（回车）键，调用文件成功，屏幕返回。

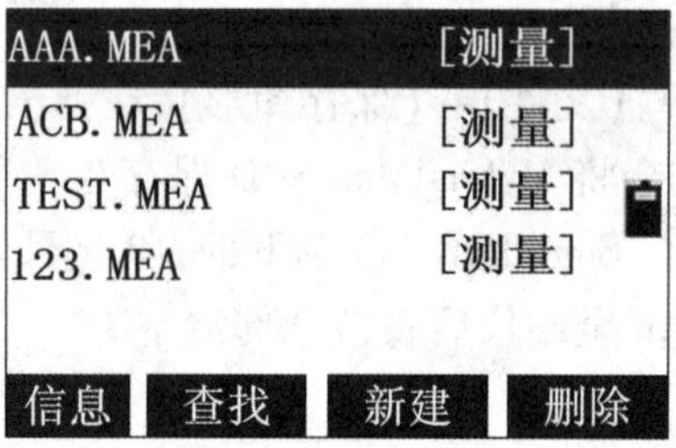

图 3.26 选择文件

2）设置测站

测站点在数据采集模式和正常坐标测量模式是相互通用的，可以在数据采集模式下输入或改变测站点；测站点坐标可利用内存中的坐标数据设置和直接由键盘输入。具体操作步骤见表 3.6。

表 3.6　中海达 ZTS-420 系列全站仪测站设置

操作步骤	按键	显示
①进入设置测站点，会显示原有数据；按（测站）键。	【F4】	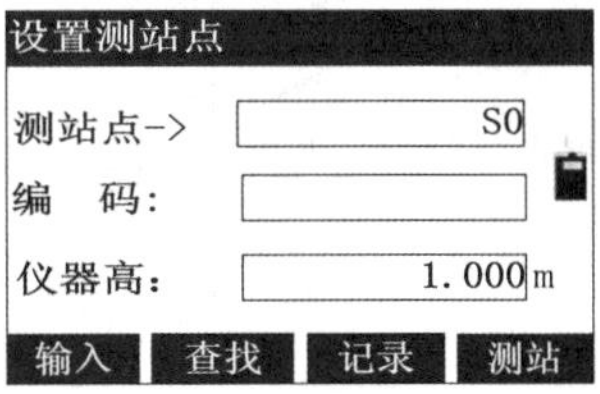
②在弹出的对话框中，按【F1】输入点名。	【F1】	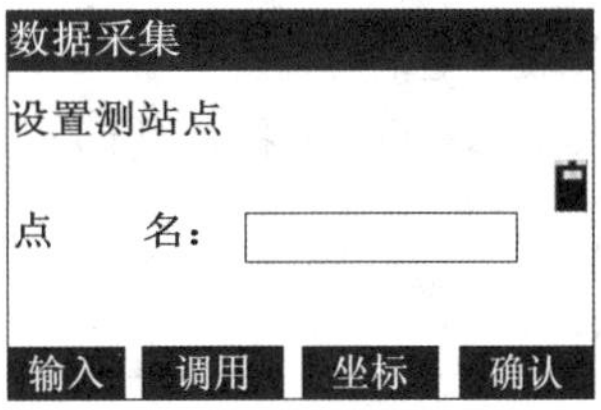
③输入点号后按【F4】键确认。	【F4】	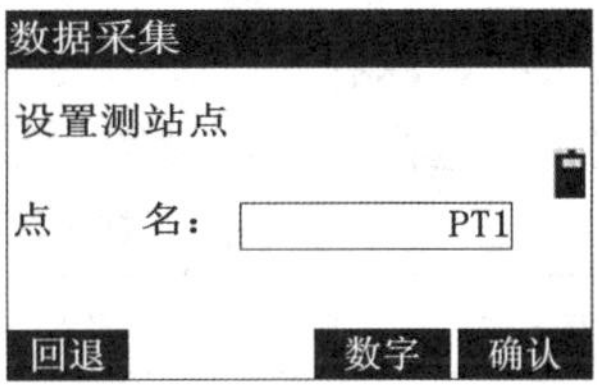
④系统查找当前坐标文件，找到点名，则将该点的坐标数据显示在屏幕上，按【F4】（是）确认测站点坐标，并返回到测站点设置主界面。	【F4】	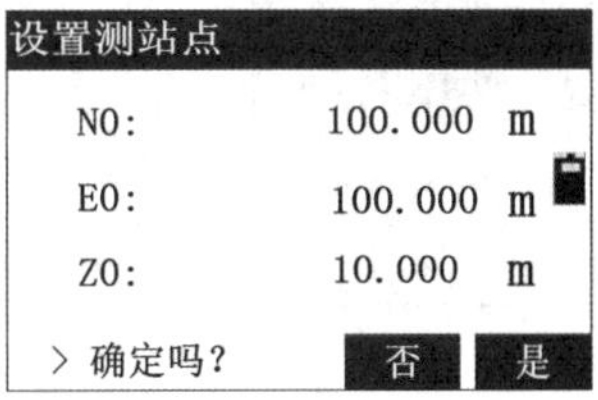
⑤屏幕返回设置测站点界面。用【▼】键将→移动到编码栏；按【F1】（输入），输入编码。	【F1】	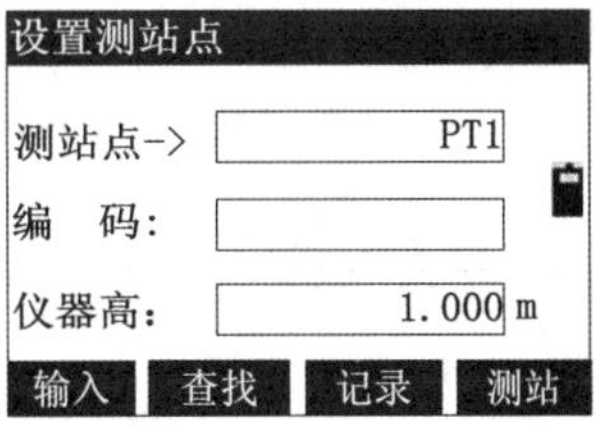
⑥移动到仪器高一栏，输入仪器高，并按【F4】（确认）。	【F4】	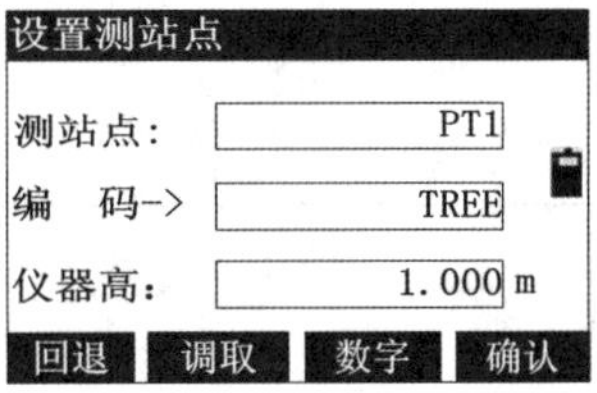

续表

操作步骤	按键	显示
⑦按【F3】(记录)键,显示该测站点的坐标。	【F3】	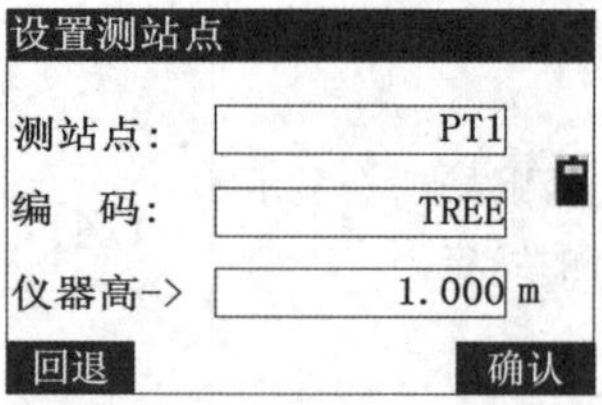
⑧按【F4】(是)键,完成测站点的设置,显示屏返回数据采集菜单。	【F4】	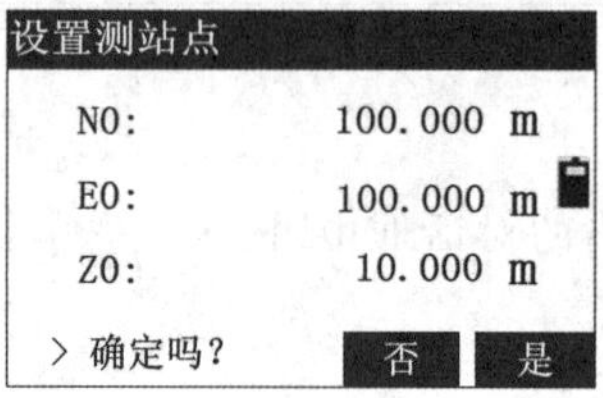

3)设置后视

后视点的定向可以利用内存中的坐标数据来设置,或直接输入后视点坐标,或直接输入设置的定向角度。在进行方位角设置时须注意方位角一定要通过测量来确定,如表 3.7 所示。

表 3.7　输入点号设置后视定向

操作步骤	按键	显示
①进入设置后视点界面,屏幕显示上次设置的数据,按【F4】(后视)键。		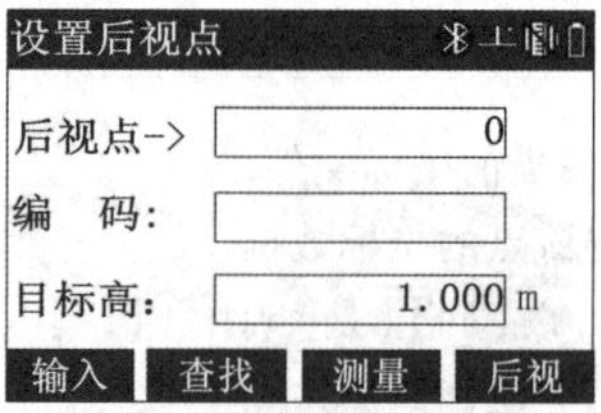
②按【F1】(输入)键。	【F1】	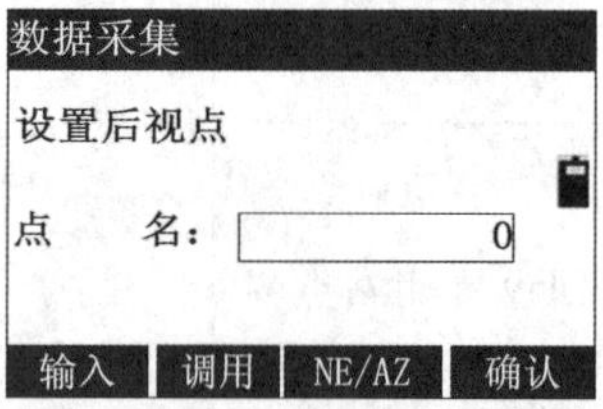
③输入点号后按【F4】键确认。	【F4】	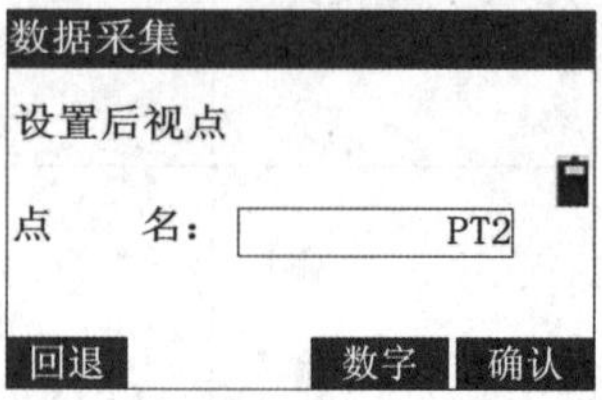

续表

操作步骤	按键	显示
④系统查找当前坐标文件，找到点名，将该点的坐标数据显示在屏幕上，按【F4】（是）确认后视点坐标。	【F4】	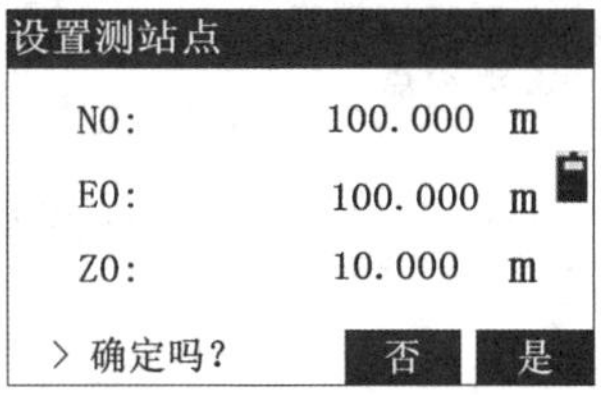
⑤屏幕返回设置后视点界面。按同样方法，输入点编码、目标高。		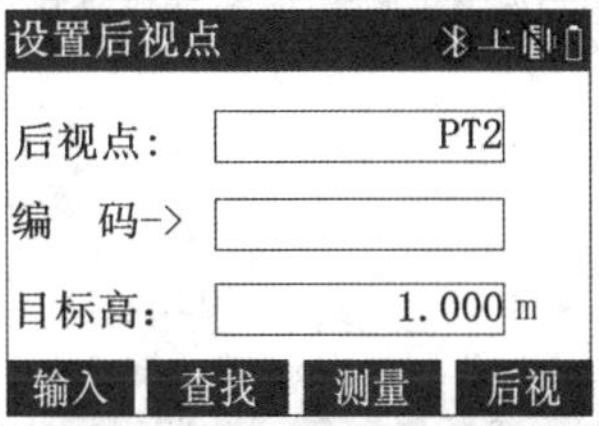
⑥移动到仪器高一栏，输入仪器高，并按【F4】（确认）。	【F4】	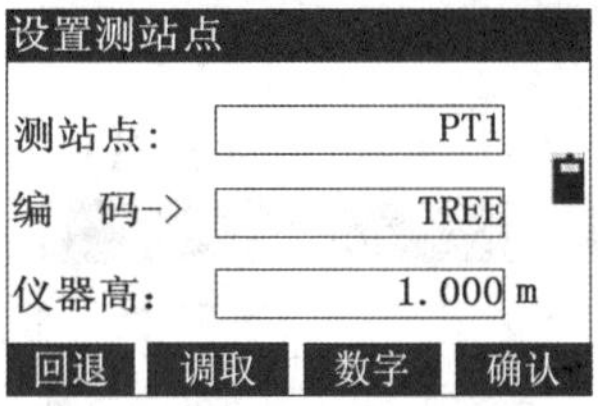
⑦按【F3】（测量）键。	【F3】	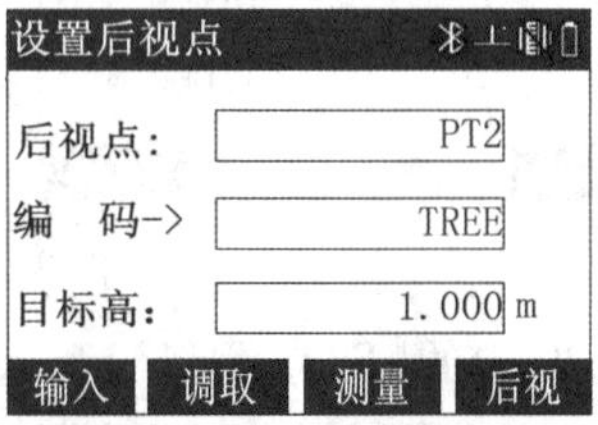
⑧照准后视点，选择一种测量模式并按相应的按键。例如：【F2】（斜距），直接对后视点进行测量。	【F2】	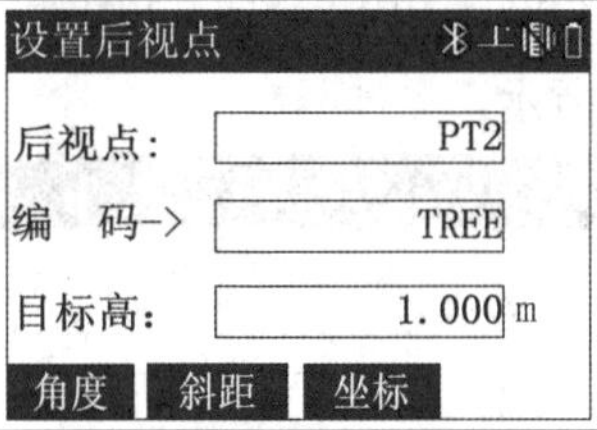
⑨按【F4】（确认）结束后视点设置，当前设置的后视点信息会存入测量文件中。	【F4】	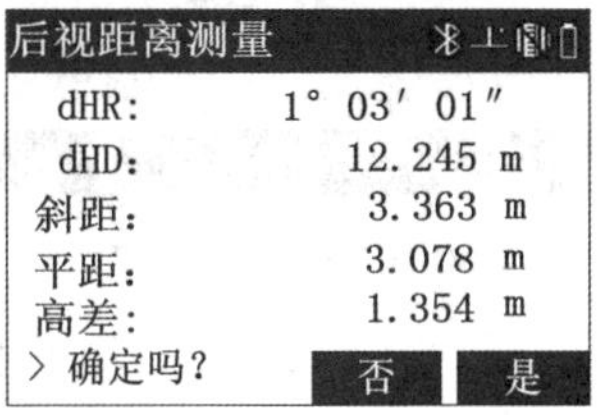

4）碎部点测量

①进行待测点的测量由数据采集菜单，按数字键【3】，进入待测点测量界面，如图3.27所示。

②按【F1】（输入）键，输入待测点点名，【确认】输入编码，如图3.28所示。

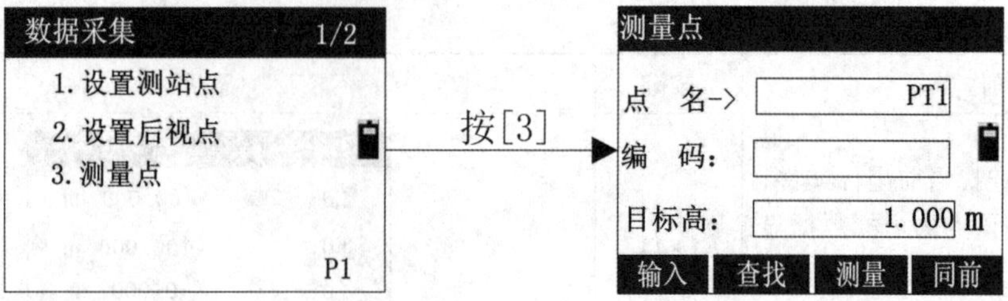

图 3.27　待测点测量界面

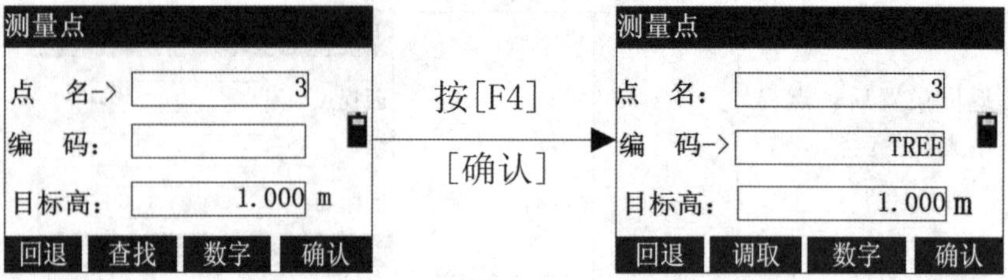

图 3.28　输入待测点点名

③按同样方法,输入目标高后【确认】,如图 3.29 所示。

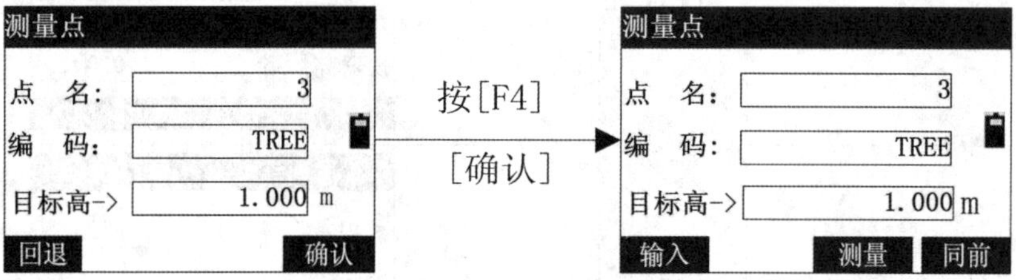

图 3.29　输入待测点目标高

④按图 3.29 中的【F3】(测量)键,有四种测量方式可供选择:角度、距离、坐标、偏心,照准目标点,按图 3.30 中【F1】—【F3】中的一个键,选择测量模式,例如:【F2】(距离)键,启动测量,如图 3.31 所示。

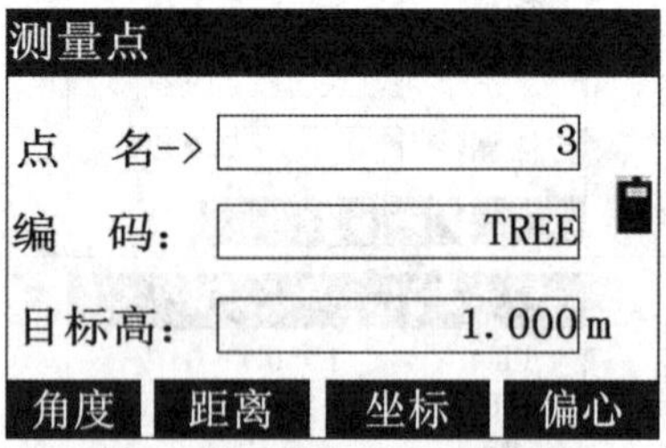

图 3.30　四种测量方式选择

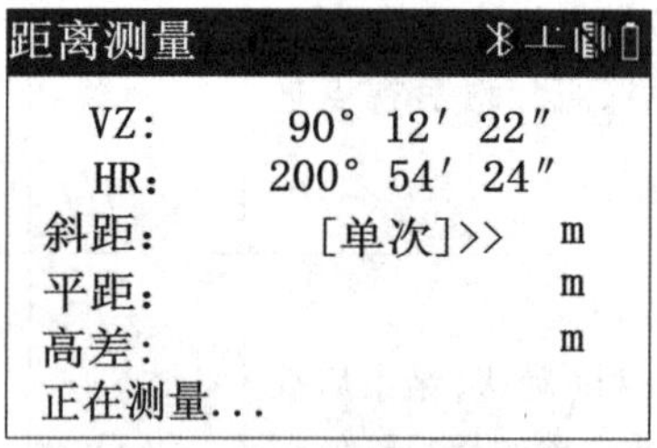

图 3.31　距离测量模式

⑤测量结束后,按【F4】(是)键,数据被存储,如图 3.32 所示;可通过"数据采集设置→数据确认"设置取消此确认界面。系统将自动将点名+1,开始下一点的测量,可按上述方式输入目标点名、编码、目标高并照准该点。可按【F4】(同前)键,如图 3.33 所示,按照上一个点的测量方式进行测量;也可按【F4】(测量)选择测量方式。

⑥测量完毕,数据被存储。按【Esc】键即可退出数据采集功能。

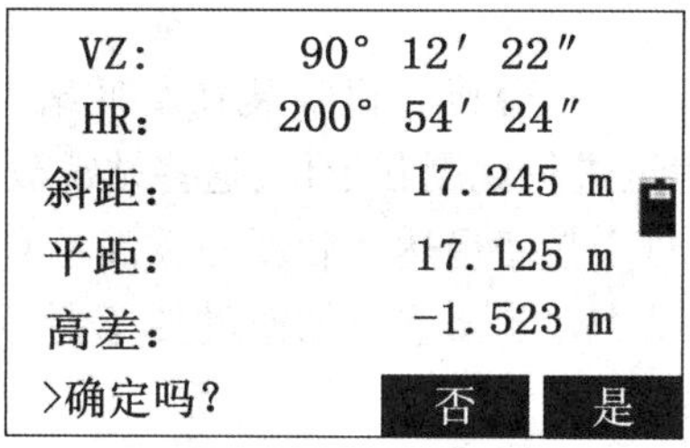

图3.32　数据采集

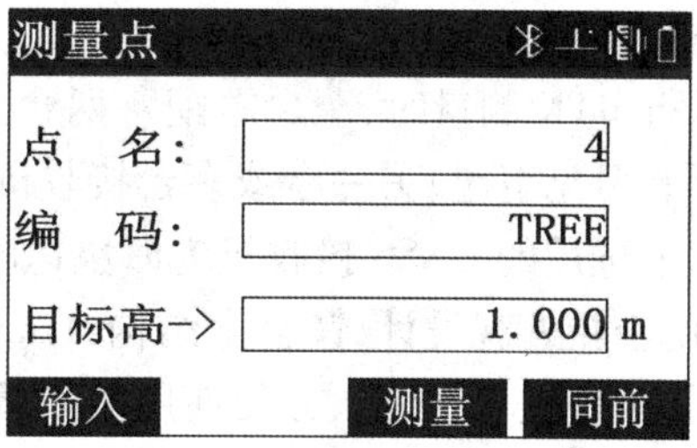

图3.33　同前测量方式测量

GNSS RTK 碎部测量(1)

任务3.3　GNSS RTK 数据采集方法

任务描述

● 了解 GNSS RTK 测量的基本原理;了解基准站和网络 RTK 各自需要的仪器设备。

● 能够操作 GNSS RTK 接收机,能够进行 GNSS RTK 的参数计算和碎部点数据采集,能够完成数据传输操作。

知识学习

RTK(Real Time Kinematic)是一种利用 GNSS 载波相位观测值进行实时动态相对定位的技术。进行 RTK 测量时,位于基准站上的 GNSS 接收机通过数据通信链实时地把载波相位观测值以及已知的测站坐标等信息播发给在附近工作的流动用户。这些用户就能根据基准站及自己所采集的载波相位观测值利用 RTK 数据处理软件进行实时定位,进而根据基准站的坐标求得自己的三维坐标,并估算其精度,如有必要,还可将求得的 WGS-84 坐标转换为用户所需的坐标系中的站坐标。

1.基准站法

传统的 RTK 测量的设备包括 GNNS 接收、数据通信链和 RTK 软件三大部分,它们的构成如图3.34所示。

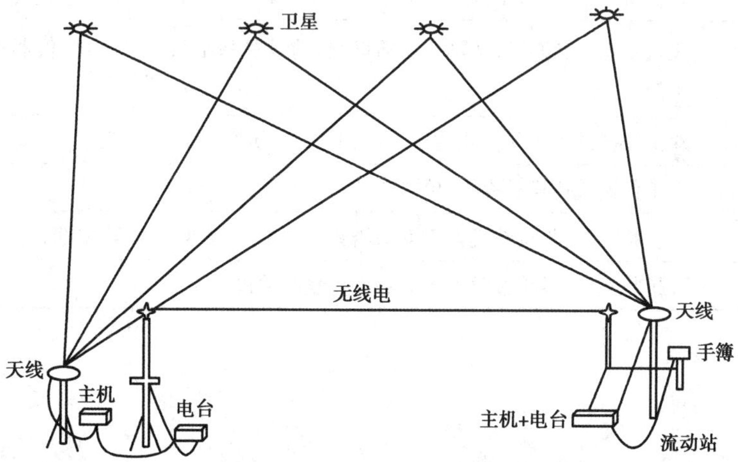

图3.34　基准站 RTK 的组成

(1)GNSS 接收机

在进行 RTK 测量时,至少需配备两台 GNSS 接收机。一台接收机安装在基准站上,观测视场中所有可见卫星;另一台或多台接收机在基准站附近进行观测和定位,这些站常被称为流动站。本书选用的 GNSS 接收机为海星达的 iRTK2,iRTK2 是海星达品牌新一款高端 GNSS 接收机,采用全新外观设计,镁合金结构,Linux3.2.0 操作系统,结合重力加速度传感器、WiFi 连接,是一款实现轻巧、智能、方便使用的测量型 GNSS 接收机。

下面以海星达 iRTK2 接收机为例进行介绍:

①接收机外观。

iRTK2 接收机外观主要分为上盖、下盖和控制面板三个部分,如图 3.35 所示。

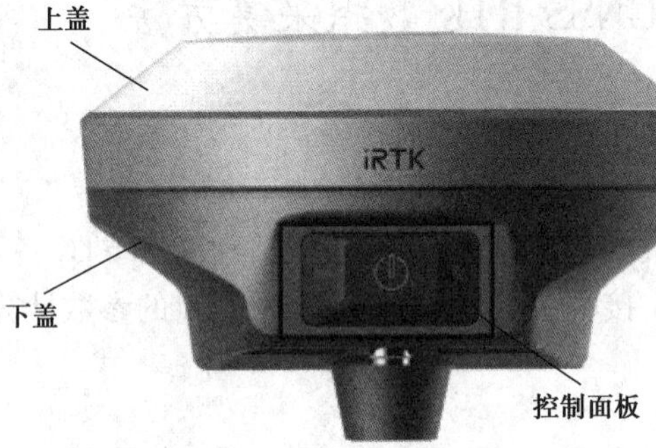

图 3.35　海星达 iRTK2 接收机

②控制面板。

中间框内为 iRTK2 接收机的控制面板,控制面板包含 1 个电源开关按键,一个按键囊括了 iRTK2 接收机设置的所有功能。3 个指示灯,分别为卫星灯、电源灯(双色灯)、信号灯(双色灯)。控制面板的按键功能见表 3.8,控制面板指示灯说明见表 3.9。

表 3.8　iRTK2 按键功能

功能	详细说明
开机	关机状态下,长按按键 1 s 开机
关机	开机状态下,3 s≤长按按键≤6 s,语音报第一声“叮咚”,放开按键,正常关机
自动设置基站	关机状态下,超长按按键 6 s,播报“自动设置基站”,放开按键,仪器将进行自动设置基站
工作模式切换	双击按键进入工作模式切换,每双击一次,切换一个工作模式
工作模式切换确认	在工作模式切换过程中,单击按键确认
复位主板	开机状态下,长按按键大于 6 s,语音报第二声“叮咚”,放开按键,进行复位主板
强制关机	开机状态下,长按按键大于 8 s,进行强制关机

表3.9　LED指示灯说明

操作	含义	
电源灯(黄色)	常亮	正常电压:内电池>7.6 V,外电>12.6 V
电源灯(红色)	常亮	正常电压:7.1 V< 内电池≤7.6 V,11 V<外电≤12.6 V
	慢闪	欠压:内电池≤7.1 V,外电≤11 V
	快闪	指示电量:每分钟快闪1~4下指示电量
信号灯(状态绿灯)	常灭	没有使用GSM/WiFi客户端的时候
	常亮	GSM/WiFi连接上服务器
	慢闪	GSM已登录上3G/GPRS网络或WiFi连上热点

③下盖。

下盖主要包括电池仓、五芯插座、喇叭、Mini USB接口等,如图3.36所示。

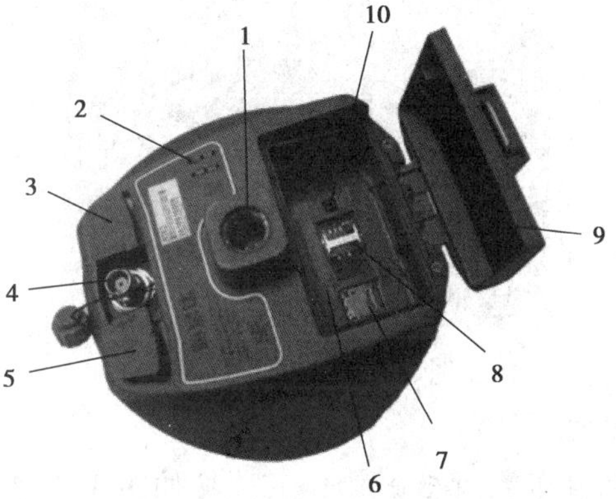

图3.36　iRTK2下盖

◇1—连接螺孔:用于将仪器固定于基座或对中杆。

◇2—喇叭:对仪器实时操作及状态进行语音播报。

◇3—USB接口:用于主机与外部设备的连接,进行升级固件和下载静态数据,还可以作为特殊工作模式下的USB转串口使用(需要安装驱动)。

◇4—3G/GPRS/UHF内置电台天线接口:使用网络时接3G/GPRS天线,使用电台时接UHF内置电台天线。

◇5—五芯插座:用于主机与外部数据链及外部电源的连接。

◇6—电池仓:用于安放锂电池。

◇7—SD卡槽:用于安放SD卡,可以存储大容量静态数据。

◇8—SIM卡槽:用于安放USIM/SIM卡,进行数据链通信和远程控制。

◇9—电池盖:盖上电池盖能防尘防水,具有保护电池及主机零配件的。

◇10—弹针电源座:用于锂电池与主机的连接。

(2)数据通信链

数据通信链的作用是把基准站上采集的载波相位观测值及站坐标等信息实时地传递给流

动用户。由调制解调器、无线电台等组成,通常可与接收机一起成套地购买。

(3)基准站的架设与设置

基准站是 RTK 测量系统中固定不动的点,在选择基准站位置的时候应注意以下几点:

- 基准站的视场应开阔。
- 用电台进行数据传输时,基准站宜选择在测区相对较高的位置。
- 用移动通信进行数据传输时,基准站必须选择在测区有移动通信接收信号的位置。
- 选择无线电台通信方法时,应按约定的工作频率进行数据链设置,以避免串频。

在测区内选好基准站的位置以后,可按照图 3.37 连接好基准站的测量设备,然后开启主机,利用 GNSS 接收机的功能键进行工作模式、数据链的设置;工作模式切换见表 3.8,数据链设置在手簿使用中讲解。

图 3.37　基准站连接图

(4)移动站的安装与设置

移动站由 GNSS 接收机和手簿两部分构成,其连接如图 3.38 所示。连接完成后也需要进行工作模式、数据链的设置,设置方法与基准站一致。

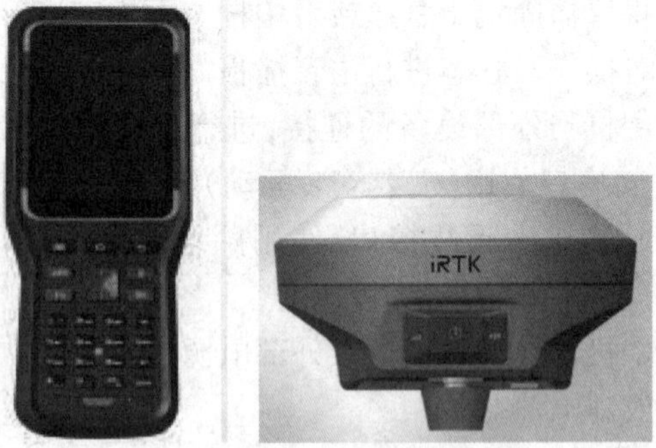

图 3.38　移动站连接图

(5)手簿软件的使用

手簿软件是对 GNSS 接收机进行设置和数据处理的工具,主要包括项目设置、坐标系统设置、设置基准站和设置移动站等。

1)项目设置

①打开 Hi-Survey 软件,软件主界面如图 3.39 所示,然后新建项目,单击【项目】→【项目信

息】,在下方输入项目名,单击右上角“确定”。选择一个项目图例模板,若在【项目设置】→新项目界面,打开了“设置提示”开关(默认开启),则会自动跳转至【项目设置】→系统界面;也可单击“跳过”按钮,此时软件默认选择“CASS”模板。

②新建项目,单击【项目】→【项目信息】,如图3.40所示,在下方输入项目名,单击右上角“确定”,如图3.41所示。选择一个项目图例模板,若在【项目设置】→新项目界面,打开了“设置提示”开关(默认开启),则会自动跳转至【项目设置】→系统界面;也可单击“跳过”按钮,此时软件默认选择“CASS”模板,如图3.42所示。

图3.39 软件界面

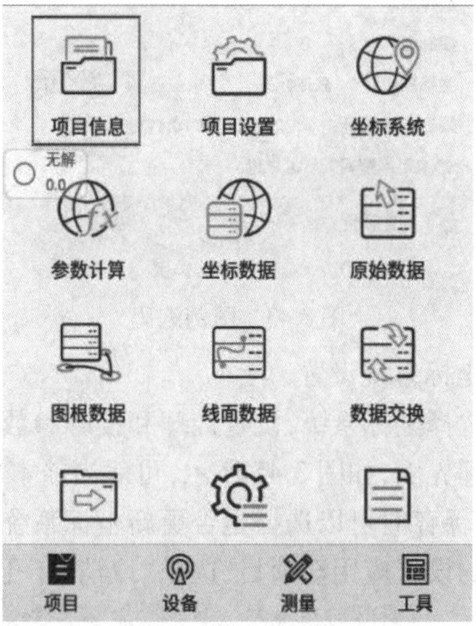

图3.40 项目信息

图3.41 项目设置

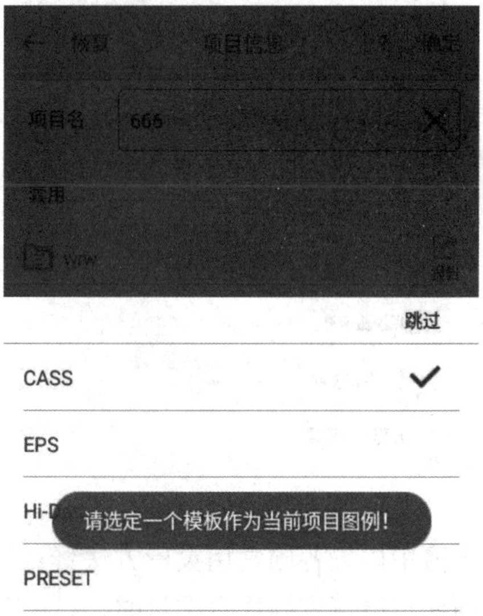

图3.42 CASS模板选择

③也可以在输入了项目名称后直接套用历史项目的图例编码和坐标系统(默认勾选坐标系统),如图3.43、图3.44所示。

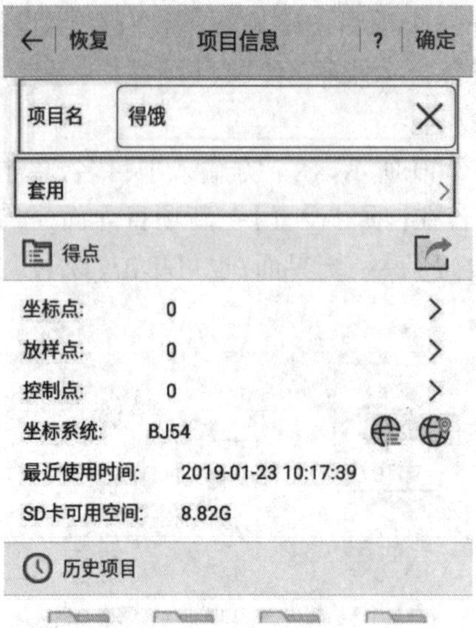

图 3.43　图例编码

图 3.44　默认坐标系统

2)坐标系统设置

①选择坐标系统,设置椭球和投影参数。在"【项目设置】→系统"界面,单击进入坐标系统管理界面,如图 3.45 所示,可对当前本项目的坐标参数进行编辑,生成的坐标系统只用于本项目,保存时可以选择是否更新坐标系统参数至对应投影列表。选择"确定"坐标系统参数按本次的设置应用至项目,选择"取消"不更新坐标系统参数,如图 3.46 所示。

图 3.45　坐标系统设置

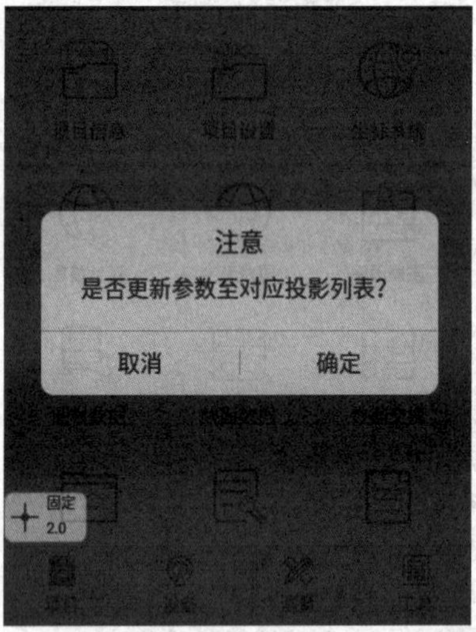

图 3.46　更新参数

②手簿中内置各国常用投影方法:包括高斯投影、墨卡托、兰勃托等投影方式(注:当投影方式为高斯三度带或高斯六度带时,仪器连接后支持自动计算中央子午线经度,其他自定义投影则不支持。中国用户建议使用高斯三度带,在下方的投影参数中,只需要更改中央子午线经度,如果不知道当地中央子午线,可以连接好接收机后使用中央子午线输入框后面的图标自动计算),如图 3.47、图 3.48 所示。在设置中需要注意【坐标系统】→【投影】→【加带号】,可设置是否加带号;打开【加带号】后,所有坐标 E 输入框处将进行带号检测,若带号不匹配输入框

将显示红色字体，且在数据确认时将提示带号不匹配。

图 3.47　加带号

图 3.48　带号检测

③进行基准面设置，该界面下可以设置源椭球、目标椭球，源椭球一般为 WGS-84，其中参数：a 表示长半轴，1/f 表示扁率的倒数；内置世界各大洲各国常用的椭球参数；目标椭球表示当前地方坐标系统使用的椭球体，如图 3.49 所示。设置好所有坐标系统参数后单击保存，会将设定参数保存到 *.dam 文件中。设定好参数后一定要单击界面下方的保存按钮，否则设定的参数无效。

图 3.49　设置椭球

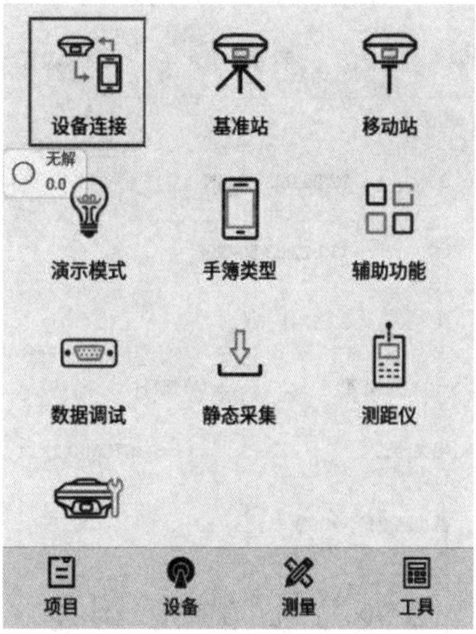

图 3.50　设备连接

3）基准站设置

①连接设备，【设备】→单击【设备连接】→连接→选择基准站的机号进行蓝牙配对连接，如图 3.50、图 3.51 所示。

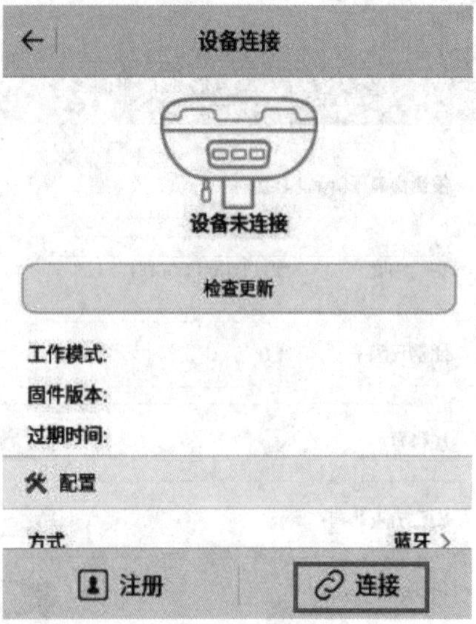

图 3.51　蓝牙连接

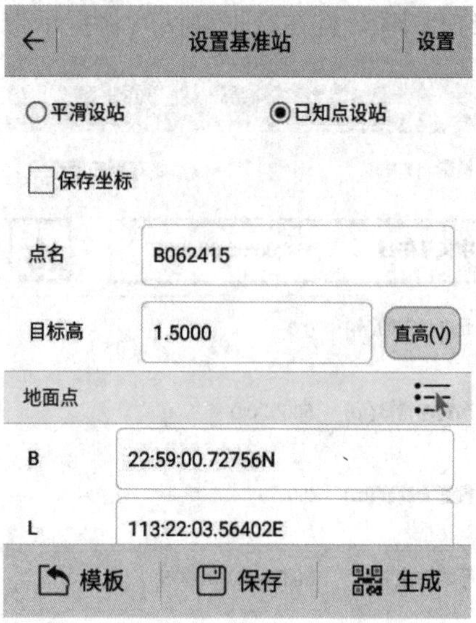

图 3.52　已知点设站

②设置基准站位置，如果基准站架设在已知点上，且知道转换参数，则选择【已知点设站】，直接输入或在点库里选择该点的 WGS-84 的 BLH 坐标，也可事先打开转换参数，输入该点的当地 NEZ 坐标，这样基准站就以该点的 WGS-84 BLH 坐标为参考，发射差分数据，如图 3.52、图 3.53 所示。如果基准站架设在未知点上，选择【平滑设站】，设置平滑次数，如图 3.54 所示；完成数据链、电文格式等设置后，单击右上角【设置】接收机将会按照设置的平滑次数进行平滑，最后取平滑后的均值为基准站坐标。另外，平滑设站若勾选"保存坐标"，则还需输入该坐标的目标高、选择量高类型，输入点名，如图 3.55 所示。

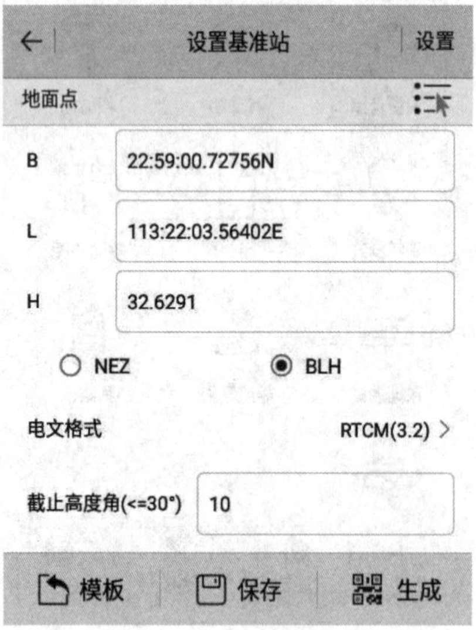

图 3.53　地面点

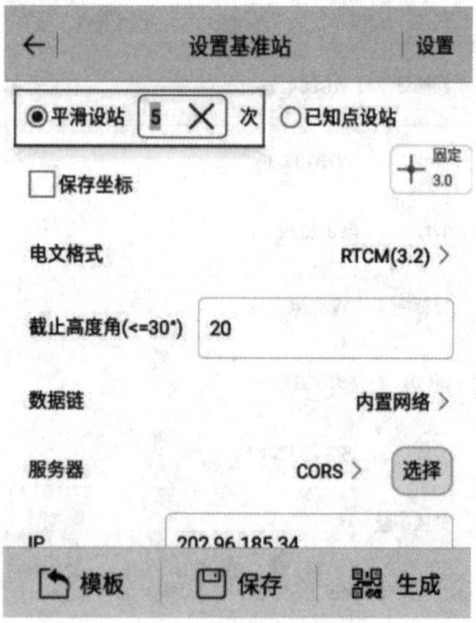

图 3.54　平滑设站

③单击【数据链】，进入数据链设置。首先将基准站数据链选为【内置电台】，如果使用外置电台则选择外置电台模式，对应选择电台协议和空中波特率（例如：HI-TARGET19200），然后进行频道设置，频道输入 0~115 任意数字，如图 3.56 所示，需要注意"数据链"的各项参数，

基准站和移动台要设成一致,移动台才能收到基准站的信号。

图 3.55　保存坐标

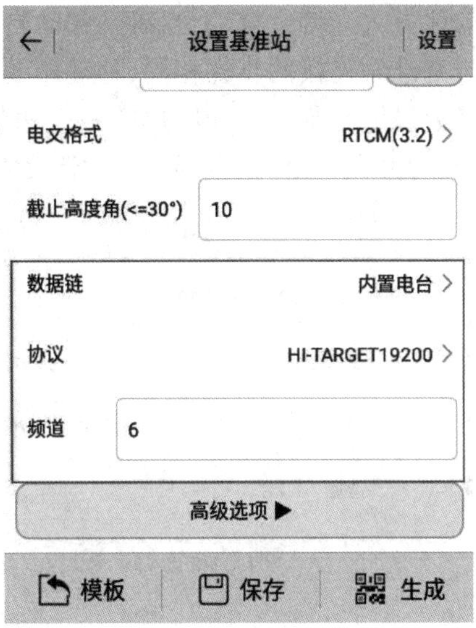

图 3.56　数据链

④参数设置,首选【电文格式】,电文格式包括 RTCM(3.2)、RTCM(3.0)、CMR、RTCM(2.x),若使用三星系统接收机,基准站电文格式设置为 RTCM3.2,可以支持多品牌北斗差分导航定位;然后设置【截止高度角】,截止高度角表示接收卫星的截止角,可在 0 至 30 度之间调节,如图 3.57 所示;再设置【定位数据频率】,定位数据频率指软件更新定位数据的频率,支持 1 Hz 和 2 Hz,如图 3.58 所示。

图 3.57　截止角

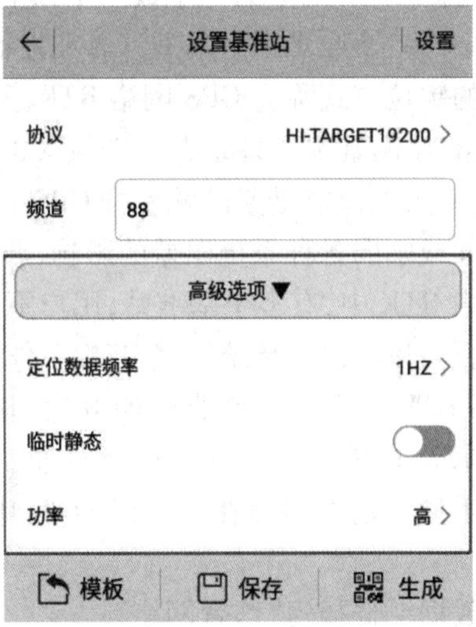

图 3.58　定位数据频率

参数设置完之后点右上角的“设置”,主机语音报“UHF 基准站”,主机信号灯红灯每秒闪烁两次,说明基站设置成功,正在发送差分数据。等到基准站主机面板上信号灯绿灯呈规律性闪烁,以及电台红灯一秒闪烁一次时,表示基准站主机自启动成功,基准站在发射信号。如果信号灯不闪烁,可以重启接收机主机或重新操作一次,等到灯闪烁后方可断开连接进入移动站设置。

4)移动台设置

用蓝牙方式连接上移动台,确认移动台数据链以及其他各项参数和基准站一致。移动站的设置与基准站连接的步骤相同,移动站的数据链参数必须要和基准站的一样才能接收差分数据。参数设置与基站一样后单击右上角的“设置”,如图 3.59 所示,主机语音播报“UHF 移动台”。稍等片刻,悬浮窗上显示“固定”,便可以开始测量作业了。

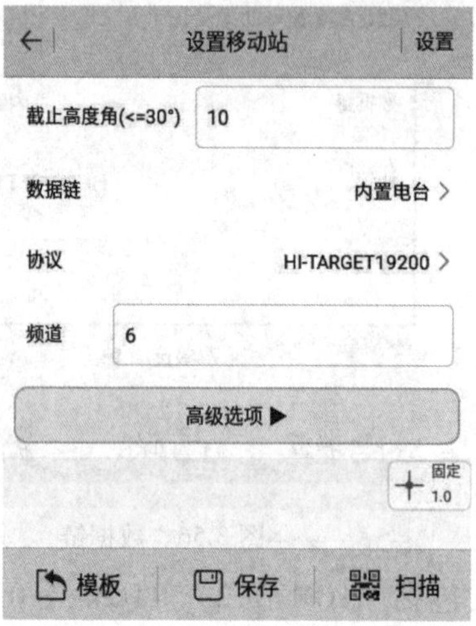

图 3.59　设置移动站

P47GNSS RTK 碎部测量 2

2.网络 RTK 法

网络 RTK 是在常规 RTK 和差分 GPS 的基础上建立起来的一种新技术。我们通常把在一个区域内建立多个(一般为三个或三个以上)的 GPS 参考站,对该区域构成网状覆盖,并以这些基准站中的一个或多个为基准计算和发播 GPS 改正信息,从而对该地区内的 GPS 用户进行实时改正的定位方式称为 GPS 网络 RTK,又称为多基准站 RTK。

网络 RTK 的基本原理是在一个较大的区域内稀疏地、较均匀地布设多个基准站,构成一个基准站网,那么就能借鉴广域差分 GPS 和具有多个基准站的局域差分 GPS 中的基本原理和方法来消除或削弱各种系统误差的影响,获得高精度的定位结果。

在网络 RTK 中,有多个基准站,用户不需要建立自己的基准站,用户与基准站的距离可以扩展到上百公里。以往传统模式 RTK 工作至少需要两台接收机,外业工作中搬来搬去很是麻烦,而网络 RTK 只需要一台带有 GPRS 模块的接收机,通过连接软件登入当地 CORS 系统,即可获取厘米级定位坐标,大大减轻了外业工作的劳动强度。GNSS 接收机功能面板的设置操作流程与手簿的建立项目在基准站 RTK 中已讲解,下面介绍设置移动站为网络 RTK 作业模式:

①将数据链选择为“内置网络”。

②设置“服务器”,服务器选项中包括 ZHD、CORS 和 TCP/IP,如果使用中海达服务器时,使用 ZHD,接入 CORS 网络时,选择 CORS。

③设置“IP”地址,手工输入服务器 IP,端口号,也可以单击“选择”提取,可以从列表中选取所需要的服务器。

④设置“分组类型”,分组类型可选择分组号小组号或基准站机身号。“分组号和小组号”分别为 7 位数和 3 位数,小组号要求小于 255,基准站和移动站需要设成一致才能正常工作,

以上设置如图 3.60 所示。

图 3.60　IP 地址和端口

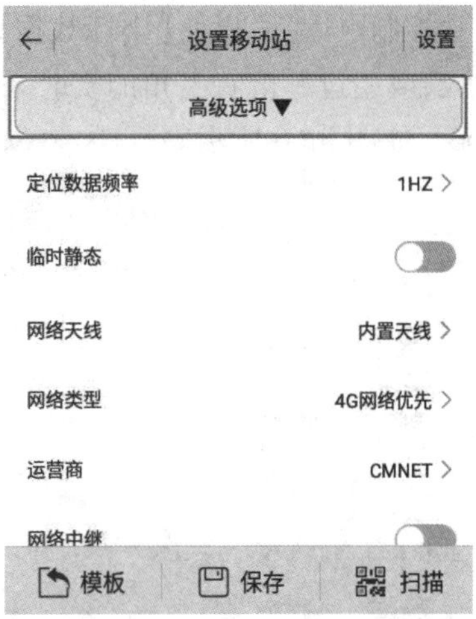

图 3.61　设置网络类型

⑤在设置中可单击“高级选项”设置网络类型等其他参数，如图 3.61 所示。其中【运营商】用 GPRS 时输入“CMNET”；用 CDMA 时输入“card，card”；【网络中继】在设置内置网络移动站时可以打开网络中继功能（目前只支持 iRTK5 系列主机），输入中继频道和选择协议、功率后，即可在作业的同时给其他移动站做中继；【连接 CORS】网络选择 CORS，输入 CORS 的 IP、端口号；单击服务器，选择 CORS 模式，单击“设置”，弹出“CORS 连接参数”界面，如图 3. 62 所示，单击【获取源节点】可获取 CORS 源列表，如图 3.63 所示，选择“源节点”，输入“用户名”“密码”，选择差分电文格式。需要注意的是在 CORS 连接界面，连接有 RTCM 改正的 CORS 节点，在下面勾选 RTCM1021-RTCM1027 选项，随后能够根据用户给定的实际坐标和与输出坐标做对比，确保其改正正确。

⑥在设置 CORS 链接参数时，可以单击图 3.63 中【打开】选项，可以调用已有的 CORS 源节点文件（.txt）。单击【保存】将当前的 CORS 源节点信息生成源节点文件（.txt），保存在 ZHD 文件夹目录下；单击【确定】完成设置，返回上一个界面。

图 3.62　CORS 连接参数

图 3.63　获致源节点

3.参数解算

首先建立控制点库:主界面【坐标数据】→【控制点】→添加控制点,如图 3.64、图 3.65 所示可手动输入,或通过单击右上角的实时采集、点选和图选来选择点名和相应的坐标,再单击右下角“确定”,如图 3.66 所示。

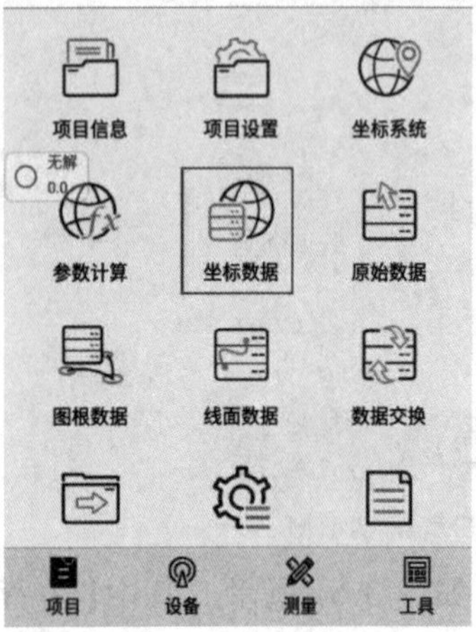

图 3.64　坐标数据

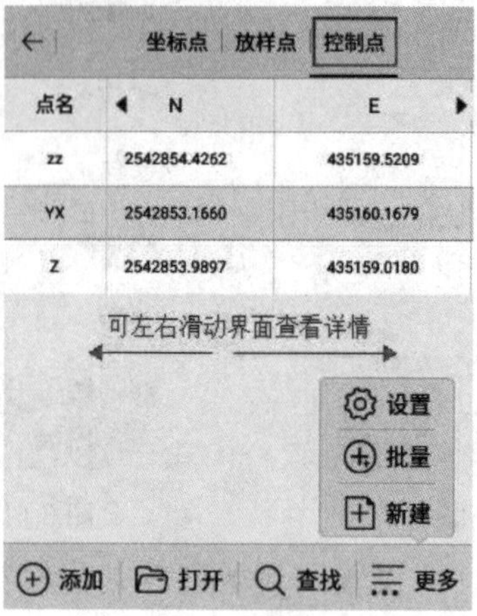

图 3.65　控制点

图 3.66　添加控制点

单击“参数计算”,如图 3.67 所示,计算类型选“四参数+高程拟合”,四参数是指两平面坐标系之间的平移、旋转、缩放比例参数,适用于大部分普通工程用户,只需要两个任意坐标系已知坐标即可进行参数求解。高程拟合选“固定差改正”,指接收机测到的高程加上固定常数作为使用高程,常数可以为负数。固定差改正指平移,至少一个起算点,(若有三个点以上,高程拟合可以选“平面拟合”方法);随后再添加点对,选择一个采集点为源点,如图 3.68 所示,在目标点处输入相应控制点坐标;最后单击“保存”。

图 3.67　参数计算

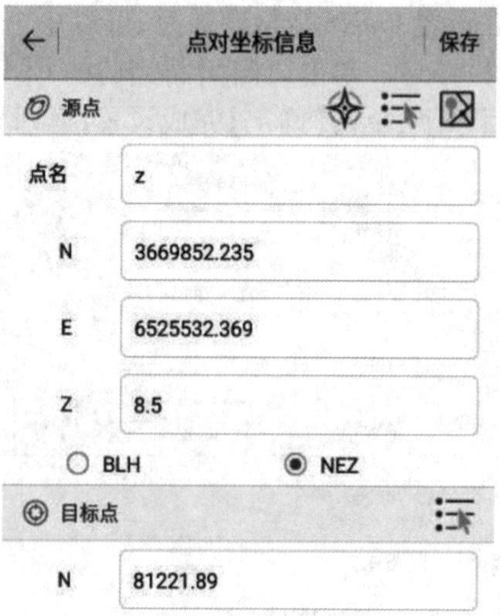

图 3.68　添加点对

添加完两个以上的点对后,单击“计算”,如图 3.69 所示,显示计算出来的“四参数+高程拟合”的结果,主要看旋转和尺度。四参数的结果平移北和平移东一般较小,旋转在 0°左右,尺度在 0.999 9～1.000 0(一般来说,尺度越接近 1 越好),平面和高程残差越小越好,确认无误后单击“应用”,如图 3.70 所示,软件将自动运用新参数更新坐标点库。

图 3.69　四参数+高程拟合

图 3.70　应用

4.碎部测量

应用四参数后,所建项目的记录点库将会被更新,以前测的点和后面测的点位坐标都会利用四参数进行转换,变成目标坐标系下的成果。把移动台设置好以后,进入碎部测量界面,一般在显示固定后才采集坐标。当移动台在未知点上对中后,单击“采集键”,如图 3.71 所示,输入“点名”“目标高”和“目标高类型”,如图 3.72 所示,再单击“确定”即可记录该点。

图 3.71　采集键

图 3.72　坐标点保存

各种测量技术和模式下,坐标精度可以大概分为米级、亚米级,通常单点定位精度在米级;RTK 定位短基线条件下可以在厘米级;RTD(码差分)模式和各种广域差分系统(WAAS/SBAS/DGPS 等)精度能在亚米/分米级。在 RTK 模式下由于观测条件等综合影响只能获得浮动解时,精度也较差,所以测量生产时,应当注意看测量精度是否在 RTK 差分模式整数解状态下。若精度长时间不佳,可以尝试复位天线或重新解算。

差分数据从基站通过数据链路传到移动站总是需要一定的时间，为了可以实时计算，一个方法就是利用一定的数据量通过一定的模型进行差分数据的预测，从数学意义上来说，模型外推总是会有一定的误差，且外推步长越大，预测的误差也越大，这就是差分龄期的概念，所以差分龄期越小越好。

5.数据传输

(1)数据成果导出

在【数据交换】界面，如图 3.73 所示，选择原始数据，选择交换类型为导出，选择对应的格式导出或“自定义”导出，输入文件名，选择文件保存路径，单击“确定”即可导出数据，如图 3.74 所示。如果“自定义”导出，点【确定】后进入自定义格式设置选择导出内容，再单击右上角的【确定】即可导出数据。自定义(＊.csv)进行导出时也可以选择对导出模板进行加载，导出模板可以对名称、导出内容、可选字段进行设置和保存。

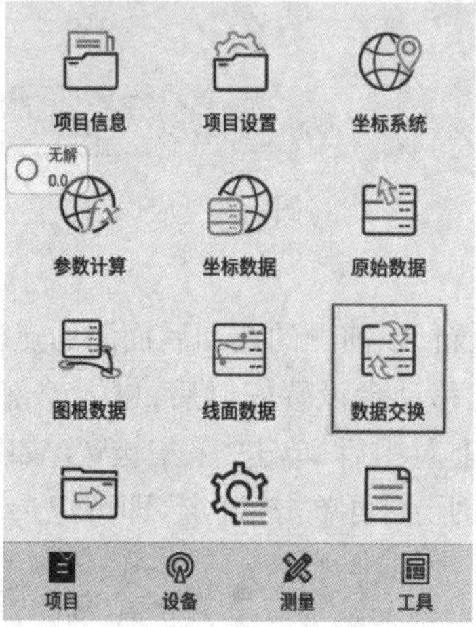

图 3.73　数据交换

图 3.74　导出数据

(2)手簿数据下载

将手簿用 USB 数据线与电脑连接，下拉手簿隐藏窗口单击“正在通过 USB 传输文件”后，选中“文件传输”，如图 3.75 所示。

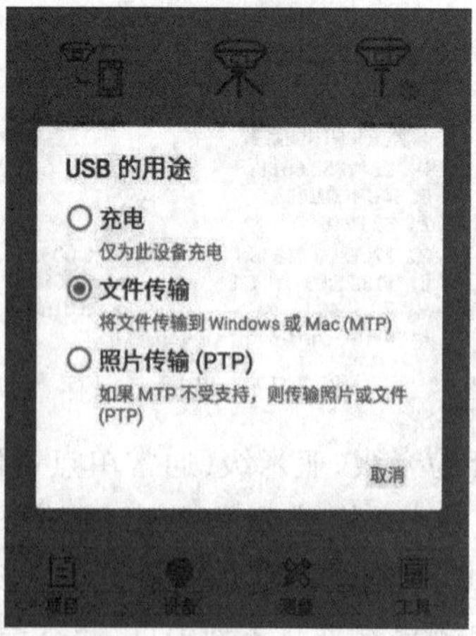

图 3.75　文件传输

图 3.76　系统设置

如需在电脑上同步操作手簿或安装使用第三方软件进行数据调试,需勾选“USB 调试”功能。打开手簿,在桌面菜单中单击【系统设置】→【开发者选项】→【USB 调试】,如图 3.76、图 3.77、图 3.78 所示(新手簿第一次使用时,需要在“关于手簿”界面单击三次版本号才能开启“开发者选项”)。

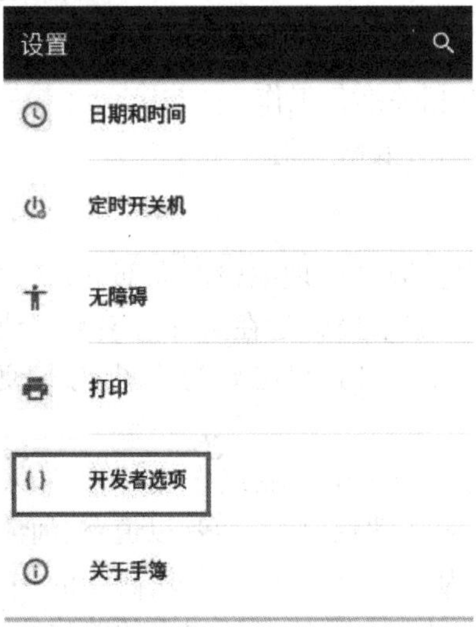

图 3.77　开发者选项

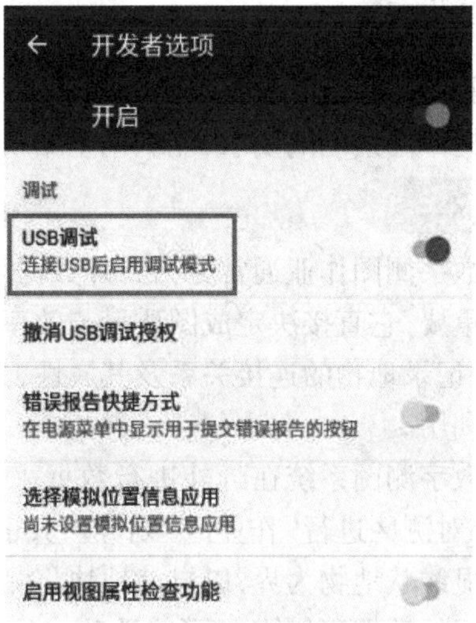

图 3.78　USB 调试

在计算机中,可以通过【便携式媒体播放器】盘符来进行手簿与电脑之间的文件操作,如图 3.79 所示。找到刚刚在手簿上导出数据文件的路径(软件默认为:ZHD\Out),拷贝到电脑,如图 3.80 所示,RTK 测量作业就完成了。

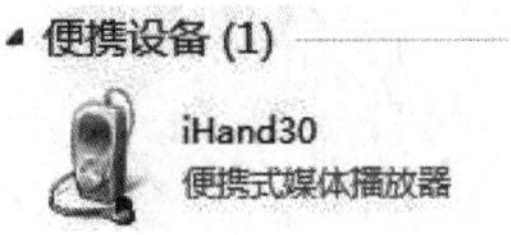

图 3.79　文件操作

图 3.80　导出数据

测站设置与后视定向

任务 3.4　草图法野外数据采集

任务描述

- 了解草图法野外数据采集的作业人员安排及相关准备工作。
- 掌握草图绘制的要求,能利用全站仪进行草图法数据采集。

知识学习

野外数字测图作业通常分为野外数据采集和内业数据处理编辑两大部分,其中野外数据采集极其重要,它直接决定成图质量与效率。野外数据采集就是在野外直接测定地形特征点的位置,并记录地物的连接关系及其属性,为内业数据处理提供必要的绘图信息,便于数字地图深加工利用。

目前数字测图系统在野外进行数据采集时,为便于多个作业组作业,在野外采集数据之前,通常要对测区进行"作业区"划分。数字测图不需按图幅测绘,而是以道路、河流、沟渠、山脊线等明显线状地物为界,以自然地块将测区划分为若干个作业区,分块测绘的,分区的原则是各区之间的数据(地物)尽可能地独立(不相关),并各自测绘各区边界的路边线或河边线。例如:有甲、乙两个作业小队,甲队负责路南区域,乙队负责路北区域(包括公路)。甲队再以山谷和河为界,乙队再以公路和河为界,分块分期测绘,如图 3.81 所示。

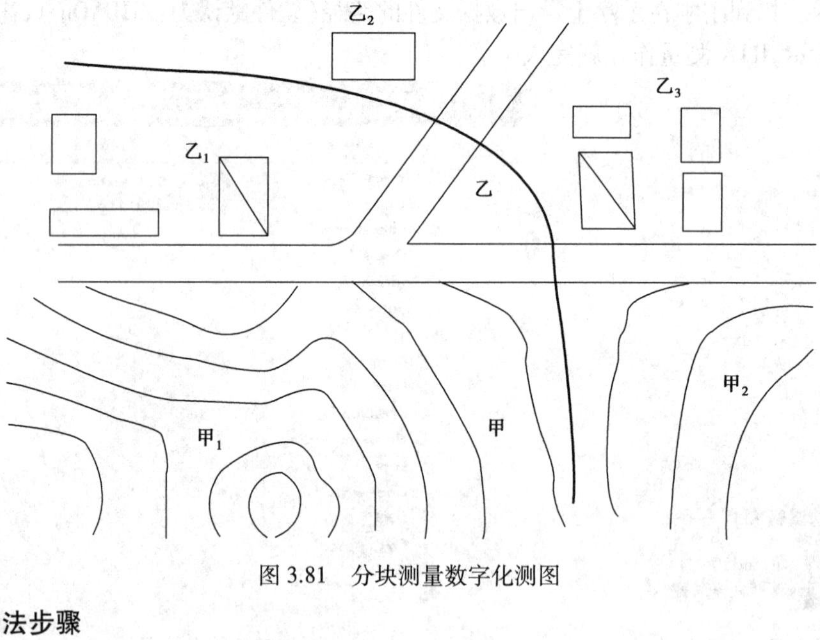

图 3.81　分块测量数字化测图

1.草图法步骤

(1)作业人员的安排

在数字测图作业过程中,应重视外业人员的组织与管理。绘制观测草图作业模式的要点,就是在全站仪采集数据的同时,绘制观测草图,记录所测地物的形状并注记测点顺序号;内业将观测数据传输至计算机,在测图软件的支持下,对照观测草图进行测点连线及图形编辑。

草图法测图时的人员组织，各作业单位的方法也不尽相同。有的单位的人员配置为：观测员1名、领尺员1名、跑尺员1～3名，如图3.82所示。便于作业人员技术全面发展，一般外业1天，内业1天，2人轮换。

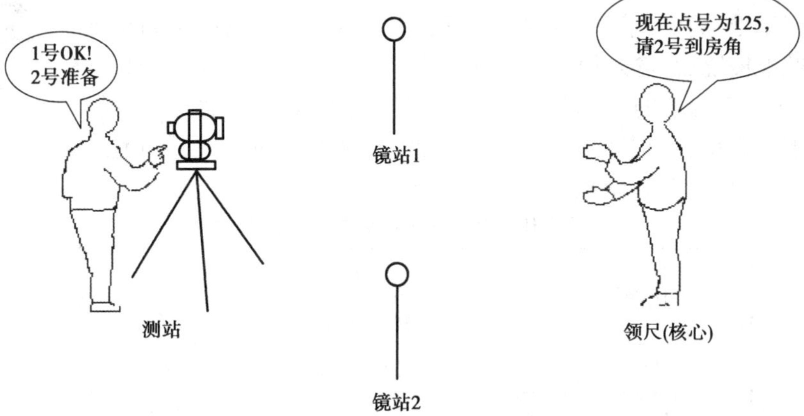

图3.82　一小组作业人员配备情况示意图

有些测绘单位在任务较紧时，常常白天进行外业观测，晚上进行内业成图。领尺员负责画草图或记录碎部点属性，内业绘图一般由领尺员承担，故领尺员是作业组的核心成员，需技术全面的人担任。所以，在进行人员安排时，可以安排数字测图软件和电脑操作熟练、有耐心、有一定指挥能力的人员作为领尺员。安排操作全站仪比较熟练的人员作为观测员；安排体力较好，对地形图的地形表达和综合取舍理解较好的人员作为跑尺员。这样的作业人员组合才能实现数字测图的高效率。

(2)草图法野外数据采集的准备工作

草图法野外数据采集之前，应做好充分的准备工作。主要包括两个方面：一是仪器工具的准备，二是图根点控制成果和技术资料的准备。

1)仪器工具的准备

仪器工具方面的准备主要包括全站仪、对讲机、充电器、电子手簿或便携机、备用电池、通信电缆、花杆、反光棱镜、皮尺或钢尺(丈量地物长度用)、小钢卷尺(量仪器高用)、记录本、工作底图等。全站仪、对讲机应提前充电。在数字测图中，由于测站到镜站距离比较远，配备对讲机是必要的。同时对全站仪的内存进行检查，确认有足够的内存空间，如果内存不够则需要删除一些无用的文件。如全部文件无用，可将内存初始化。

2)图根点成果资料的准备

图根点成果资料的准备主要是备齐所要测绘的范围内的图根点的坐标和高程成果表，在数据采集之前，最好提前将测区的全部已知成果输入电子手簿或便携机，以方便调用。目前多数数字测图系统在野外进行数据采集时，要求绘制较详细的草图。绘制草图一般在专门准备的工作底图上进行。这一工作底图最好用旧地形图、平面图的晒蓝图或复印件制作，也可用航片放大影像图制作。

(3)全站仪草图法测图时野外数据采集的步骤

①仪器观测员指挥跑尺人员到事先选好的某已知点上准备立镜定向，自己快速安置仪器，量取仪器高；然后启动操作全站仪，选择测量状态，输入测站点号和定向点号、定向点起始方向

值(一般把起始方向值置零)和仪器高;瞄准定向棱镜,定好方向后,锁定全站仪度盘,通知跑尺员开始跑点。

②跑尺员在碎部点立棱镜后,观测员及时瞄准棱镜,用对讲机联系确定镜高(一般设一个固定高度,如 2.0 m)及所立点的性质,输入镜高(镜高不变时直接按回车键),在要求输入地物代码时,对于无码作业直接按回车键。在确认准确照准棱镜后,输入第一个立镜点的点号(如 0001),再按测量键进行测量,以采集碎部点的坐标和高程;第一点数据测量保存后,全站仪屏幕自动显示下一立镜点的点号(点号顺序增加,如 0002);依次测量其他碎部点。全站仪测图的测距长度,不应超过表 3.10 的规定。

草图法碎部点测量

表 3.10 全站仪测图的最大测距长度

比例尺	最大测距长度/m	
	地物点	地形点
1:500	160	300
1:1 000	300	500
1:2 000	450	700
1:5 000	700	1 000

由于地物有明显的外部轮廓线或中心位置,故在测绘时较简单。在进行地貌采点时,可以用一站多镜的方法进行。一般在地性线上要有足够密度的点,特征点也要尽量测到。例如在山沟底测一排点,也应该在山坡边再测一排点,这样生成的等高线才真实。测量陡坎时,最好坎上坎下同时测点或准确记录坎高,这样生成的等高线才没有问题。在其他地形变化不大的地方,可以适当放宽采点密度。

③领尺员绘制草图,直到本测站全部碎部点测量完毕。

④全站仪搬到下一站,再重复上述过程。

⑤在一个测站上所有的碎部点测完后,要找一个已知点重测以进行检核,以检查施测过程中是否存在因误操作、仪器碰动或出故障等原因造成的错误。检查完,确定无误后,关掉仪器电源,中断电子手簿,关机,搬站。到下一测站,重新按上述采集方法、步骤进行施测。

(4)测量碎部点时跑棱镜的方法

1)跑棱镜的一般原则

在地形测量中,地形点就是立尺点,因此跑尺是一项重要的工作。立尺点和跑尺线路的选择对地形图的质量和测图效率都有直接的影响。测图开始前,绘图员和跑尺员应先在测站上研究需要立尺的位置和跑尺的方案。在地性线明显的地区,可沿地性线在坡度变换点上依次立尺,也可沿等高线跑尺,一般常采用"环行线路法"和"迂回线路法"。

在进行外业测绘工作的时候碎部点测量应首先测定地物和地貌的特征点,还可以选一些"地物和地貌"的共同点进行立尺并观测,这样可以提高测图工作的效率。

2)地物点的测绘

地物点应选在地物轮廓线的方向变化处。如果地物形状不规则,一般地物凹凸长度在图上大于 0.4 mm 的均应表示出来。如 1:500 地形图测绘时,在实地地物凹凸长度大于 0.2 m 的要进行实测。

如测量房屋时,应选房角为地形点;测量房屋时应用房屋的长边控制房屋,不可以用短边两点和长边距离绘制房屋,那样误差太大。有些成片房屋的内部无法直接测量,可用全站仪把周围测量出来,里面的用钢尺丈量。

在测量水塘时,选有棱角或弯曲的地点为地形点。

测量电杆时一定要注意电杆的类别和走向。有的电杆上边是输电线,下边是配电线或通信线,应表示主要的。成排的电杆不必每一个都测,可以隔一根测一根或隔几根测一根,因为这些电杆是等间距的,在内业绘图时可用等分插点画出,但有转向的电杆一定要实测。

测量道路可测路的一边,量出路宽,内业绘图时即可绘制道路。

主要沟坎必须表示,画上沟坎后,等高线才不会相交。

地下光缆也应实测,但有些光缆,例如国防光缆须经某些部门批准方可在图上标出。

3)地貌测绘

地面上的山脊线、山谷线、坡度变化线和山脚线都称为地性线,在地性线上有坡度变换点,它们是表示地貌的主要特征点,如果测出这些点,再测出更多的地形点,便能正确而详细地表示实地的情况。一般地形点间最大距离不应超过图上 3 cm,如 1∶500 比例尺地形图为 15 m。

地形点的最大间距,不应大于表 3.11 的规定。

表 3.11　地形点的最大间距

比例尺		1∶500	1∶1 000	1∶2 000	1∶5 000
一般地区		15	30	50	100
水域	断面间距	10	20	40	100
	断面上测点间距	5	10	20	50

注:水域测图的断面间距和断面的测点间距,根据地形变化和用图要求,可适当加密或放宽。

在平原地区测绘大比例尺地形图,地形较为简单,因地势平坦,高程点可以稀一些,但有明显起伏的地方,高处应沿坡走向有一排点,坡下有一排点,这样画出的等高线才不会变形。

在测山区时,主要是地形,但并不是点越多越好,做到山上有点、山下有点,确保山脊线、山谷线等地性线上有足够的点,这样画出的等高线才准确。

4)城镇建筑区地形图的测绘

①在房屋和街巷的测量时,对于 1∶500 和 1∶1 000 比例尺地形图,应分别实测;对于 1∶2 000比例尺地形图,宽小于 1 mm 的小巷,可适当合并;对于 1∶5 000 比例尺地形图,小巷和院落连片的,可合并测绘。

②街区凸凹部分的取舍,可根据用图的需要和实际情况确定。

③各街区单元的出入口及建筑物的重点部位,应测注高程点:主要道路中心在图上每隔 5 cm处和交叉、转折、起伏变换处,应测注高程点;各种管线的检修井,电力线路、通信线路的杆(塔),架空管线的固定支架,应测出位置并适当测注高程点。

④对于地下建(构)筑物,可只测量其出入口和地面通风口的位置和高程。

(5)综合取舍的一般原则

地物、地貌的各项要素的表示方法和取舍原则,除应按现行国家标准地形图图式执行外,还应符合如下有关规定(非强制规定,供参考)。

1）测量控制点测绘

测量控制点是测绘地形图和工程测量施工放样的主要依据，在图上应精确表示。各等级平面控制点、导线点、图根点、水准点，应以展点或测点位置为符号的几何中心位置，用图式规定符号表示。

2）居民地和垣栅的测绘

①居民地的各类建筑物、构筑物及主要附属设施应准确测绘实地外围轮廓和如实反映建筑结构特征。②房屋的轮廓应以墙基外角为准，并按建筑材料和性质分类，注记层数，1∶500临时性房屋可舍去。③建筑物和围墙轮廓凸凹在图上小于0.4 m，简单房屋小于0.6 mm时，可用直线连接。④1∶500比例尺测图，房屋内部天井宜区分表示。⑤测绘垣栅应类别清楚，取舍得当。城墙按城基轮廓依比例尺表示；围墙、栅栏、栏杆等可根据其永久性、规整性、重要性等综合考虑取舍。⑥台阶和室外楼梯长度大于图上3 mm，宽度大于图上1 mm的应在图中表示。⑦永久性门墩、支柱大于图上1 mm的依比例实测，小于图上1 mm的测量其中心位置，用符号表示。重要的墩柱无法测量中心位置时，要量取并记录偏心距和偏离方向。⑧建筑物上突出的悬空部分应测量最外范围的投影位置，主要的支柱也要实测。

3）交通及附属设施测绘

①交通及附属设施的测绘，图上应准确反映陆地道路的类别和等级，附属设施的结构和关系；正确处理道路的相交关系及与其他要素的关系；正确表示水运和海运的航行标志，河流和通航情况及各级道路的通过关系。②公路与其他双线道路在图上均应按实宽依比例尺表示。公路应在图上每隔15~20 mm注出公路技术等级代码，国道应注出国道路线编号。公路、街道按其铺面材料分为水泥、沥青、砾石、条石或石板、硬砖、碎石和土路等，应分别以砼、沥、砾、石、砖、土等注记于图中路面上，铺面材料改变处应用点线分开。③路堤、路堑应按实地宽度绘出边界，并应在其坡顶、坡脚适当测注高程。④道路通过居民地不宜中断，应按真实位置绘出。高速公路应绘出两侧围建的栅栏（或墙）和出入口，注明公路名称。中央分隔带视用图需要表示，市区街道应将车行道、过街天桥、过街地道的出入口分隔带、环岛、街心花园、人行道与绿化带绘出。⑤桥梁应实测桥头、桥身和桥墩位置，加注建筑结构。⑥大车路、乡村路、内部道路按比例实测，宽度小于图上1 mm时只测路中线，以小路符号表示。

4）管线测绘

①永久性的电力线、电信线均应准确表示，电杆、铁塔位置应实测。当多种线路在同一杆架上时，只表示主要的。城市建筑区内电力线、电信线可不连线，但应在杆架处绘出线路方向。各种线路应做到线类分明，走向连贯。②架空的、地面上的、有管堤的管道均应实测，分别用相应符号表示，并注明传输物质的名称。当架空管道直线部分的支架密集时，可适当取舍。地下管线检修井宜测绘表示。③污水篦子、消防栓、阀门、水龙头、电线箱、电话亭、路灯、检修井均应实测中心位置，以符号表示，必要时标注用途。

5）水系测绘

①江、河、湖、水库、池塘、泉、井及其他水利设施等，均应准确测绘表示，有名称的加注名称。根据需要可测注水深，也可用等深线或水下等高线表示。②河流、溪流湖泊、水库等水涯线，按测图时的水位测定，当水涯线与陡坎线在图上投影距离小于1 mm时，以陡坎线符号表示。河流在图上宽度小于0.5 mm、沟渠在图上宽度小于1 mm（1∶2 000在形图上小于0.5 mm）的用单线表示。③水位高及施测日期视需要测注。水渠应测注渠顶边和渠底高程；时令河应测

注河床高程;堤、坝应测注顶部及坡脚高程;池塘应测注塘顶边及塘底高程;泉、井应测注泉的出水口与井台高程,并根据需要注记井台至水面的深度。

6)地貌和土质的测绘

①地貌和土质的测绘,图上应正确表示其形态、类别和分布特征。②自然形态的地貌宜用等高线表示,崩塌残蚀地貌、坡、坎和其他特殊地貌应用相应符号或用等高线配合符号表示。③各种天然形成和人工修筑的坡、坎,其坡度在70以上时表示为陡坎,70以下时表示为斜坡。斜坡在图上投影宽度小于2 mm,以陡坎符号表示。当坡、坎比高小于1/2基本等高距或在图上长度小于5 mm时,可不表示,坡、坎密集时,可以适当取舍。④梯田坎坡顶及坡脚宽度在图上大于2 mm时,应实测坡脚。当1:200比例尺测图梯田坎过密,两坎间距在图上小于5 mm时,可适当取舍。梯田坎比较缓且范围较大时,可用等高线表示。⑤坡度在70以下的石山和天然斜坡,可用等高线或用等高线配合符号表示。独立石、土堆、坑穴、陡坡、斜坡、梯田坎、露岩地等应在上下方分别测注高程或测注上(或下)方高程及量注比高。⑥各种土质按图式规定的相应符号表示,大面积沙地应用等高线加注记表示。

7)植被的测绘

①地形图上应正确反映出植被的类别特征和范围分布。对耕地应实测范围,配置相应的符号表示。大面积分布的植被在能表达清楚的情况下,可采用注记说明。同一地段生长有多种植物时,可按经济价值和数量适当取舍,符号配制不得超过3种(连同土质符号)。②旱地包括种植小麦、杂粮、棉花、烟草、大豆、花生和油菜等的田地,经济作物、油料作物应加注品种名称。有节水灌溉设备的旱地应加注"喷灌""滴灌"等。一年分几季种植不同作物的耕地,应以夏季主要作物为准配置符号表示。③稻田应测出田间的代表性高程,当田埂宽度在图上大于1 mm时应用双线表示,小于1 mm时用单线表示。田块内应测注有代表性的高程。④地类界与线状地物重合时,只绘线状地物符号。⑤田坎的坡面投影宽度在地形图上大于2 mm时,应实测坡脚;小于2 mm时,可量注比高。当两坎间距在1:500比例尺地形图上小于10 mm,在其他比例尺地形图上小于数字测图5 mm时或坎高小于基本等高距的1/2时,可适当取舍。

8)注记

①要求对各种名称、说明注记和数字注记准确注出。图上所有居民地、道路、街巷、山岭、沟谷、河流等自然地理名称,以及主要单位等名称,均应调查核实,有法定名称的应以法定名称为准,并应正确注记。②地形图上高程注记点应分布均匀,丘陵地区高程注记点间距为图上2~3 cm。③山顶、鞍部、山脊、山脚、谷底、谷口、沟底、沟口、凹地、台地、河川湖池岸旁、水涯线上以及其他地面倾斜变换处,均应测高程注记点。④基本等高距为0.5 m时,高程注记点应注至厘米;基本等高距大于0.5 m时可注至分米。

9)地形要素的配合

①当两个地物中心重合或接近,难以同时准确表示时,可将较重要的地物准确表示,次要地物移位0.3 mm或缩小1/3表示。②独立性地物与房屋、道路水系等其他地物重合时,可中断其他地物符号,间隔0.3 mm,将独立性地物完整绘出。③房屋或围墙等高出地面的建筑物,直接建筑在陡坎或斜坡上且建筑物边线与陡坎上沿线重合的,可用建筑物边线代替坡坎上沿线;当坡坎上沿线距建筑物边线很近时,可移位间隔0.3 mm表示。④悬空建筑在水上的房屋与水涯线重合,可间断水涯线,房屋照常绘出。⑤水涯线与陡坎重合,可用陡坎边线代替水涯线;水涯线与斜坡脚线重合,仍应在坡脚将水涯线绘出。⑥双线道路与房屋、围墙等高出地面

的建筑物边线重合时,可以建筑物边线代替路边线。道路边线与建筑物的接头处应间隔 0.3 mm。⑦地类界与地面上有实物的线状符号重合,可省略不绘;与地面无实物的线状符号(如架空管线、等高线等)重合时,可将地类界移位 0.3 mm 绘出。⑧等高线遇到房屋及其他建筑物,双线道路、路堤、路堑、坑穴、陡坎、斜坡、湖泊、双线河以及注记等均应中断。

2.草图绘制

目前在大多数数字测图系统的野外进行数据采集时,都要求绘制较详细的草图。如果测区有相近比例尺的地图,则可利用旧图或影像图并适当放大复制,裁成合适的大小(如 A4 幅面)作为工作草图。

草图绘制

在这种情况下,作业员可先进行测区调查,对照实地将变化的地物反映在草图上,同时标出控制点的位置,这种工作草图也起到工作计划图的作用。在没有合适的地图可作为工作草图的情况下,应在数据采集时绘制工作草图。工作草图应绘制地物的相关位置、地貌的地性线、点号、丈量距离记录、地理名称和说明注记等。草图可按地物的相互关系分块绘制,也可按测站绘制,地物密集处可绘制局部放大图。草图上点号标注应清楚正确,并与全站仪内存中记录的点号建立起一一对应的关系,如图 3.83 所示。

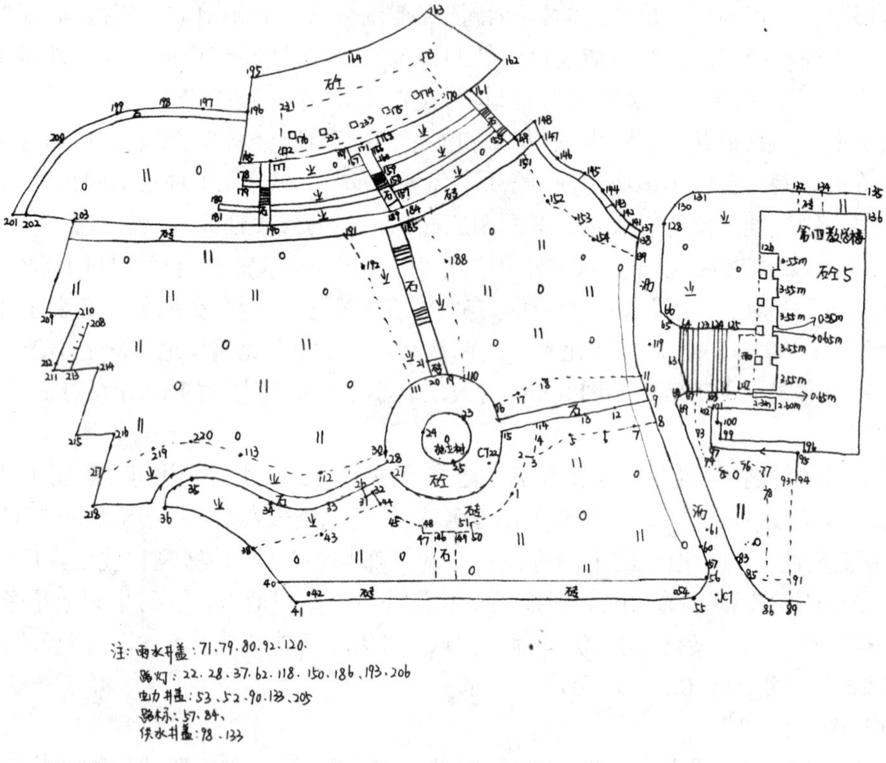

图 3.83　草图绘制示例

(1)绘图前的准备

在草图法大比例尺数字测图过程中,草图绘制也是一项相当重要的工作。在外业每天测量的碎部点很多,凭测量人员的记忆是不能够完成内业成图的,所以必须在测绘过程中正确地绘制草图。

绘制草图时的准备工作主要有两个方面。一是绘图工具的准备,如铅笔、橡皮、记录板、直尺等。二是纸张的准备，如果测区内有旧的地形图（平面图）的蓝晒图或复印图，或者有航片放大的影像图，就可将它们作为工作底图。

（2）绘图方法

进入测区后，领尺（镜）员首先对测站周围的地形、地物分布情况大概看一遍，认清方向，绘制含有主要地物、地貌的工作草图（若在原有的旧图上标明会更准确），便于观测时在草图上标明所测碎部点的位置及点号。

草图法是一种“无码作业”的方式，在测量一个碎部点时，不用在电子手簿或全站仪里输入地物编码，其属性信息和位置信息主要是在草图上用直观的方式表示出来。所以在跑尺员跑尺时，绘制草图的人员要标注出所测的是什么地物（属性信息）及记下所测的点号（位置信息）。在测量过程中，绘制草图的人员要和全站仪操作人员随时联系，使草图上标注的点号和全站仪里记录的点号一致。草图的绘制要遵循清晰、易读、相对位置准确、比例一致的原则。草图示例如图3.83所示。

绘制草图的人员要对各种地物地貌有一个总体概念，知道什么地物由几个点构成，如一般点状物一个点，线状物两个点，圆形建筑物三个点，矩形建筑物四个点…… 这要求我们熟悉测图所用的软件和地形图图式。另外，需要提醒一下，在野外采集时，能测到的点要尽量测，实在测不到的点可利用皮尺或钢尺量距，将丈量结果记录在草图上；室内用交互编辑方法成图或利用电子手簿的量算功能，及时计算这些直接测不到的点的坐标。

对于有丰富作业经验的领尺员，可以将绘制观测草图改为用记录本记录绘图信息，这将大大地方便外业。采用图3.84的记录形式，可以较全面地、准确地反映采集点的属性、方向、方位、连接关系和是否参与建模等信息。

86，F东南，87，F东北，98，F西南，H=0 88，F西南，89，F东南，90，F角 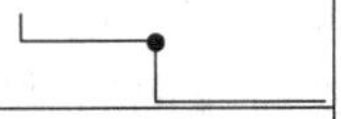
91，F东南，宽8 m 92，#
93，GD东—西，R=0.2 m 94，L南，95，L南，H=0
96，L北，97，L北，H=0 99，DD南—北，R=0.12 m
100，L南西，101，L南东 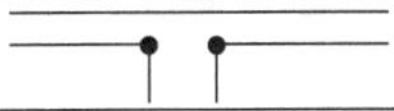
100，L西，103，L东 104，105，113 106，P顶，西南—东北，107，P顶，108，P顶
109，P底，西南—东北，110，P底 111，F简西北，112，F简西南，宽7.8 m

图3.84 用记录本记录绘图信息

值得注意的是进行野外数据采集时，由于测站离碎部点较远，观测员与立镜员之间的联系离不开对讲机。仪器观测员要及时将测点点号告知领尺员或记录员，使草图标注的点号和记录手簿上的点号与仪器观测点号一致。若两者不一致，应在实地及时查找原因，并及时改正。

当然，数字测图过程的草图绘制也不是一成不变的，可以根据自己的习惯和理解绘图。不必拘泥于某种形式，只要能够保证正确地完成内业成图即可。

任务3.5 编码法野外数据采集

编码法碎部测量1

任务描述

- 了解编码法测图过程,掌握常见地物的编码,能够正确地在仪器中设置每个地物点和地貌点的编码及连线方式。
- 能够正确地在CASS软件中展点,根据编码绘制地物和地貌。

知识学习

1.数据编码简介

编码法作业与无码作业的测量步骤基本相同,所不同的是外业数据采集时现场输入编码(地物特征码),这样可以不绘草图或仅绘简单的草图。带编码的数据经内业识别自动转换为绘图程序内部码,以实现自动绘图。目前有较多的测绘单位在使用这种方法,下面以南方CASS10.0为例来说明编码测图的流程。

CASS系统的简码可分为:野外操作码、线面状地物代码、点状地物代码和关系码四种。每种只有1~3位字符组成。其形式简单、规律性强,无须特别记忆,并能同时采集测点的地物要素和连接关系。

1)野外操作码

CASS10.0的野外操作码由描述实体属性的野外地物码和一些描述连接关系的野外连接码组成。CASS10.0专门有一个野外操作码定义文件JCODE.DEF,该文件是用来描述野外操作码与CASS10.0系统内部绘图编码的对应关系的,用户可编辑此文件使之符合自己的要求。

野外操作码定义文件JCODE.DEF用于定制有码作业时的野外操作码,文件每行定义一个野外操作码,最后一行用“END”结束。

文件格式为:

野外操作码,CASS10.0编码

……

END

野外操作码的定义有以下规则:

①野外操作码有1~3位,第一位必须是英文字母,大小写等价,后面是范围为0~99的数字,无意义的0可以省略,例如,A和A00等价、F1和F01等价。

②野外操作码后面可跟参数,如野外操作码不到3位,与参数间应有连接符“-”,如有3位,后面可紧跟参数,参数有下面几种:控制点的点名;房屋的层数;陡坎的坎高等。

③野外操作码第一个字母不能是“P”,该字母只代表平行信息。

④Y0、Y1、Y2三个野外操作码固定表示圆,以便和老版本兼容。

⑤可旋转独立地物要测两个点以便确定旋转角。

⑥野外操作码如以“U”“Q”“B”开头,将被认为是拟合的,所以如果某地物有的拟合,有

的不拟合，就需要两个野外操作码。

⑦房屋类和填充类地物将自动被认为是闭合的。

⑧房屋类和符号定义文件第 14 类别地物如只测三个点，系统会自动计算给出第四个点。

⑨对于查不到 CASS 编码的地物以及没有测够点数的地物，如只测一个点，自动绘图时不做处理，如测两点以上按线性地物处理。

对于系统默认野外操作码，用户可以编辑 JCODE.DEF 文件以满足自己的需要。

2）线面状地物代码

各种不同的地物、地貌都有唯一的编码，表 3.12 为线面状地物符号代码、表 3.13 为点状地物符号代码。

表 3.12　线面状地物符号代码表

坎类（曲）：K（U）+ 数（0-陡坎，1-加固陡坎，2-斜坡，3-加固斜坡，4-垄，5-陡崖，6-干沟）
线类（曲）：X（Q）+ 数（0-实线，1-内部道路，2-小路，3-大车路，4-建筑公路，5-地类界，6-乡、镇界，7-县、县级市界，8-地区、地级市界，9-省界线）
垣栅类：W + 数（0，1-宽为 0.5 m 的围墙，2-栅栏，3-铁丝网，4-篱笆，5-活树篱笆，6-不依比例围墙，不拟合，7-不依比例围墙，拟合）
铁路类：T +数（0-标准铁路（大比例尺），1-标（小），2-窄轨铁路（大），3-窄（小），4-轻轨铁路（大），5-轻（小），6-缆车道（大），7-缆车道（小），8-架空索道，9-过河电缆）
电力线类：D + 数（0-电线塔，1-高压线，2-低压线，3-通信线）
房屋类：F +数（0-坚固房，1-普通房，2-一般房屋，3-建筑中房，4-破坏房，5-棚房，6-简单房）
管线类：G + 数（0-架空（大），1-架空（小），2-地面上的，3-地下的，4-有管堤的）
植被土质：拟合边界：B - 数（0-旱地，1-水稻，2-菜地，3-天然草地，4-有林地，5-行树，6-狭长灌木林，7-盐碱地，8-沙地，9-花圃） 不拟合边界：H - 数（0-旱地，1-水稻，2-菜地，3-天然草地，4-有林地，5-行树，6-狭长灌木林，7-盐碱地，8-沙地，9-花圃）
圆形物：Y + 数（0-半径，1-直径两端点，2-圆周三点）
平行体：P +（X（0-9），Q（0-9），K（0-6），U（0-6）…）
控制点：C + 数（0-图根点，1-埋石图根点，2-导线点，3-小三角点，4-三角点，5-土堆上的三角点，6-土堆上的小三角点，7-天文点，8-水准点，9-界址点）

例如：K0——折线型的陡坎，U0——曲线型的陡坎，W1——土围墙，

T0——标准铁路（大比例尺），Y012.5——以该点为圆心、半径为 12.5 m 的圆。

表 3.13　点状地物符号代码表

符号类别	编码及符号名称				
水系设施	A00 水文站	A01 停泊场	A02 航行灯塔	A03 航行灯桩	A04 航行灯船
	A05 左航行浮标	A06 右航行浮标	A07 系船浮筒	A08 急流	A09 过江管线标
	A10 信号标	A11 露出的沉船	A12 淹没的沉船	A13 泉	A14 水井
土质	A15 石堆				
居民地	A16 学校	A17 肥气池	A18 卫生所	A19 地上窑洞	A20 电视发射塔
	A21 地下窑洞	A22 窑	A23 蒙古包		
管线设施	A24 上水检修井	A25 下水雨水检修井	A26 圆形污水篦子	A27 下水暗井	A28 煤气天然气检修井
	A29 热力检修井	A30 电信入孔	A31 电信手孔	A32 电力检修井	A33 工业、石油检修井
	A34 液体气体储存设备	A35 不明用途检修井	A36 消火栓	A37 阀门	A38 水龙头
	A39 长形污水篦子				
电力设施	A40 变电室	A41 无线电杆、塔	A42 电杆		
军事设施	A43 旧碉堡	A44 雷达站			
道路设施	A45 里程碑	A46 坡度表	A47 路标	A48 汽车站	A49 臂板信号机
独立树	A50 阔叶独立树	A51 针叶独立树	A52 果树独立树	A53 椰子独立树	
工矿设施	A54 烟囱	A55 露天设备	A56 地磅	A57 起重机	A58 探井

续表

符号类别	编码及符号名称				
工矿设施	A59 钻孔	A60 石油、天然气井	A61 盐井	A62 废弃的小矿井	A63 废弃的平峒洞口
	A64 废弃的竖井井口	A65 开采的小矿井	A66 开采的平峒洞口	A67 开采的竖井井口	
公共设施	A68 加油站	A69 气象站	A70 路灯	A71 照射灯	A72 喷水池
	A73 垃圾台	A74 旗杆	A75 亭	A76 岗亭、岗楼	A77 钟楼、鼓楼、城楼
	A78 水塔	A79 水塔烟囱	A80 环保监测点	A81 粮仓	A82 风车
	A83 水磨房、水车	A84 避雷针	A85 抽水机站	A86 地下建筑物天窗	
宗教设施	A87 纪念像、碑	A88 碑、柱、墩	A89 塑像	A90 庙宇	A91 土地庙
	A92 教堂	A93 清真寺	A94 敖包、经堆	A95 宝塔、经塔	A96 假石山
	A97 塔形建筑物	A98 独立坟	A99 坟地		

3）连接关系符号

野外采集的数据有编码是基础，有编码的数据不能直接成图。“草图法”是人工连接，编码法成图中各个点位之间的连接靠的是这些连接符号，表 3.14 为连接关系符号的具体含义。

表 3.14　描述连接关系符号的含义

符号	含义
+	本点与上一点相连，连线依测点顺序进行
-	本点与下一点相连，连线依测点顺序相反方向进行
n+	本点与上 n 点相连，连线依测点顺序进行
n-	本点与下 n 点相连，连线依测点顺序相反方向进行
p	本点与上一点所在地物平行
np	本点与上 n 点所在地物平行
+A $	断点标识符，本点与上点连
-A $	断点标识符，本点与下点连

说明：“+”“-”符号的意义：（“+”“-”表示连线方向）。

4)内部编码

CASS10.0 绘图部分是围绕着符号定义文件 WORK.DEF 进行的,文件格式如下:

CASS10.0 编码,符号所在图层,符号类别,第一参数,第二参数,符号说明

……

END

所有符号按绘制方式的不同分为 0—20 类别,各类别定义如下:

1——不旋转的点状地物,如路灯,第一参数是图块名,第二参数不用;

2——旋转的点状地物,如依比例门墩,第一参数是图块名,第二参数不用;

3——线段(LINE),如围墙门,第一参数是线型名,第二参数不用;

4——圆(CIRCLE),如转车盘,第一参数是线型名,第二参数不用;

5——不拟合复合线,如栅栏,第一参数是线型名,第二参数是线宽;

6——拟合复合线,如公路,第一参数是线型名,第二参数是线宽,画完复合线后系统会提示是否拟合;

7——中间有文字或符号的圆,如蒙古包范围,第一参数是圆的线型名,第二参数是文字或代表符号的图块名,其中图块名需要以"gc"开头;

8——中间有文字或符号的不拟合复合线,如建筑房屋,第一参数是圆的线型名,第二参数是文字或代表符号的图块名;

9——中间有文字或符号的拟合复合线,如假石山范围,第一参数是圆的线型名,第二参数是文字或代表符号的图块名;

10——三点或四点定位的复杂地物,如桥梁,用三点定位时,输入一边两端点和另一边任一点,两边将被认为是平行的;用四点定位时,应按顺时针或逆时针顺序依次输入一边的两端点和另一边的两端点;绘制完成会自动在 ASSIST 层生成一个连接四点的封闭复合线作为骨架线;第一参数是绘制附属符号的函数名,第二参数若为 0,定三点后系统会提示输入第四个点,若为 1,则只能用三点定位;

11——两边平行的复杂地物,如依比例围墙,骨架线的一边是白色以便区分,第一参数是绘制附属符号的函数名,第二参数时缺省的两平行线间宽度,该值若为负数,运行时将不再提示用户确认默认宽度或输入新宽度;

12——以圆为骨架线的复杂地物,如堆式窑,第一参数是绘制附属符号的函数名,第二参数不用;

13——两点定位的复杂地物,如宣传橱窗,第一参数是绘制附属符号的函数名,第二参数如为 0,会在 ASSIST 层上生成一个连接两点的骨架线;

14——四点连成的地物,如依比例电线塔,第一参数是绘制附属符号的函数名,如不用绘制附属符号则为"0",第二参数不用;

15——两边平行无附属符号的地物,如双线干沟,第一参数是右边线的线型名,第二参数是左边线的线型名;

16——向两边平行的地物,如有管堤的管线,第一参数是中间线的线型名,第二参数是两边线的距离;

17——填充类地物,如各种植被土质填充,第一参数是填充边界的线型,第二参数若以"gc"开头,则是填充的图块名,否则是按阴影方式填充的阴影名,如果同时填充两种图块,如

改良草地，则第二参数有两种图块的名字，中间以“-”隔开；

18——每个顶点有附属符号的复合线，如电力线，第一参数是绘制附属符号的函数名，第二参数若为1，复合线将放在ASSIST层上作为骨架线；

19——等高线及等深线，画前提示输入高程，画完立即拟合，第一参数是线型名，第二参数是线宽；

20——控制点，如三角点，第一个参数为图块名，第二个参数为小数点的位数；

0——不属于上述类别，由程序控制生成的特殊地物，包括高程点、水深点、自然斜坡、不规则楼梯、阳台，第一参数是调用的函数名，第二参数依第一参数的不同而不同。

下表列出所有的CASS10.0的部分内部编码，见表3.15，几点说明如下：

①表中包括主符号和附属符号，附属符号的一般编码规则是“所属主符号编码-数字”，不包含在WORK.DEF中，在下表类别栏表示为“附”；

②表中图层是系统默认的，未考虑用户定制图层的情况；

③表中的“实体类型”栏代表的是符号在交换文件中所属的实体类型，如果实体类型是SPECIAL，则写法是“SPECIAL，种类”。

表3.15　CASS10.0内部编码示例

地物名称	编码	图层	类别	参数一	参数二	实体类型
三角点	131100	KZD	20	gc113	3	SPECIAL，1
三角点分数线	131110	KZD	附			LINE
三角点高程注记	131111	KZD				TEXT
三角点点名注记	131112	KZD				TEXT
土堆上的三角点	131200	KZD	1	gc014	0	SPECIAL，1
小三角点	131300	KZD	20	gc114	2	SPECIAL，1
小三角点分数线	131310	KZD	附			LINE
小三角点高程注记	131311	KZD				TEXT
小三角点点名注记	131312	KZD				TEXT
土堆上的小三角点	131400	KZD	1	gc015	0	SPECIAL，1

2.简编码数据采集和成图

编码法测图数据采集有两种模式：一种是在采集数据的同时输入简编码，用“简码识别”成图；另外一种是在采集数据时未输入简编码，编辑引导文件（*.yd），用“编码引导”成图。编码引导的作用是将“引导文件”与“无码的坐标数据文件”合并成一个新的带简编码格式的坐标数据文件。现在全站仪都带有内存，一般采用第一种模式。

（1）野外操作码编写

对于地物的第一点，操作码=地物代码。如图3.85中的1、5两点（点号表示测点顺序，括号中为该测点的编码，下同）。

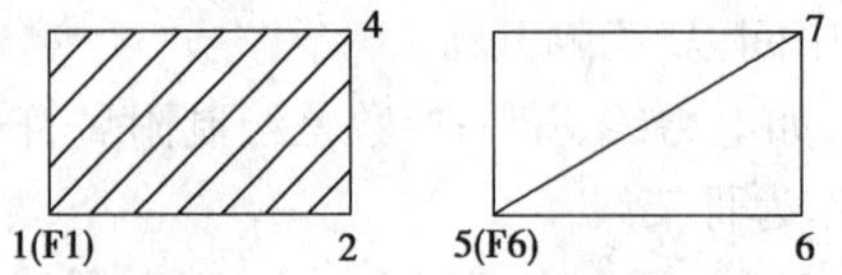

图 3.85　地物起点的操作码

编码法碎部测量 2

(2)测点顺序观测

连续观测某一地物时,操作码为“+”或“-”,如图 3.86 所示。其中“+”号表示连线依测点顺序进行;“-”号表示连线依测点顺序相反的方向进行。在 CASS 中,连线顺序将决定类似于坎类的齿牙线的画向,齿牙线及其他类似标记总是画向连线方向的左边,因而改变连线方向就可改变其画向。

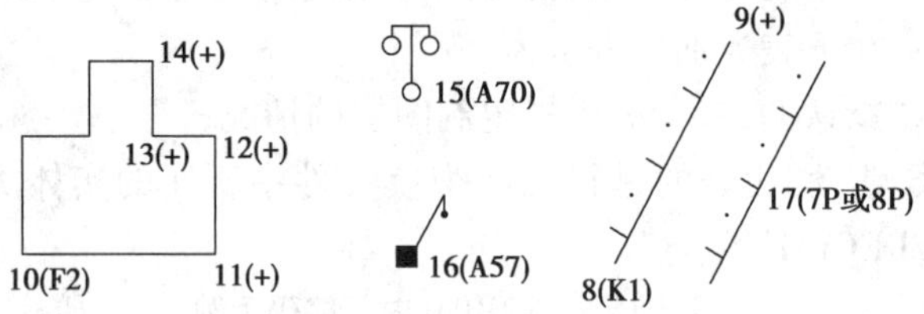

图 3.86　连续观测点的操作码

(3)测点交叉观测

交叉观测不同地物时,操作码为“n+”或“n-”。其中“+”“-”号的意义同上,n 表示该点应与以上 n 个点前面的点相连(n=当前点号-连接点号-1,即跳点数),还可用“+A$”或“-A$”标识断点,A$ 是任意助记字符,当一对 A$ 断点出现后,可重复使用 A$ 字符,如图3.87所示。

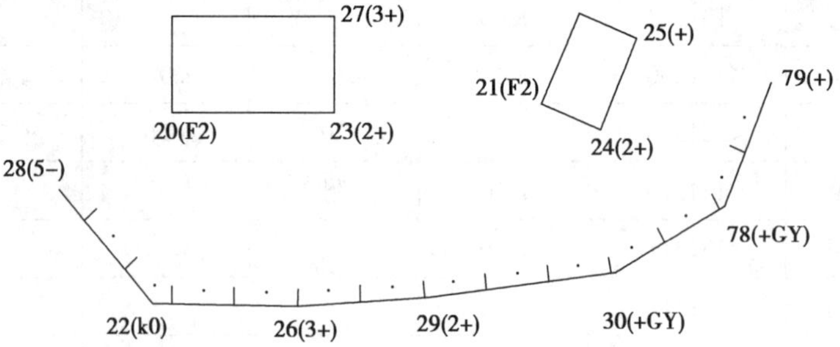

图 3.87　交叉观测点的操作码

(4)平行体观测

观测平行体时,操作码为“p”或“np”。其中,“p”的含义为通过该点所画的符号应与上点所在地物的符号平行且同类,“np”的含义为通过该点所画的符号应与以上跳过 n 个点后的点所在的符号画平行体,对于带齿牙线的坎类符号,将会自动识别是堤还是沟。若上点或跳过 n 个点后的点所在的符号不为坎类或线类,系统将会自动搜索已测过的坎类或线类符号的点。因而,用于绘平行体的点,可在平行体的“一边”未测完时测对面点,亦可在测完后接着测对面的点,还可在加测其他地物点之后,测平行体的对面点,如图 3.88 所示。

(5)同一测点两代码

若要对同一点赋予两类代码信息,应重测一次或重新生成一个点,分别赋予不同的代码,如图 3.89 所示。

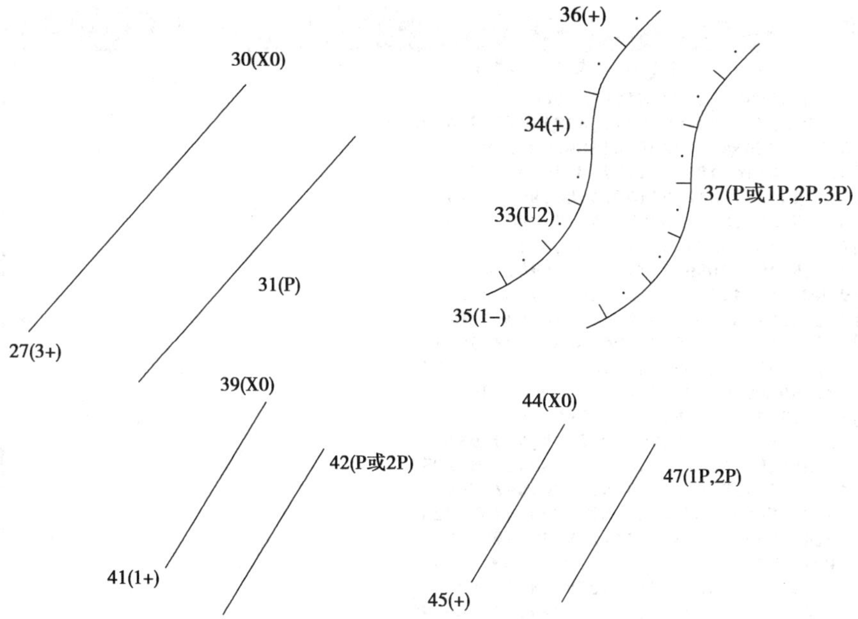

图 3.88　平行体观测点的操作码

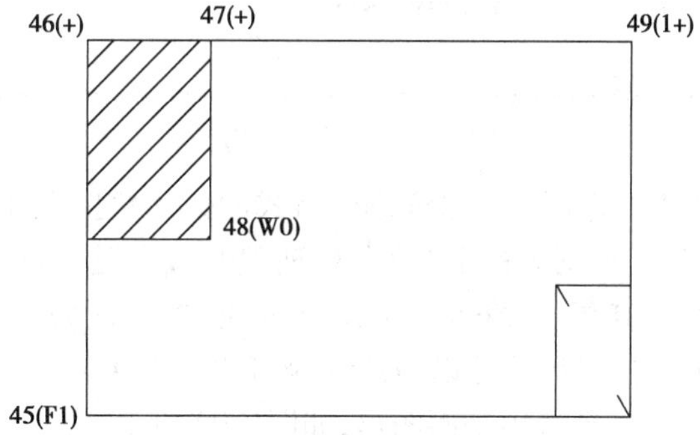

图 3.89　对同一点赋予两类代码的操作码

(6)编码数据绘图

1)编码数据格式

按照上述的方式给每个地物点编码后,所采集的数据既有坐标又有编码,如果要对所采集的数据进行修改,先要弄清楚采集完数据后传输到电脑中的格式,图 3.90 为野外数据格式。格式如下:

1 点点名,1 点编码,1 点 Y（东）坐标,1 点 X（北）坐标,1 点高程

……

N 点点名,N 点编码,N 点 Y（东）坐标,N 点 X（北）坐标,N 点高程

2)编码成图

野外采集的数据传输到电脑里面以后,需要对一些观测过程有错误的数据进行修改、编辑,数据的保存格式为:＊.dat。

①定显示区,此操作步骤与“草图法”中“测点点号”定位绘图方式作业流程的“定显示区”操作相同。

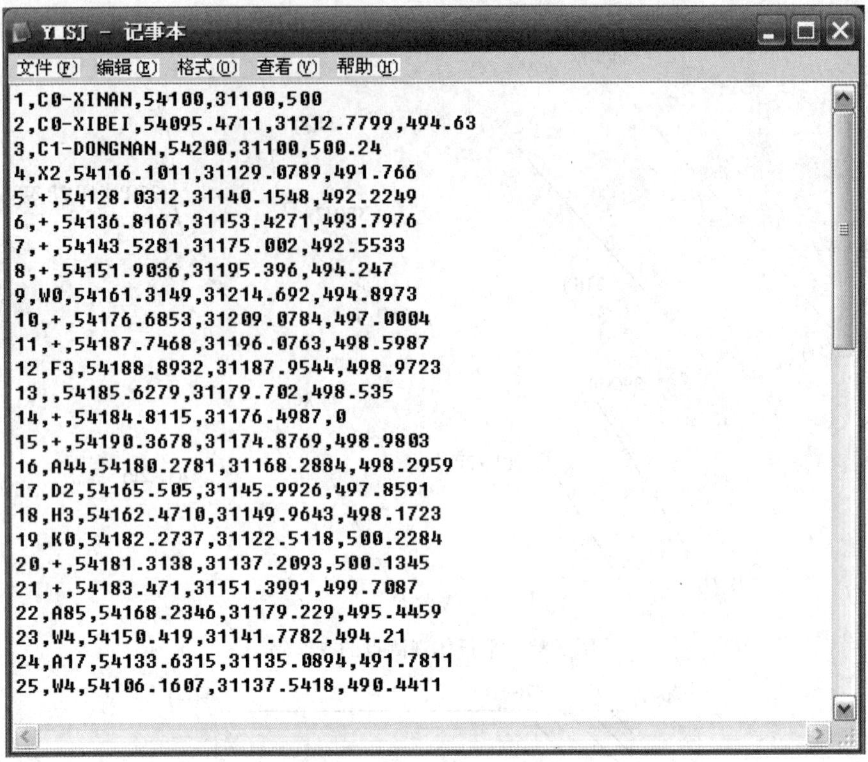

图 3.90 编码数据格式

②简码识别,简码识别的作用是将带简编码格式的坐标数据文件转换成计算机能识别的程序内部码(又称绘图码)。移动鼠标至“绘图处理”项,按左键,即可出现下拉菜单。移动鼠标至“简码识别”项,该处以高亮度(深蓝)显示,按左键,即出现如图 3.91 所示对话窗。输入带简编码格式的坐标数据文件名(此处以 D:\CASS10.0\DEMO\YMSJ.DAT 为例)。当提示区显示“简码识别完毕!”即在屏幕绘出平面图形,如图 3.92 所示。

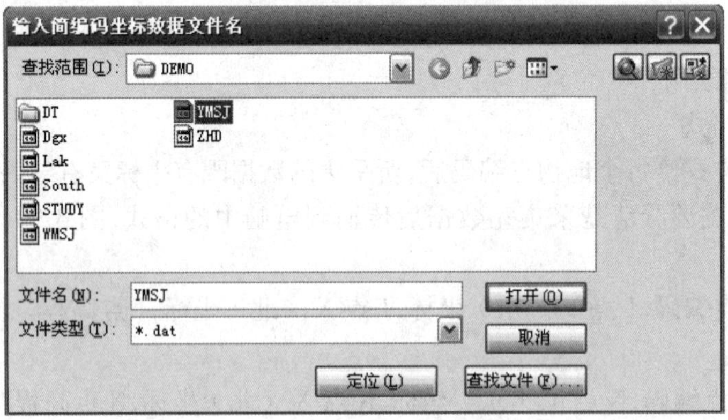

图 3.91 选择简编码文件

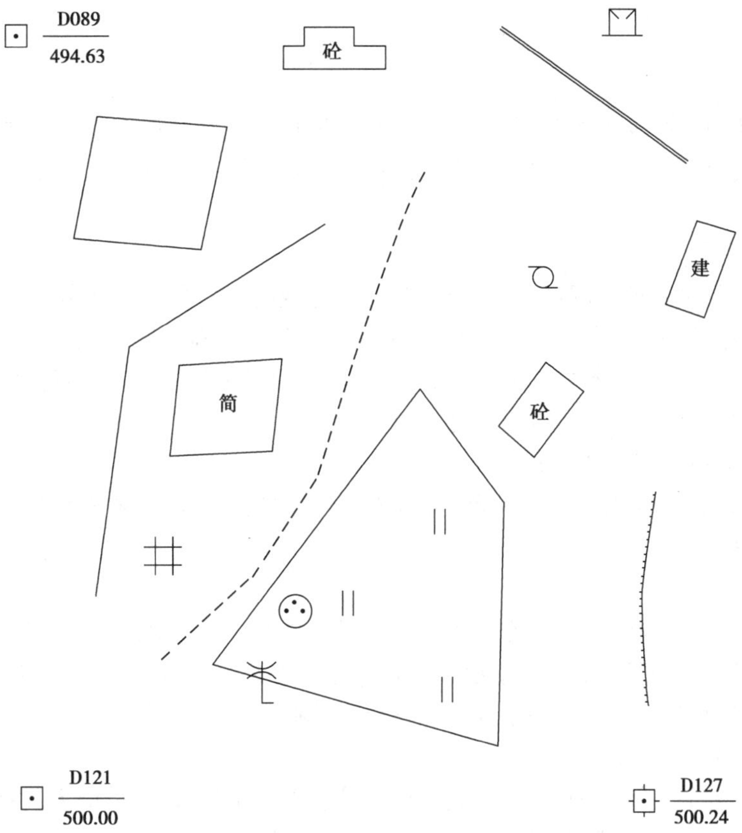

图 3.92 简码自动绘制图形

任务3.6 电子平板法野外数据采集

数字测图的外业跑尺方法

任务描述

- 了解电子平板测图的准备工作及所需要的仪器设备。
- 了解电子平板测图测站的设置、碎部点数据采集、数据编辑等工作过程。

知识学习

随着计算机技术的发展,便携机的体积、质量、功耗越来越小,这样便携机不易携带、电源不足等问题在某种程度上得到解决,把便携机带到野外工作成为可能。因此,测绘系统在原有的作业模式的基础上,增加了电子平板的作业模式,实现了所测即所得。

目前市场上测绘软件主要有三种:一是广州南方测绘仪器公司和开思公司开发的 CASS 系列和 SCS 系列;二是武汉瑞得测绘自动化公司开发的 RDMS 系列;三是清华山维公司与清华大学土木系联合开发的 EPSW 系列,这三种软件都支持电子平板方式,本节以 CASS10.0 软件为例,讲述电子平板法数据采集与传输。

1.准备工作

(1)测区准备

1)控制测量原则

当在一个测区内进行等级控制测量时,应该根据地形的实际情况和规范要求在测区内布设控制点。当视线比较开阔时,可以考虑点位的边长适当放长些。当地物复杂时,控制点的点位就要密些。

2)碎部测量原则

在进行碎部测量时要求绘图员清楚地物点之间的连线关系,所以对于复杂地形要求测站到碎部点之间的距离较短,要勤于搬站,否则会令绘图员绘图困难。对于房屋密集的地方可以用皮尺丈量法丈量,用交互编辑方法成图。野外作业时,测站的绘图员与碎部点的跑尺员相互之间的通信是非常重要的,因此对讲机是必不可少的。

3)使用系统在野外作业所需的器材

安装好 CASS 软件的便携计算机一台;全站仪一套(主机、三脚架、棱镜和对中杆);数据传输电缆一条;对讲机。

4)人员安排

根据电子平板作业的特点,一个作业小组的人员通常可以这样配备:测站观测员、计算机操作员各一名,跑尺员一至两名。根据实际情况,为了加快采集速度,跑尺员可以适当增加;遇到人员不足的情况,测站上可只留一个人,同时进行观测和计算机操作。

(2)出发前准备

完成测区的各种等级控制测量,并得到测区的控制点成果后,便可以向系统录入测区的控制点坐标数据,以便野外进行测图时调用。

录入测区的控制点坐标数据可以按以下步骤操作:

移动鼠标至屏幕下拉菜单“编辑\编辑文本文件”项;

在弹出选择文件对话框中输入控制点坐标数据文件名,如果不存在该文件名,系统便弹出如图 3.93 所示的对话框,否则系统将弹出如图 3.94 所示的窗口。

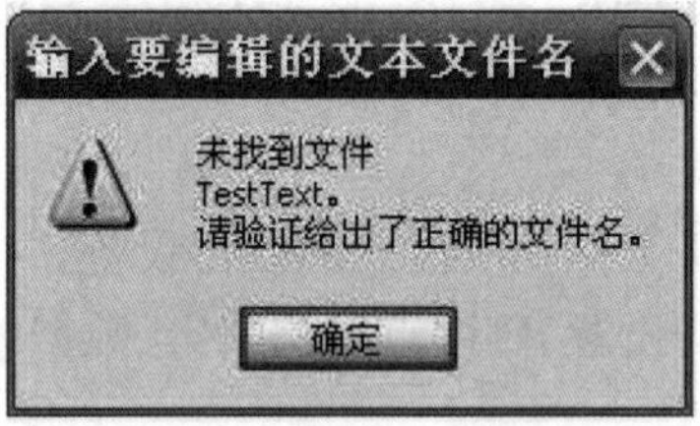

图 3.93 创建新文件名的对话框

这时,系统便出现记事本的文本编辑器,按以下格式输入控制点的坐标,如图 3.94 所示。格式如下:

1 点点名,1 点编码,1 点 Y(东)坐标,1 点 X(北)坐标,1 点高程

……

N 点点名,N 点编码,N 点 Y(东)坐标,N 点 X(北)坐标,N 点高程

有关说明如下:

①编码可输入可不输入;即使编码为空,其后的逗号也不能省略。

②每个点的 Y 坐标、X 坐标、高程的单位是米。

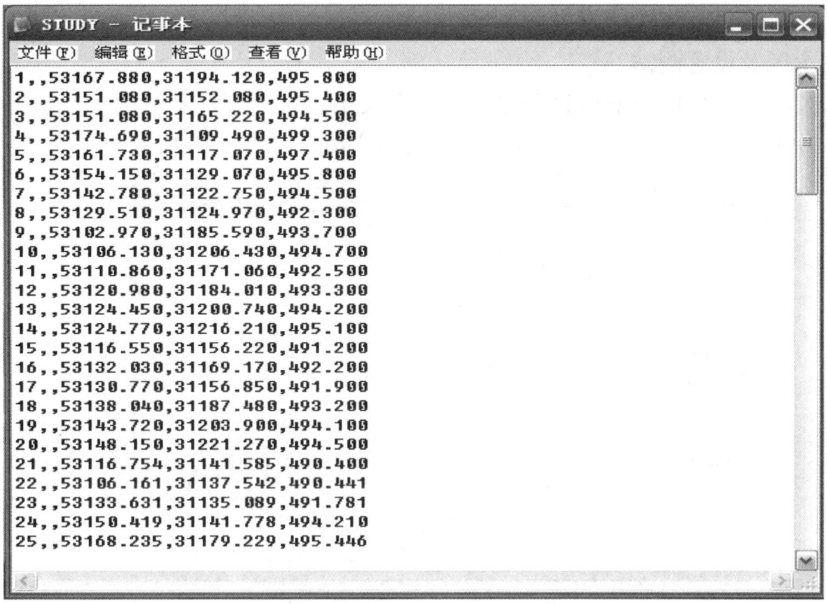


```
1,,53167.880,31194.120,495.800
2,,53151.080,31152.080,495.400
3,,53151.080,31165.220,494.500
4,,53174.690,31109.490,499.300
5,,53161.730,31117.070,497.400
6,,53154.150,31129.070,495.800
7,,53142.780,31122.750,494.500
8,,53129.510,31124.970,492.300
9,,53102.970,31185.590,493.700
10,,53106.130,31206.430,494.700
11,,53110.860,31171.060,492.500
12,,53120.980,31184.010,493.300
13,,53124.450,31200.740,494.200
14,,53124.770,31216.210,495.100
15,,53116.550,31156.220,491.200
16,,53132.030,31169.170,492.200
17,,53130.770,31156.850,491.900
18,,53138.040,31187.480,493.200
19,,53143.720,31203.900,494.100
20,,53148.150,31221.270,494.500
21,,53116.754,31141.585,490.400
22,,53106.161,31137.542,490.441
23,,53133.631,31135.089,491.781
24,,53150.419,31141.778,494.210
25,,53168.235,31179.229,495.446
```

图 3.94　数据文件文本编辑器

③文件中间不能有空行。

2.电子平板测图

(1)测前准备

完成测区的控制测量工作和输入测区的控制点坐标等准备工作后，便可以进行野外测图了。

1)安置仪器

①在点上架好仪器，并把便携机与全站仪用相应的电缆连接好，开机后进入 CASS10.0；

②设置全站仪的通信参数；

③在主菜单选取“文件”中的“CASS 参数配置”屏幕菜单项后，选择“电子平板”页，出现如图 3.95 对话框，选定您所使用的全站仪类型，并检查全站仪的通信参数与软件中设置是否一致，按“确定”按钮确认您所选择的仪器。

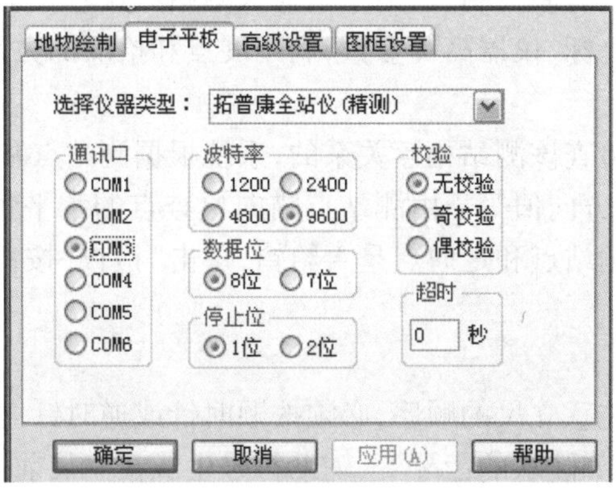

图 3.95　电子平板参数配置

说明:通信口是指数据传输电缆连接在计算机的哪一个串行口,要按实际情况输入,否则数据不能从全站仪直接传到计算机上。

2)定显示区及设置测站

定显示区的作用是根据坐标数据文件的数据大小定义屏幕显示区的大小。首先移动鼠标至“绘图处理/定显示区”项,按左键,即出现一个对话框,如图3.96所示。

图3.96　输入坐标数据文件名

这时,输入控制点的坐标数据文件名,则命令行显示屏幕的最大最小坐标。

如图3.97所示,鼠标单击右侧屏幕菜单之“电子平板”项,弹出如图3.98所示的对话框。

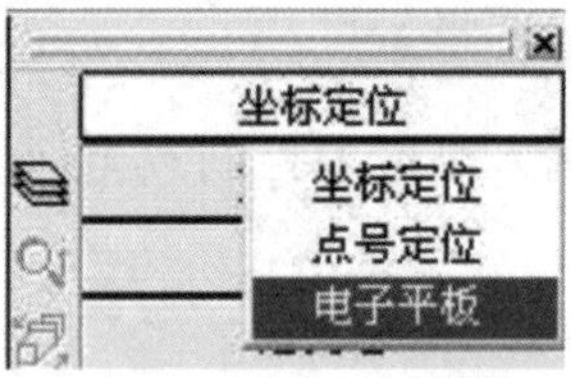

图3.97　坐标定位菜单

提示输入测区的控制点坐标数据文件。选择测区的控制点坐标数据文件,如D:\DATA\控制点.DAT。

若事前已经在屏幕上展绘了控制点,则直接点“拾取”按钮再在屏幕上捕捉作为测站和定向点的控制点;若屏幕上没有展控制点,则手工输入测站点点号及坐标、定向点点号及坐标、定向起始值、检查点点号及坐标、仪器高等参数,利用展点和拾取的方法输入测站信息,如图3.99所示。

说明:检查点是用来检查该测站相互关系的,系统根据测站点和检查点的坐标反算出测站点与检查点的方向值(该方向值等于由测站点瞄向检查点的水平角读数)。这样,便可以检查出坐标数据是否输错、测站点和定向点是否给错,单击“检查”按钮弹出如图3.100所示检查信息。

(2)立尺注意事项

①当测三点房时,要注意立尺的顺序,必须按顺时针或逆时针立尺。

②当测有辅助符号(如陡坎的齿牙),辅助符号生成在立尺前进方向的左侧,如果方向与实际相反,可用下面的方法换向:“地物编辑(A)—线型换向”功能换向。

③要在坎顶立尺,并量取坎高。

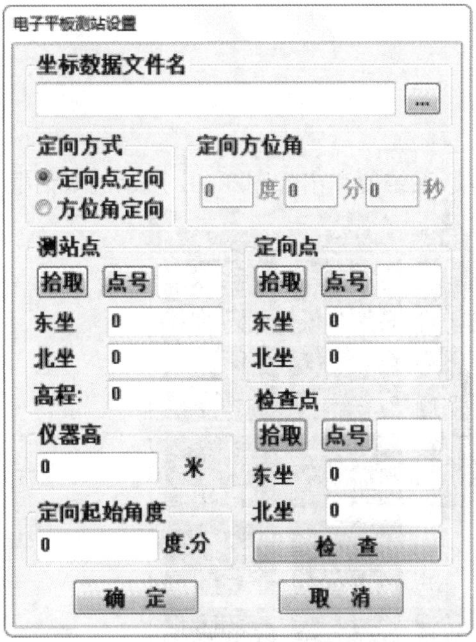

图3.98 测站设置对话框

图3.99 测站定向

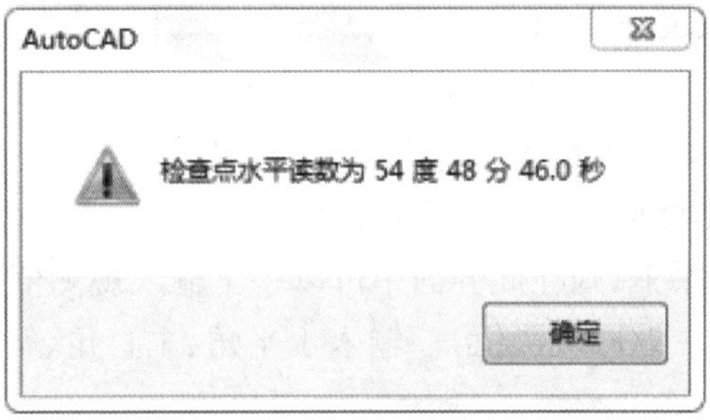

图3.100 测站点检查的对话框

④当测某些不需参与等高线计算的地物（如房角点）时,在观测控制平板上选择不建模选项。

(3)实际测图操作

当测站的准备工作都完成后,如用相应的电缆联好全站仪与计算机,输入测站点点号、定向点点号、定向起始值、检查点点号、仪器高等,便可以进行碎部点的采集、测图工作了。

在测图的过程中,主要是利用系统屏幕的右侧菜单功能,如要测一幢房子、一根电线杆等,需要用鼠标选取相应图层的图标,也可以同时利用系统的编辑功能,如文字注记、移动、拷贝、删除等操作,还可以同时利用系统的辅助绘图工具,如画复合线、画圆、操作回退、查询等操作。如果图面上已经存在某实体,则可以用“图形复制(F)”功能绘制相同的实体,这样就避免了在屏幕菜单中查找的麻烦。

CASS 系统中所有地形符号都是根据最新国家标准地形图图式、规范编制,并按照一定的方法分成各种图层,如控制点层:所有表示控制点的符号都放在此图层(三角点、导线点、GPS 点等);居民地层:所有表示房屋的符号都放在此图层(包括房屋、楼梯、围墙、栅栏、篱笆等符号)。

下面介绍各类地物的测制方法。

1)点状地物测量方法

例如:测一钻孔的操作方法是:

①用鼠标在屏幕右侧菜单处选取“独立地物”项,系统便弹出如图 3.101 所示的对话框。

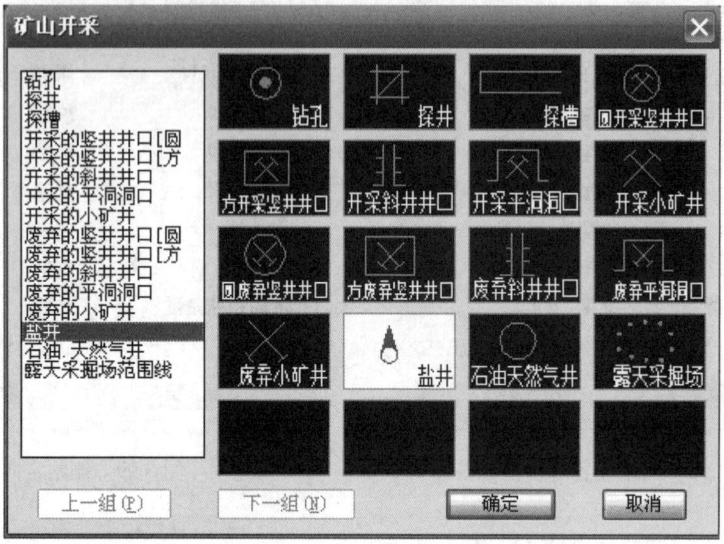

图 3.101　选择“独立地物”

②在对话框中按鼠标左键选择表示钻孔的图标,图标变亮则表示该图标被选中,然后鼠标单击“确定”,弹出如图 3.102 所示数据输入对话框。

此处仪器类型选择为手工,则在此界面中可以手工输入观测值(若仪器类型为全站仪,则系统自动驱动全站仪观测并返回观测值)。输入水平角、垂直角、斜距、棱镜高等值,确定后选择下一个地物,以此类推。

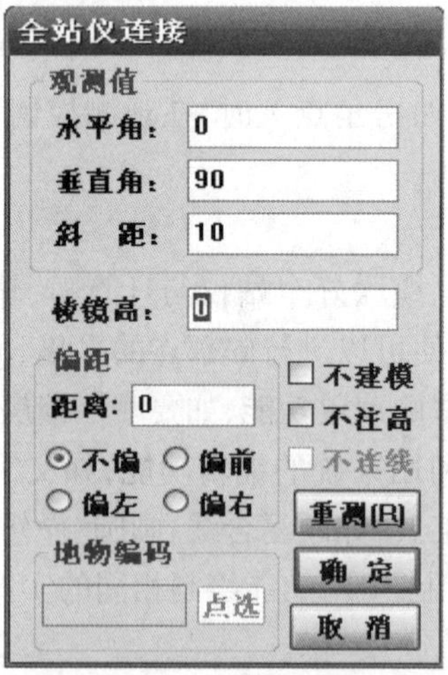

图 3.102　电子平板数据输入

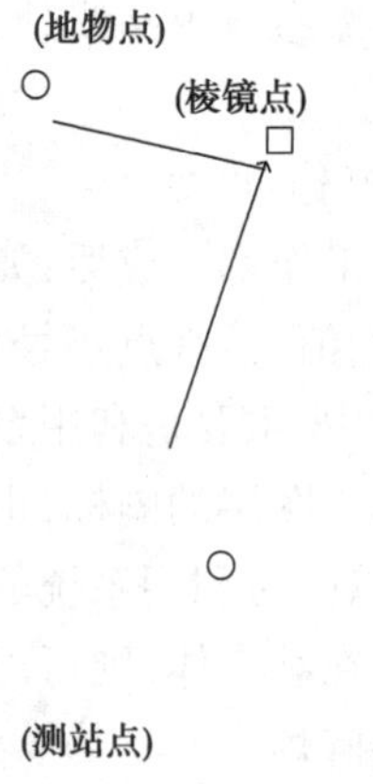

图 3.103　偏左图示

不偏:对所测的数据不做任何修改;

偏前：指棱镜与地物点、测站点在同一直线上，即角度相同，偏距为实际地物点到棱镜的距离；

偏左：实际地物点在垂直与测站与棱镜连线左边，偏距为实际地物点到棱镜的距离。偏左示意图如图3.103；

偏右：实际地物点在垂直与测站与棱镜连线右边，偏距为实际地物点到棱镜的距离。

系统接收到观测数据便在屏幕自动将钻孔的符号展出来，如图3.104所示，并且将被测点的X、Y、H坐标写到先前输入的测区的控制点坐标数据文件中，如C:\CASS100\DEMO\020205.DAT，点号顺序增加。如图为通过1号点偏前(2)，偏左(3)，偏右(4)测出的其他钻孔符号。

注意：

①如选择手工输入观测值，系统会提示输入边长、角度，如选择全站仪，系统会自动驱动全站仪测量。

②标高默认为上一次的值。当测某些不需参与等高线计算的地物（如房角点）时，则选择“不建模”，不展高程的点则选择“不展高”。

③测碎部点的定点方式分全站仪定点和鼠标定点两种，可通过右侧屏幕菜单的“方式转换”项进行切换。全站仪定点方式是根据全站仪传来的数据算出坐标后成图；鼠标定点方式是利用鼠标在图形编辑区直接绘图。

④观测数据分为自动传输、手动传输两种情况。自动传输是由程序驱动全站仪自动测距、自动将观测数据传至计算机；手动传输则是全站仪测距、人工干预传输。

⑤当系统驱动全站仪测距后20至40秒时间还没完成测距时，将自动中断操作，并弹出如图3.105所示的窗口。

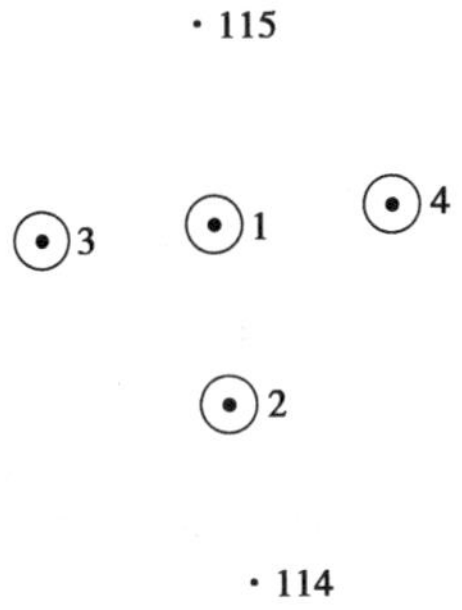

图3.104　系统在屏幕展出的钻孔符号

图3.105　通信超时的窗口

⑥如果某地物还没测完就中断了，转而去测另一个地物，可利用“加地物名”功能添加地物名备查，待继续测该地物时利用“测单个点”功能的“输入要连接本点地物名”项继续连接测量，请参阅后面的多棱镜测量方法。

2)面状地物

①四点房屋，具体操作方法如下：

首先移动鼠标在右侧屏幕菜单中选取“居民地”项的“一般房屋”，系统便弹出如图3.106所示的对话框。

移动鼠标到表示“四点房屋”的图标处按鼠标左键，被选中的图标和汉字都呈高亮度显示。然后按“确定”按钮，弹出全站连接窗口如图3.107所示。

系统驱动全站仪测量并返回观测数据(手工则直接输入观测值),方法同前。当系统接收到数据后,便自动在图形编辑区将表示简单房屋的符号展绘出来,如图 3.108 所示。

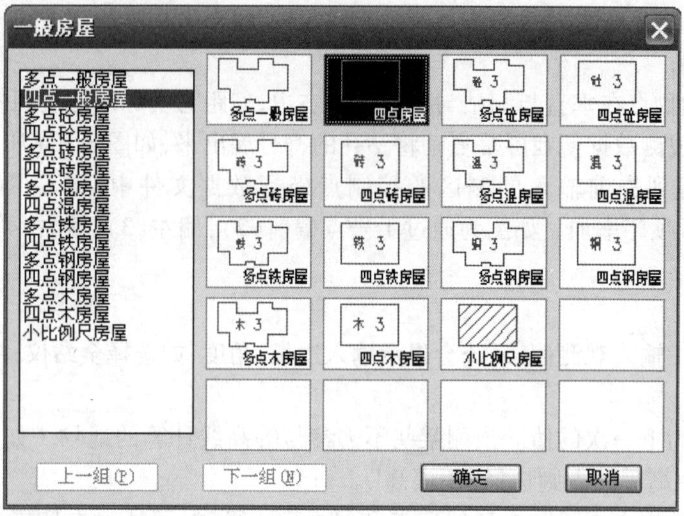

图 3.106 选择“四点房屋”

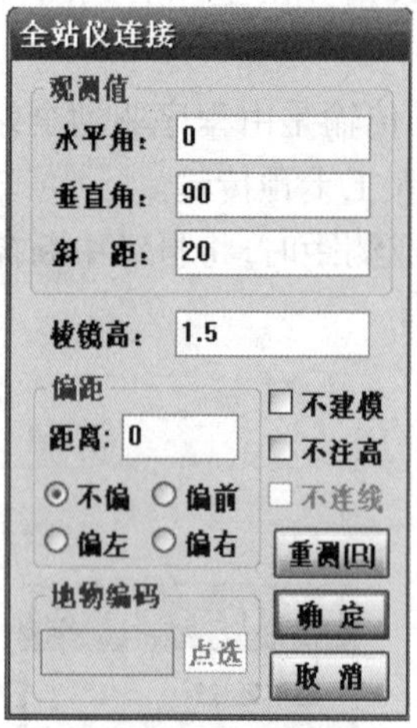

图 3.107 测量四点房屋

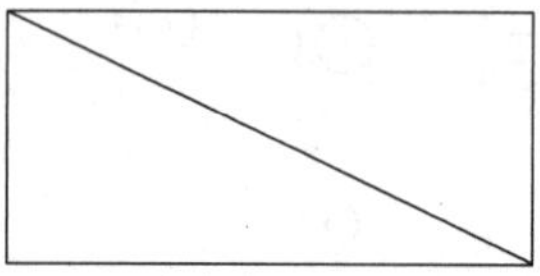

图 3.108 绘出的简单房屋

测制方法基本同多点房测制方法,绘制完毕系统会提问拟合线<N>?。如果是直线则回答否,直接回车;如果是曲线则回答是,输入“Y”即可。

②多点房屋,测量方法如下:

(a)移动鼠标在屏幕右侧菜单中选取“居民地”项的“多点砼房屋”,系统便弹出如图 3.109 所示的对话框。

(b)移动鼠标到对话框左边的“多点砼房屋”处或表示多点砼房屋的图标处按鼠标左键,被选中的图标和汉字都呈高亮度显示,然后单击“确定”按钮。

(c)将仪器瞄向第一个房角点,命令区显示:<跟踪 T/区间跟踪 N>。

(d)将仪器瞄向第二个房角点,命令区显示:曲线 Q/边长交会 B/跟踪 T/区间跟踪 N/垂直距离 Z/平行线 X/两边距离 L/<鼠标定点,回车键连接,Esc 键退出>。

(e)将仪器瞄向第三个房角点,命令区显示:曲线 Q/边长交会 B/跟踪 T/区间跟踪 N/垂直

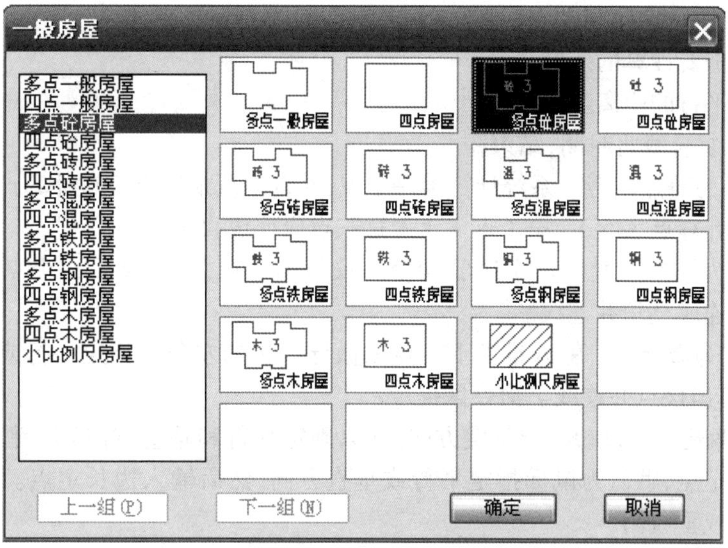

图 3.109　选择多点房屋

距离 Z/平行线 X/两边距离 L/隔一点 J/微导线 A/延伸 E/插点 I/回退 U/换向 H<指定点>。

(f)将仪器瞄向第四个房角点,命令区显示:曲线 Q/边长交会 B/跟踪 T/区间跟踪 N/垂直距离 Z/平行线 X/两边距离 L/闭合 C/隔一闭合 G/隔一点 J/微导线 A/延伸 E/插点 I/回退 U/换向 H<鼠标定点,回车键连接,Esc 键退出>。

在操作过程中,可以通过输入命令的方式来选择每一步的过程,其操作说明如下。

- 输入"Q"为绘曲线。系统驱动全站仪测点,然后自动在两点间画一条曲线。
- 输入"B"为边长交会定点。指定两点延伸的距离交会定点。
- 输入"T"为跟踪,选择一条现有的线,程序自动沿该线绘图。
- 输入"N"为区间跟踪,命令行会依次提示如下:

选择跟踪线起点:选择要跟踪的线的起点;

居中点:如果跟踪存在两个或两个以上的路径,则要选择居中点;

结束点:选择跟踪结束点。

- 输入"Z"为垂直距离,命令行会依次提示如下:

垂直于其他线方向【请选择线】:选择参照线;

相对于被选线的方向:指定垂直的方向;

距离:输入垂距。

- 输入"X"为平行线,命令行会依次提示如下:

平行于其他线方向【请选择线】:选择参照线;

相对于被选线的方向:指定平行的方向;

距离:输入要沿平行方向延伸的距离。

- 输入"L"为两边距离,命令行会依次提示如下:

求和两边相距一定距离的点【请选择第一条线】:选择第一条线;

哪一侧:单击要计算的一侧;

距离:输入平行的距离;

求和两边相距一定距离的点【请选择第二条线】:选择第二条线;

哪一侧:单击要计算的一侧;

距离:输入平行的距离。

• 输入"C"复合线将封闭,结束。

• 输入"G"为隔点闭合。系统计算出一个点,并自动从最后点经过计算点闭合到第 1 点,最后点（ 4 ）、计算点（ 5 ）、第 1 点（ 1 ）这三点应连成直角。

• 输入"J"为隔一点垂直。系统驱动全站仪新测一点,并计算出一个点使最后点、新测点、计算点三点连成直角并连线。

• 输入"A"为微导线。输入推算下一点的微导线边的左角或指定平行或垂直方向,根据输入的边长计算出该点并连线。命令区提示:

微导线-键盘输入角度(K)/<指定方向点(只确定平行和垂直方向)>:键入"K"系统提示输入角度、边长定点,默认为鼠标指定平行或垂直方向,然后输入边长定点。(程序识别模糊方向,判断平行或垂直。)

• 输入"E"为延伸,在当前线条方向上延伸合适的距离。

• 输入"I"为插点,在已连接的线段间插入新点。

• 输入"U"为删除最新测的一条边。

• 默认为鼠标指定点,回车弹出连接窗口,Esc 键退出。

(g)最后回车结束测量,成果如图 3.110 所示。

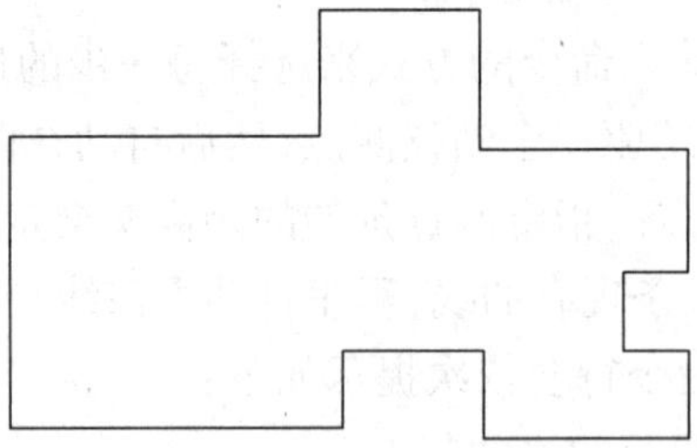

图 3.110　绘出的多点房屋

(4)其他线状地物测量方法

其他线状地物测量方法基本同多点房测量方法,绘制完毕系统会提问拟合线<N>?。如果是直线则回答否,直接回车;如果是曲线则回答是,输入"Y"即可。

(5)多棱镜测量

如果某地物还没测完就中断了,转而去测另一个地物,之后可根据多测尺方法继续测量该地物。中断地物测量时,利用"多棱镜测量"功能设置测尺,待要继续测量该地物时,再利用"多棱镜测量"中测尺转换功能,在多个测尺之间切换。利用"多棱镜测量"时直接驱动全站仪测点,自动连接已加入测尺名的未完成地物符号。

一般如果地物比较复杂或使用多名跑尺员时,都要用多镜测量。以下介绍多镜测量的方法步骤:

单击屏幕菜单的"多镜测量"项,命令区提示:

选择要连接的复合线:<回车输入测尺名>选择已有地物则不需设尺;回车则弹出设置测尺对话框。

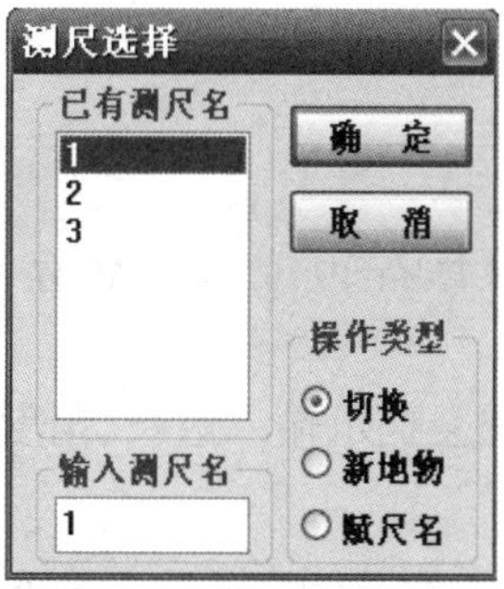

图 3.111　设置测尺

选择“新地物”项，在“输入测尺名”下方的文本框输入测尺名，测尺名可以是数字、字母和汉字，如输入“1”后确定，则命令行提示：

切换 S/测尺 R<1>/曲线 Q/边长交会 B/跟踪 T/区间跟踪 N/垂直距离 Z/平行线 X/两边距离 L/闭合 C/隔一闭合 G/隔一点 J/微导线 A/延伸 E/插点 I/回退 U/换向 H<鼠标定点，回车键，按 Esc 键退出>。

命令行中“测尺 R<1>”表示当前进行的是 1 号尺，输入“R”则回到设置测尺对话框换尺或添加尺。

切换：不止一个测尺进行测量时，在几个测尺之间变换，在观测时在命令行输入“R”后回到设置测尺对话框，在已有测尺栏中选择一个测尺点“确定”后则将该地物置为当前。

新地物：开始测量一个地物前就设置测尺名。

赋尺名：若测量一个地物前没有进行设尺，测量过程中又要中断，此时可以赋予其测尺名。

命令行各个选项的功能如下：

- 输入“S”可以在不同的地物之间切换，指不用测尺功能，直接凭记忆来选择要连接的地物。
- 输入“R”回到设置测尺对话框进行测尺切换、新建或赋尺名。
- 输入“Q”为绘曲线。系统驱动全站仪测点，然后自动在两点间画一条曲线。
- 输入“B”为边长交会定点。指定两点延伸的距离交会定点。
- 输入“C”复合线将封闭，测制结束。
- 输入“G”为隔点闭合。系统会驱动全站仪测第 5 点，并自动从第 4 点经过第 5 点闭合到第 1 点。第 5 点即所谓的“隔点”，它满足这样一个条件：角 4 和角 5 均为直角。
- 输入“J”为隔一点垂直。系统驱动全站仪新测一点，并计算出一个点使最后点、新测点、计算点三点连成直角并连线。
- 输入“A”为微导线。输入推算下一点的微导线边的左角，或指定平行或垂直方向，根据距离（米）计算出该点并连线。
- 输入“E”为延伸，在当前线条方向上延伸合适的距离。
- 输入“I”为插点，在已连接的线段间插入新点。
- 输入“U”为回退，删除上一步操作。
- 输入“H”为换向，即确定当前观测点与已有地物是顺时针方向连接还是逆时针方向连接。
- 鼠标定点即直接用鼠标在屏幕上输入点而不从全站仪读数据。

• 回车为全站仪测点模式，根据提示测量。

• 按 Esc 键退出测量。

(6)野外作业注意事项

①测图过程中，为防止意外应该每隔 20 或 40 分钟存一下盘，这样即使在中途因特殊情况出现死机，也不至前功尽弃。

②如选择手工输入观测值，系统会提示输入边长、角度，如选择全站仪，系统会自动驱动全站仪测量。

③镜高是默认为上一次的值。当测某些不需参与等高线计算的地物（如房角点）时，在观测控制平板上选择不建模选项。

④测碎部点，其定点方式分全站仪定点方式和鼠标定点方式两种，可通过屏幕右侧菜单的“方式转换”项切换。全站仪定点方式是根据全站仪传来的数据算出坐标后成图；鼠标定点方式是利用鼠标在图形编辑区直接绘图。

⑤跑尺员在野外立尺时，尽可能将同一地物编码的地物连续立尺，以减少在计算机处来回切换。

⑥如果某地物还没测完就中断了，转而去测另一个地物，可利用“加地物名”功能添加地物名备查，待继续测该地物时利用“测单个点”功能的“输入要连接本点地物名”项继续连接测量，即多棱镜测量。

3.电子平板法数据传输

观测数据分为自动传输、手动传输两种情况。自动传输是由程序驱动全站仪自动测距、自动将观测数据传至计算机；手动传输则是全站仪测距、观测数据的传输要人工干预。

图 3.112　通信超时的窗口

当系统驱动全站仪测距过程中想中断操作时，WINDOWS 版则由系统的时钟控制，由系统向全站仪发出测距指令后 20~40 秒还没完成测距，将自动中断操作，并弹出如图 3.112 所示的窗口。右侧菜单“找测站点”使测站点出现在屏幕的中央。

总之，采用电子平板的作业模式测图时，首先要做好测站的准备工作，然后再进行碎部点的采集，测地物就在屏幕右侧菜单中选择相应图层中的图标符号，根据命令区的提示进行相应的操作即可将地物点的坐标测下来，并在屏幕编辑区里展绘出地物的符号，实现所测即所得。

思考与练习题

1.目前常见的数字测图都有哪些作业模式？

2.极坐标法测量的原理是什么？

3.全站仪都有哪些常见的测量功能？

4.用全站仪在测站采集坐标时的步骤是什么，要进行哪些设置？

5.什么是基准站法？试叙述其工作步骤？

6.什么是网络 RTK 法？它与基准站法都有什么不同？

7.数字测图采集的地形特征点信息有哪些？

8.请叙述草图法测图的步骤?
9.草图法测图人员是如何分工组织的?
10.草图法测图时都要做哪些准备工作?
11.野外绘制草图都有什么要求?
12.编码测图有哪些优点?
13.简述简码测图的工作流程。
14.南方 CASS 野外操作码的编码规则?
15.电子平板测图野外有哪些注意事项?
16.叙述电子平板法测图的工作步骤。
17.电子平板测图所需要的仪器设备有哪些?
18.编码法测图与电子平板测图有哪些不同?
19.试叙述草图法、电子平板法与编码法各有哪些优点?

表一　专业能力考核表

<table>
<tr><td colspan="3">项目 3:数字测图外业</td><td colspan="4">日期：　　年　　月　　日</td><td colspan="4">考评员签字：</td></tr>
<tr><td colspan="3">姓名：</td><td colspan="4">学号：</td><td colspan="4">班级：</td></tr>
<tr><td rowspan="6">草图法野外数据采集能力考核</td><td rowspan="2">1.全站仪草图法野外数据采集的步骤</td><td>步骤 1</td><td>步骤 2</td><td>步骤 3</td><td>步骤 4</td><td>步骤 5</td><td>步骤 6</td><td>步骤 7</td><td>步骤 8</td><td>步骤 9</td></tr>
<tr><td></td><td></td><td></td><td></td><td></td><td></td><td></td><td></td><td></td></tr>
<tr><td>2.熟悉 4 个问题的内容,并从中任意抽取 1 题,作详细陈述</td><td colspan="9">①数字测图的常用测量仪器有哪些？品牌型号举例？
②数字测图的常见作业模式？
③绘制草图时主要表达哪些方面的内容？
④草图法需要几人？人员如何分工？</td></tr>
<tr><td rowspan="2">3.以任意一次成功操作为例,把观测或记录的数据填写在表格当中</td><td>测站点点号</td><td>后视点点号</td><td>检查点点号</td><td>仪器高</td><td>坐标数据文件名</td><td>测站设置输入的数据</td><td>后视定向输入的数据</td><td>检查测量结果</td><td></td></tr>
<tr><td></td><td></td><td></td><td></td><td></td><td></td><td></td><td></td><td></td></tr>
</table>

表二　评价考核评分表

<table>
<tr><td>评分项</td><td>内容</td><td>分值</td><td>自评</td><td>互评</td><td>师评</td></tr>
<tr><td rowspan="4">职业素养考核 40%</td><td>积极主动参加考核测试教学活动</td><td>10 分</td><td></td><td></td><td></td></tr>
<tr><td>团队合作能力</td><td>10 分</td><td></td><td></td><td></td></tr>
<tr><td>交流沟通协调能力</td><td>10 分</td><td></td><td></td><td></td></tr>
<tr><td>遵守纪律,能够自我约束和管理</td><td>10 分</td><td></td><td></td><td></td></tr>
<tr><td rowspan="3">专业能力考核 60%</td><td>1.全站仪草图法野外数据采集的步骤</td><td>20 分</td><td></td><td></td><td></td></tr>
<tr><td>2.熟悉 4 个问题的内容,并从中任意抽取 1 题,作详细陈述</td><td>20 分</td><td></td><td></td><td></td></tr>
<tr><td>3.以任意一次成功操作为例,把观测或记录的数据填写在表格当中</td><td>20 分</td><td></td><td></td><td></td></tr>
<tr><td colspan="3">得分合计</td><td></td><td></td><td></td></tr>
<tr><td rowspan="2">总评</td><td rowspan="2">自评(20%)+互评(20%)+师评(60%)=</td><td>综合等级</td><td colspan="3" rowspan="2">教师(签名)：</td></tr>
<tr><td></td></tr>
</table>

项目 4
数字测图内业

项目目标

- 了解数字测图内业处理的流程和步骤,熟习南方 CASS10.1 软件的主界面。
- 能够在南方 CASS10.1 软件中进行相关绘图环境的设置。
- 能够完成数据传输,能够熟练运用软件进行展点和绘制平面图。
- 能够绘制等高线,能够对地物进行编辑,能够完成图形的整饰和输出。
- 能够掌握常见地物的内业表示方法。
- 要求学生在数字测图内业成图时,做到耐心细致、实事求是,铸就工匠精神。

知识学习

数字测图的内业一般都需要专业的数字测图软件来完成,数字测图软件是数字测图系统中重要的组成部分。目前,国内市场上比较成熟的数字测图软件主要有广州南方测绘公司的“数字化地形地籍成图系统 CASS”系列,北京山维科技股份有限公司 EPSW 系列,北京威远图的 SV300 系列以及广州开思 SCS 系列等。其中广州南方测绘公司的“数字化地形地籍成图系统 CASS”系列软件是众多数字测图软件中功能完备、操作方便、市场占有率较高的主流成图软件之一。本章主要以其最新版本 CASS10.1 为例,介绍 1:2 000 及以上大比例尺数字测图内业的工作内容和方法,绘图时按照 GBT 20257.1-2017《国家基本比例尺地图图式第 1 部分:1:500 1:1 000 1:2 000 地形图图式》(以下简称为“2017 图式”)的要求进行设置和绘制。

任务 4.1 数据传输

数据传输-数据线传输

任务描述

- 了解数据格式以及各种数据传输方式。
- 熟练掌握通过 USB 接口进行传输数据的方法。

知识学习

1.数据通信及数据信息

(1)数据通信

数据通信是把数据的处理和传输合为一体,实现数字信息的接收、存储、处理和传输,并对信息流加以控制、校验和管理的一种通信形式。

数字测图的数据通信是指测绘仪器(全站仪、GPS 接收机等)与计算机(包括 PDA)间的数据传输与处理。本节主要介绍全站仪与计算机间的数据通信。

(2)数据信息的表示

数据通信所要传输的信息是由一系列字母和数字组成的。而沿着传输线传送时,信息以电信号形式传送。因此,实际上先要把传送的字符信息转换为二制形式,再把二进制信息转换为一系列离散的电子脉冲信号,用于表示二进制信息。

2.CASS 数据格式

全站仪中记录的数据需要传输到计算机中,才能在绘图软件下使用。传输到计算机中的坐标数据,将存放到"坐标数据文件"中。坐标数据文件的后缀为"dat",其文件名可由用户自己命名,如 20090607.dat。

坐标数据文件的数据格式如下:

总点数 N
点号 1,编码 1,Y1,X1,H1
点号 2,编码 2,Y2,X2,H2
点号 3,编码 3,Y3,X3,H3
……
点号 n,编码 n,Yn,Xn,Hn

该文件属于文本文件,一般可用 Windows 中"记事本"来编辑和修改。甚至我们可以将一些零散的碎部点坐标和高程,按照上述坐标数据文件的数据格式编辑生成为可供展点用的后缀为"dat"的文件。

1,C0-XINAN,97500.079,70800.208,293.872
2,C0-XIBEI,97500.199,70787.399,293.275
3,C1-DONGNAN,97500.439,70782.802,293.052
4,X2,97500.523,70798.909,293.455
5,+,97500.743,70800.427,281.717
6,+,97500.891,70823.527,281.717
7,+,97501.010,70824.963,293.808
8,+,97501.010,70824.963,293.808
9,W0,97501.105,70791.798,293.455
10,+,97501.324,70884.553,287.417
……

需要说明的是,上述数据文件中可以没有编码,但在文件中的编码位置仍需保留,一般由两个","号隔开。例如:

11,,97501.324,70884.553,294.533
12,,97501.396,70883.114,294.884

13,,97501.750,70500.142,281.717
14,,97501.750,70500.142,281.717
15,,97501.760,70799.929,293.808
16,,97501.760,70799.929,293.808
17,,97501.760,70834.640,294.102
18,,97501.834,70655.029,287.417
19,,97501.834,70655.029,287.417
20,,97501.863,70894.681,293.808
……

数据传输-U 盘传输

3.数据传输方式

电子设备之间的数字数据传输方式主要有:有线的并行通信(传输)和串行通信(传输)、无线的红外线通信(IrDA)与蓝牙通信(Bluetooth),通过全站仪数据通信软件及利用设备配置的 CF、PC 卡进行传输;对基于 Win CE 平台的全站仪的数据通信则更加便捷,既可以使用普通 U 盘直接连接全站仪进行数据通信,也可在计算机上安装微软的 Microsoft ActiveSync 同步软件,计算机会自动识别全站仪,该通信采用 USB 电缆和 USB 接口,仅需要一根 USB 电缆便能进行全站仪与计算机之间的通信。

4.在 CASS 软件中传输数据

以拓普康全站仪为例,在 CASS 软件中进行数据传输时,首先用数据线将全站仪和计算机连接起来,开启全站仪电源,并运行计算机中的南方 CASS 软件。

在全站仪主菜单中调用"存储管理"子菜单,如图 4.1 所示,选择数据格式、设置通信参数、选择要发送的测量数据类型、选择要发送的数据文件后等待按键发送,如表 4.1 所示。

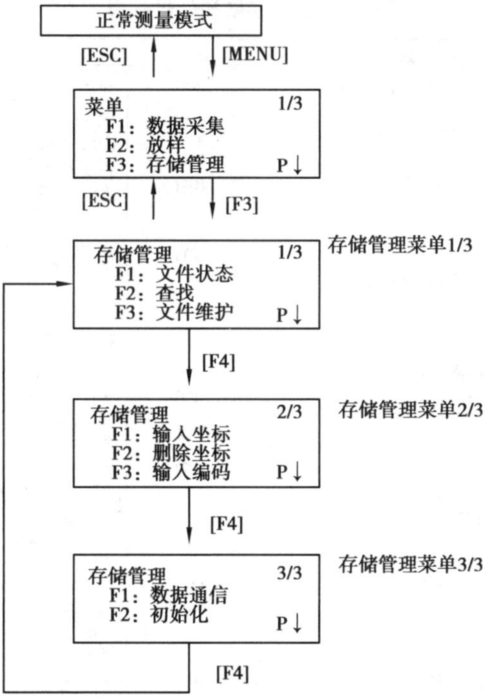

图 4.1　存储管理菜单

表 4.1　全站仪与电脑数据传输操作过程表

操作过程	操作	显示
①由主菜单1/3按[F3]（存储管理）键。	[F3]	存储管理　1/3 F1：文件状态 F2：查找 F3：文件维护　P↓
②按[F4](P↓)键两次。	[F4] [F4]	存储管理　3/3 F1：数据通信 F2：初始化 P↓
③选择数据格式。 GTS格式:通常格式 SSS格式:包括编码	[F1]	数据传输 F1：GTS格式 F2：SSS格式
④按[F1]（数据通信）键	[F1]	数据传输 F1：发送数据 F2：接收数据 F3：通信参数
⑤按[F1]键	[F1]	发送数据 F1：测量数据 F2：坐标数据 F3：编码数据
⑥选择发送数据类型，可按[F1]至[F3]中的一个键 例:[F1]（测量数据）	[F1]	选择文件 FN: 输入　调用　…　回车
⑦按[F1]（输入）键，输入待发送的文件名， 按[F4]（ENT）键*1)*2)。	[F1] [F1] 输入FN [F4]	发送测量数据 >OK? [是][否]
⑧按[F3]（是）键，*3) 发送数据， 显示屏返回到菜单。	[F3]	发送测量数据! 正在发送数据！ > 停止

通信参数设置的操作步骤见表 4.2。

表 4.2　通信参数操作过程表

操作过程	操作	显示
①由主菜单1/3按[F3]（存储管理）键。	[F3]	存储管理　1/3 F1：文件状态 F2：查找 F3：文件维护　P↓
②按[F4]（P↓）键两次。	[F4] [F4]	存储管理　3/3 F1：数据通信 F2：初始化 P↓
③按[F1]（数据通信）键。	[F1]	数据传输 F1：GTS格式 F2：SSS格式
④按[F1]（GTS格式）键。		数据传输 F1：发送数据 F2：接收数据 F3：通信参数
⑤按[F1]（通信参数）键。	[F3]	通信参数　1/2 F1：协议 F2：波特率 F3：字符/检验　P↓
⑥按[F2]（波特率）键。 [ ]表示当前波特率设置。	[F2]	波特率 [1200]　2400　4800 9600　19200　38400 回车
⑦按[▲]、[▼]、[▶]和[◀] 选定所需参数。	[▶] [▼]	波特率 1200　2400　4800 9600　[19200]　38400 回车
⑧按[F4]（回车）键。	[F4]	通信参数　1/2 F1：协议 F2：波特率 F3：字符/检验　P↓

如图 4.2 所示,可在 CASS 中调用菜单进行数据传输。其中,设置传输时的通信参数如图 4.3 所示。

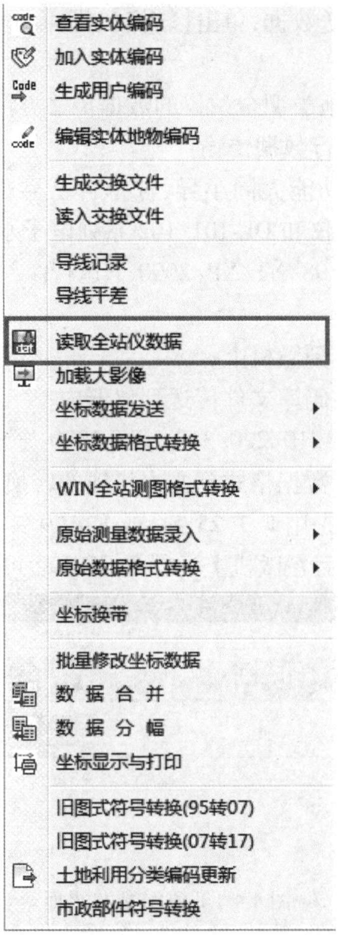

图 4.2　在 CASS 中调用菜单进行数据传输

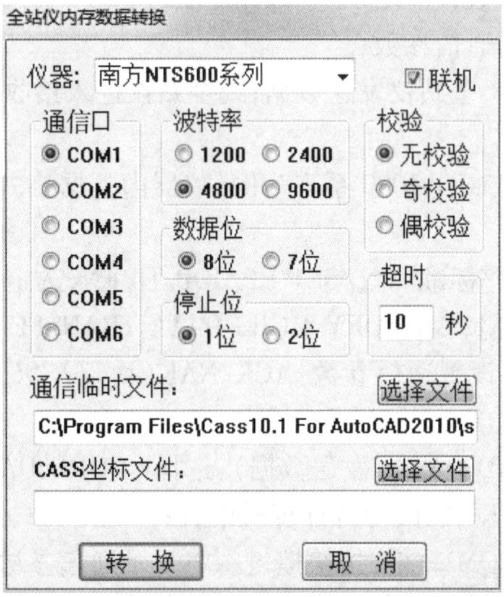

图 4.3　通信参数

在南方 CASS10.1 软件中,选择菜单【数据】→【读取全站仪数据】,就会弹出对话框。在此对话框中选择仪器、设置通信口、波特率、检验、数据位、停止位、超时、临时通信文件、CASS 坐标文件后,先在全站仪上回车发送数据,单击【转换】,即可将全站仪上的坐标数据文件传输到计算机中。

本例以南方全站仪为例,其他类型全站仪的数据传输方法与此相类似,在此不一一叙述。

5.用全站仪数据通信软件进行数据传输

全站仪数据通信软件很多,功能大同小异,选择自己喜欢用的一款即可。T-COM 是拓普康测量仪器(GTS/GPT 系列全站仪和 DL-101/102 系列电子水准仪)与微机之间进行双向数据通信的软件,可以在 Windows 95/98/NT/XP/2000 下运行。

T-COM 软件的主要功能有:

①将仪器内的数据文件下载到微机上;

②将微机上的数据文件与编码库文件传送到仪器内;

③进行全站仪数据格式 GTS-210/220/310/GPT-1000 与 SSS(GTS-600/700/710/800)之间的转换以及数字水准仪原始观测数据格式到文本格式的转换。

T-COM 软件的使用方法:首先用 F-3(25 针)或 F-4(9 针)RS-232 电缆连接计算机和测量仪器(全站仪和数字水准仪),然后在微机上运行 T-COM 后可显示如图 4.4 操作界面。

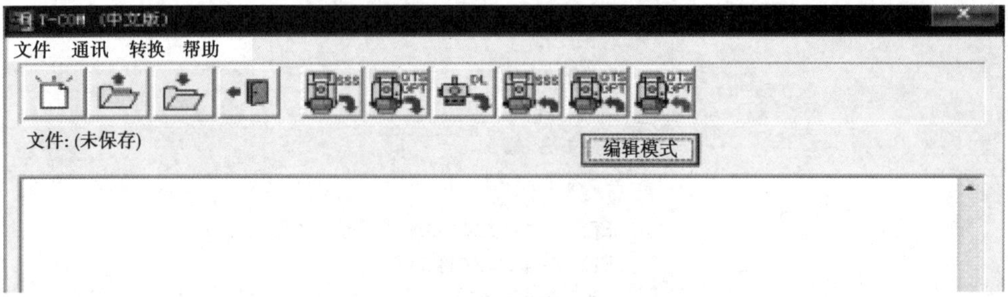

图 4.4 T-COM 操作界面

(1)T-COM 数据通信的主要步骤:

①全站仪上设置通信参数;

②计算机上设置相同的通信参数;

③计算机进入接收状态,全站仪发送数据;或全站仪进入接收状态,计算机发送数据。

(2)数据文件下载:

以全站仪 GTS-210/310/GPT-1000 系列为例(仪器内数据格式应设置为 GTS,本例为下载坐标数据文件):

①在全站仪上选择程序/标准测量/SET UP/JOB/OPEN,选定需要下载的作业文件名;

②在全站仪上进入 MENU/MEMORY MGR./DATA TRANSFER(在 MEMORY MGR 的第三页)/COMM.PARAMETERS,设置通信参数:ACK/NAK(协议)、9600(波特率)、8/NONE(数据位/奇偶位)、1(停止位);

③在全站仪上进入 SEND DATA(发送数据),选择 COORD.DATA(坐标数据),接下来选择 11 DIGITS,选择要传输的数据文件,等待计算机设置;

④在计算机上运行 T-COM 软件,按快捷键将显示通信参数设置,设为与全站仪相同的通信参数及正确的串口后,按【开始】键,进入接收等待状态,如图 4.5 所示;

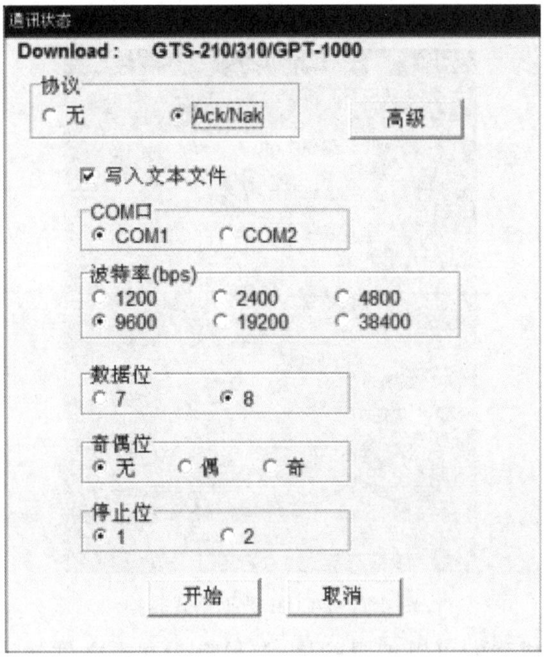

图4.5　T-COM通信参数设置

⑤在全站仪上按【OK】,计算机开始自动接收全站仪发送过来的数据;

⑥传完数据会在T-COM软件的文本框显示如图4.6所示界面,直接单击确认;

图4.6　T-COM数据导出

⑦接着出现如图 4.7 所示对话框:去掉添加 GTS-700 表头前面的勾,然后单击【确定】;

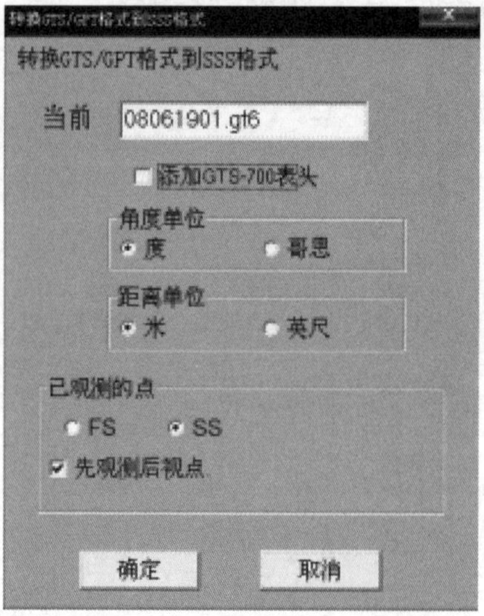

图 4.7　T-COM 数据格式转换

⑧这样数据便转换成我们可以编辑的格式,另存为文本文件就可以了;到此文件传输完毕,如图 4.8 所示。

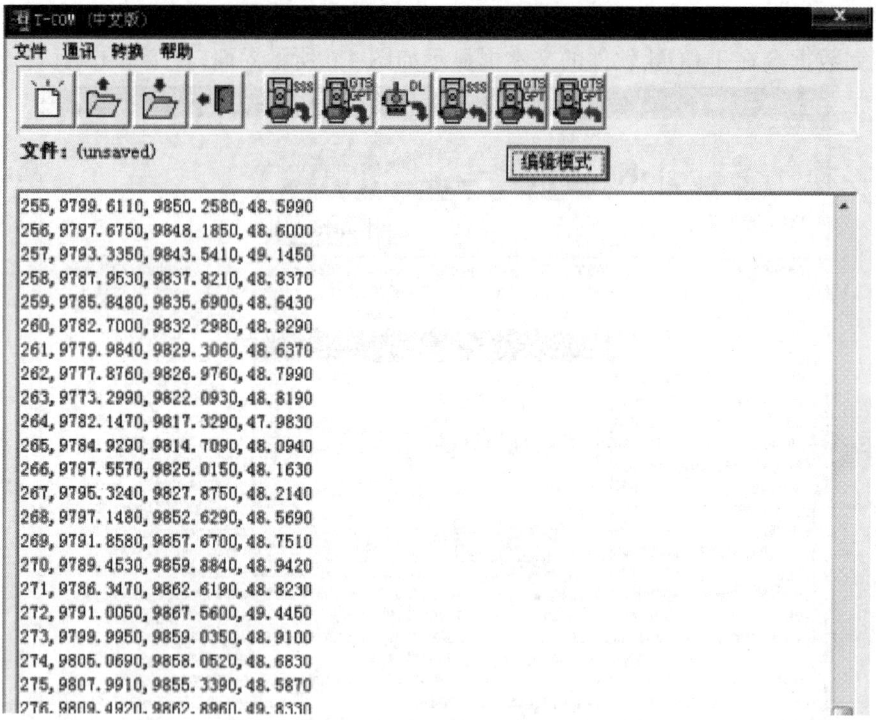

图 4.8　T-COM 坐标数据文本文件

6.基于 Win CE 平台的全站仪的数据通信

(1)安装 Microsoft ActiveSync

Microsoft ActiveSync(ActiveSync)是 Microsoft Windows CE 系统设备的电脑同步软件,实现

设备端与电脑的连接与通信。可以在 Windows 98/Windows ME/Windows NT/Windows 2000/Windows XP 系统上运行；对 Windows 7 用户而言，建议选择 Microsoft ActiveSync 6.1 及更高版本。在提供给用户的产品盒中有一张光盘是 Microsoft ActiveSync，也可在网络上下载。首先将 Microsoft ActiveSyn 安装到桌面计算机上并建立桌面计算机与掌上计算机的通信。请按以下步骤进行：

1）安装 Microsoft ActiveSync 之前

在安装之前，应注意：

在安装过程中需要重新启动计算机，所以安装前请保存您的工作并退出所有应用程序。

为安装 Microsoft ActiveSync，您需要一根 USB 电缆（全站仪配备的数据线）以连接掌上计算机和桌面计算机。

2）安装 Microsoft ActiveSync

将“Microsoft ActiveSync 桌面计算机软件”光盘放入您的光驱，或运行网站上下载的“Microsoft ActiveSync”安装程序。Microsoft ActiveSync 安装向导将自动运行。如果该向导没有运行，可到光驱所在盘符根目录下找到 setup.exe 后双击它运行。

单击【下一步】以安装 Microsoft ActiveSync，如图 4.9 左图所示。

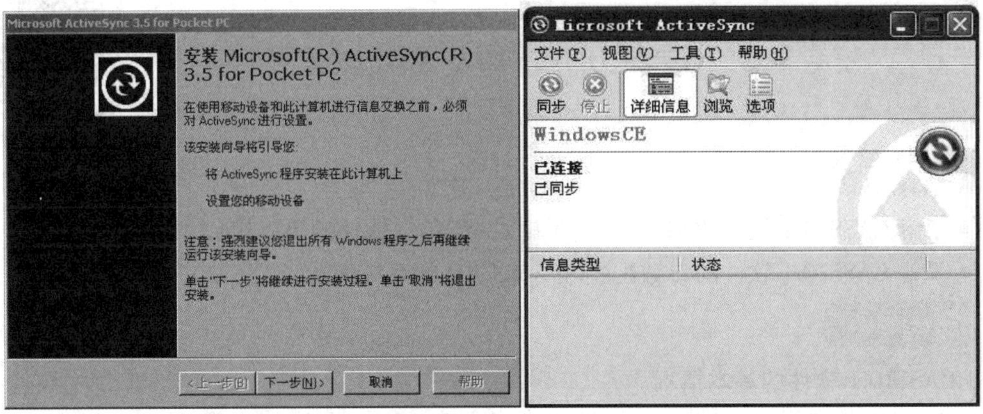

图 4.9　安装 Microsoft ActiveSync 并连接全站仪

（2）连接全站仪与 PC

安装了 Microsoft ActiveSync 后，重新启动计算机。

使用连接电缆，将电缆的一端插入全站仪键盘旁边的 USB 接口，另一端插入桌面计算机的某一通信端口。详细情况，请您参阅您的硬件手册。

打开您的全站仪。软件将检测掌上计算机并配置通信端口。如果连接成功，屏幕会显示如图 4.9 右图所示信息。

当全站仪与电脑同步后，单击【浏览】按钮，可浏览移动设备（全站仪）中的所有内容。如图 4.10 所示；同时也可进行文件的删除、拷贝等操作。利用移动硬盘通过 USB 接口传输数据方法类似，就不再赘述。

图 4.10 全站仪浏览文件

任务 4.2 CASS10.1 软件及参数配置

CASS9.1 软件简介

任务描述

- 了解 CASS10.1 软件的基本情况;了解 CASS10.1 软件的界面组成。
- 了解 CASS10.1 软件的参数配置和 AutoCAD 的系统配置。

知识学习

1.CASS10.1 软件的基本情况

CASS10.1 软件是南方 CASS 软件当前的最新版本,由软件光盘和一个加密狗组成,CASS10.1 以 AutoCAD2014 为技术支撑平台,同时适用于 AutoCAD2014 及以上版本。

2.CASS10.1 主界面

运行 CASS10.1 之前必须先将“软件狗”插入 USB 接口,启动 CASS10.1 后弹出如图 4.11 所示的 CASS10.1 操作主界面。南方 CASS10.1 软件的绘图界面主要由菜单面板、CASS 属性面板、CAD 工具栏、CASS 工具栏、CASS 屏幕菜单栏、命令栏和绘图区等部分组成。

绘图窗口是图形编辑和图形显示的窗口,用户在该区域内进行图形编辑操作。界面中最下面一行是键入命令行,操作时要随时注意命令行的提示。有些命令有多种执行途径,用户可根据自己喜好灵活选用快捷工具按钮、下拉菜单或在命令行输入命令。

3.CASS10.1 绘图参数设置

在内业绘图前,一般应根据要求对 CASS10.1 的有关参数进行设置。

操作:用鼠标左键单击“文件”菜单的“CASS 参数配置”项,系统会弹出一个对话框,如图 4.12 所示。该对话框内可进行绘图参数、地籍参数、图廓属性等设置。以下对大比例尺测图常用的参数进行设置。

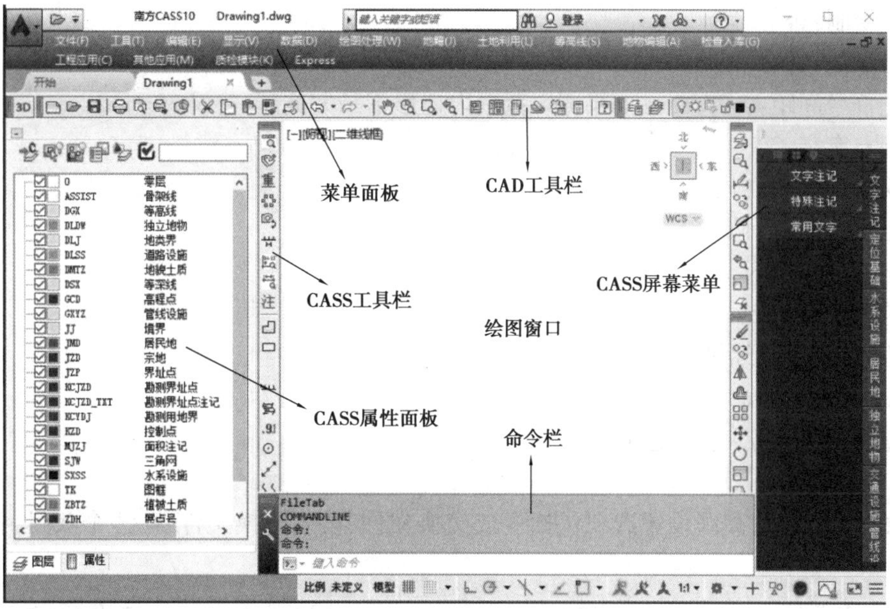

图 4.11　南方 CASS10.1 主界面

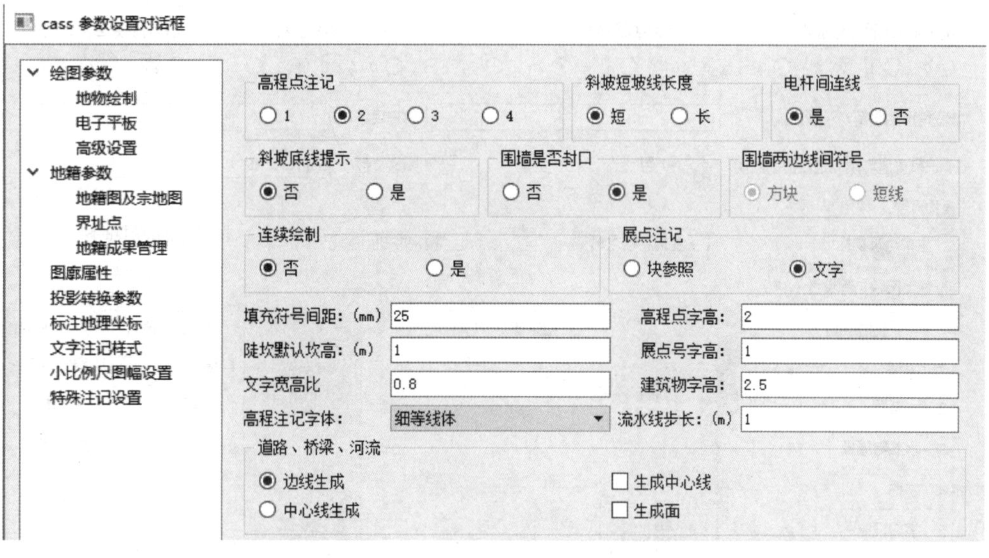

图 4.12　CASS 参数设置对话框

(1)地物绘制参数

如图 4.12 所示，根据大比例尺数字测图图面美观及常规要求进行如下设置：

高程注记位数：根据项目要求，基本等高距大于 1 m 的，设置为 1，基本等高距小于 1 m 的设置为 2。

自然斜坡短坡线长度：短

电杆间是否连线：城镇区域内设置为“否”，城镇区域外设置为“是”

斜坡底线提示：否

围墙是否封口：是

围墙两边线间符号：短线

连续绘制:否
展点注记:文字
填充符号间距:≥25 mm(如果测区范围内地形不是太破碎,建议 30 mm)
高程点字高:2
陡坎默认坎高:1
展点号字高:1
文字宽高比:0.8
建筑物字高:2.5
高程注记字体:细等线体
流水线步长:1 m
道路、桥梁、河流:边线生成
(2)高级设置

如图 4.13 所示,高级设置选项包括生成交换文件、读入交换文件等 17 个项目,各参数设置如下:

图 4.13 高级设置对话框

生成交换文件:按骨架线
读入交换文件:按骨架线
土方量小数位数:2
方格网高程小数位数:2
横断面线高程注记位数:2
横断面线距离注记位数:2

CASS 软件的工具栏、
菜单栏、屏幕菜单

工程计算是否考虑陡坎:是

DTM 三角形限制最小角:10 度,若有较远的点无法联上时,可将此角度改小至 5 度。

简码识别房屋与填充是否自动封闭:否

用户目录:自定义

图库文件:默认,注意库名不能改变。

重构设置:根据需要定义重构设置选项。

启用快捷键:启用。

SHP 输出面积扣除设置:根据项目要求定义。

(3)图廓属性设置

设置地形图框的图廓要素。常规测绘项目批量分幅图廓按照图 4.14 进行设置。需说明的是:左上角、右下角图名图号和坡度尺一般不选择;1∶2 000 比例尺坐标标注和图幅号小数位数设置为 1;附注根据项目特点注记,如测量员、绘图员、检查员等信息。

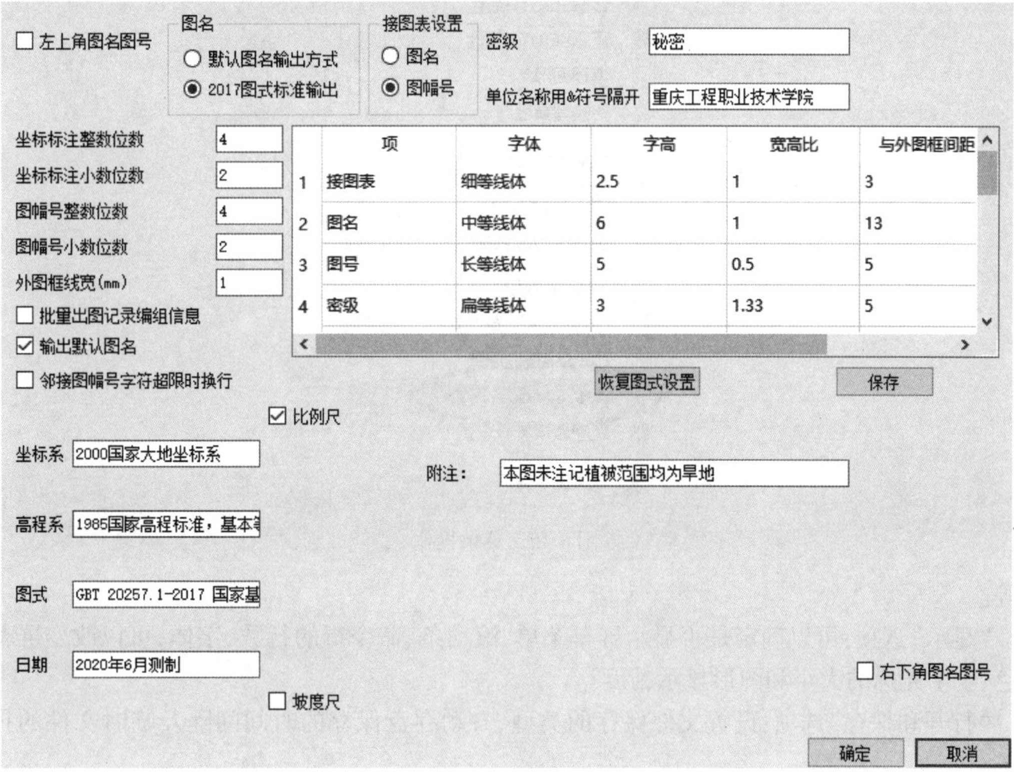

图 4.14　图廓设置对话框

4.AutoCAD **系统配置**

AutoCAD2014 系统配置是设置 CASS10.1 的平台。AutoCAD2014 的各项参数,可通过菜单选项、自定义设置常用参数。

操作:鼠标左键单击"文件"菜单下"AutoCAD 系统配置"项(图 4.15),系统会弹出如图 4.16所示的对话框。

在 AutoCAD 系统配置选项中,可以做如下操作:

"文件"选项:可以指定文件搜索路径、设备驱动程序文件搜索路径、文件自动保存存储路

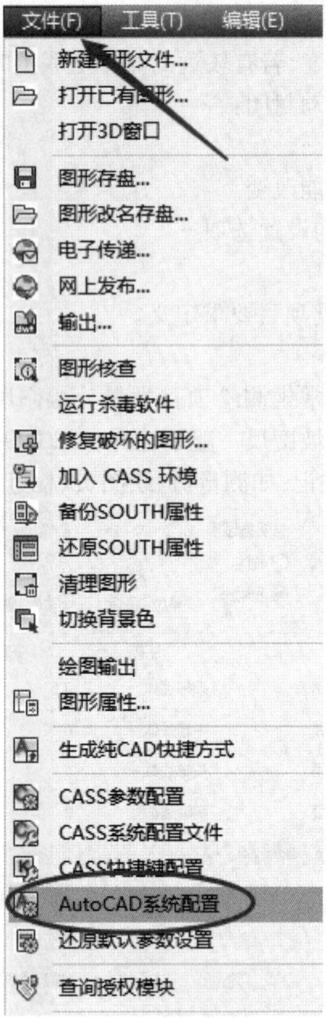

图 4.15　菜单操作

径等。

“显示”选项:可以确定是否显示屏幕菜单、滚动条、命令行的行数、字体,可以改变屏幕的颜色、十字光标的大小和图形显示精度。

“打开和保存”选项:设置文件保存的类型、自动存盘保存的时间间隔及临时文件的扩展名等。

“打印和发布”选项:设置默认的打印输出设备、默认的打印样式表等。

“系统”选项:控制与定点设备的相关选项和控制与系统配置相关的基本选项。

“用户系统配置”选项:可以设置右键单击的自定义功能、拖放比例、线宽等。

“绘图”选项:可以进行自动捕捉设置、自动追踪设置等。

“三维建模”选项:设置三维十字光标的大小和三维对象的视觉样式与三维导航等。

“选择集”选项:可以设置拾取框的大小、夹点大小、夹点颜色、选择对象的模式等。

“配置”选项:可以在这里控制 CASS10.1 和 AutoCAD 之间的切换。如果您想在 AutoCAD 2014 环境下工作,可在此界面下选择“unnamed profile”,然后单击“置为当前”按钮;如果想在

图 4.16　AutoCAD 系统配置

CASS10.1 环境下工作,可选择 CASS10.1,然后单击“置为当前”按钮。

任务 4.3　展碎部点与绘制平面图

草图法内业成图地物绘制 1

任务描述

- 了解在 CASS10.1 软件中展绘碎部点的方式。
- 熟练掌握在 CASS10.1 软件中展绘碎部点的方法。

知识学习

展绘碎部点的作用是为地形图绘制提供基础的源数据,CASS10.1 提供了三种主要展绘方法:点号定位、坐标定位和编码引导。本节分别进行介绍。

1.点号定位

就是将坐标文件中碎部点点号展在屏幕上,利用屏幕菜单“测点点号”中各图示符号,按照草图上标示的各点点号、地物属性和连接关系,将地物绘出。

(1)定显示区

定显示区的作用是根据输入坐标数据文件的坐标数据大小定义屏幕显示区域的大小,以保证所有点可见,同时也起到检查坐标数据文件中出现错误数据的作用,所以,建议每个新的绘图项目在展绘碎部点之前都操作这一步。

单击“绘图处理”项，即出现如图 4.17 所示下拉菜单，选中“定显示区”并单击，系统提示输入数据坐标文件名，把数据输入时所存放的坐标数据文件名及其相应途径输入文件名对话框（图 4.18）。单击“打开”后，系统将自动检索相应的文件中所有点的坐标，找到最大和最小 X,Y 值，并在屏幕命令区显示坐标范围（图 4.19）。

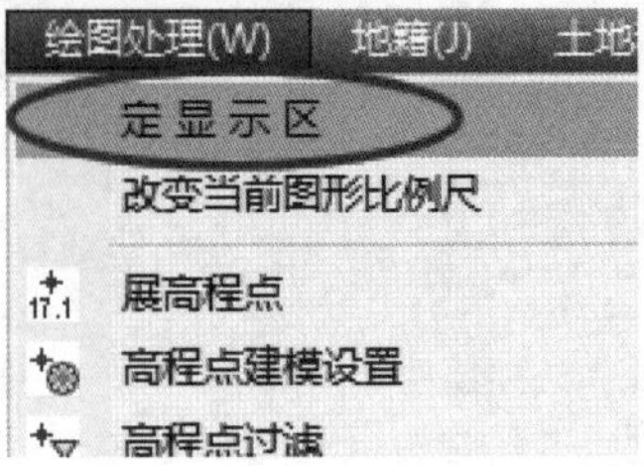

图 4.17　定显示区

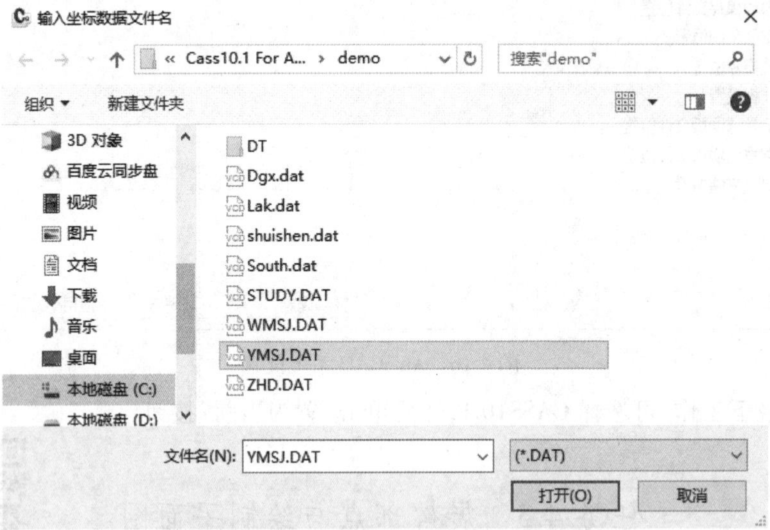

图 4.18　定显示区时输入数据文件

图 4.19　定显示区时的命令行显示

（2）测点点号定位

移动鼠标至屏幕右侧菜单区之“坐标定位/点号定位”项（图 4.20），按左键，即出现如图 4.21 所示的对话框。

输入点号坐标点数据文件名后，命令区提示：“读点完成！ 共读入 60 个点。”

（3）绘平面图

为了更加直观地在图形编辑区内看到各测点之间的关系，可以先将野外测点点号在屏幕中展出来，供交互编辑时参考。

其操作方法是：执行该菜单后（图 4.22），命令行会提示输入测图比例尺，并且系统会弹出一个“输入坐标数据文件名”的对话框。找到野外测量的坐标数据所存放的文件夹和文件名（后缀为 ∗.dat），确定即可。

根据野外作业时绘制的草图（图 4.23），移动鼠标至屏幕右侧菜单区选择相应的地形图图

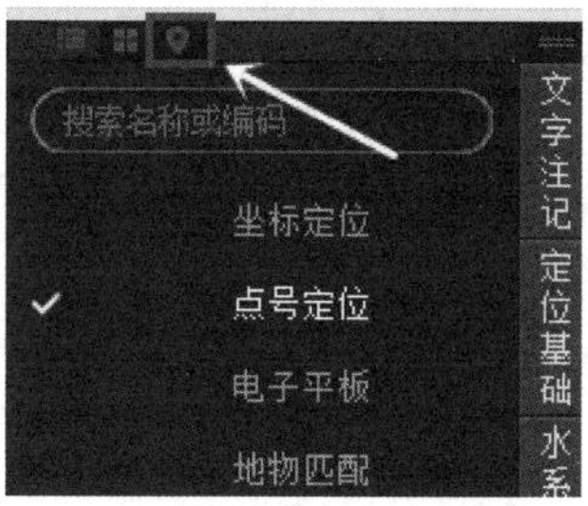

图 4.20 点号定位

图 4.21 选择测点点号定位成图法的对话框

图 4.22 展野外测点点号菜单

式符号,然后在屏幕中将所有的地物绘制出来。

例如,由 27、28、29 号点连成一间普通房屋。

移动鼠标至右侧菜单"居民地/一般房屋"处按左键,再移动鼠标到"四点一般房屋"的图标处按左键,出现如图 4.24 所示的对话框:

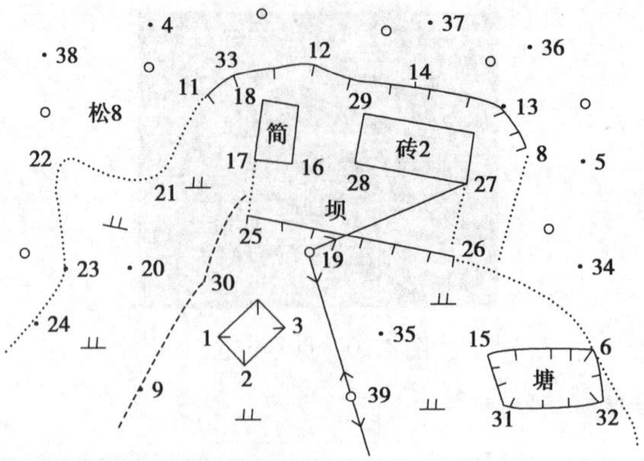

图 4.23　外业作业草图

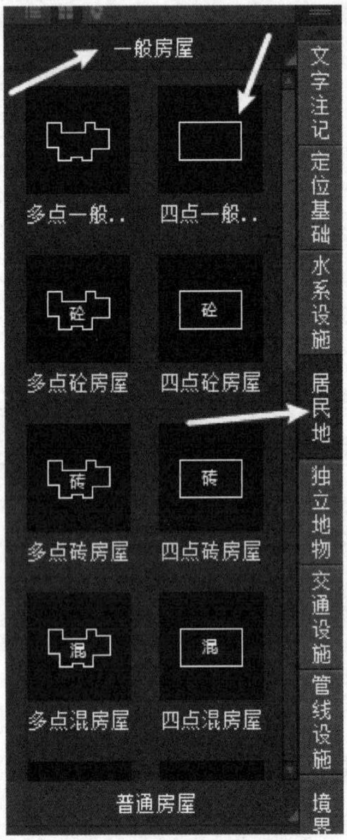

图 4.24　右侧菜单提示

草图法内业成图地物绘制 2

按命令区提示：

1.已知三点/2.已知两点及宽度/3.已知四点<1>：输入 1，回车（或直接回车默认选 1）。

说明：已知三点是指测矩形房子时测了三个点；已知两点及宽度则是指测矩形房子时测了两个点及房子的一条边；已知四点则是测了房子的四个角点。

点 P/<点号>：输入 27，回车。

说明：点 P 是指由您根据实际情况在屏幕上指定的一个点；点号是指绘地物符号定位点的点号（与草图的点号对应），此处使用点号。

点 P/<点号>：输入 28，回车。

点 P/<点号>：输入 29，回车。

这样，即将27、28、29号点连成一间普通房屋。

需要注意的是，绘房屋时，输入的点号必须按顺时针或逆时针的顺序输入，如上例的点号按27、28、29或29、28、27的顺序输入，否则绘出来的房屋就不对。

重复上述操作，将16、17、18号点绘成简单房屋；1、2、3号点绘成四点棚房。

同样在"地貌土质"层单击"人工地貌"找到"未加固陡坎"的图标，分别将25、26和8、13、14、12、33、11号点绘成土坎；在"水系设施"层找到"有坎池塘"的图标将6、15、31、32号点绘成池塘的符号；在"管线设施"栏单击"通信线"找到"地面上的通信线"将39、19、27点号绘成通信线。完成这些操作后，其平面图如图4.25所示。

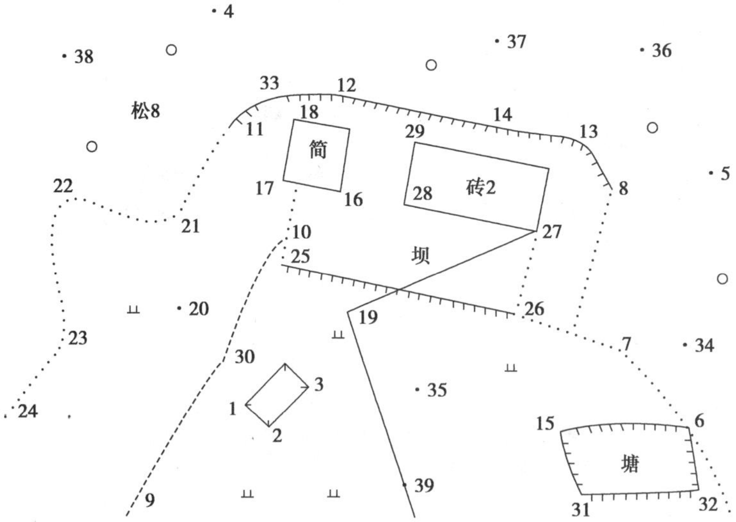

图4.25　测点绘制完成后的平面图

在操作的过程中，您可以嵌用CAD的透明命令，如放大显示、移动图纸、删除、文字注记等。

2.坐标定位

坐标定位成图法操作类似于测点点号定位成图法。不同的是绘图时点位的获取不是输入点号而是启用捕捉功能直接在屏幕上捕捉所展的点，故该方法较点号定位法成图更方便。其操作步骤如下：

（1）定显示区

此步操作与"点号定位"法作业流程的"定显示区"的操作相同。

（2）选择坐标定位成图法

移动鼠标至屏幕右侧菜单区之"坐标定位"项，按左键，即进入"坐标定位"项的菜单。

（3）绘平面图

绘图之前先设置捕捉方式。在底部状态栏右键"对象捕捉"→"捕捉设置"选择"节点"。

对象捕捉可以使用快捷键F3开启和取消。

与"点号定位"法成图流程类似，需先在屏幕上展点，根据外业草图，选择相应的地图图式符号在屏幕上绘制和连接。

移动鼠标至右侧菜单"居民地/一般房屋"处按左键，再移动鼠标到"四点一般房屋"的图标处按左键，根据命令区提示：

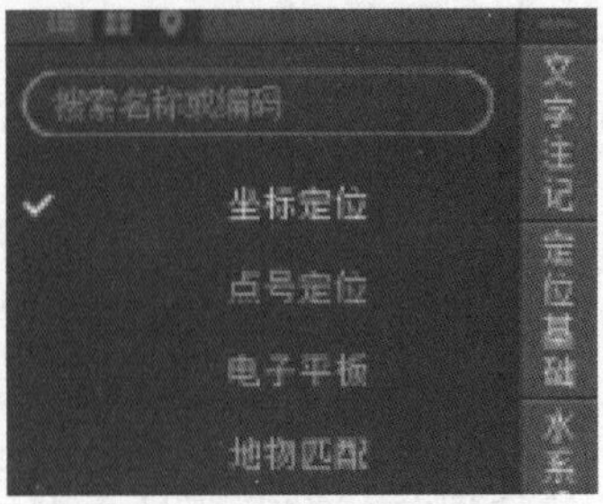

图 4.26　坐标定位

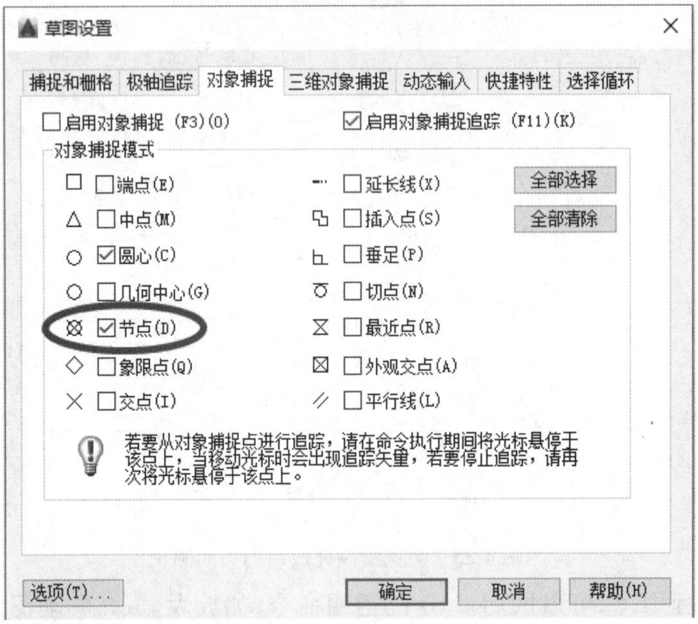

图 4.27　对象捕捉设置

1.已知三点/2.已知两点及宽度/3.已知四点<1>:输入 1,回车(或直接回车默认选 1)。

输入点:这时鼠标靠近 27 号点,单击鼠标左键,捕捉该点。

输入点:同上操作捕捉 28 号点。

输入点:同上操作捕捉 29 号点。

这样,即将 27,28,29 号点连成一间普通房屋。

如法炮制绘制其他房屋、土坎等地物。

编码法内业成图

3.编码引导

此方式也称为“编码引导文件+无码坐标数据文件自动绘图方式”。

(1)编辑引导文件

①移动鼠标至绘图屏幕的顶部菜单,选择“编辑”的“编辑文本文件”项,按左键,屏幕命令区出现如图 4.28 所示:

以 C:\CASS10.1\DEMO\WMSJ.YD 为例。

图 4.28　编辑文本对话框

屏幕上将弹出记事本,这时根据野外作业草图和本软件中预设的地物代码以及文件格式,编辑好此文件,保存并退出。

例如:W2,165,7,6,5,4,166

W 代表垣栅类型,2 代表栅栏,165,7,6,5,4,166 代表点号。表示连接点号 165,7,6,5,4,166 段为栅栏。

又如:F1,68,66,114

F 代表房屋类,1 代表普通房,68,66,114 代表房屋点号。表示连接点号 68,66,114 的普通四点房屋(房屋类测量了三点系统自动绘出第四点)。

②编写要求:

a.每一行表示一个地物:如一幢房屋、一条道路或一个独立地物;

b.每一行的第一项为地物的"地物代码",以后各数据为构成该地物的各测点的点号(依连接顺序排列);

c.同行的数据之间用逗号分隔;

d.表示地物代码的字母要大写;

e.使用者可根据自己的需要定制野外操作简码,通过编辑 C:\CASS10.1\SYSTEM\JCODE.DEF 文件即可实现,具体操作请参考 CASS10.1 软件安装目录下...\CASS10 for AutoCAD2014\system 文件夹内的 CASS10.1 参考手册.chm。

(2)定显示区

此步操作与"点号定位"法作业流程的"定显示区"的操作相同。

(3)编码引导

"编码引导"功能是指自动将野外采集的无码坐标数据文件(如 WMSJ.DAT)和编辑好的编码引导文件(如 WMSJ.YD)合并,系统自动生成带简码的坐标数据文件。简编码文件里各个点是经过重新排序的,把同一地物均放在一块,变成一个一个地物存放,很有规律,其实质是把引导文件和坐标数据文件合二为一,包含了各个地物的全部信息。而野外采集的简编码坐标数据文件的各个坐标是按采集时的观测顺序进行记录的,同一地物不一定放在一块,多个地物可能混杂;其每行最前面的数字表示该点点号。

编码引导具体操作如下:

①移动鼠标至绘图屏幕的上方菜单,选择"绘图处理"→"编码引导"项,该处以高亮度(深蓝)显示,按下鼠标左键,即出现如图 4.29 所示对话窗。输入编码引导文件名 C:\CASS10.1\DEMO\WMSJ.YD,或通过 WINDOWS 窗口操作找到此文件,然后用鼠标左键选择"确定"按钮。

图 4.29　输入编码引导文件

②接着,屏幕出现图 4.30 所示对话窗。要求输入坐标数据文件名,此时输入 C:\CASS10.1\DEMO\WMSJ.DAT。

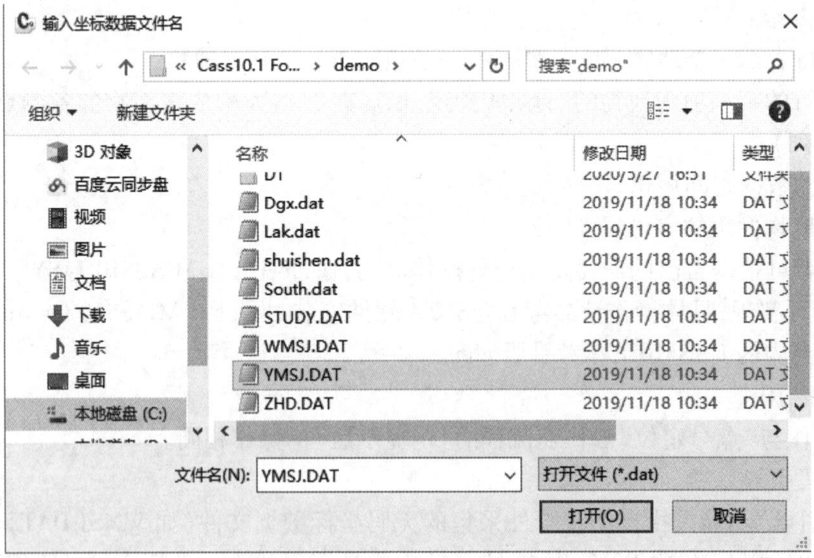

图 4.30　输入坐标数据文件

③这时,屏幕按照这两个文件自动生成图形,如图 4.31 所示(部分截图)。

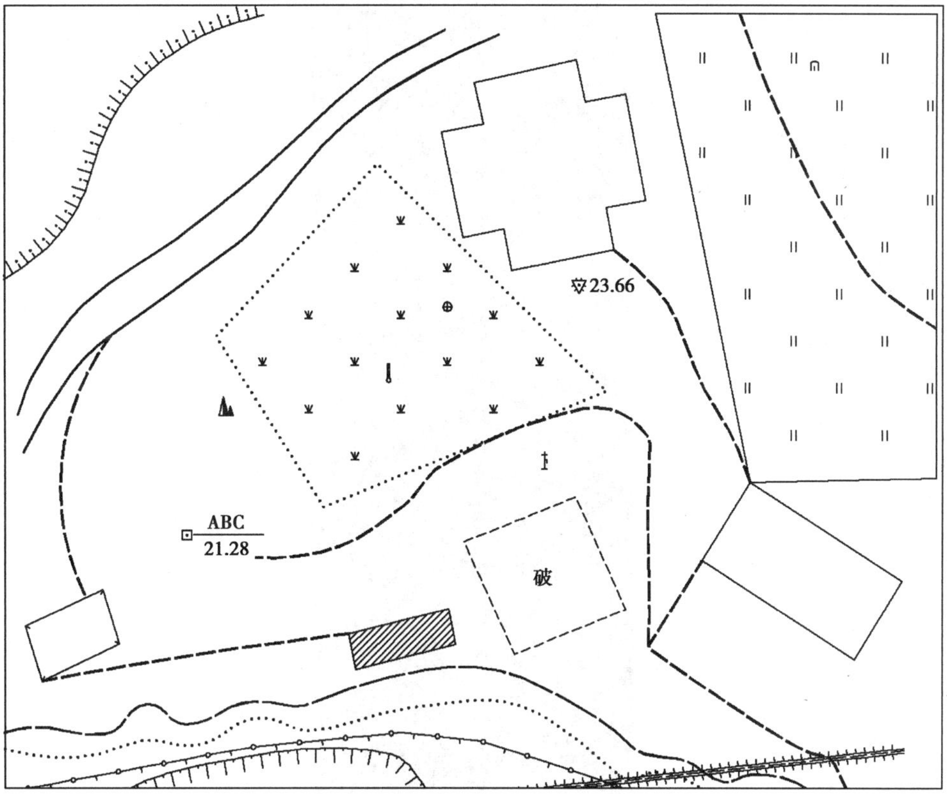

图4.31　系统自动绘出图形

任务4.4　地物绘制

草图法内业成图地物绘制3

任务描述

- 了解CASS软件中屏幕菜单、CASS实用工具栏和命令行三种绘制地物的方式。
- 熟练掌握在CASS10.1软件中使用屏幕菜单、CASS实用工具栏和命令行来绘制常见地物的方法。

知识学习

绘制地物的符号通常分为三类:独立点状符号、普通线型符号和复杂线型符号。要将这些地物符号绘制在图上,CASS10.1提供了三种绘制方法:屏幕菜单绘制、CASS实用工具栏绘制和命令行绘制。

1.屏幕菜单绘制地物

CASS10.1屏幕的右侧设置了“屏幕菜单”,这是一个测绘专用交互绘图菜单。

屏幕菜单中设有“文字注记”“定位基础”“水系设施”“居民地”“独立地物”“交通设施”“管线设施”“境界线”“地貌土质”“植被土质”等10大类和地物类别显示方式(图4.32)。

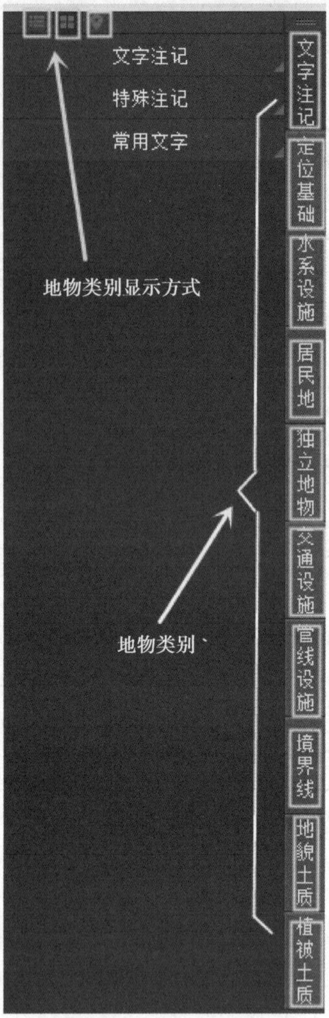

图 4.32　屏幕菜单

在绘制地物时同样结合野外草图进行绘制。下面简要叙述居民地、交通设施、地貌土质等的绘制。

(1)居民地绘制

功能:交互绘制居民地图式符号。其对话框如图 4.33 所示。其内容包括一般房屋、普通房屋、特殊房屋、房屋附属、支柱墩、垣栅等。

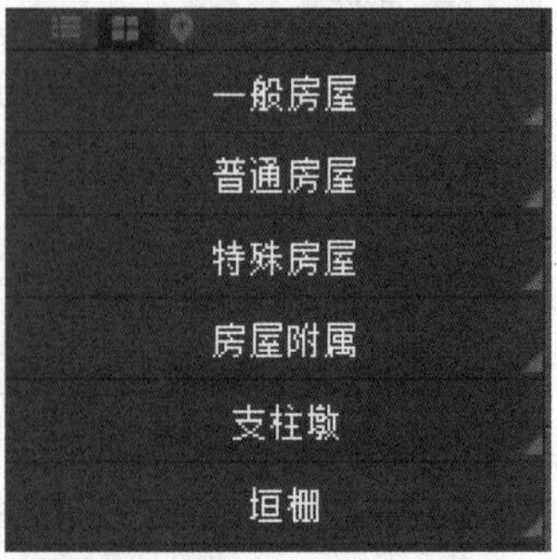

图 4.33　绘制居民地

例:多点房屋绘制

选择右侧屏幕菜单的“居民地”→“一般房屋”按钮,会弹出一个对话框(图 4.34)。在其中选择“四点一般房屋”后,在命令区根据提示操作:

提示:第一点。

输入点:根据草图与对应的展点号输入房屋的任意拐点。

[曲线 Q/边长交会 B/跟踪 T/区间跟踪 N/垂直距离 Z/平行线 X/两边距离 L/圆 Y/内部点 O<指定点>]直接捕捉下一点,左

键单击，以此类推，直到所测房角点绘制完成（最后一点选择 C 闭合），最后选择房屋结构和楼层数。

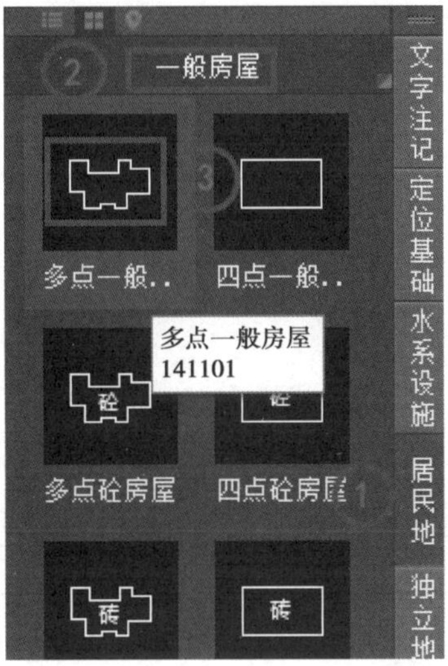

图 4.34　用屏幕菜单绘制多点房屋

（2）地貌土质绘制

地貌土质包括等高线、高程点、自然地貌和人工地貌等 4 大类，以加固陡坎绘制为例：

选择右侧屏幕菜单的“地貌土质” → “人工地貌”中选择“加固陡坎”（图 4.35），命令区提示：

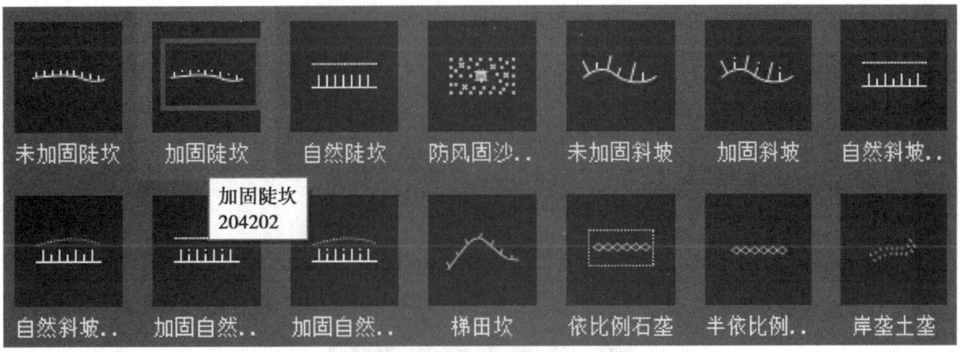

图 4.35　用屏幕菜单绘制坡坎

输入坎高：（米）<1.000>：输入 1.5。

第一点：<跟踪 T/区间跟踪 N>：鼠标捕捉第 31 号点。

曲线 Q/边长交会 B/跟踪 T/区间跟踪 N/垂直距离 Z/平行线 X/两边距离 L/<指定点>：鼠标捕捉第 52 号点。

曲线 Q/边长交会 B/跟踪 T/区间跟踪 N/垂直距离 Z/平行线 X/两边距离 L/隔一点 J/微导线 A/延伸 E/插点 I/回退 U/换向 H<指定点>：鼠标捕捉第 51 号点。

曲线 Q/边长交会 B/跟踪 T/区间跟踪 N/垂直距离 Z/平行线 X/两边距离 L/闭合 C/隔一闭合 G/隔一点 J/微导线 A/延伸 E/插点 I/回退 U/换向 H<指定点>：鼠标捕捉第 30 号点，陡坎结束，直接回车。

拟合线<N>?:键盘输入 N,表示不拟合成曲线。

绘制完成的加固陡坎如图 4.36 所示。

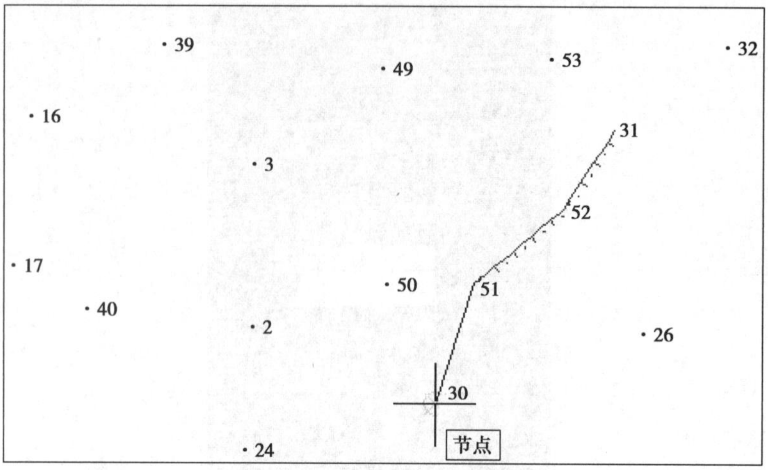

图 4.36　绘制完成的加固陡坎

(3)交通设施绘制

交通设施包括铁路、火车站附属、城际公路、城市公路、乡村公路、道路附属、桥梁、渡口码头和航行标志等 9 大类,其中又分为线状道路、面状道路及点状交通设施。以平行国道绘制为例。

选择右侧屏幕菜单的"交通设施"→"城际公路"按钮,会弹出一个对话框(图 4.37)。在其中选择"平行国道",根据命令区提示操作:

第一点:<跟踪 T/区间跟踪 N>,鼠标捕捉 18 号点(图 4.38)。

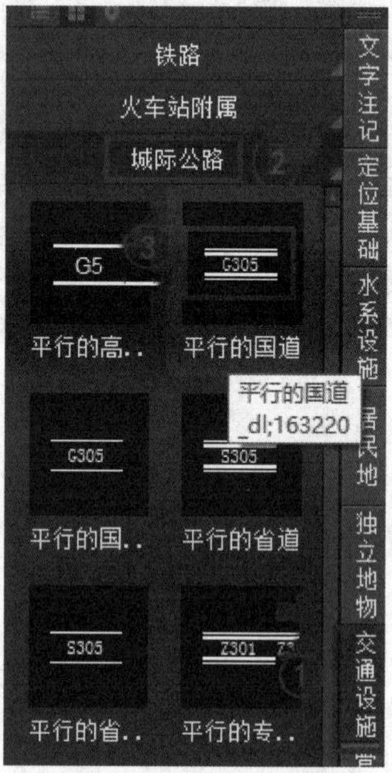

图 4.37　用屏幕菜单绘制公路

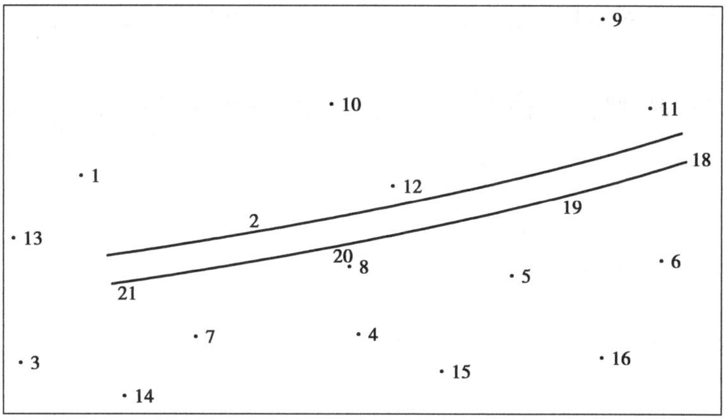

图4.38　平行国道绘制略图

曲线Q/边长交会B/跟踪T/区间跟踪N/垂直距离Z/平行线X/两边距离L//圆Y/内部点O<指定点>],鼠标捕捉19号点。

曲线Q/边长交会B/跟踪T/区间跟踪N/垂直距离Z/平行线X/两边距离L/隔一点J/微导线A/延伸E/插点I/回退U/换向H<指定点>,鼠标捕捉20号点。

曲线Q/边长交会B/跟踪T/区间跟踪N/垂直距离Z/平行线X/两边距离L/闭合C/隔一闭合G/隔一点J/微导线A/延伸E/插点I/回退U/换向H<指定点>,鼠标捕捉21号点。

回车

拟合线<N>?,直接回车不拟合。(如需要拟合就输入“Y”回车)。

1.边点式/2.边宽式/(按ESC键退出):<1>,输入“1”表示采用“边点式”指定对面一点确定公路的宽度。

对面一点:鼠标捕捉公路对面的2号点,这一段公路就绘制好了。

提示:如果选2后出现以下提示:

请给出路的宽度(m):<+/左,-/右>:输入道路的宽度。如未知边在已知边的左侧,则宽度值为正,反之为负。

(4)植被土质绘制

功能:交互绘制植被和园林的相应符号。

具体可分为以下几类:

1)点状元素

点状元素包括各种独立树、散树。绘制时只需用鼠标给定点位即可。

2)线状元素

线状元素包括地类界、行树、防火带、狭长竹林等。绘制时用鼠标给定各个拐点,然后根据需要进行拟合。

3)面状元素

面状元素包括各种园林、地块、花圃等。绘制时用鼠标画出其边线,然后根据需要进行拟合。

2.CASS实用工具栏绘制地物

CASS实用工具栏(图4.39)也具有CASS的一些较常用的功能,如察看实体编码、加入实体编码、查询坐标、注记文字等。当鼠标指针在这两个工具栏的某个图标上停留一两秒钟,鼠标的尾部将出现该图标的说明，鼠标移动将消失，此功能叫在线提示。下面详细说明这两个工具栏的功能。

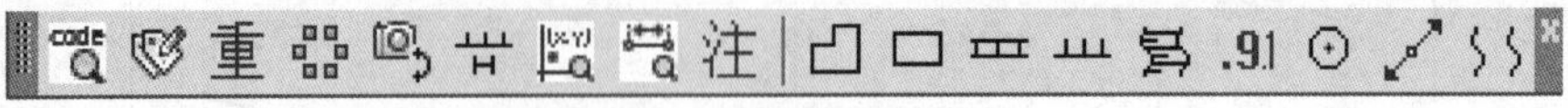

图 4.39　CASS 实用工具栏

• 图标“”

功能：同菜单条“数据处理”->“察看实体编码”。

• 图标“”

功能：同菜单条“数据处理”->“加入实体编码”。

• 图标“”

功能：同菜单条“地物编辑”->“重新生成”。

• 图标“”

功能：同菜单条“编辑”->“批量选取目标”。

• 图标“”

功能：同菜单条“地物编辑”->“线型换向”。

• 图标“”

功能：同菜单条“地物编辑”->“坎高查询”。

• 图标“”

功能：同菜单条“计算与应用”->“查询指定点坐标”。

• 图标“”

功能：同菜单条“计算与应用”->“查询距离与方位角”。

• 图标“”

功能：同右侧屏幕菜单“文字注记”。

• 图标“”

功能：根据提示“画多点房屋”。

• 图标“”

功能：根据提示“画四点房屋”。

• 图标“”

功能：根据提示“画依比例围墙”。

• 图标“”

功能：根据提示画各种类型的陡坎。

• 图标“”

功能：根据提示画各种斜坡、等分楼梯。

• 图标“”

功能：通过键盘进行交互展点。

• 图标“”

功能：展绘图根点。

• 图标“”

功能：根据提示绘制电力线。

● 图标“”

功能:根据提示绘制各种道路。

3.命令行绘制地物

命令行绘制地物即快捷命令方式绘制地物。用户可以通过键盘输入命令进行操作。实践证明,这种方式操作速度较快,初学者应逐渐熟习并掌握。

在数字测图中常见的CASS快捷命令如表4.3所示。

表4.3　CASS10.1及CAD常用快捷命令

CASS10.1系统	AutoCAD系统
DD—— 通用绘图命令	A—— 画弧(ARC)
V—— 查看实体属性	C—— 画圆(CIRCLE)
S—— 加入实体属性	CP—— 拷贝(COPY)
F—— 图形复制	E—— 删除(ERASE)
RR—— 符号重新生成	L—— 画直线(LINE)
H—— 线型换向	PL—— 画复合线(PLINE)
KK—— 查询坎高	LA——设置图层(LAYER)
X—— 多功能复合线	LT——设置线型(LINETYPE)
B—— 自由连接	M——移动(MOVE)
AA—— 给实体加地物名	P——屏幕移动(PAN)
T—— 注记文字	Z——屏幕缩放(ZOOM)
FF—— 绘制多点房屋	R——屏幕重画(REDRAW)
SS—— 绘制四点房屋	PE——复合线编辑(PEDIT)
W—— 绘制围墙	
K—— 绘制陡坎	
XP—— 绘制自然斜坡	
G—— 绘制高程点	
D—— 绘制电力线	
I—— 绘制道路	
N—— 批量拟合复合线	
O—— 批量修改复合线高	
WW—— 批量改变复合线宽	
Y—— 复合线上加点	
J—— 复合线连接	
Q—— 直角纠正	
U—— 恢复	

等高线的绘制

任务 4.5　绘制等高线

任务描述

- 了解 CASS 软件中等高线绘制及修饰的步骤。
- 掌握在 CASS 10.1 软件中等高线绘制及修饰的具体操作方法。

知识学习

在地形图中,等高线是表示地貌起伏的一种重要手段。在 CASS 软件中完成等高线的绘制,就要先将野外测的高程点建立数字地面模型(DTM)、修改数字地面模型,再在模型上生成等高线和最后修饰等高线等步骤,才算完成。本节将详细介绍 DTM 的建立、等高线的绘制过程及等高线的注记与修饰。

1.建立 DTM

(1)展高程点

在做这个步骤之前可以先"定显示区"及展点,"定显示区"的操作与上一节"展碎部点与绘制平面图"中"点号定位"法的工作流程中的"定显示区" 的操作相同。展点时可选择"展高程点"选项,如图 4.40 所示对话框。选定野外测量数组文件后确定,并根据提示选择操作,完成展高程点。

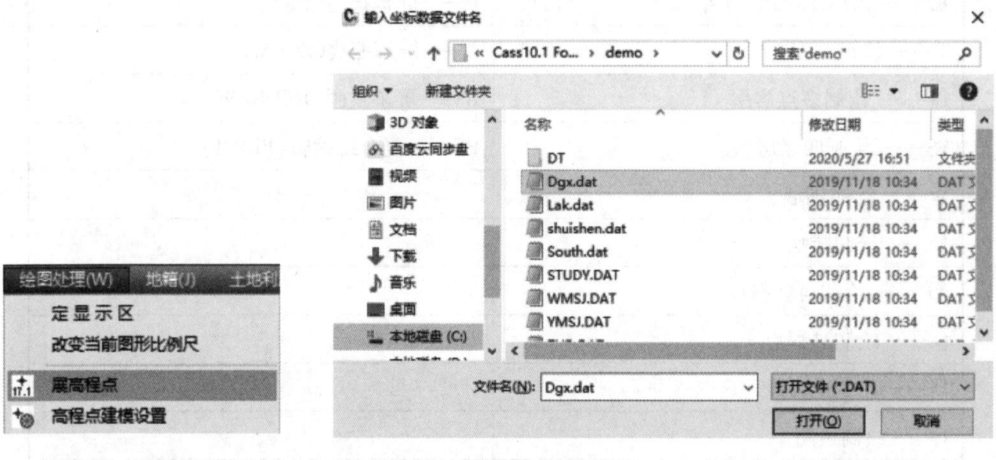

图 4.40　展高程点对话框

(2)绘制地性线

地性线是地貌形态的骨架线,是描述地貌形态时的控制线,它主要包括山脊线、山谷线。它的作用是不让生成的三角形去穿越地性线,须避免因为高程点采集不均匀而造成地形失真,尤其对山谷和山脊很有用。

(3)建立 DTM

选择"等高线"中的"建立三角网"子菜单(图 4.41),系统会弹出一个"建立 DTM"的对话框(图 4.42)。其中提供了两种建立 DTM 的方式:

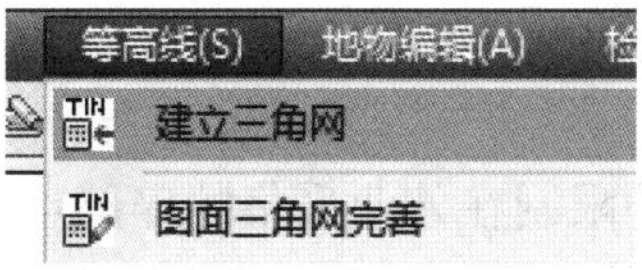

图 4.41　建立三角网菜单

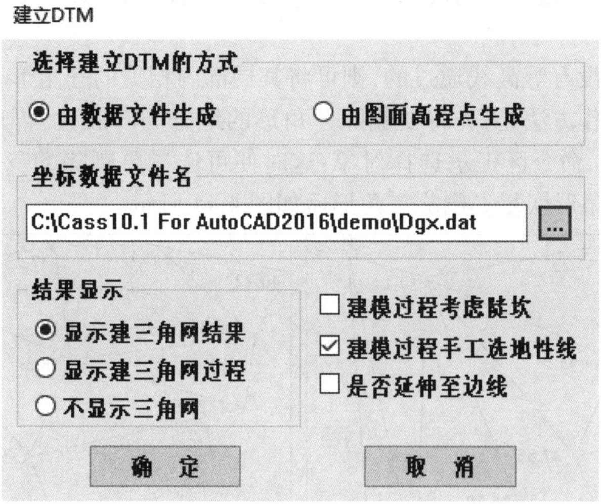

图 4.42　建立 DTM 对话框

①由数据文件生成。

用鼠标点选“由数据文件生成”，选择测量数据文件后，单击“确定”即可绘制出三角网，如图 4.43 所示。

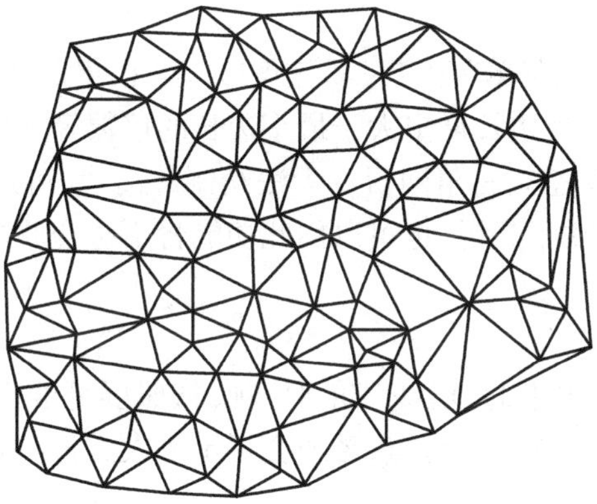

图 4.43　用数据文件生成的三角网

②由图面高程点生成。

用鼠标点选“由图面高程点生成”之前，必须用封闭复合线（如多段线）在已展高程点区域将需要绘制等高线的范围圈出来。单击“确定”按钮后，系统会提示：

请选择：(1)选取高程点的范围(2)直接选取高程点或控制点<1>：可输入“1”选择范围。

请选取建模区域边界：用鼠标拾取封闭复合线。

正在连三角网，请稍候！

……

连三角网完成！共159个三角形。至此，三角网建立完成。

(4)修改DTM

一般情况下，由于地形条件的限制在外业采集的碎部点很难一次性生成理想的等高线，如楼顶上控制点。另外还因现实地貌的多样性和复杂性，自动构成的数字地面模型与实际地貌不太一致，这时可以通过修改三角网来修改这些局部不合理的地方。

1)删除三角形

如果在某局部内没有等高线通过的，则可将其局部内相关的三角形删除。

删除三角形的操作方法是：先将要删除三角形的地方局部放大，再选择"等高线"下拉菜单的"删除三角形"项，命令区提示选择对象：这时便可选择要删除的三角形，如果误删，可用"U"命令将误删的三角形恢复。删除三角形后如图4.44所示。

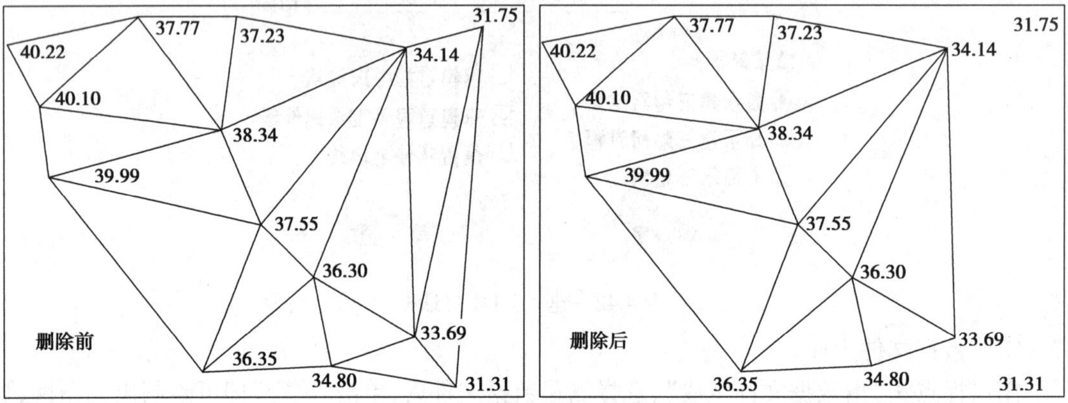

图4.44　删除三角形

2)过滤三角形

操作：选择"等高线"下拉菜单单击"过滤三角形"项，根据命令区提示：输入符合三角形中最小角的度数或三角形中最大边长最多大于最小边长的倍数等条件的三角形。

如果出现CASS 10.1在建立三角网后点无法绘制等高线，可过滤掉部分形状特殊的三角形。另外，如果生成的等高线不光滑，也可以用此功能将不符合要求的三角形过滤掉再生成等高线。

3)增加三角形

操作：选择"等高线"菜单中的"增加三角形"项，依照屏幕的提示在要增加三角形的地方用鼠标点取，如果点取的地方没有高程点，系统会提示输入高程(可根据实地情况判读高程)。

4)三角形内插点

操作：选择"等高线"菜单中的"三角形内插点"项，根据提示输入要插入的点：在三角形中指定点(可输入坐标或用鼠标直接点取)，提示"高程(米)="时，输入此点高程。通过此功能可将此点与相邻的三角形顶点相连构成三角形，同时原三角形会自动被删除。

5)删三角形顶点

操作：选择"等高线"菜单中的"删三角形顶点"项，用此功能可将所有由该点生成的三角形删除。

6)重组三角形

操作：选择"等高线"菜单中的"重组三角形"项，根据提示指定重组三角形的边，进行选择,如图 4.45 所示。

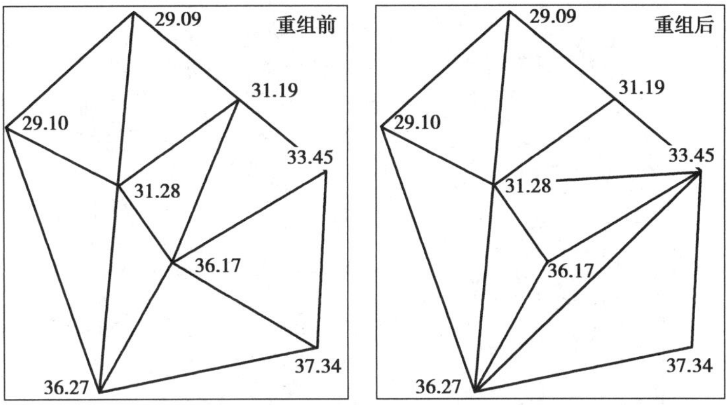

图 4.45　重组三角形

7)删三角网

生成等高线后就不再需要三角网了。

操作:选择“等高线”菜单中的“删三角网”项,显示删除成功。

8)修改结果存盘

通过以上命令修改了三角网后,选择“等高线”菜单中的“修改结果存盘”项,把修改后的数字地面模型存盘。这样,绘制的等高线不会内插到修改前的三角形内。

注意:完成了以上七项中的每一步操作后一定要进行此步操作,否则修改无效!

当命令区显示:“存盘结束!”时,表明操作成功。

2.绘制等高线

在完成三角网的修改完善后,就可以绘制等高线了。

操作:用鼠标选择下拉菜单“等高线”→“绘制等高线”项,弹出如图 4.46 所示对话框。

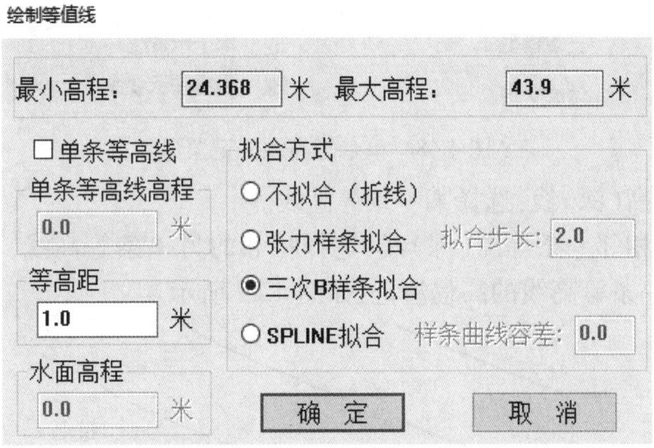

图 4.46　绘制等高线对话框

对话框中会显示参加生成 DTM 的高程点的最小高程和最大高程。输入等高距和选择等高线的拟合方式。考虑到等高线显示效果和运算速度,选择三次 B 样条拟合较为合适。当然也可选择不光滑,过后再用“批量拟合”功能对等高线进行拟合。

当命令区显示:“绘制完成!”便完成了绘制等高线的工作,如图 4.47 所示。

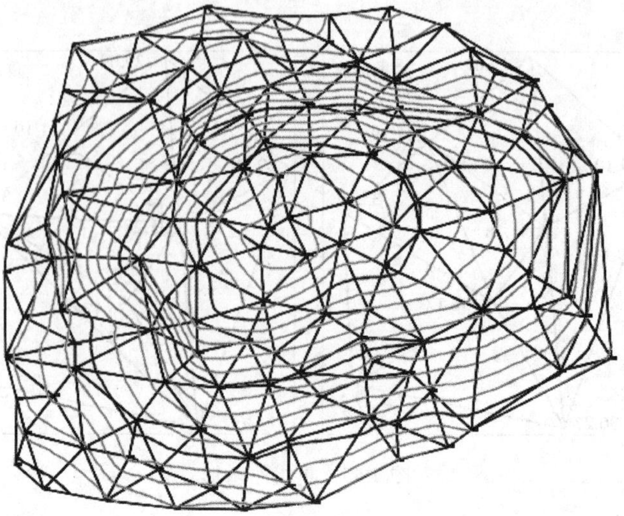

图 4.47　完成绘制等高线

3.等高线注记与修饰

(1)等高线注记

等高线的注记是地形图测绘过程中的一个重要步骤。它是我们识读地形图的重要依据。其中分为单个高程注记和沿直线高程注记。

等高线的修饰

1)单个高程注记

功能:指定给某条等高线注记高程。

操作:等高线→等高线注记→单个等高线注记,如图 4.48 所示。按提示操作:

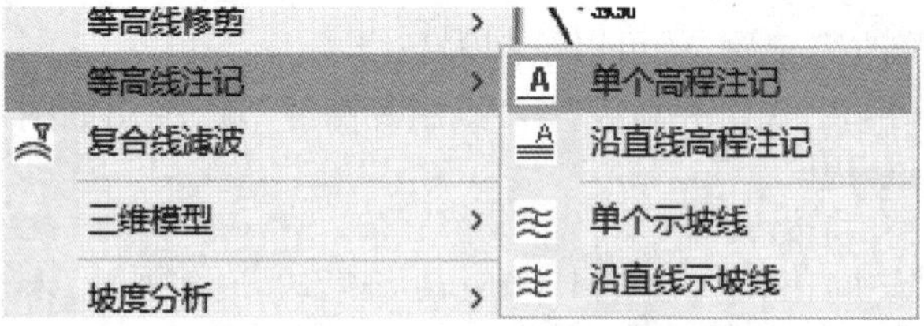

图 4.48　单个等高线注记菜单

选择需注记的等高(深)线:选择某一条等高线。

依法线方向指定相邻一条等高(深)线:选择相邻的另一条等高线,以确定注记文字的方向,这样就完成了某一条等高线的高程注记,如图 4.49 所示。

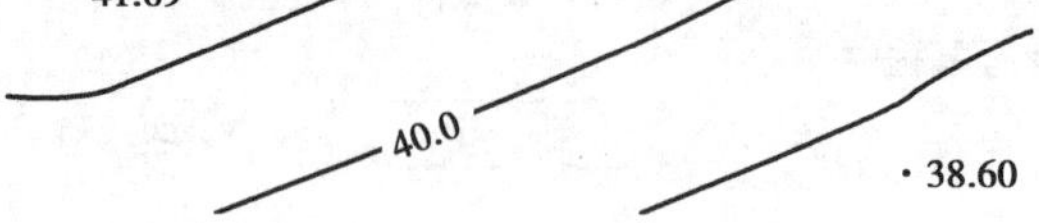

图 4.49　单个等高线注记

2)沿直线高程注记

功能:沿一条直线的方向给多条等高线注记高程。

执行菜单命令之前,先绘一条直线(多段线),该直线最好与注记高程的等高线保持正交。由于直线绘制的方向决定了注记文字的朝向,所以绘制直线时,应由低向高绘。

操作:等高线→等高线注记→沿直线高程注记。按提示操作:

请选择:①只处理计曲线;②处理所有等高线<1>:输入“1”选择只处理计曲线。

选取辅助直线(该直线应从低往高画):<回车结束>:选择之前绘制的辅助直线即可完成注记,如图 4.50 所示。

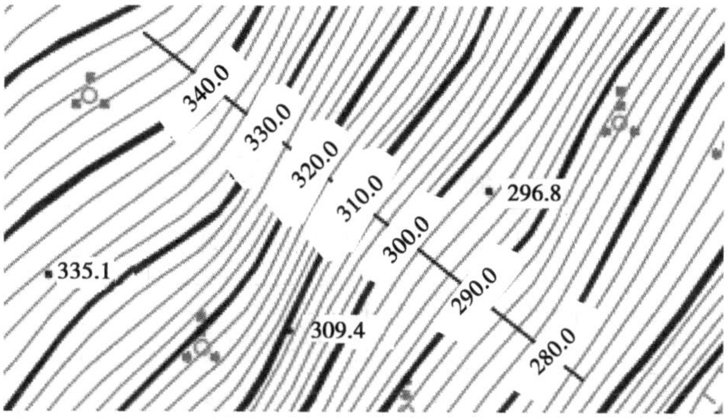

图 4.50　沿直线高程注记

3)单个示坡线

功能:给指定等高线加注示坡线,特别在等高线稀疏区。

操作:执行此菜单后,见命令区提示。

提示:选择需注记的等高(深)线:在等高线上指定位置。

依法线方向指定相邻一条等高(深)线:依法线方向指定临近的一根等高线或等深线。

需要注意的是,高程注记通常字头由低向高,而示坡线通常由高向低。

4)沿直线示坡线

功能:在选定直线与等高线相交处注记示坡线。(直线必须是 line 命令画出的)。

(2)等高线修剪

一般按三角网生成的等高线,在与地物相遇时,往往是穿过了房屋、陡坎、围墙等地物,并且与高程注记等文字内容相交在一起。为了使图面清洁、美观、易读,因此需要对等高线进行修剪。

以批量修剪等高线为例:

操作:等高线→等高线修剪→批量修剪等高线(图 4.51)。

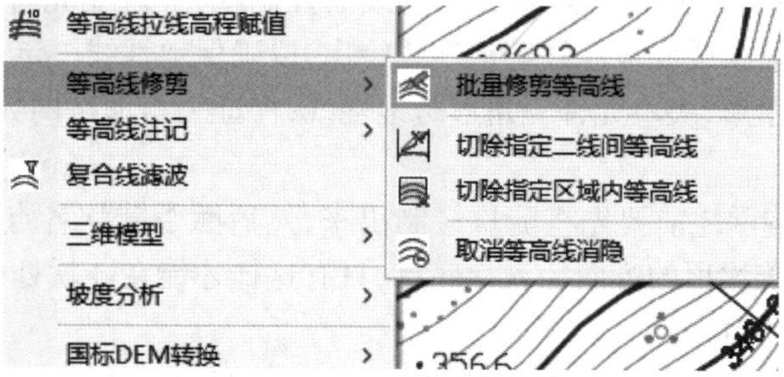

图 4.51　等高线修剪菜单

按照图 4.52 对话框根据需要进行选择,最后出现如图 4.53 所示的等高线修剪前后的对比图。

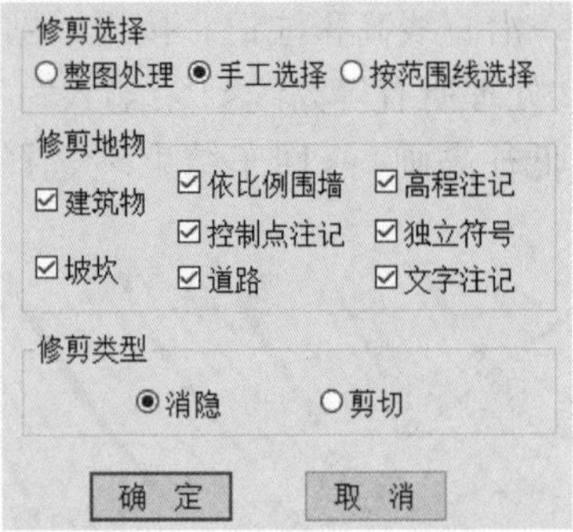

图 4.52　批量修剪等高线对话框

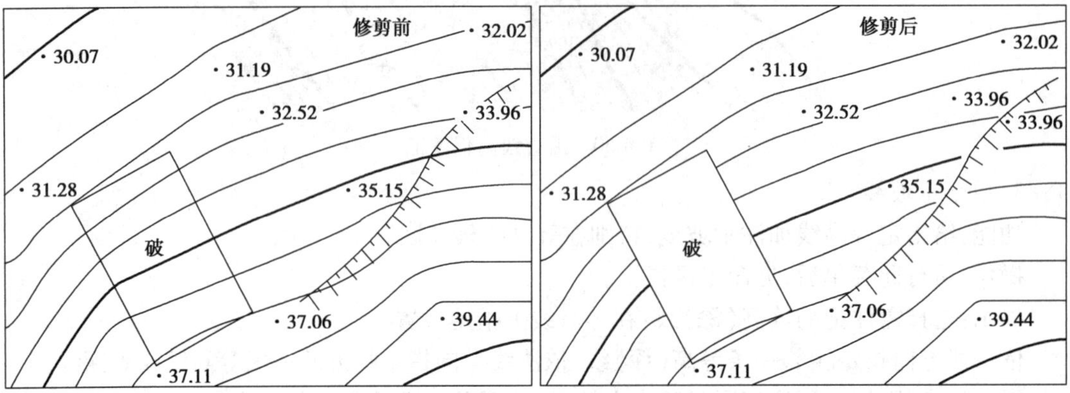

图 4.53　等高线修剪前后对比

(3)复合线滤波

功能:减少复合线上的结点数目,便于部分修改复合线形状,减少存储空间。

操作:执行此菜单后,见命令区提示。

请选择:①只处理等值线;②处理所有复合线 <1>:如选 1,则提示如下:

请输入滤波阀值 <0.5 米>:输入结点保留间隔,系统默认为 0.5。

请选择要进行滤波的等值线:选择需要处理的等值线。

(4)绘制等高线的注意事项

a.地性线起骨架作用。地性线是生成等高线的控制线,一定要先将山脊线、山谷线、坡度变化线、地貌变向线、坡顶线和坡底线等地性线绘出,以确保地性线一定是三角形的一条边,并沿此边向两侧扩展三角形,决不允许三角形跨地性线,保证三角形格网数字地面模型与实际地形相符。

b.陡坎的处理。构网之前要先将陡坎绘制出来,然后赋予陡坎各点坎高。建立地面高程模型时系统会自动沿着坎顶的方向插入坎底点,只有这样才能在陡坎处构成合理的三角网,保证等高线不会穿过陡坎符号。

c.斜坡和陡崖。外业采集数据时,如果获取了上、下两边缘线上特征点的坐标和高程,在建地面高程模型时,系统将自动将斜坡坎和陡崖上、下的点应分别构成三角网。

d.地形断裂线和地物轮廓线的分割作用。在绘制不规则三角形格网(TIN)前,首先要将地形断裂线和大型地物的轮廓线绘好,特别是要确定好只有这些断裂线和轮廓线上的点才能参与构造三角形,断裂线和轮廓线内的点都不参与构造三角形,即使生成了三角形,也要删去。

修改三角网是绘制等高线的关键环节，也是难点，其修改结果将会直接影响等高线与现场地形的符合程度。所以在执行此操作的时候，一定要结合现场地形作细致分析，如图4.54所示。

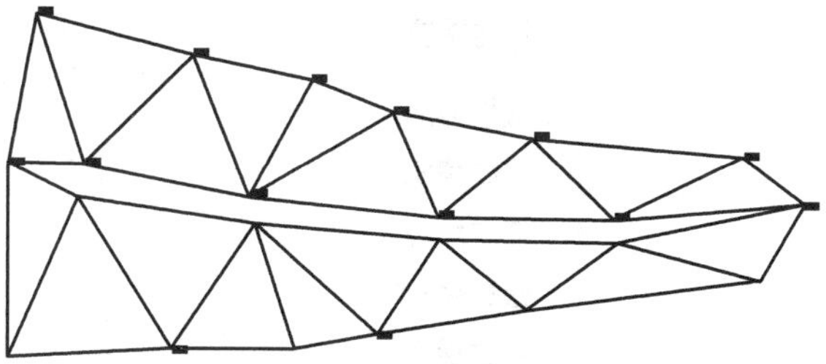

图4.54　断裂线三角网的建立

地物的编辑与修改1

任务4.6　地物编辑

任务描述

- 了解CASS软件中地物编辑菜单的功能和作用。
- 掌握在CASS 10.1软件中进行常见地物编辑的具体操作方法。

知识学习

在大比例尺数字测图的过程中，由于实际地形、地物的复杂性，漏测、错测和绘制错误是难以避免的，这时必须要有一套功能强大的图形编辑系统，对所测地图进行人机交互图形编辑，在保证精度情况下消除相互矛盾或错误的地貌、地物。CASS 10.1系统提供的对地物编辑功能：线型换向、植被填充、土质填充、批量删剪、批量缩放、窗口内的图形存盘、多边形内图形存盘等地物编辑功能（图4.55）。

下面以工作中比较常用的应用进行介绍。

1.线型换向

功能：改变各种陡坎、斜坡坎、栅栏等线性地物的方向。

操作：地物编辑→线型换向，系统会提示：

请选择实体：用鼠标在绘图区拾取一陡坎，就可改变陡坎的方向。以同样的方法选择围墙、斜坡坎、栅栏等，完成转向功能如图4.56所示。

线型换向的实质是将要换向的线按相反的结点顺序重新连接。有些没有方向标志的线换向后虽然看不出变化，但实际上连线顺序变了。

2.修改坎高

功能：改变或查询陡坎各点的坎高，如图4.57所示。

操作：地物编辑→修改坎高。命令区提示：请选择坎线，选择需要修改的坎线后，请选择修改坎高方式。(1)逐个修改(2)统一修改 <1>，键盘输入1表示逐个修改，则在陡坎的第一个结点处出现一个十字丝。

当前坎高=1.000 m，输入新坎高<默认当前值>：1.3，系统显示第一段陡坎的坎高，可以输入新的坎高代替原有坎高，如1.3。

地物编辑(A)
检查入库(G
重新生成
符号重置
线型换向
修改墙宽
修改坎高
修改台阶
修改拐点
电力电信 >
植被填充 >
土质填充 >
突出房屋填充
图案填充
符号等分内插
批量缩放 >
复合线处理 >
接边检查
图形接边
删除附属符号
求中心线
图形属性转换 >
坐标转换
测站改正
二维图形
块参照重命名
设置图形精度
房檐改正 >
直角纠正 >
方向同化 >
批量删剪 >
批量剪切 >
局部存盘 >
地物特征匹配 >
地物打散 >

图 4.55　地物编辑菜单

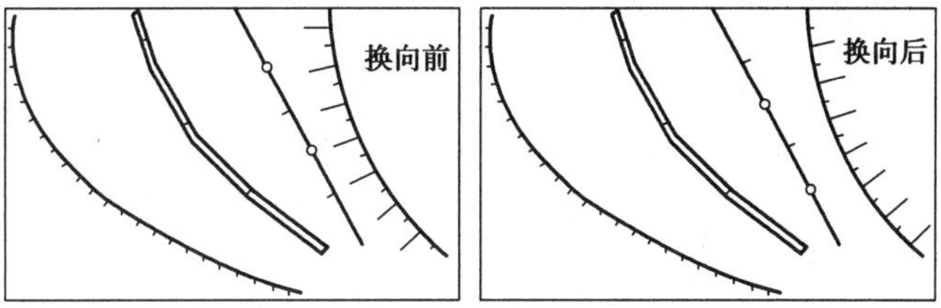

图4.56　线型换向前后对比

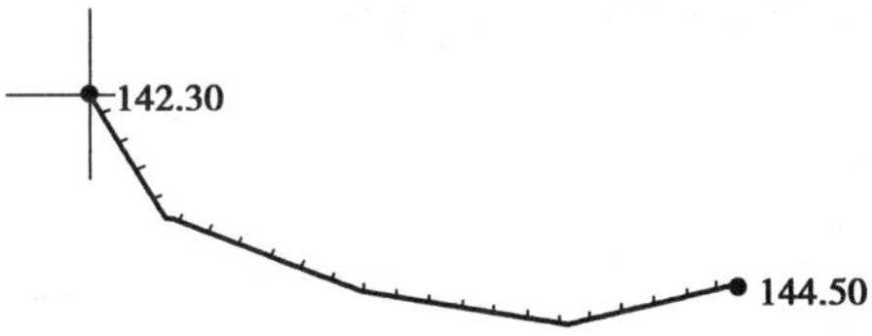

图4.57　修改坎高

当前坎高=1.000 m,输入新坎高<默认当前值>:1.3,系统显示第二段陡坎的坎高,可以输入新的坎高代替原有坎高,如1.5。

……

直到所有段的坎高修改完成。

3.电力电信

功能:画出电力电信电杆上电线的走向。

操作:地物编辑→电力电线,系统会弹出如下的对话框(图4.58)。

图4.58　电力电信对话框

在对话框中选择输电线、加输电线、配电线、加配电线、通信线、加通信线中的某一项,如输电线,系统会提示:

给出起始位:用鼠标确定起始位置。

是否画电杆?(1)是(2)否<1>,输入1表示要画出电杆。

给一方向终止点,用鼠标确定一个终止方向。

给一方向终止点,用鼠标确定第二个终止方向。

……

回车结束。绘出的效果如图 4.59 所示。

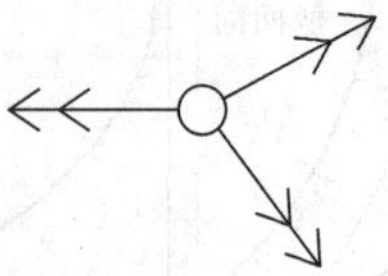

图 4.59　输电线方向示意图

地物的编辑与修改 2

如选择“加输电线”,则是在绘制好了的一条输电线的基础上在某一个电杆位置添加一条或多条输电线的方向,与上面的操作相同,如图 4.60 所示。

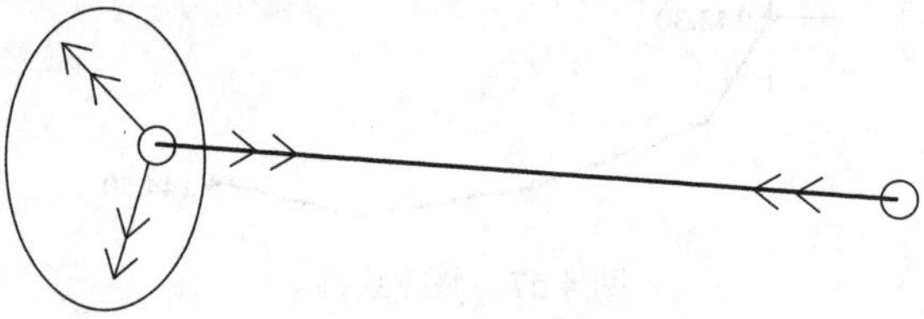

图 4.60　加输电线方向示意图

4.植被、土质填充

功能:在指定区域内进行植被和各种土质的填充或在指定封闭的复合区域填充成指定的图案。

(1)植被填充。选择“地物编辑”中的“植被填充”子菜单,系统会提示对稻田、旱地等进行填充。选择其中一种,如“旱地”。

请选择填充方式:(1)区域填充(2)线上分布 <1>,输入 1 选择区域填充。

请选择要填充的封闭复合线,用鼠标选择一封闭的复合线,系统就会自动完成填充(图 4.61)。

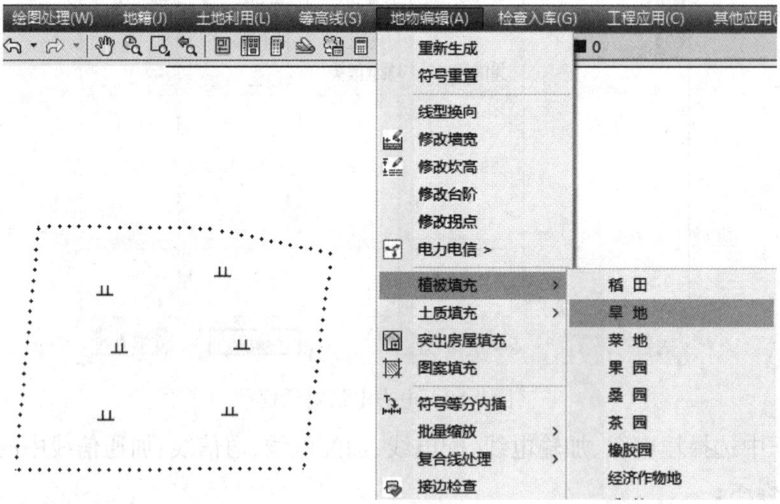

图 4.61　植被填充

(2)土质填充。选择“地物编辑”中的“土质填充”子菜单,系统会提示对肥气池、沙地等进行填充。选择其中一种,如“石块地”。系统会提示:请选择要填充的封闭复合线,用鼠标选择一封闭的复合线,系统就会自动完成填充(图 4.62)。

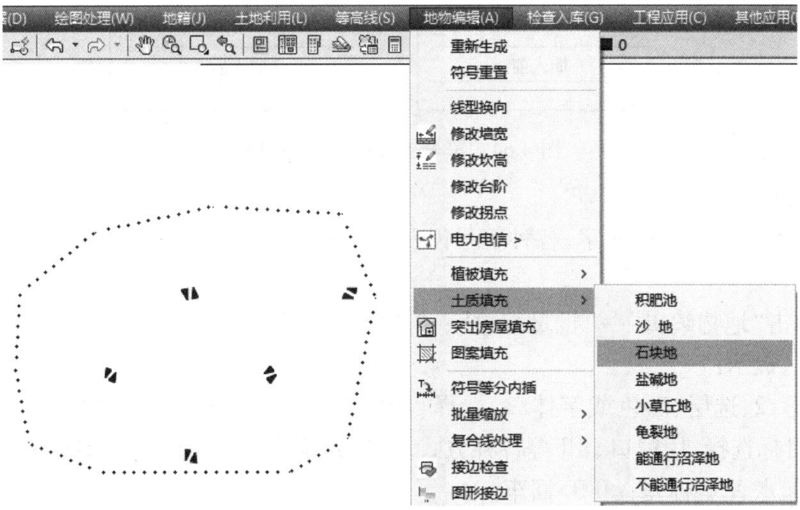

图 4.62　土质填充

5.图案填充

选择“地物编辑”中的“图案填充”子菜单，系统会提示：

请选择填充图案：(1)实心(2)右斜线(3)左斜线(4)横线(5)竖线(6)斜方格(7)正方格 <1>，键盘输入 3 表示用左斜线进行图案填充。

输入填充线间距：<1.0>，默认 1，直接回车。

请选择：(1)选择封闭复合线(2)手工定点 <1>，键盘输入 1 表示选择封闭复合线。

请选择要填充的封闭复合线，用鼠标选择复合线对象，系统会提示找到了几个对象，选择一种颜色后，系统自动完成图案填充，如图 4.63 所示。

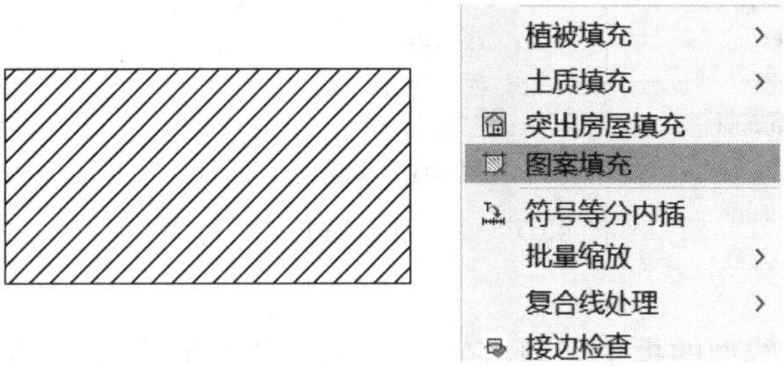

图 4.63　图案填充

6.符号等分内插

功能：在两相同符号间按设置的数目进行等距内插。

操作：执行此菜单后，见命令区提示。

请选择一端独立符号：左键单击一端一个树林符号；

请选择另一端独立符号：左键单击另一端一个树林符号。

请输入内插符号数：输入 3，系统将按此数目进行符号内插。

注意：两端符号应相同，否则此功能无法进行。

符号等分内插前后对比如图 4.64 所示。

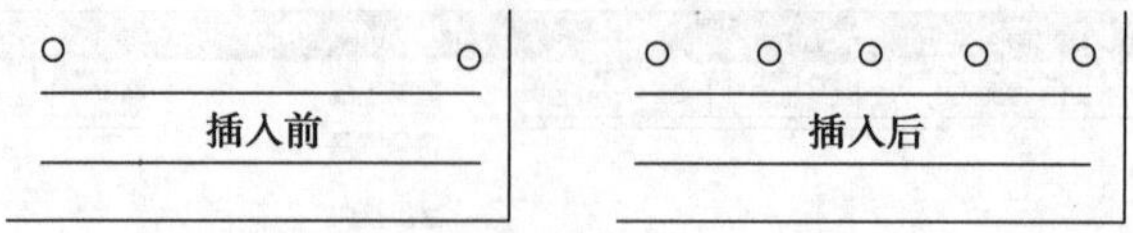

图 4.64　符号等分内插前后对比

7.批量缩放

功能:对屏幕上的注记文字、各种符号以及圆圈进行批量放大或缩小或者位移。下面以文字为例:

操作:单击“地物编辑”→“批量缩放”→“文字”。

按命令区提示:

1、选目标/2、选层、颜色或字体/3、选择目录<1>:输入 1 或回车(缺省为 1),提示 Select object:进行目标选择,用窗口、All 等各种方式均可,系统将自动过滤出文字目标。

给文字起点 X 坐标差:<0.0>回车。

给文字起点 Y 坐标差:<0.0>回车。

(表示输入文字起点 X、Y 方向的坐标差值)。

给文字缩放比:1.5(表示放大 1.5 倍)。即完成了文字缩放,如图 4.65 所示。

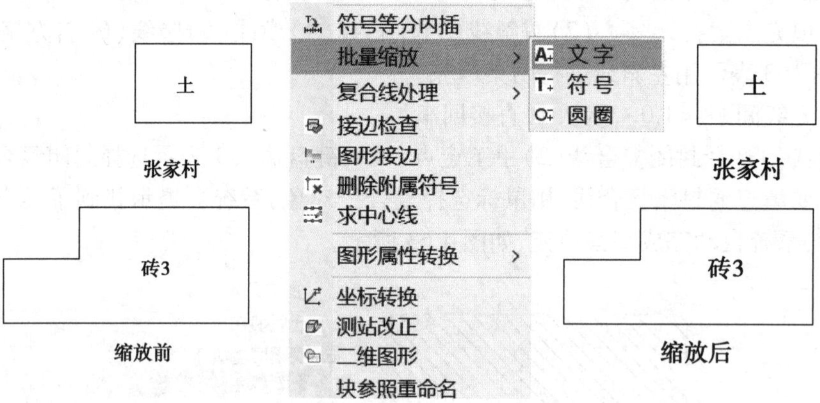

图 4.65　文字批量缩放前后对比

8.复合线理

功能:提供对地物线型的批量处理,它提供了批量拟合复合线、批量修改复合线宽、高级复合线加点、删点等 29 种对复合线的处理方法,如图 4.66 所示。

(1)批量拟合复合线,如图 4.67 所示。

功能:对选中的复合线批量进行拟合或取消拟合。

操作:单击“地物编辑”→“复合线处理”→“批量拟合复合线”。

按命令区提示:

D 不拟合/S 样条拟合/F 圆弧拟合<F>这是选择拟合方法。S 拟合是样条拟合,线变化小,但不过点;F 拟合是曲线拟合过点,但线变化大。对密集的等高线一般选前者(输入 S),其他选后者(输入 F 或直接回车)。

空回车选目标/〈输入图层名〉:若空回车,则提示 Select object:可用点选或窗选等方法选择复合线;若输入图层名,将对该图层内所有的复合线操作。

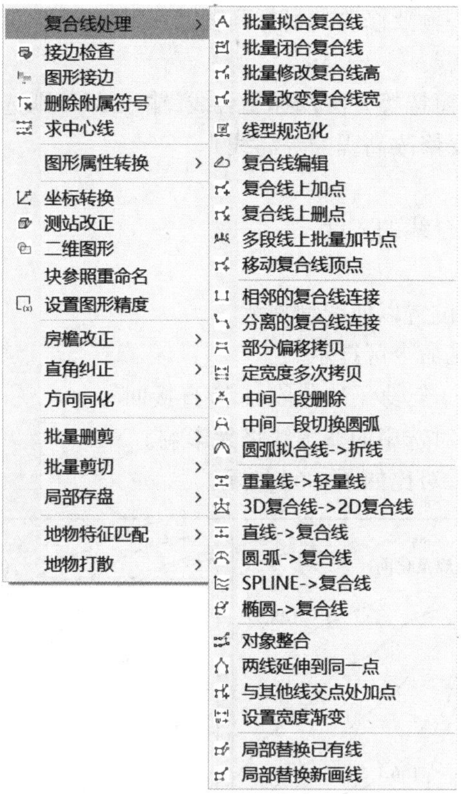

图 4.66　复合线处理子菜单

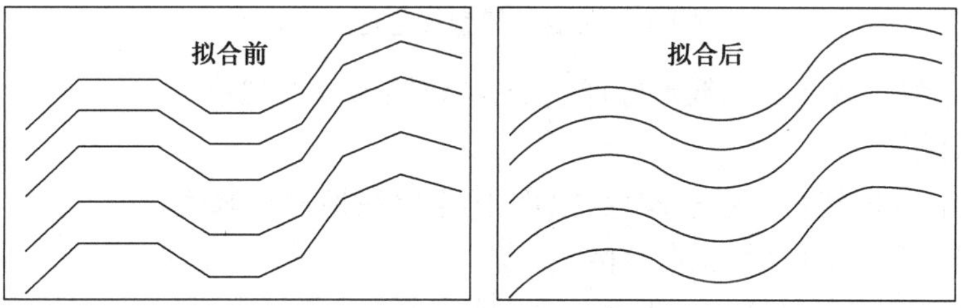

图 4.67　批量拟合复合线前后对比

(2)批量闭合复合线,如图 4.68 所示。

功能:将选定的未闭合复合线闭合。

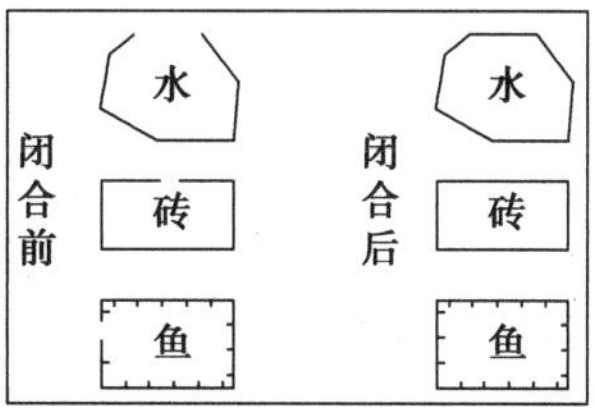

图 4.68　批量闭合复合线前后对比

(3)批量修改复合线高

功能:批量改变多条复合线的高度。

操作:执行此菜单后,按提示操作即可。

输入修改后高程:<0.0>输要修改的目标高程。

选择复合线:选择复合线。

选择对象:可用点选或窗选等方法选择复合线,输入 ALL 则选中所有复合线(实际工作中一般采用鼠标逐个选择需要修改高程的等高线)。

(4)批量改变复合线宽

功能:批量修改多条复合线的宽度。

(5)线型规范化

功能:控制虚线的虚部位置以使线型规范。

操作:执行此菜单后,见命令区提示。

请选择规范化方式[(1)全段/(2)分段]<1>直接回车。

选择对象:选取对象。对选中的非虚线将无影响。

复合线线型规范化前后对比如图 4.69 所示。

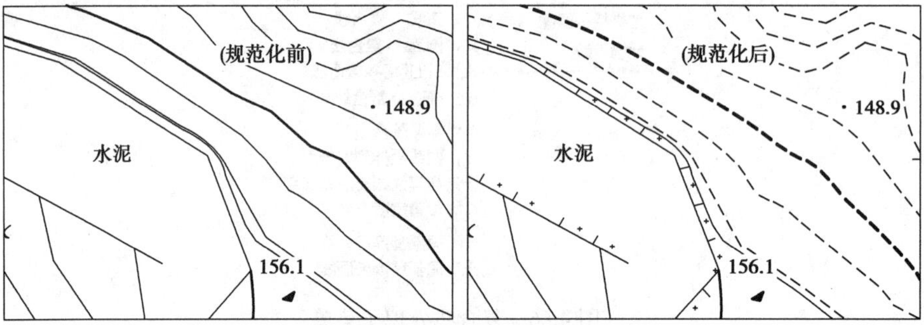

图 4.69 复合线线型规范化前后对比

【注意】如果执行程序看到线形好像未变,请将图形放大观察。

(6)复合线编辑

功能:对复合线的线形、线宽、颜色、拟合、闭合等属性进行修改。

操作:左键点取本菜单后,见命令区提示。

选择多段线或[多条(M)]:选取要编辑的复合线。

输入选项[闭合(C)/合并(J)/编辑顶点(E)/样条曲线(S)/非曲线化(D)/反转(R)/放弃(U)]:输入编辑参数。

说明:C:将复合线封闭。

J:将多个复合线连接在一起。

W:改变复合线宽度。

E:编辑复合线的顶点。

F:将复合线进行曲线拟合。

S:将复合线进行样条拟合。

D:取消复合线的拟合。

L:是否采用线型生成。

R:改变多段线的方向。

U:取消最后的编辑操作。

(7)复合线上加点

功能:在所选复合线上加一个顶点,选择线的位置即为加点处。

(8)复合线上删点

功能:在复合线上删除一个顶点,直接选中顶点蓝色节点即可。

(9)复合线上批量加节点

功能:在选中的复合线上快速增加节点。

操作:选中要编辑的复合线,输入增点间距。

(10)移动复合线顶点

功能:可任意移动复合线的顶点。

(11)相邻复合线连接

功能:将首尾相接但不是同一个实体的复合线连接为一体。

(12)分离的复合线连接

功能:将首尾不相接的两条复合线连接为一体。

(13)部分偏移拷贝

功能:对复合线上的一部分进行偏移或者拷贝。

(14)定宽度多次拷贝

功能:通过给定拷贝的条数和平行间距来对多段线进行拷贝。

(15)中间一段删除

功能:删除复合线中间的一段,相当于 BREAK 或 cad 工具条功能。

(16)中间一段切换圆弧

功能:将复合线中指定的一段切换成圆弧。

(17)圆弧拟合线>折线

功能:将复合线中的圆弧转换成折线。

(18)重量线>轻量线

功能:将 POLYLINE 转换为 LWPOLYLINE 大大压缩线条的数据量。

(19)3D 复合线>2D 复合线

功能:将 3D 复合线转换为 2D 复合线。

(20)直线>复合线

功能:将直线转换成复合线。

(21)圆弧>复合线

功能:将圆弧转换为复合线。

(22)SPINE>复合线

功能:将样条曲线转换为复合线。

(23)椭圆>复合线

功能:将椭圆转换为复合线。

(24)对象整合

功能:将两条线实体,整合为一个线实体。

(25)两线延伸到同一点

功能:将两条复合线延伸到相交的一点。

(26)与其他线交点处加点

功能:自动在两条复合线的交点处加点。

(27)设置宽度渐变

功能:通过给定起点处和终点处的宽度值,实现复合线的渐变效果。此功能可应用于河流渐变效果。

复合线对象整合前后对比如图 4.70 所示。

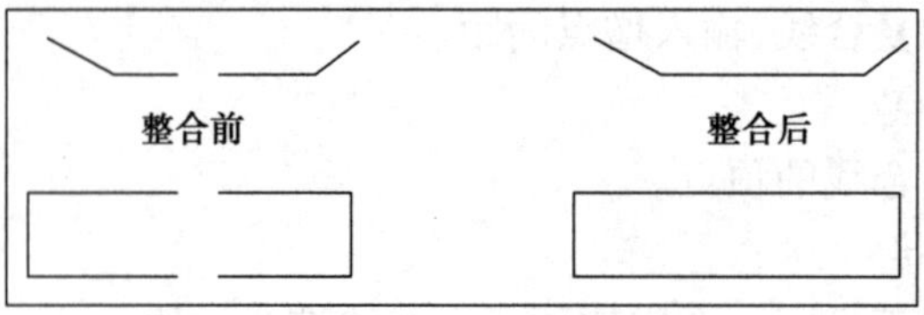

图 4.70　复合线对象整合前后对比

(28)局部替换已有线

功能:利用一条新的多段线,替换原来的多段线(此功能常用)。

(29)局部替换新画线

功能:执行该命令后,选择一条复合线,在需要替换的部分重新绘制新的线,程序会自动把原来的部分替换成新画的线。

该功能也可以在文件 acad.pgp 中利用 dgxsegment1 命令设置快捷键进行操作(此功能常用)。

9.接边检查

功能:检查多个 DWG 文件的接边误差。

操作:执行该功能后,根据命令行提示,绘制接边线,进行接边检查。

10.图形接边

功能:两幅图进行拼接时,存在同一地物错开的现象,可用此功能将地物的不同部分拼接起来形成一个整体。

11.图形属性转换

功能:图形属性转换分为图层转换图层、图层转换编码等 14 种转换方式,每种方式有单个和批量两种处理方法,如图 4.71 所示。

以“图层>图层”和“编码>图层”为例。

(1)图层>图层(单个处理)

功能:将源图层转换为目标图层。如将“文字注记”图层转换到“居民地”图层。

执行菜单操作后提示:

转换前图层:输入转换前图层,如 ZJ。

转换后图层:输入转换后图层,如 JMD。

系统会自动将 ZJ 层的所有实体变换到 JMD 图层中。

如果要转换的图层很多,可采用“批量处理”,但是要在记事本中编辑一个索引文件,格式是:

转换前图层 1,转换后图层 1

转换前图层 2,转换后图层 2

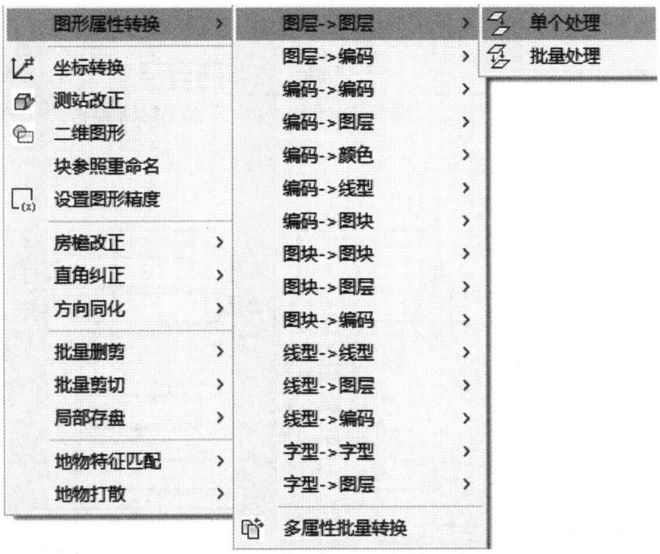

图 4.71　图形属性转换子菜单

转换前图层 3,转换后图层 3

……

END

例如:ZJ,JMD

DLSS,DLDW

……

END

(2)编码>图层(单个处理)

功能:将通过原地物编码转换到目标图层。如将"DGX"(等高线)图层中的计曲线转换为新建的"JQX"(计曲线)图层。

执行菜单操作后提示:

输入待处理编码:201102

转换后图层:JQX

系统自动完成转换。就可以查看图内所有的计曲线全部转换到"JQX"图层了。

12.坐标转换

功能:将图形或数据从一个坐标系转到另外一个坐标系(只限于平面直角坐标系)。

操作:执行此菜单后,系统会弹出一对话框,如图 4.72 所示。使用者拾取两个或两个以上公共点就可以进行转换。

以图面拾取数据计算四参数进行图形转换为例:

单击"拾取",左键捕捉第一点转换前和转换后的点位(注意:捕捉功能需要打开),单击"添加";以此类推,添加第二点、第三点转换前后点位。

单击"计算四参数",检查平移、旋转角和转换尺度有无异常。

勾选转换方式下"图形",单击"使用四参数转换",按命令区提示:选择需要转换的图形,回车即完成坐标转换,如图 4.73 所示。

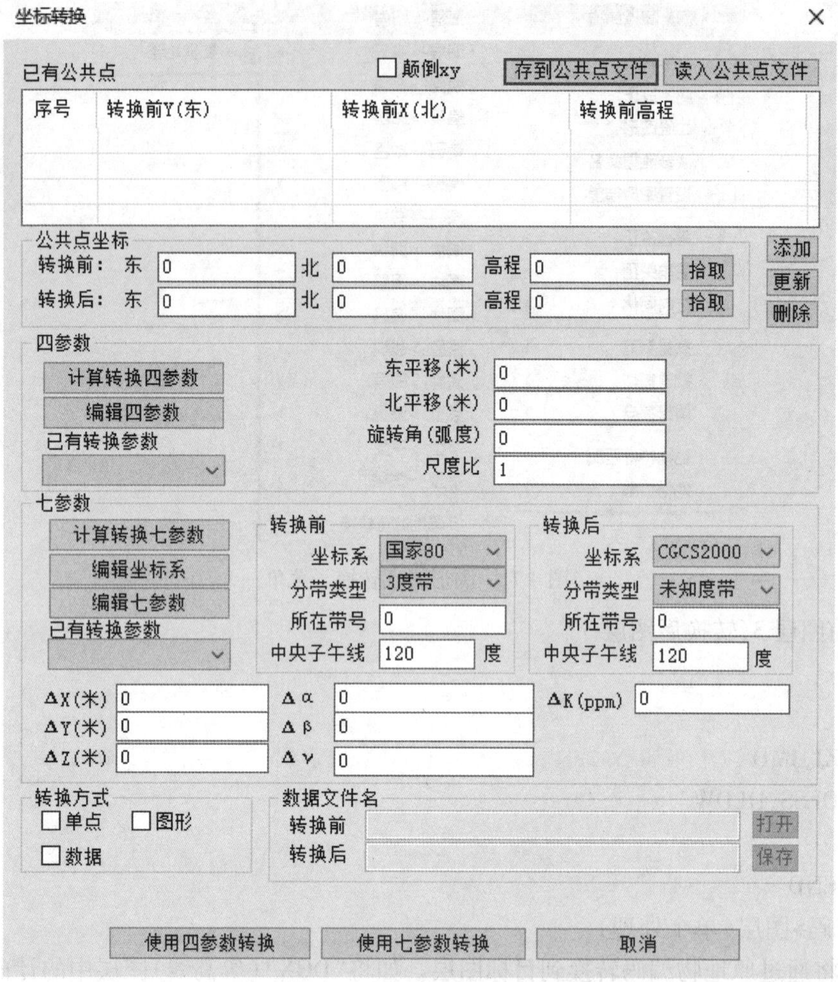

图 4.72 坐标转换对话框

说明:此转换功能只是对图形或数据进行一个平移、旋转、拉伸,而不是坐标的换带计算。

13.测站改正

功能:测量员在外业不慎搞错了测站点或定向点,或者在测控制前先测碎部点,可以应用此功能进行测站改正,如图 4.74 和图 4.75 所示。

操作:“地物编辑”→“测站改正”,见命令区提示。

请指定纠正前第一点:输入改正前测站点,也可以是某已知正确位置的特征点,如 T05。

请指定纠正前第二点方向:输入改正前定向点,也可以是另一已知正确位置的特征点,如 T06。

请指定纠正后第一点:输入测站点或特征点的正确位置,如 T05。

请指定纠正后第二点方向:输入定向点或特征点的正确位置,如 T06A。

请选择要纠正的图形实体:用鼠标选择房屋、加固坎及小路等实体。

系统将自动对选中的图形实体作旋转平移,使其调整到正确位置,之后系统提示输入需要调整和调整后的数据文件名,可自动改正坐标数据,如不想改正,按“Esc”键即可。

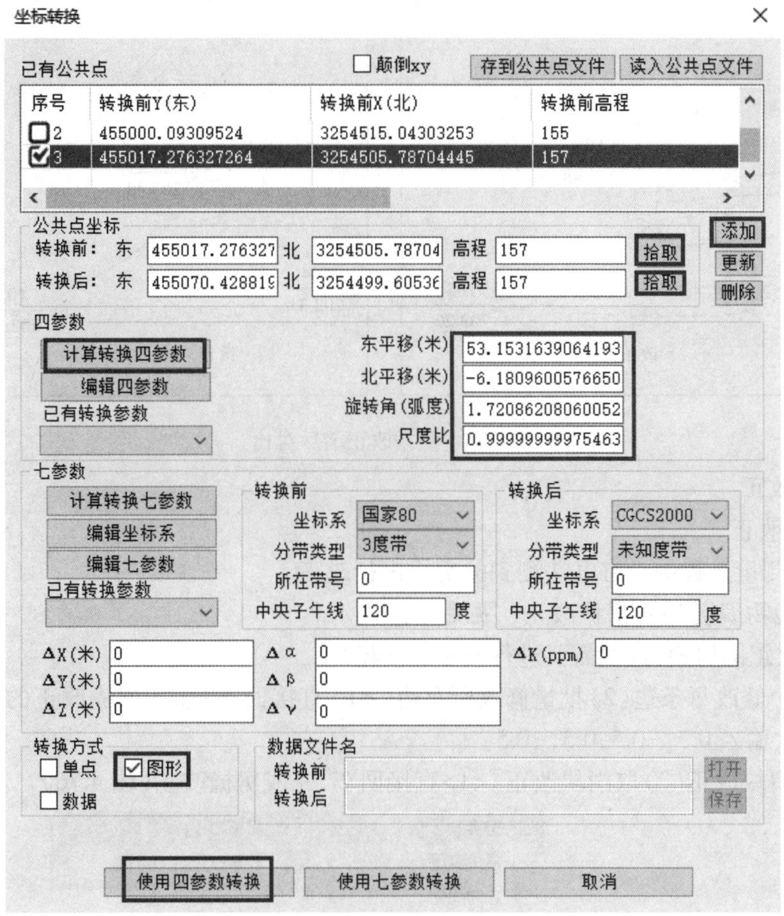

图 4.73　坐标转换-图形转换设置框

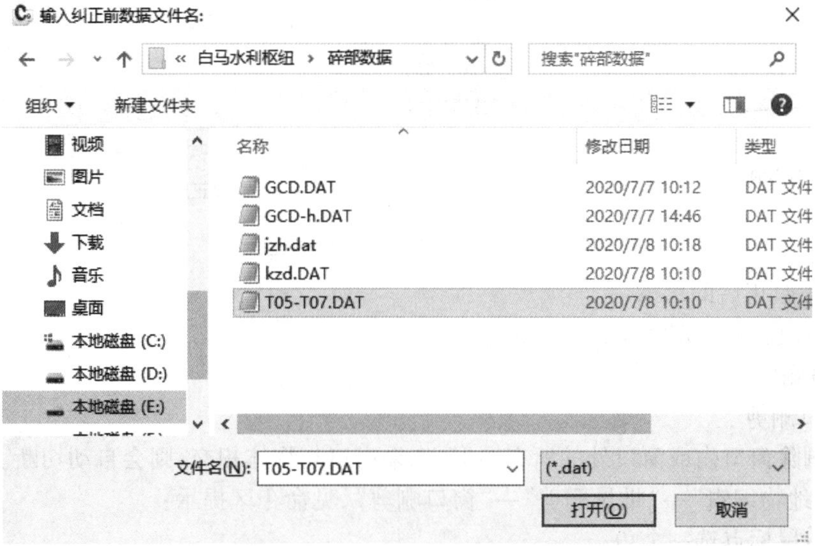

图 4.74　测站改正输入数据对话框

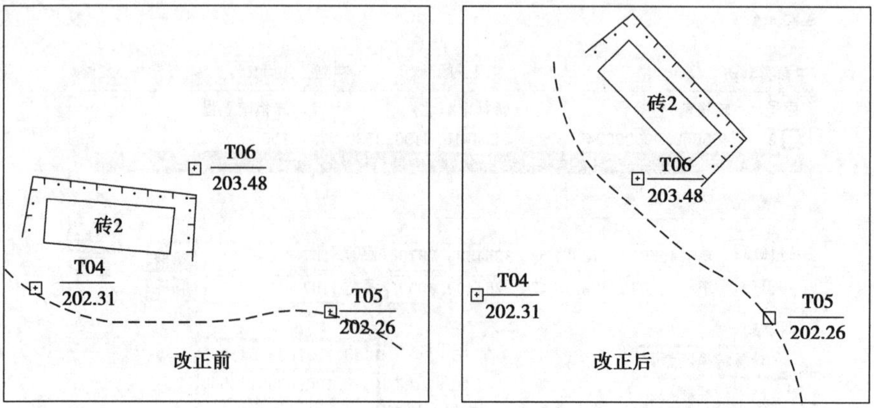

图 4.75　测站改正前后对比

14.房檐改正

(1)房檐改正

功能:对测量过程中没有办法测到的房檐进行改正。

操作:“地物编辑”→“房檐改正”,见命令区提示。

选择要改正的房檐:选取需要进行改正的房檐。

[(1)逐个修改每条边(2)批量修改所有边]<1>直接回车;输入房檐改正的距离(向外负向内正):依次输入 0.3,-0.5,0.3,-0.5。

[(1)保留块改正(2)取消块改正]<1>直接回车,完成房檐改正(图 4.76)。

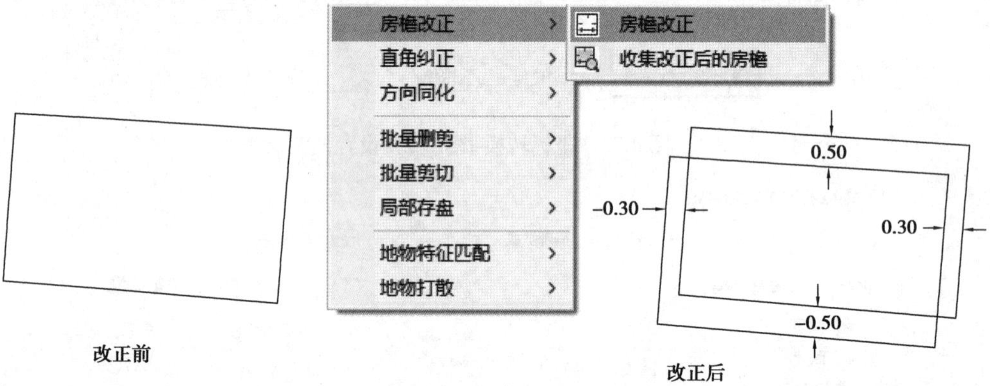

图 4.76　房檐改正前后对比

(2)收集改正后的房檐

功能:将改正后的房檐用红色标记显示。

15.批量删剪

(1)窗口删剪

功能:删除窗口内或窗口外的所有图形,如果窗口与物体相交,则会自动切断。

操作:“地物编辑”→“批量删剪”→“窗口删剪”,见命令区提示:

第一角:鼠标点选一个角;

另一角:通过指定窗口两角来确定删剪窗口。

用一点指定剪切方向……用鼠标指定删除窗内还是窗外的图形,本例选择“窗口外”(点到窗口外即删减绘图窗口外所有图形,反之删除窗口内图形),如图 4.77 所示。

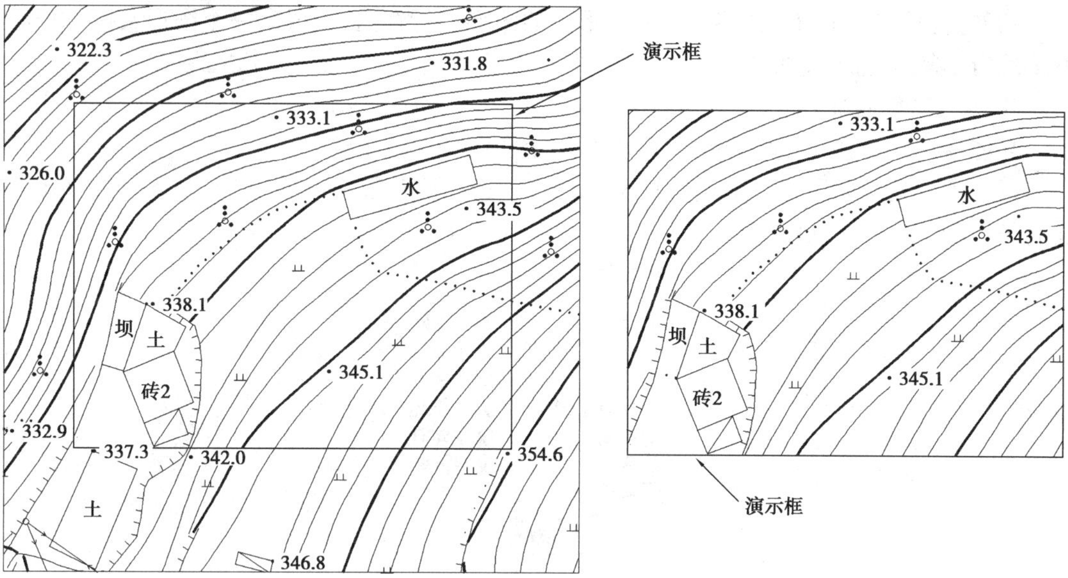

图 4.77　窗口删剪示意图

(2)依指定多边形删剪

功能:删除并修剪掉多边形内或外的图形。

操作:“地物编辑”→“批量删剪”→“依指定多边形删剪”,见命令区提示。

选择对象:选择多边形(多边形应先用封闭复合线画出)。

用一点指定剪切方向……指定点在多边形内,则删去里面的图形;本例选择在多边形内,则删去外面的图形(图 4.78)。

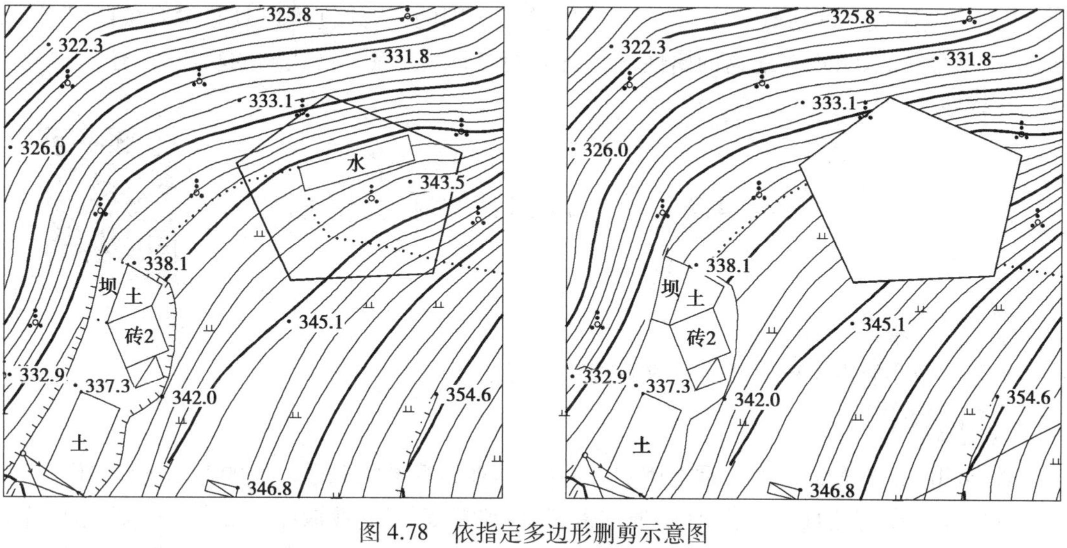

图 4.78　依指定多边形删剪示意图

16.批量剪切

批量剪切也分为窗口剪切和依指定多边形剪切。跟功能和操作“批量删剪”类似,所不同的是批量剪切是直接将窗口内或指定的多边形内的内容全部删除。

17.局部存盘

功能:就是将指定窗口或指定的多边形内的图形进行存盘,形成另一个图形文件,以利于图形编辑、分幅或插入等操作。

18.地物特征匹配

功能:将一个实体的地物特征匹配给另一个实体。

操作:“地物编辑”→“地物特征匹配”命令后,选择源对象:[设置(S)],输入 S 后确定,弹出特征匹配学习对话框(图 4.79)。

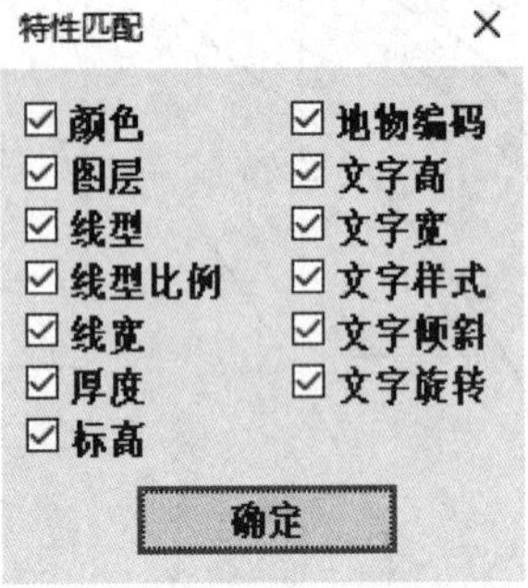

图 4.79　特性匹配对话框

在相应的需要刷的属性内容的复选框里打上勾后确定,然后按照提示选择源对象,再提示选择对象,然后选择被刷的对象实体,确定后就完成了对象的特征匹配了。

提示:本功能包含了单个刷和批量刷两种方式。

单个刷:是指一个个的选择被刷的实体对象。

批量刷:是指,选择需要被刷的其中一个对象实体后,一次性把图内该同一类型的对象实体全部刷成功。

需要提醒的是,该功能与工具栏“格式刷”有区别的,格式刷可以复制源对象的颜色、图层、文字型号及大小,没有地物的属性,而“地物特性匹配”除了格式刷的功能外,还有源对象的属性特性。

任务 4.7　数字测图的内业成图技巧

数字测图的内业成图技巧

任务描述

- 了解数字测图工作过程中的常见内业成图技巧。

知识学习

数字测图是当今地形测图最常用的方法,不但要掌握数字测图内业的基本操作,还要广泛应用到工作中去,特别是在城镇地形地物密集、种类繁多,对内业成图的要求就更高,这就需要不断总结经验,提高操作技能水平,更要学会和掌握内业成图的技巧。主要体现在对成图软件的熟悉运用程度、特殊地形的处理方法以及地形图图面整饰等方面。

1.绘图顺序和习惯

对于成片的地形测绘的内业绘图一般顺序为:首先展绘各种控制点后,先绘制线状地物,如道路、水渠、围墙等要素，形成大致轮廓；再绘制房屋、植被、管线设施、独立地物等；其次集中绘制点状地物，如路灯、独立树等单个同类地物，最后再进行地貌绘制。同时，为避免误操作或软件闪退或突然断电造成数据丢失，工作中要保持经常存盘的习惯。

图形绘制完毕后，为减小图形容量或清除多余的项目，常采用“purge”命令清理图形中未使用的项目。

2.成图软件应用的技巧

(1)野外测量点的展绘

展绘野外测点的点号和高程时，对于较大型的测绘项目来说，由于面积大，工作量大，时限长，有的区域可能同时存在若干天的数据，而 CASS 软件中所有的点位、点号都默认在 ZDH 图层，高程则在 GCD 图层，且都默认是红色，为了把每天的任务区分开，可以按天分颜色建立图层，或者分别给每天的点号前加一个字母代号。这种方法在使图面更清晰的同时也避免了遗漏数据。

(2)巧用“地物特征匹配”功能

“地物特征匹配”功能提供了把复合线匹配成需要的地物，不但能匹配图形的特性更能同时修改其属性。特别适合于解决一些特殊地物的绘制，比如同心圆楼梯没有对应的图式，反映出实际地物很困难，可先用复合线绘制成同心圆楼梯形状，再使用“地物特征匹配”功能，加入室外楼梯代码 143400，即可画出同心圆楼梯。再如，系统默认的很多地物是固定形状的，最典型的如房屋的边必须正交，而实地房屋有弧形边的，人工描绘误差较大，可利用复合线加弧线绘成相应形状后，加入实体地物代码功能。再如依比例水井也被限定为圆形，如遇实地是方形的井，可先用复合线画一个方形，再把方形的复合线附上圆形依比例水井的属性编码 185101。

(3)灵活运用“坐标定位”和“点号定位”

若野外数据采集使用草图法作业模式，则需要根据草图进行点、线、面连接及赋予相应的属性。一般情况下，对于分散的独立地物，如路灯、检修井、水塔等独立地物可采用“点号定位”方法快速绘制完成并避免遗漏；对于有明显轮廓及需要输入距离进行交会的地物可借助鼠标采用“坐标定位”方法进行绘制。

(4)山区数字地面模型(DTM)处理(图 4.80)。

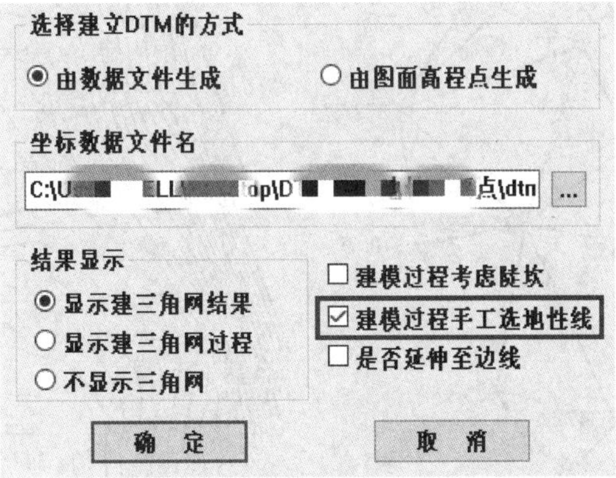

图 4.80　建立 DTM

在常见绘图软件中，软件对于地形线中坎线能够自动识别，而对于诸如山脊线、山谷线等一些不能自动识别，构成 DTM 时(特别是在山区)，系统往往产生与实地偏差较大的 DTM 网，所以在勾绘等高线前一定要绘制和手工选择地性线,不然自动绘制出来的等高线与实际地貌变形较大。

如图 4.81 所示的实际地形,构建 DTM 时未采用地性线构建三角网绘制的地形图如图4.82所示,采用了地性线构建三角网绘制的地形图如图 4.83 所示。

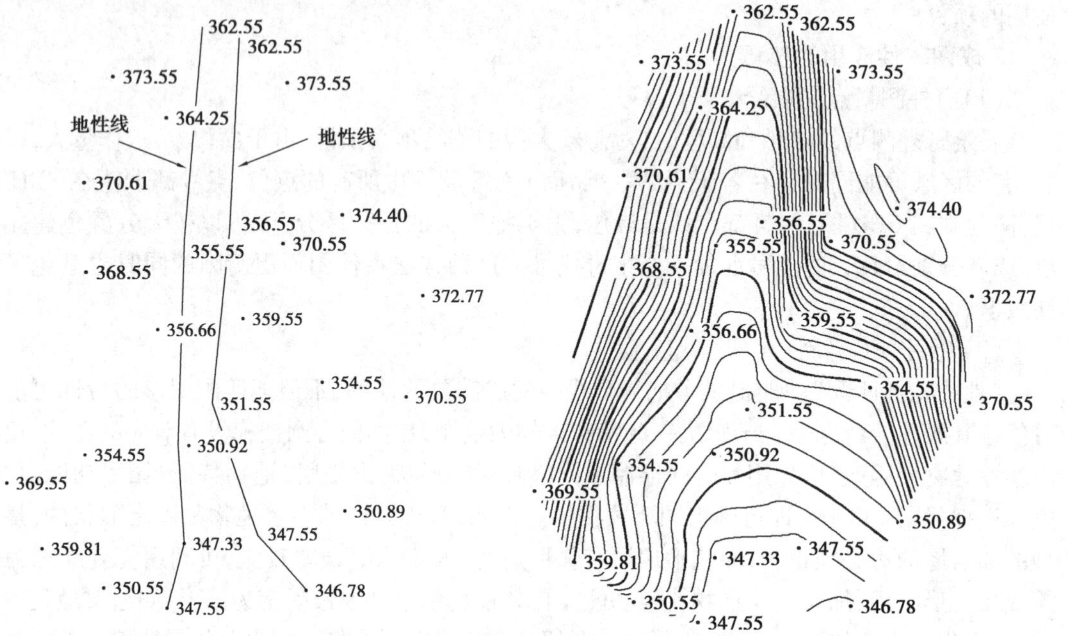

图 4.81　实际地形图

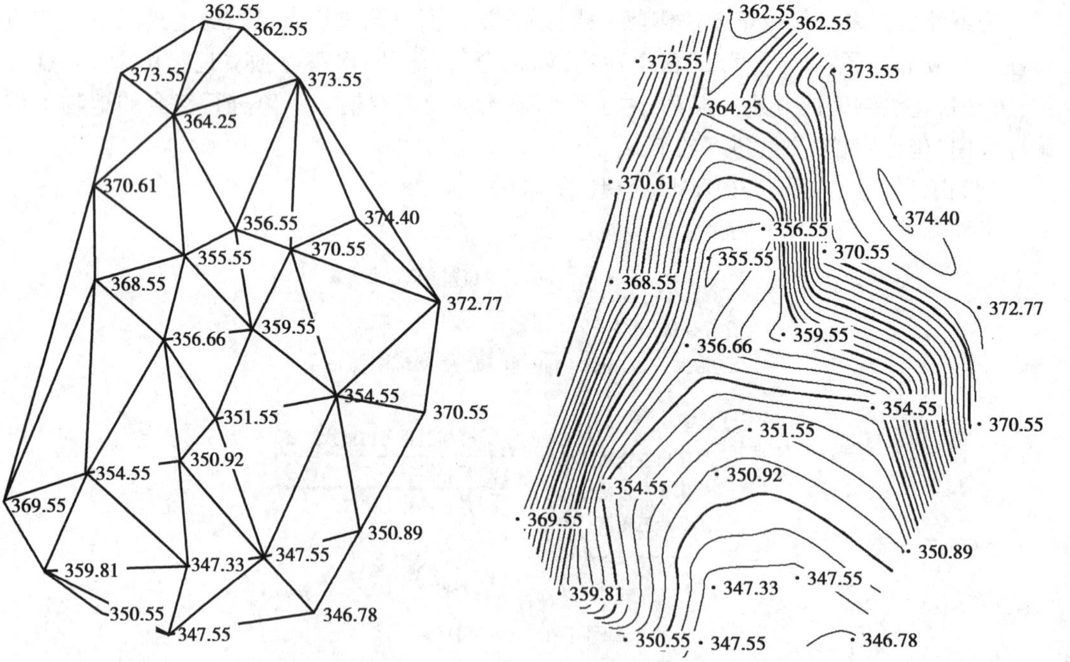

图 4.82　未采用地性线构建三角网绘制的地形图

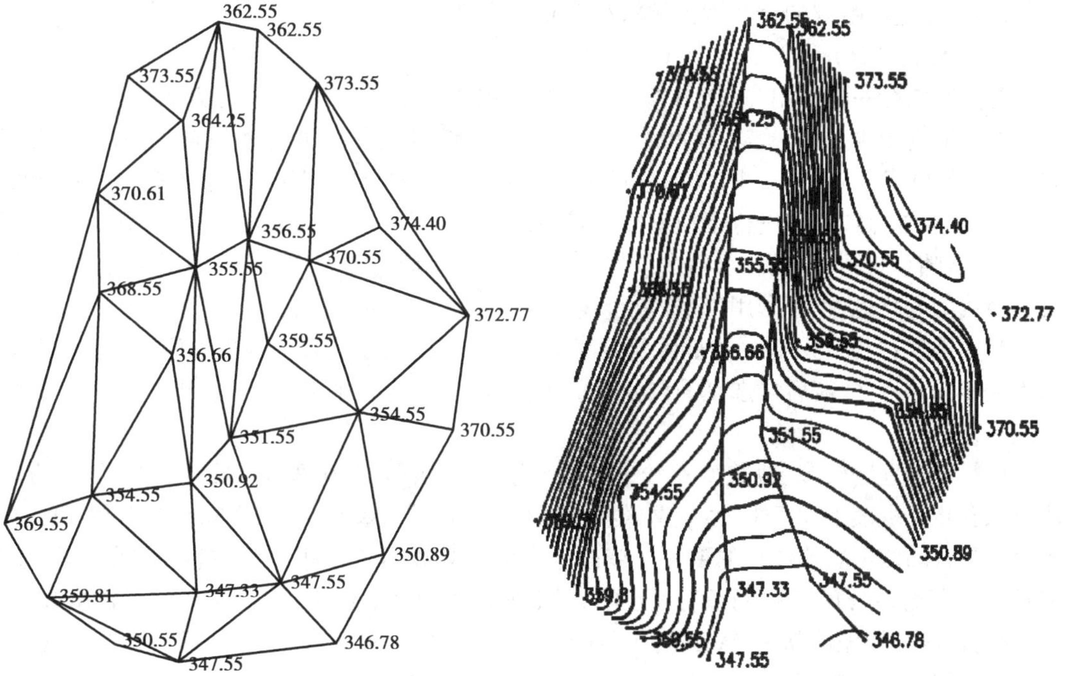

图 4.83　采用了地性线构建三角网绘制的地形图

由此可看出,使用了地性线建立 DTM 构建的三角网绘制出的地形图适当加以修饰就可以达到原始地貌的标准了,所以在进行 DTM 建模时合理使用地性线非常重要。

(5)三角网修改

三角网的建立是等高线绘制的前提,正确的三角网才能绘制出正确的等高线,如花 1 天时间编三角网,1 小时就能绘出正确的等高线;如花 1 小时编辑三角网,绘制出来的等高线 2 天都修改不完,因此三角网的编辑修改就非常重要。

1)三角网的编辑

合理利用“删除三角形顶点”的功能对三角网进行修改。实际工作中部分地形散点按照等高线绘制原则,不应参与等高线的构建,比如当碎部点位于水田中、院落内或者渠底时,就不能参与 DTM 的构建,利用此功能可对三角网进行修改。

同时,由于三角网和等高线间严密的逻辑关系,可以先用不光滑的折线生成临时等高线,对照等高线进行三角网的编辑,检查错误的高程点、遗漏的三角网、连错的三角网等问题;然后保存修改后的三角网结果,重新绘制等高线,如此反复,直到三角网没有问题为止。

另外,在三角网的修改中,为了避免等高线出现问题,在一些外业未观测到位的地方可根据实际地形判断插入部分高程点,特别是陡坎或冲沟部分,以完善三角网的构建。

2)三角网的合并

“三角网存取”功能可将已经建立好的三角网 DTM 模型保存到文件中随时调用,将增加的高程点展出后用“图面 DTM 完善”,则将新增点自动插入到原有的 DTM 模型中去,可以节约大量时间。

对于两个以上小组共同作业,可以在各自的图形文件中分别建立 DTM 模型并保存三角网,待各自完成后合并图形,利用“图面 DTM 完善”即可将各个独立的 DTM 模型自动重组在一起,而不必进行数据的合并后再重新建立 DTM 模型。

(6)等高线勾绘

等高线勾绘一般采用“三次 B 样条拟合”和“张力样条拟合”两种拟合方式进行。

对于地物较少、地貌变化不大的简单地形区域宜采用“三次 B 样条拟合”方式,此方式绘制的等高线线条美观,节点少,文件容量小。只是个别地方容易出现有疙瘩或有变形跨线的等高线,则需要加点或删点进行牵拉完成。需要特别指出的是,由于此时的等高线是样条拟合的曲线,不能随意打断等高线,否则线条节点较多,文件容量会大大增加。如果实在需要打断而又不使线型变化过大,可利用“删除复合线上多余节点”功能来实现。

具体操作:“检查入库”→“删除复合线上多余节”:按提示选择只处理等值线,滤波阀值取值不大于 0.1 为宜,最后再选择需要修改的等高线,这样绘制出来的等高线形状不改变,也易于编辑。

但是对于地物较多、地貌变化较大且破碎凌乱的地形,普遍采用“张力样条拟合”方式。注意拟合步长取值不大于 1 为宜,这样绘制出来的等高线线型饱满,与实际地形不易失真。编辑时各种打断均不影响线型的变化。修改这样的等高线尽量使用复合线替换功能,即“地物编辑”→“复合线处理”→“局部替换已有线”(或局部替换新画线)。对等高线编辑修改完成后,应对该等高线先按 0.1~0.2 进行等值线虑波,再进行二次拟合,这样处理后的等高线既美观又不会因为被打断而增加图形数据的负荷。

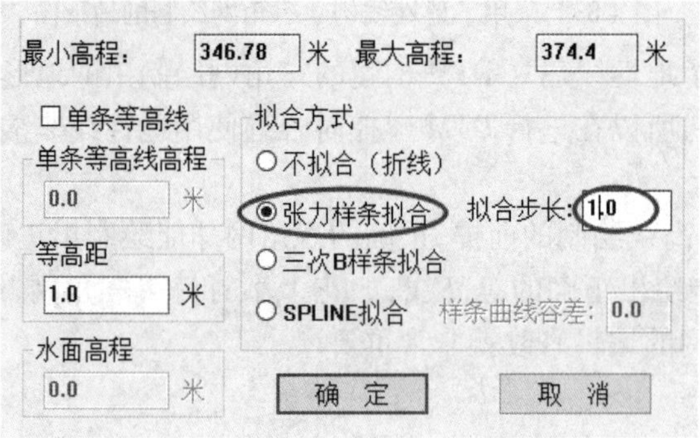

图 4.84　张力样条拟合设置对话框

3.内业成图编辑要点及注意事项

(1)民地及附属建筑物的编辑

①居民地要素编辑主要包括地理名称、房屋的性质、用途、结构类型、层数和房檐改正。内业编辑时根据相应信息对房屋逐一归层,并相应结构类型和层数注记在房屋主体内。

②房屋一般不综合,应逐个表示,不同层数,不同结构性质、主要房屋和附加房屋都应分割表示。城镇内的老居民区,房屋毗连、庭院套递,应根据房屋形式不同、屋脊高低不一、屋脊前后不齐等因素进行分割表示,所有分割线均用实线绘制。同时要了解各地域文化及民族风俗,以便真实反映出当地居民地的建筑风格。

③居民地附属设施,如檐廊、门廊、阳台、楼梯、围墙、栅栏等不得有多余悬挂等现象。坎、围墙、栅栏等线性地物都是具有方向性的,符号的短线或黑块都是朝房屋及院内的,为提高操作进度,记住遵循绘图中的“左手法则”:绘制线条的方向决定线状符号的短线或黑块的方向,即线条自左向右或自下向上方向绘制,则符号的短线或黑块就在线段的上边或左边,反之线条

自右向左或自上向下方向绘制，则符号的短线或黑块就在线段的下边或右边，如图 4.85 所示。

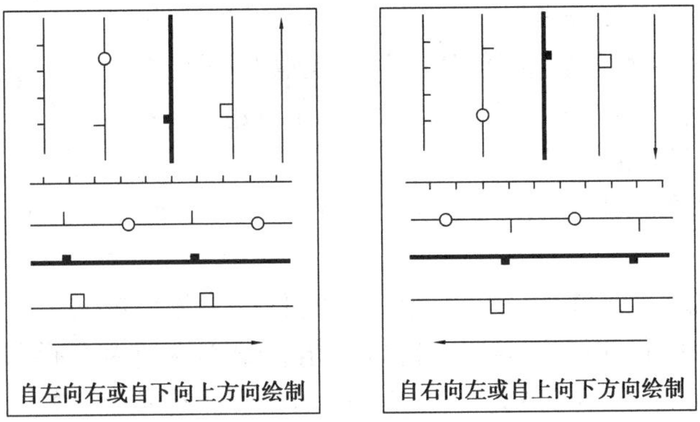

图 4.85　左手法则绘制线状地物方向案例

(2)交通要素类的编辑

①等级公路(含专用公路)都要标注技术等级代码、行政等级代码及编号，有名称的加注名称，如“①(G305)”，“②(Z301)”。市区内的道路不注记等级代码，只注记道路名及性质。

②等级公路两侧开挖的、比高大于 1 个等高距以上的坡或坎应归类为路堑、路堤；等外公路及以下的道路两侧坡或坎都归类到自然地貌坡或坎，并区分加固和非加固坎。同时，道路两侧有坎的排水渠不能用干沟表示，应用单线或双线渠表示，并加注“排”字。

③铁路分为标准铁路和窄轨铁路，并注记线路名称，绘制铁路边线也适合“左手法则”。铁路是连续的，遇到桥梁不断开，其他的路遇铁路时需断开(铁路平交道口)。

④同一条、同一等级道路路边线不间断，道路交叉口处保持有高程注记点且道路的拐角处要修饰圆滑。机耕路(大车路)的绘制遵循“光影法则”—上虚下实，左虚右实，虚线绘在光辉部，实线绘在阴影部，如图 4.86 所示。如遇拐弯，仍要顺方向描线至下一地物相交处比如说居民地、桥梁、渡口、徒涉场、山洞、涵洞、隧道或道路相交处再变换虚实线方向。

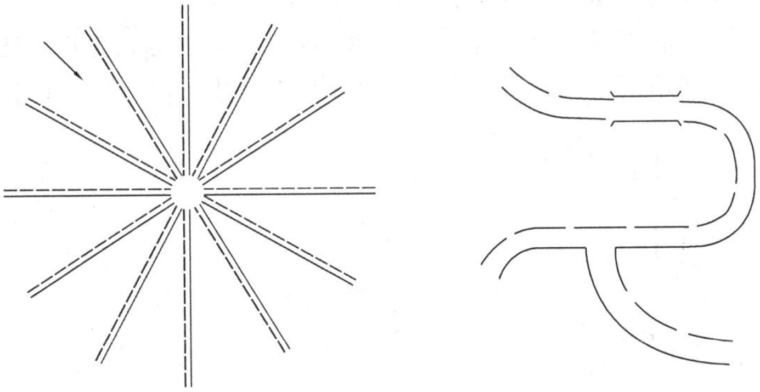

图 4.86　光影法则定义图及示例图

若机耕路宽窄不一且变化频繁时，可以取平均宽度按照平行线表示。

(3)水系要素的编辑

①水系类编辑的原则是：水系贯通性、水系边线连续性、流向合理性、附属地物设施关联性。河流、沟渠标注流向和名称标注，并按一定的合理距离注记河底、渠底高程。

②正确理解常年河、时令河(湖)、干涸河(湖)、干沟以及各种河湖岸滩、礁石的含义，且水

涯线描绘要圆滑,水位点要错位注记,并注记测量日期,时令河注记有水月份。

③池塘和水库水涯线要圆滑封闭表示,且必须至少有一个水位点。用以人工养鱼或繁殖鱼苗、虾苗、海参等的池塘,需加注"鱼""虾",其他池塘均注记"塘"字。水库有名称的要注记名称。水坝、水闸等水利设施应标注坝顶高程、坝长及建筑材料。

(4)管线及附属设施的编辑

①主次分明。多种电线在一根电杆上时只表示主要的,其主次顺序为高压线,通信线,低压线。

②输电线可根据需要不连线。输电线路与线状地物(如街道、公路、渠道等)边线重合或平行靠近时,可不连线,仅在杆位、转折、分岔处和出图廓时在图内表示一段符号以示走向。

③管线的标注。光缆要注记"光"字,管道除用相应的符号表示外,还应注记输送物名称简注,如水、煤气、液化、热等。

(5)等高线的编辑和修改

①解决等高线既光滑而文件容量又小又可任意编辑这个矛盾的方法只有一个,就是"删除复合线多余点(阀值为0.02)",但这一步是在编辑修改等高线之后再做,之后才能修剪通过房屋、双线道路等地物的等高线。

②等高线的拟合要用"S"选项进行拟合,而地物的拟合用"F"选项拟合(区别:S拟合后夹点不增加,支持任意拉伸,但在转弯处有不通过实测点位危险的可能;F拟合夹点会大大增加,不支持任意拉伸,但线必通过实测点位)。

③闭合的等高线中间必然有高程点,否则闭合圈不可能凭空生成。

④在分批分次绘制等高线时,利用到的关键功能是"图层到图层"(地物编辑→图形属性转换→图层到图层),将绘制好的等高线变成某一个图层(如DGX层到000层),然后将这个图层锁上因而保护起来。在之后的等高线绘制中,由于要频繁与三角网切换,常删除等高线,所以要用"编辑→删除→实体所在的图层(按照图层删)",而不是用"等高线→删除全部等高线",待所有批次等高线编辑修改后,再统一归类到DGX图层。

⑤等高线与坎的关系:等高线不能垂直于坎子,即在交的地方无论坎上还是坎下都应该有一定的角度,表示出地形的走向;也不能直接连接在坎脚线上,保持0.3 mm的距离。

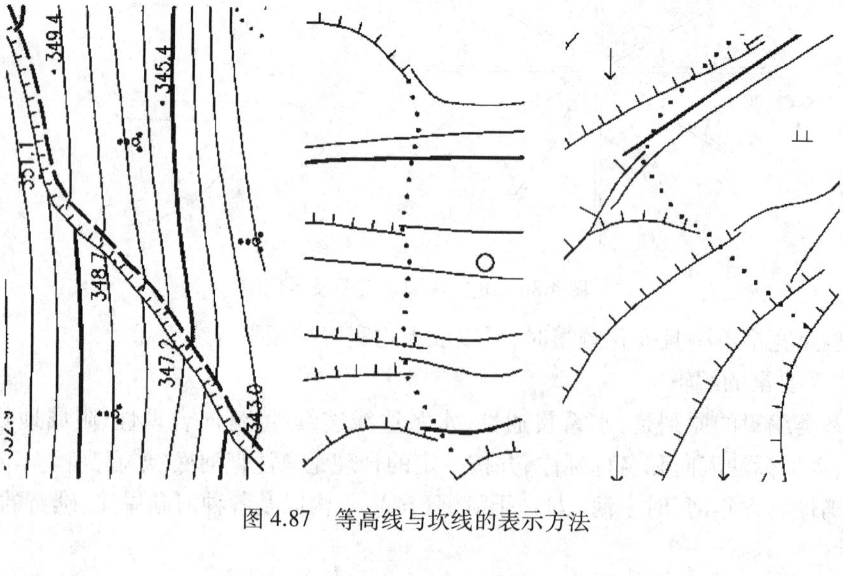

图4.87　等高线与坎线的表示方法

⑥等高线与沟底较为平缓或较为狭窄的水沟或冲沟的表示是不一样的。在较为平缓的沟底时,等高线应为平缓、圆润;沟底较狭窄的等高线转角较急,才能体现地形特征。

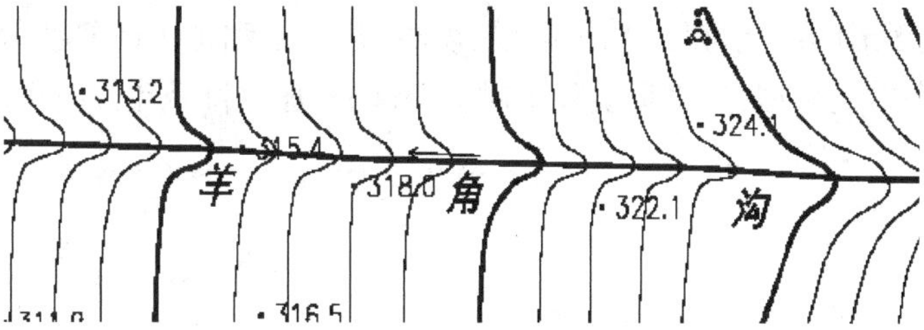

图 4.88 沟底较为平缓的等高线表示方法

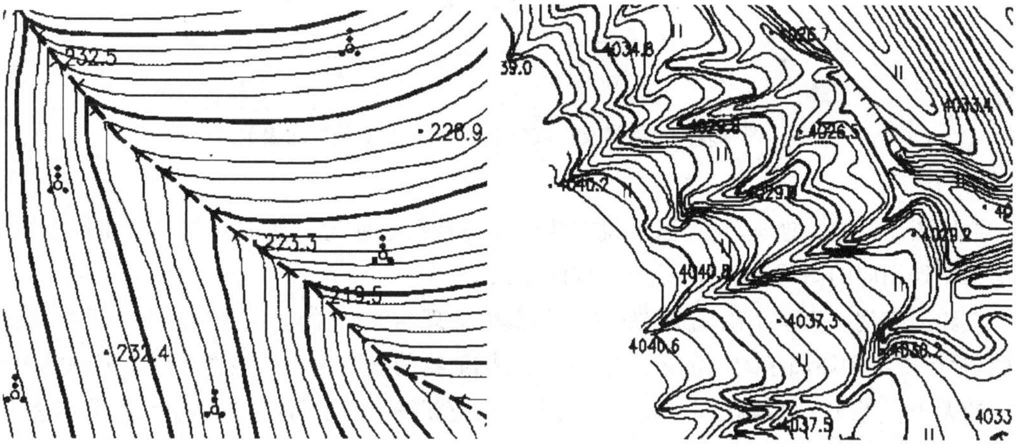

图 4.89 沟底较为狭窄的等高线表示方法

(6)地物及植被类的编辑

①对于不规则的坡顶线的长斜坡或自然陡崖的绘制,受软件自身的缺陷会出现不规则或变形的图形来。这种就需要在变化明显处分段绘制斜坡或陡崖的底线和顶线,采用“等分自然斜坡或等分自然陡崖”方式绘出各段的图形,最后在分段的结合处进行适当的编辑就会绘出如图 4.90 所示规范的、真实的地形图。

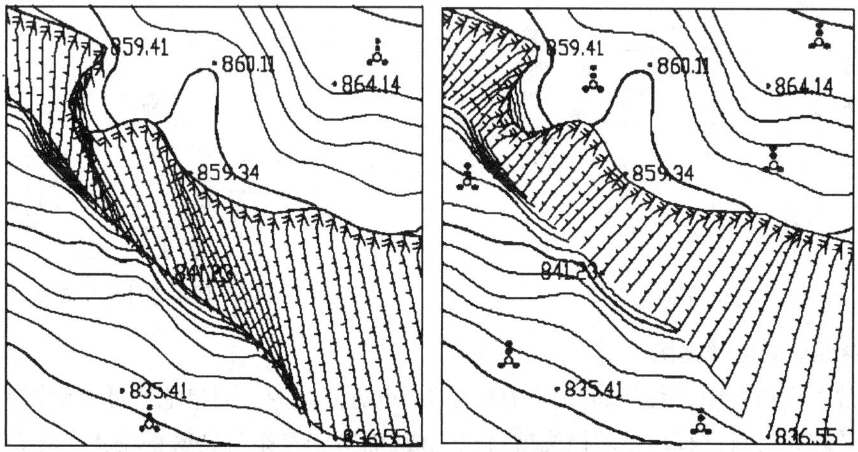

规范化前的图形　　规范化后的图形

图 4.90 编辑前后的自然陡崖图

②在同一范围内生长有多种植物时,植被符号可配合表示,但不得超过三种。

③地类界符号与地面上有形的线状符号(道路、沟渠、坡坎线、行树、栅栏等)重合时,可省略不绘;与地面上无形的线状符号(如等高线、境界线、架空和地下的管线等)重合时,需移位表示。没有植被覆盖的区域,应根据实际土质类型区分,加注符号和说明注记。

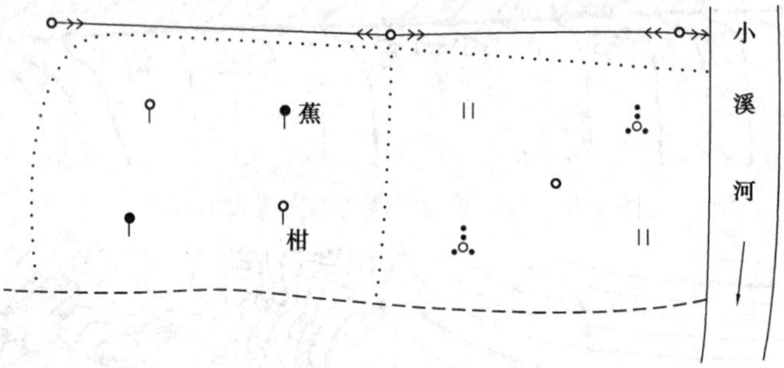

图 4.91　地类界及植被与有形、无形线状符号的表示

(7)注记

地形图注记包括地理名称注记、说明注记和各种数字注记。地理名称注记和各种数字注记均归类到相应的图层,说明注记归类到的注记层。

①注记字列。为了正确识别城镇街道等其他地理名称,它的注记字列分为水平字列、垂直字列、雁形排字和屈曲字列。注记文字的大小,按地物的重要性和该地物在图上范围的大小选择字的大小。各文字间隔在同一注记的名字中均应相等,注记字向一般为字头朝北图廓直立。如图 4.92 所示注记。

②居民地注记。居民地注记一般采用水平字列或垂直字列注记,必要时也可用雁形字列,其位置次序按图 4.93 所示排列。注记不能遮盖道路交叉处、居民地出入口及其他主要地物。

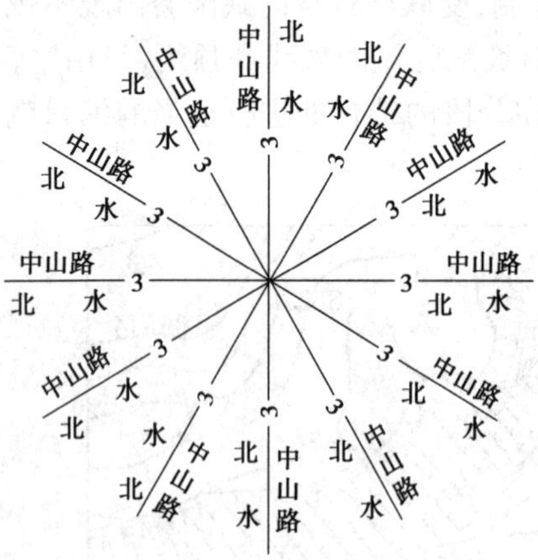

图 4.92　注记字向示例图

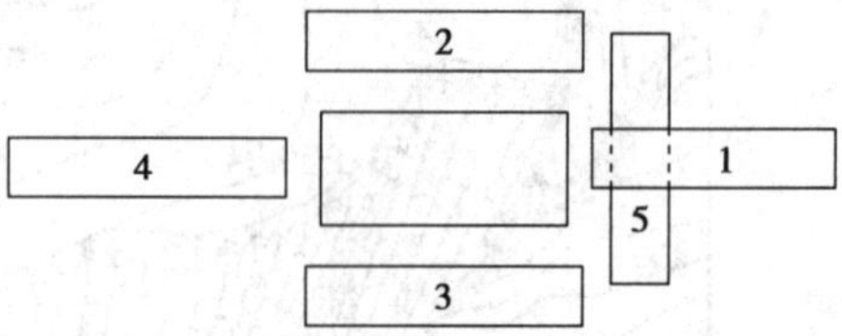

图 4.93　居民地注记位置次序

4.复杂地形的处理案例

在日常工程项目中,所遇到的地形有简单的,也有复杂的。简单地形可以根据高程点建立DTM,绘制等高线,再进行简单的修饰就可以完成,而对于复杂且特殊的地形(如悬崖、凌乱的雨裂冲沟地形),则需要反复修改三角网和手工编辑后才能达到图面美观而地貌不失真的

效果。

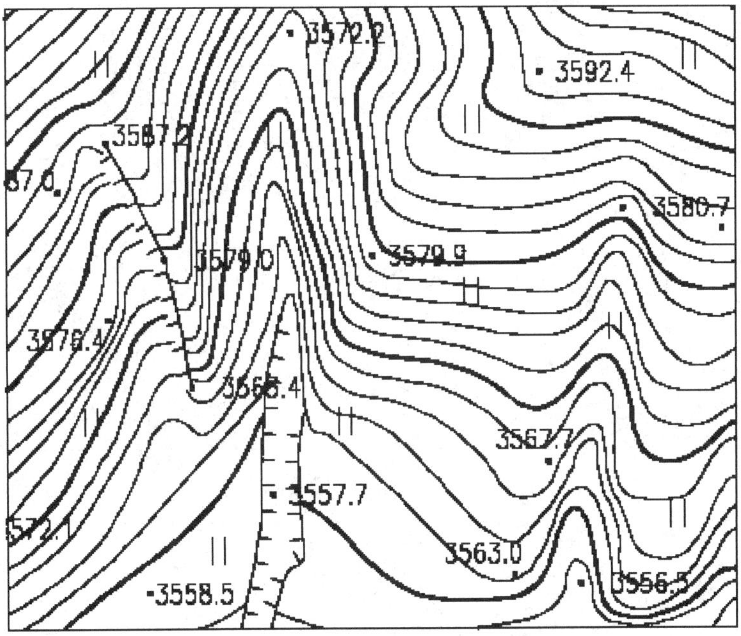

图 4.94　等高线与坎线的表示方法 1

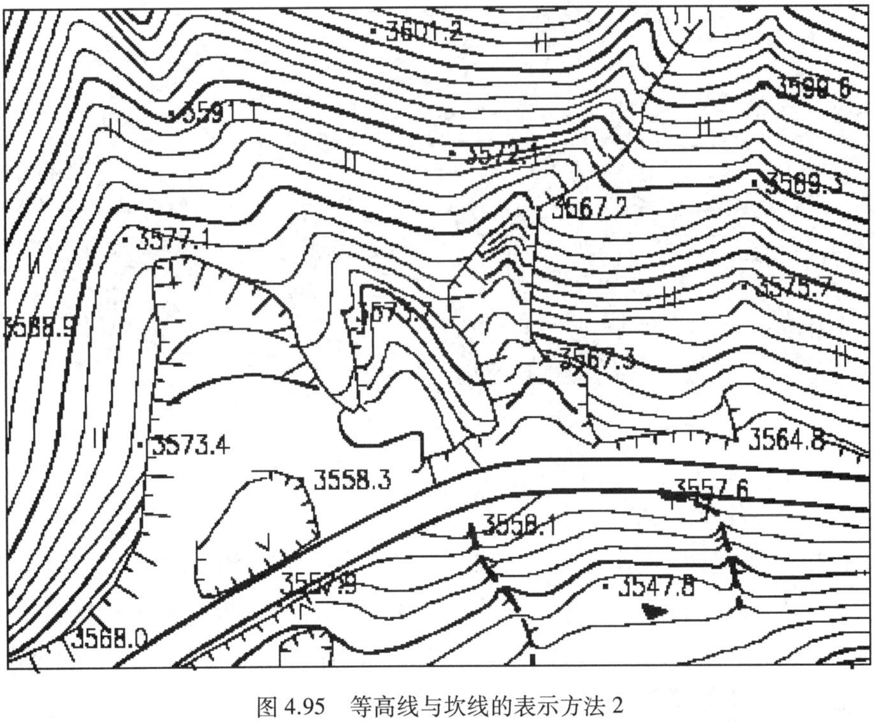

图 4.95　等高线与坎线的表示方法 2

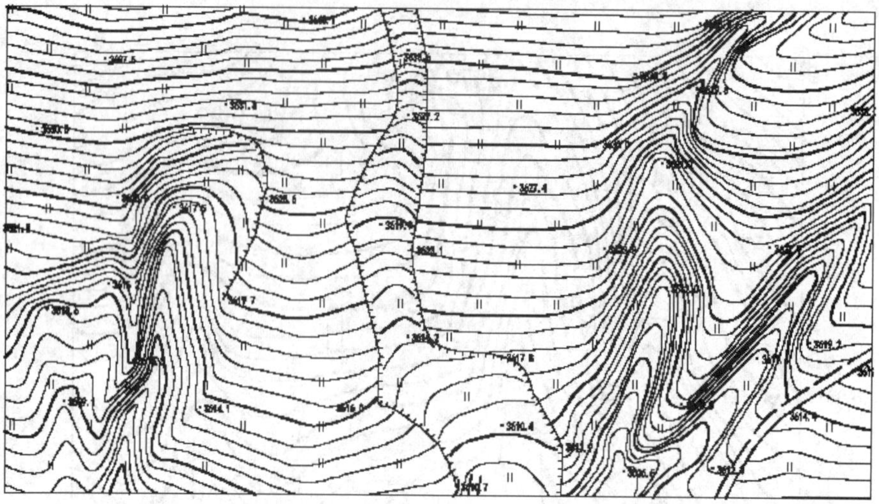

图 4.96　冲槽与等高线表示方法 1

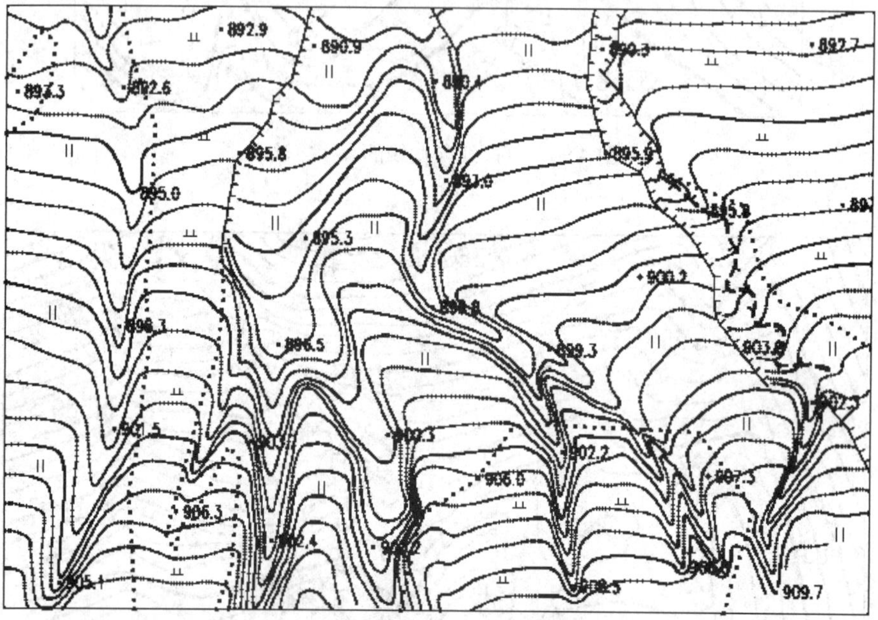

图 4.97　冲槽与等高线表示方法 2

5.地形图的图面整饰要求

地形图图面整饰是图形编辑过程中的重要一环,是对测量数据中的点、线、面进行合理的编辑修改,从而达到图面整体的美观。为了给地形图使用者提供更好的使用体验,最终需要通过纸质介质进行表达,在满足精度的前提下尽可能地符合视觉审美观,使点、线、面数据完美结合。因此,地形图的图面整饰尤为重要。

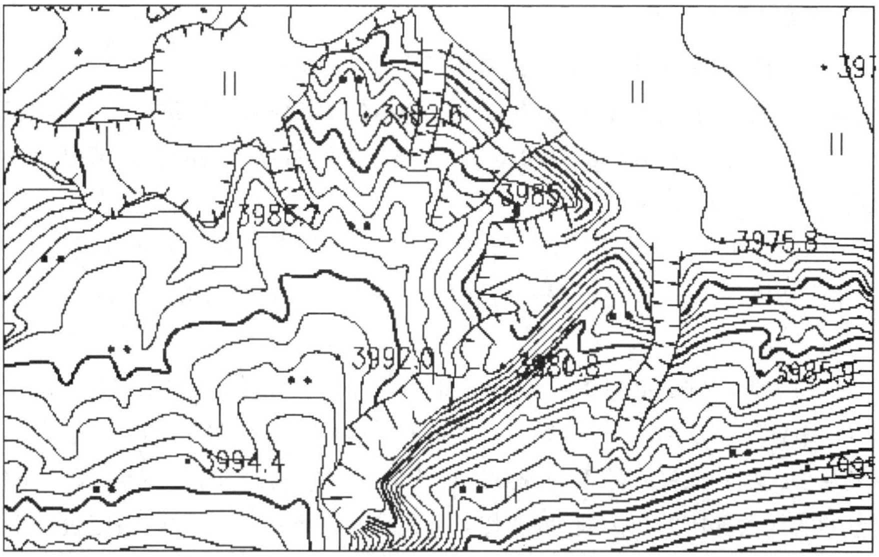

图4.98 冲槽(冲沟)与等高线表示方法3

图4.99 悬崖在地形图上的表示方法

(1)作业人员应具备的几点素质

作业人员在进行内业处理时,应具备以下“三心”“一观”:

①责任心。必须按照实地测量的情况即遵循草图和实测点位来进行相关的编辑和修改,而不是随意地对点、线进行移动,纯粹为美观而修改,必须结合野外的实际情况和平时积累的经验来判断并做出合理的修改。

②细心。对图内的每一处都应仔细判读,对图形的图、属性数据要无一遗漏地进行检查,对测量数据的准确性和真实性进行深入的审查,对一些有误的点做出正确的取舍,以免影响图面和数学精度。

③耐心。对地形图的图面修饰不是一蹴而就的,要对每个线条、每个符号都应让其处于最合理的位置及最佳的表现形态,这就要求作业员必须有耐心和足够的时间来进行编辑修饰。

④审美观。逐步养成良好的审美观是处理图形必备的基础,但是要养成良好的审美观也是通过大量的实践而养成的。因此,内业作业人员应该在每一个项目的实施过程中不断地总结,取长补短,不断学习和提高,以达到满足地图的精度和图面的完美。

(2)图面修饰的作业依据

数字地形图图面整饰的依据为:《1∶500,1∶1 000,1∶2 000 地形图图式》(GB/T 20257.1—2017)、《城市测量规范》(CJJ 8-2012)、《1∶500,1∶1 000,1∶2 000 外业数字测图规程》(GB/T 14942—2017)、《数字地形图系列和基本要求》(GBT 18315-2001)、《数字测绘成果质量检查与验收》(GB/T 18316—2008)、《外业数字测图规程》(GB/T 14192—2017)。

(3)等高线处理

等高线处理原则上按前述“成图软件应用的技巧”中“(5)等高线勾绘”的方法修饰处理。高程点的注记按图幅每格 8~15 个,且应分布均匀,并注出特征地物、特征地貌的特征点上,高程点压线的应将高程点注记进行适当平移。

(4)地物及植被符号

沟坎、池塘、田埂线点拐弯处要求适当加节点,能进行曲线拟合的应拟合以使之平滑。应特别注意的是沟坎、田块间的高程关系,严禁出现水田中高程高于田埂高程的情况。各植被符号的配置应适中有规律,过多过少都会影响图面的美观,水田的高程点也注记于中央,旱地及其他高程点位注记不得移动。

总之,通过对数字地形图的内业整饰,在保证图形数学精度的前提下使图形表示更合理、内涵更丰富、图面更美观,把外业测绘的地形地貌最真实地反映在数字地形图图形上。

任务 4.8　地形图的整饰与输出

地形图的分幅

任务描述

- 能够掌握数字地形图的整饰和打印输出方法。

知识学习

地图整饰是关于地图内容的表现形式和手段的技术，是地图制图学中的一个重要部分，也是地图输出过程中的关键环节。地图整饰分为地图制图数据符号化和地图图幅整饰。本节学习的是地图图幅整饰。对当前要生成的图幅，按照国家标准的图式规范要求进行图幅的整饰。地图图幅整饰内容较多，就是将地形图标题、图框、邻接表、制作日期、比例尺、图例的可视化要素表现出来，良好的可视化要素风格能使地图使用者迅速、准确的判读地理信息。

设置好图幅整饰输出的各项参数后，可以保存这些设置，实现一次配置并可自动套用。

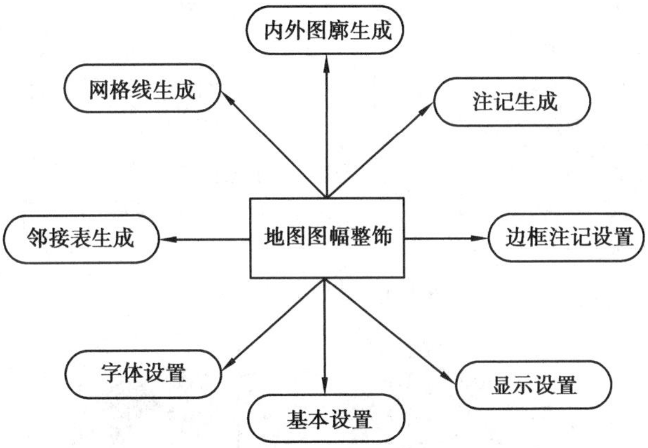

图 4.100　图幅整饰输出功能的设置要素

1.地形图分幅

分幅方式：正方形分幅或矩形分幅。

图幅的编号：一般采用图幅西南角坐标（以千米数表示）和数字顺序编号。

(1)批量分幅

1)建立格网

操作："绘图处理"→"批量分幅"→"建方格网"子菜单（图 4.101），按系统提示：

请选择图幅尺寸：(1)50＊50(2)50＊40(3)自定义尺寸<1>，输入"1"表示选择 50 cm×50 cm 正方形分幅。

输入测区一角，鼠标在绘图区域中单击一点选择矩形框的一角。

输入测区另一角，鼠标在绘图区域中单击一点选择矩形框的对角。则系统会将所选择的测区范围分成多个图幅，并在每个图幅中显示图幅编号，如图 4.102 所示。

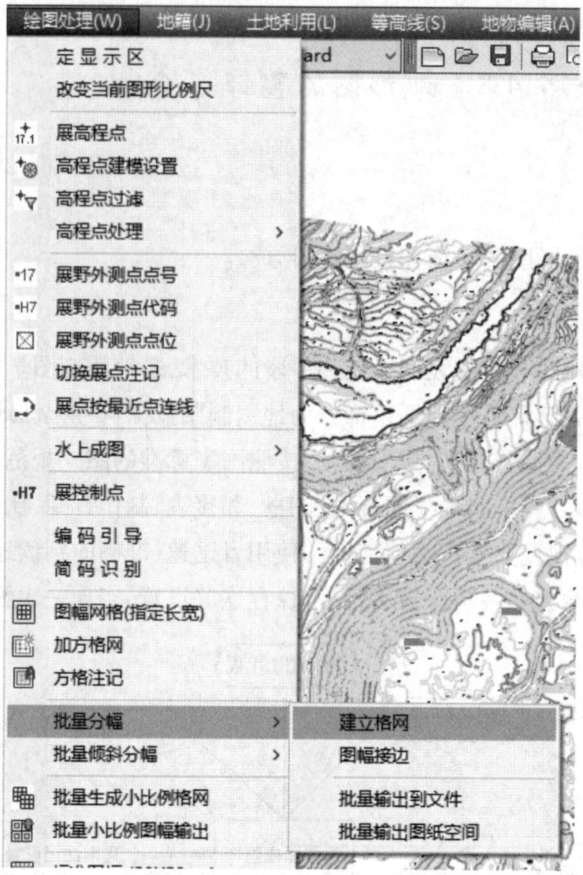

图 4.101　建立格网对话框

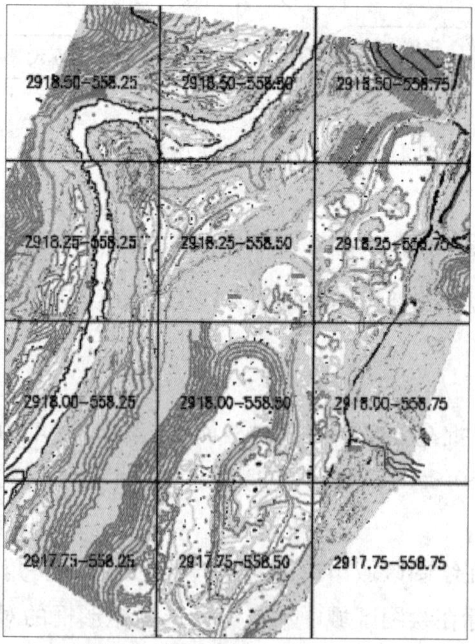

图 4.102　方格网及图幅编号

2)图幅接边

执行菜单操作后,系统自动处理分幅线处的封闭地物并填充。

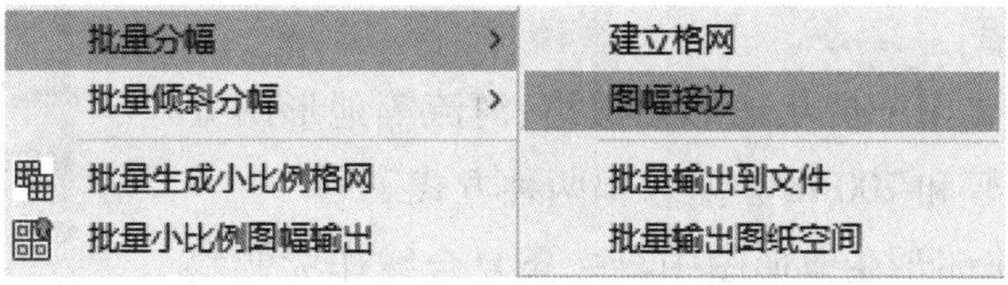

图 4.103　图幅接边对话框

注意:在图幅接边前,还要检查分幅线两侧的地物注记,需要做适当的调整。比如图4.104中的砼房,分幅前的砖房,分幅线经过房中央把房屋分面两份,分幅后房屋就分别分布在两张图内,而房屋标注只会在一张图内出现,这会影响地形图的使用。所以分幅前应该照图 4.104 中第二幅房屋一样标注。同样其他与图幅接边的符号或标注(如境界线及名称)也应该作相应的调整,如图 4.104 所示。

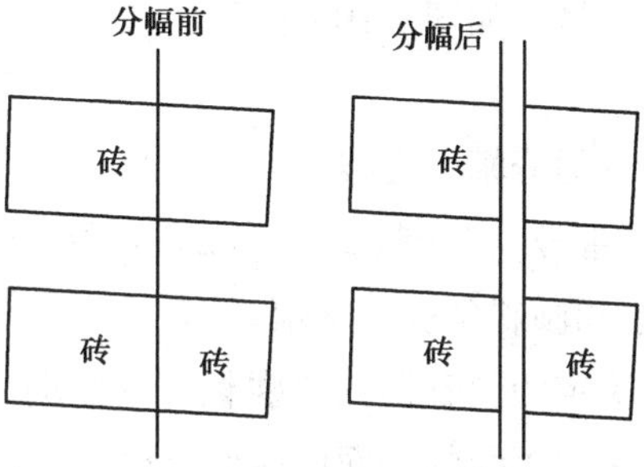

图 4.104　接边检查前后对比

3)批量输出到文件

执行菜单操作后,弹出的对话框提示书的图幅需要保存的文件夹名称。输出的文件是以 DWG 格式保存的。

按命令区提示操作,最后获得测量范围内所有分幅图,如图 4.105 所示。

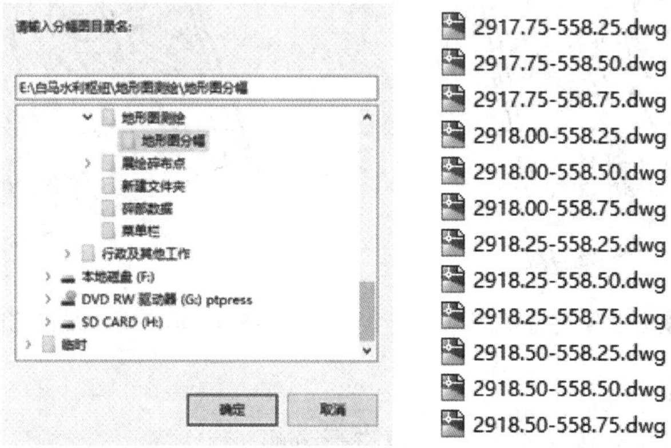

图 4.105　输出到文件对话框及分幅图列表

4)批量输出图纸空间

就是将图幅输出到设置的页面布局上,便于查看页面设置的合理布局。

(2)批量倾斜分幅

批量倾斜分幅主要用于带状地形如道路、河流等地形图分幅的应用。分普通分幅和700 m公路分幅两种方式。

提示:在分幅之前都要在地形图中绘一条复合线作为倾斜分幅的中心线。该复合线一般以道路或河流设计的中心线来代替。

1)普通分幅

功能:将图形按照一定要求分成任意大小和角度的图幅。

执行菜单操作后,出现倾斜图幅的设置对话框,对图幅横向宽度、纵向宽度等相关设置,以及输入分幅后的图形文件将保存的文件目录,文件名就是图号。如图4.106所示。

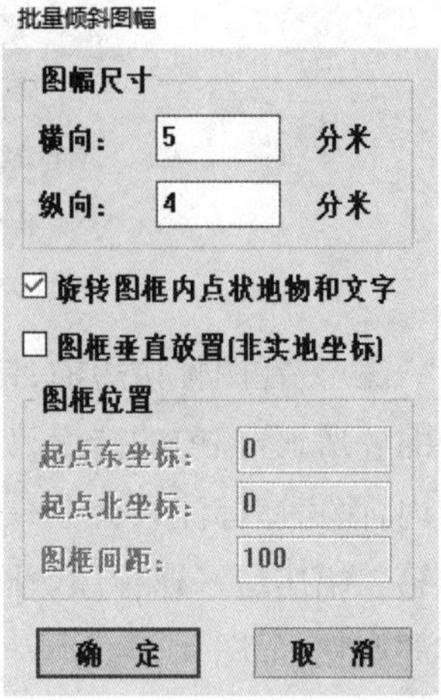

图4.106 倾斜分幅设置对话框

命令区提示:

选择中心线:选择事先画好的分幅中心线。

选择中心线是否去除坐标带号[(1)是(2)否]<2>:选择1。则系统自动批量生成指定大小和倾斜角度的图幅。

注意:绘制复合线的方向决定倾斜分幅图图廓整饰的方向。如复合线自西向东或自南向北方向绘制,则分幅图的图名在图廓线的北面或西面,反之复合线自东向西或自北向南方向绘制,则分幅图的图名在图廓线的南面或东面,如图4.107和图4.108所示。

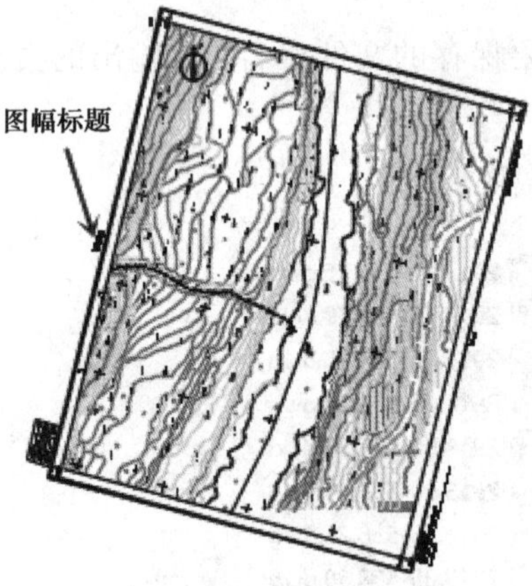

图4.107 复合线自南向北绘制分幅图例

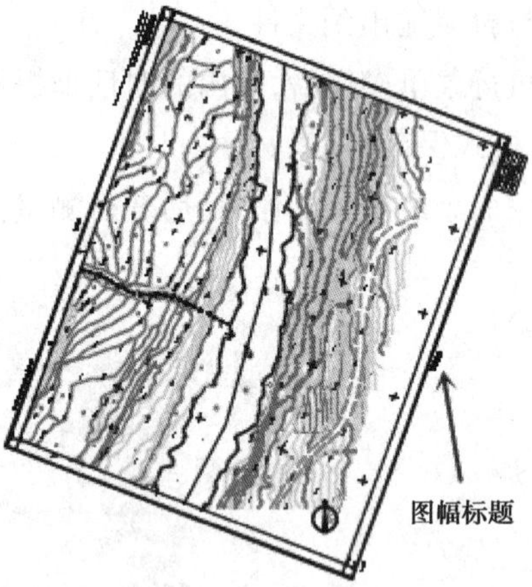

图4.108 复合线自北向南绘制分幅图例

2)700 m公路分幅

将图形沿公路以700 m为一个长度单位进行分幅。

操作与普通分幅类似,增加了中心线的分割间距和起点的里程桩号。

(3)标准图幅(50 cm×50 cm)

功能:给已分幅图形加 50 cm×50 cm 的图框。

操作:执行此菜单后,会弹出一个对话框,如图 4.109 输入图幅信息对话框,按对话框输入图纸信息,其中“左下角坐标”栏用鼠标捕捉图幅内图廓线左下角交点坐标后按“确定”键。并确定是否删除图框外实体。

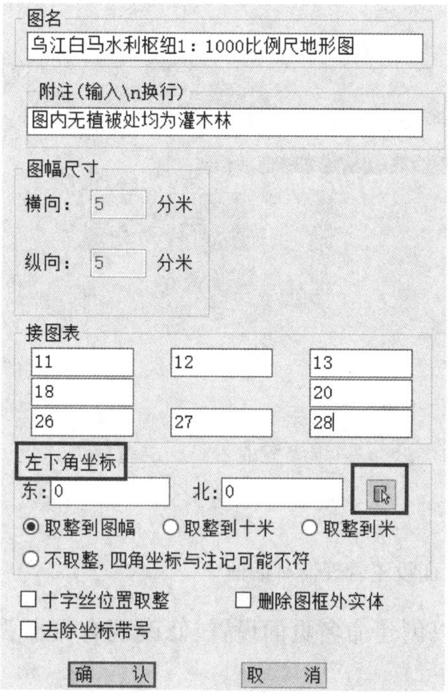

图 4.109　标准图幅设置对话框

需要说明的是,单位名称和坐标系统、高程系统可以在加图框前定制。具体操作方法见任务 4.2 中叙述。

2.打印输出

地形图绘制完成后,用绘图仪或打印机等设备输出。

绘图输出菜单中有图形变白、页面设置、打印机管理等多项内容,如图 4.110 所示。

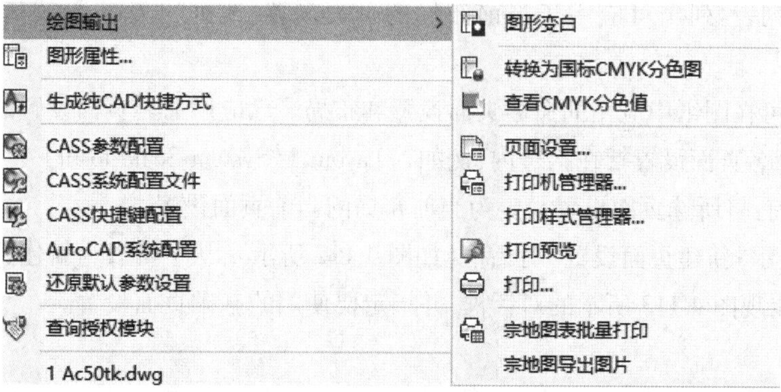

图 4.110　绘图输出设置对话框

(1)图形变白

功能:为方便黑白打印图纸,将当前图形的图层全部变为白色,打印出来就为黑色。

(2)页面设置

功能:控制每个新建布局的页面布局、打印设备、图纸尺寸和其他设置。

操作:“文件”→“绘图输出”→“页面设置”子菜单,弹出如图 4.111 对话框。

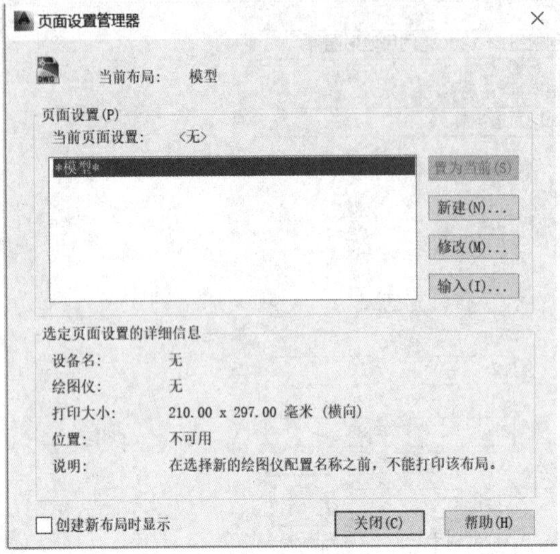

图 4.111　页面设置管理器对话框

数字地形图的打印输出

在此页面中,使用者可以创建命名页面设置、修改现有页面设置,或从其他图纸中输入页面设置。

①当前布局:列出要应用页面设置的当前布局。

“布局”图标:从某个布局打开页面设置管理器时,将显示该图标。

②页面设置:显示当前页面设置,将另一个不同的页面设置置为当前,创建新的页面设置,修改现有页面设置,以及从其他图纸中输入页面设置。

当前页面设置:显示应用于当前布局的页面设置。使用者不能在创建图纸集后向整个图纸集应用页面设置。

页面设置列表:列出可应用于当前布局的页面设置,或列出发布图纸集时可用的页面设置。

列表包括可在图纸中应用的命名页面设置和布局。已应用命名页面设置的布局括在星号内,所应用的命名页面设置括在括号内;例如,* Layout 1(System Scale-to-fit) * 。

a.置为当前:将所选页面设置设定为当前布局的当前页面设置。

b.新建:显示“新建页面设置”对话框(如图 4.112 所示),从中可以为新建页面设置输入名称,“确定”后出现图 4.113 所示的对话框,并指定要使用的基础页面设置。

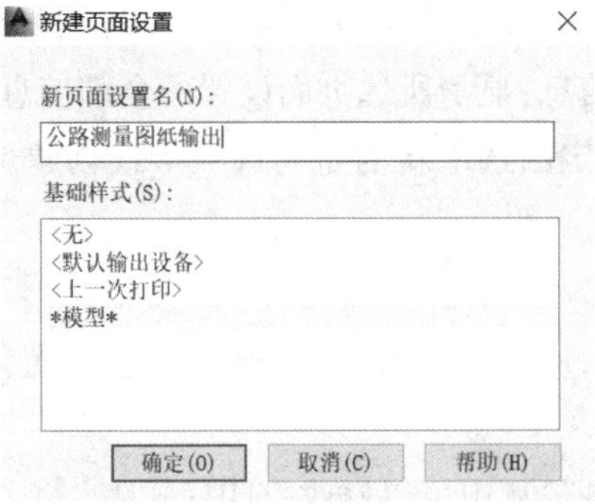

图 4.112　新建页面设置对话框

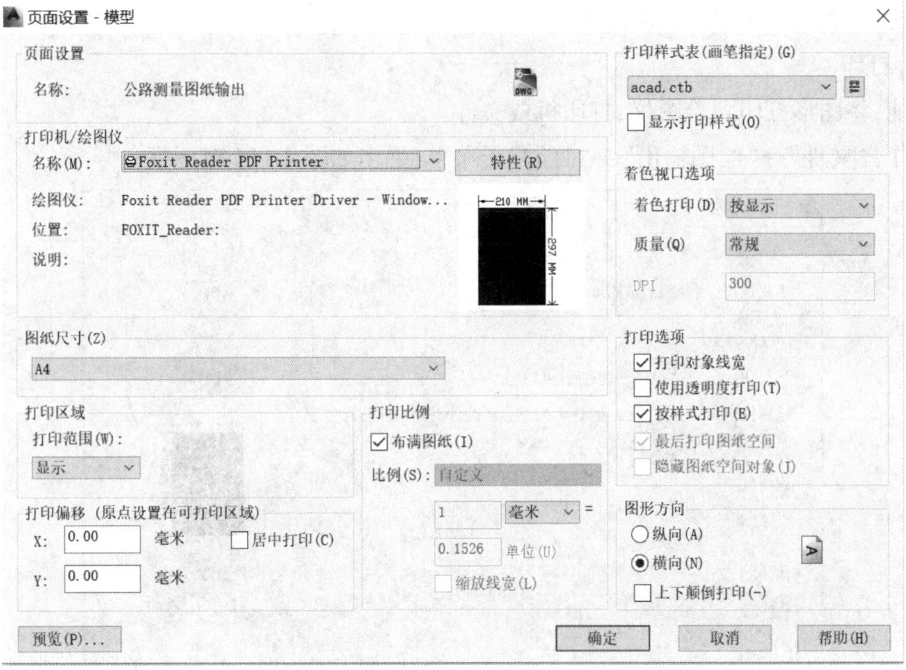

图 4.113　新建页面设置管理器对话框

通过该页面可以在“打印机/绘图仪”中选择打印机、绘图仪的名称、样式；也可以选择图纸尺寸、图纸单位、打印区域、打印比例、打印偏移和图形方向。

图纸尺寸：可以是 A0、A1、A2 或自定义纸张。

图纸单位：一般设置为毫米；

打印区域：可以用矩形窗口、图形界限、范围、显示等多种形式；

打印比例：视图纸的比例尺而定，如 1∶500 比例尺地形图应设置为 2∶1或 1∶0.5 的打印比例（图纸上 1 mm 代表图上的 0.5 个单位），1∶1 000 比例尺地形图应设置为 1∶1的打印比例（图纸上 1 mm 代表图上的 1 个单位），以此类推 1∶2 000 比例尺地形图应设置为 1∶2的打印比例（图纸上 1 mm 代表图上的 2 个单位）；

打印偏移：主要设置是否居中打印，或沿纵向和横向的偏移量是多少；

图形方向：设置主要有纵向和横向两种，并可以与反向打印相配合，实现不同的打印效果；

修改：显示“页面设置”对话框，从中可以编辑所选页面设置的设置。

③选定页面设置的详细信息：显示所选页面设置的全部信息。

④创建新布局时显示：指定当选中新的布局选项卡或创建新的布局时，显示“页面设置”对话框。

(3)打印机管理器

功能：显示绘图仪管理器，从中可以添加或编辑绘图仪配置。

(4)打印样式管理器

功能：显示打印样式管理器，从中可以修改打印样式表。

(5)打印预览

功能：将要打印图形时显示此图形。

(6)打印

功能：将图形打印到绘图仪、打印机或文件。

操作：“文件”→“绘图输出”→“打印”子菜单，弹出如图 4.114 对话框。

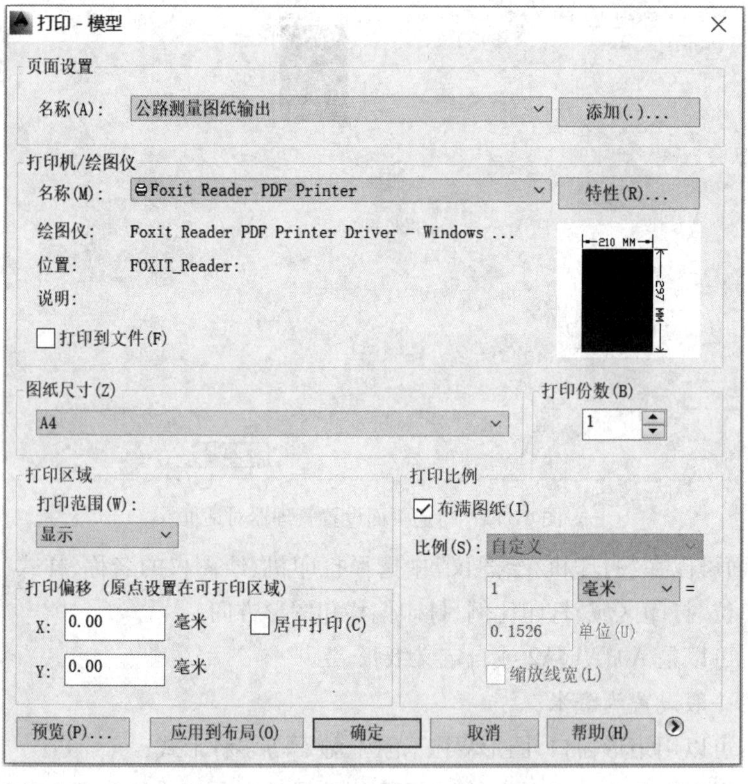

图 4.114　打印输出管理器对话框

在此页面中，使用者可以指定设备和介质设置，然后打印图形。

页面设置：列出图形中已命名或已保存的页面设置。可以将图形中保存的命名页面设置作为当前页面设置，也可以在“打印”对话框中单击“添加”，基于当前设置创建一个新的命名页面设置。

名称:显示当前页面设置的名称。如选择上一节“页面设置”中“新建”的设置名称,则绘图仪、打印机、打印范围、比例、便宜等信息全部显示出来。

添加:显示“添加页面设置”对话框,从中可以将“打印”对话框中的当前设置保存到命名页面设置。可以通过“页面设置管理器”修改此页面设置。

设置完成后,单击“预览”,看是否达到所需要的效果,否则返回调整,最后单击“确定”,图形打印输出到图纸或文件上。

思考与练习题

1.全站仪与电脑之间的数据通信方式有哪些?

2.什么叫波特率?

3.全站仪与电脑进行数据传输时要设置哪些参数?

4.坐标数据文件的数据格式是怎样的?试举例说明。

5.CASS10.1 主界面都包括什么内容?

6.在内业绘图前,一般要对 CASS10.1 的哪些参数进行设置?

7.CASS10.1 中展绘碎部点都有哪些方式?

8.CASS10.1 提供了哪些绘制方法?各是如何操作的?

9.测记法测图内业(在 CASS 中)绘图步骤有哪些?

10.如何调用和关闭 CASS 工具栏?

11.常见的 CASS 快捷命令有哪些?

12.等高线的绘制步骤有哪些?

13.等高线需要如何进行整饰?

14.标准图幅是如何调用菜单建立的?

15.常见的地物编辑编辑命令有哪些?

16.在 CASS 的内业展点时,有哪些展点方式?并简述如何调用菜单?

17.打印输出时要设置哪些内容?1:1 000 比例尺数字地图应设置打印比例为多少?

表一　专业能力考核表

<table>
<tr><td colspan="4">项目 4:数字测图内业</td><td colspan="4">日期:　　年　　月　　日</td><td colspan="3">考评员签字:</td></tr>
<tr><td colspan="4">姓名:</td><td colspan="4">学号:</td><td colspan="3">班级:</td></tr>
<tr><td rowspan="6">内业绘图能力考核</td><td rowspan="2">1.根据坐标数据及草图绘制地物,并完成规定操作</td><td>用“点号定位”方式展点</td><td>草图法数据转换成编码数据</td><td>用“隔一点”方式绘制2个点</td><td>用“微导线”方式绘制2个点</td><td>用“边长交会”绘制2个点</td><td>用“垂直距离”绘制2个点</td><td>用“两边距离”绘制2个点</td><td>用“平行线”绘制2个点</td><td>标注地下室的层数</td></tr>
<tr><td>□完成
□否</td><td>□完成
□否</td><td>□完成
□否</td><td>□完成
□否</td><td>□完成
□否</td><td>□完成
□否</td><td>□完成
□否</td><td>□完成
□否</td><td>□完成
□否</td></tr>
<tr><td>2.地物绘制:成功完成一次全站仪U盘数据传输,熟悉4个问题的内容,并从中任意抽取1题,作详细陈述</td><td colspan="9">①U盘导出文件类型是什么?导出的坐标数据的格式是什么?
②导出坐标数据的步骤、导出的坐标数据扩展名不是dat如何办?
③除U盘数据导出外,还有其他数据传输方式吗?都有哪些?
④导出的dat文档不是“点号、编码、Y坐标、X坐标、H高程”时如何处理?</td></tr>
<tr><td rowspan="2">3.绘制等高线:在建立DTM以后,重组其中的2个三角形,绘制1条地性线,将三角网写入文件并读出三角网文件,用“沿直线高程注记”完成3处记曲线的注记</td><td>重组第1个三角形</td><td>重组第2个三角形</td><td>绘制1条地性线</td><td>三角网写入文件</td><td>读出三角网文件</td><td>第1处记曲线注记</td><td>第2处记曲线注记</td><td>第3处记曲线注记</td><td></td></tr>
<tr><td>□完成
□否</td><td>□完成
□否</td><td>□完成
□否</td><td>□完成
□否</td><td>□完成
□否</td><td>□完成
□否</td><td>□完成
□否</td><td>□完成
□否</td><td></td></tr>
</table>

表二 评价考核评分表

评分项	内容	分值	自评	互评	师评
职业素养考核40%	积极主动参加考核测试教学活动	10分			
	团队合作能力	10分			
	交流沟通协调能力	10分			
	遵守纪律,能够自我约束和管理	10分			
专业能力考核60%	1.根据坐标数据及草图绘制地物,并完成规定操作	20分			
	2.地物绘制:成功完成一次全站仪U盘数据传输,熟悉4个问题的内容,并从中任意抽取1题,作详细陈述	20分			
	3.绘制等高线:在建立DTM以后,重组其中的2个三角形,绘制1条地性线,将三角网写入文件并读出三角网文件,用“沿直线高程注记”完成3处记曲线的注记	20分			
得分合计					
总评	自评(20%)+互评(20%)+师评(60%)=	综合等级	教师(签名):		

项目 5
其他数字成图方式简介

项目目标

- 了解数字成图的其他方式有哪些?
- 掌握地形图扫描矢量化的操作方法和步骤。
- 了解水下地形图测绘的原理和步骤。
- 了解无人机测图的工作流程和工作内容。
- 通过介绍我国处于国际领先地位的无人机测绘、水下地形图测绘等新设备和新技术,让学生树立文化自信。

任务 5.1 地形图扫描矢量化

图像纠正

任务描述

- 了解常见的地形图扫描设备及扫描方法。
- 掌握在 CASS10.1 软件进行矢量化的方法,并完成指定区域地形图扫描矢量化工作。

知识学习

数字地形图主要通过地面数字测图的方式直接得到。事实上,在测绘技术的发展过程中,在过去手工测图向数字测图过渡的阶段,另外的一种主要方式就是扫描数字化。其思路是,将纸质地形图通过扫描仪等设备转化到计算机中去,使用专业的处理软件进行处理和编辑,将其转化成为计算机能存储和处理的数字地形图,这个过程就称为地形图的数字化。客观地讲,纸质地形图的扫描矢量化这种方式早已被淘汰了,但目前在一些测绘院校,这种方式却是训练学生掌握南方 CASS 软件操作、熟悉南方 CASS 软件屏幕菜单以及识读地形图的非常好的手段。

通常,有三种方式来实现将图纸资料转变成电子数据:一种是用手工方式,在计算机上用 CAD 软件重新画图;另一种是借助数字化仪,也需要人工用 CAD 软件来画图;第三种方式是用扫描仪将图纸快速扫描输入,然后利用某些软件对原图做一定的编辑处理或矢量化。

地形图扫描数字化,是利用扫描仪将纸质地形图进行扫描后,生成一定分辨率并按行和列规则划分的栅格数据,其文件格式为 GIF、BMP、TGA、PCX、TIF 等,应用扫描矢量化软件进行栅格数据矢量化后,采用人机交互与自动跟踪相结合的方法来完成地形图矢量化。扫描矢量化过程实质上是一个解释光栅图像并用矢量元素替代的过程。其作业流程如图5.1所示。

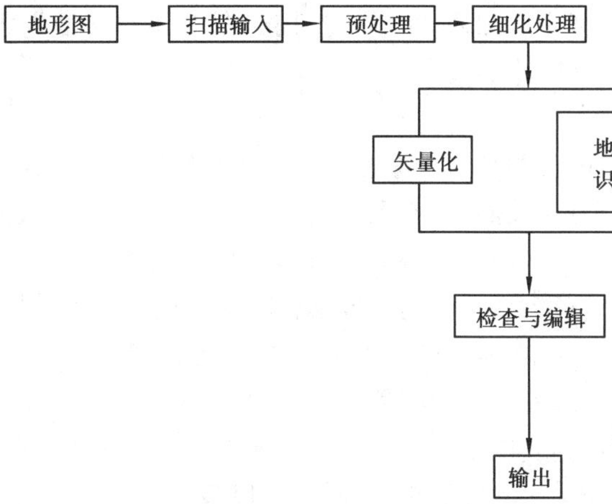

图5.1　地形图矢量化流程

1.地形图扫描

扫描仪作为一种常用的计算机外设,可以将介质(图纸)上的图像采集输入到计算机里并形成一个电子文件。目前的扫描仪按其工作原理可分为电荷耦合器件(CCD)扫描仪及接触式感光器件(CIS或LIDE)扫描仪两种;按其接口形式分主要有EPP、SCSI及USB三种扫描仪。其中CCD扫描仪因其技术发展较为成熟,具有扫描清晰度高、景深表现力好、寿命长等优点,因而得到广泛使用。但因其采用了包含光学透镜等在内的精密光学系统,使得其结构较为脆弱。在日常使用中,除了要防尘以外,更要防止剧烈的撞击和频繁的移动,以免损坏光学组件。有的扫描仪(如ACER、SCAN、PRISA、320p等)还设有专门的锁定/解锁(lock/unlock)机构,移动扫描仪前,应先锁住光学组件,但要特别注意的是,再次使用扫描仪之前,一定要首先解除锁定。对于幅面比较大(大于A3)的图纸,可以用大幅面的扫描仪来实现图纸的计算机输入,如丹麦产的CONTEX扫描仪,可以扫描的最大图纸宽度为914 mm,长度不限。普通扫描仪可以扫描单色、灰度或彩色的图像,而对于电子线路图来说,将图纸扫描成单色的图像文件就可以了。若图纸是蓝图,则最好采用大幅面扫描仪,因为大幅面扫描仪一般有比较好的消蓝去污功能。当然,用有关软件也可以实现去污的目的。

通常直接扫描生成的图像文件是光栅文件,即由栅格像素组成的位图。这种位图只有用相应的程序才能被打开和浏览。形象地说,光栅文件中的一条直线是由许多光栅点构成的,这些光栅点没有任何的位置信息、属性,相互间没有联系,编辑起来比较困难,如编辑光栅线就是要编辑一个个光栅点。而常用的CAD软件中绘制的图形是矢量文件。矢量文件中的一条线是由起点、终点坐标和线宽、颜色、层等属性组成,对它的操作是按对线的操作进行的,编辑很方便,如要改变一条线的宽度只要改变它的宽度属性,要移动它只要改变它的坐标。对应这两种类型的编辑处理软件就是光栅编辑软件和矢量化软件。

光栅编辑软件能对光栅图像进行操作。相对来说,光栅图与矢量图有如下不同:①光栅图没有矢量图编辑修改方便、快捷,无法给实体赋予属性;②一般光栅图的存储空间比矢量图大,但TIFF4格式的光栅图例外;③光栅图没有矢量图质量好,例如光栅线没有矢量线光滑;④有些操作,如提取信息,对光栅图是根本不可能进行的,只有矢量图才能从中提取信息;⑤光栅图对输出要求高,前几年流行的笔式绘图仪是不能输出光栅图的。

2.图像处理

图像经过扫描处理后,得到光栅图像,在进行扫描光栅图像的矢量化之前,需要对光栅文件进行预处理、细化处理和纠正工作。

(1)原始光栅图像预处理

纸质地形图经过扫描后,由于图纸不干净、线不光滑以及受扫描、摄像系统分辨率的限制,使扫描出来的图像带有黑色斑点、孔洞、凹陷和毛刺等噪声,甚至是有错误的光栅结构。因此,扫描地形图工作底图得到的原始光栅图像必须进行多项处理后才能完成矢量化,这就要用到光栅编辑软件。不同的光栅编辑软件提供的光栅编辑功能不同。目前世界上最好的光栅编辑软件是挪威的 RxAutoImagePro97,能实现如下功能:智能光栅选择、边缘切除、旋转、比例缩放、倾斜校正、复制、变形、图像校准、去斑点、孔洞填充、平滑、细化、剪切、复制、粘贴、删除、合并、劈开等。对于仅仅是将图纸存档或做不多修改就打印输出的用户来说,这是一个最佳的选择,因为它可以避免购买全自动矢量化软件的投资,同时可以节省进行矢量化所花的人力和时间。对原始光栅图像的预处理实质上是对原始光栅图像进行修正,经修正最后得到正式光栅图像。其内容主要有以下几个方面:

①采用消声和边缘平滑技术除去原始光栅图像中的噪声,减小这些因素对后续细化工作的影响和防止图像失真。

②对原始光栅图像进行图幅定位坐标纠正,修正图纸坐标的偏差;由于数字化图最终采用的坐标系是原地形图工作底图采用的坐标系统,因此还要进行图幅定向,将扫描后形成的栅格图像坐标转换到原地形图坐标系中。

③进行图层、图层颜色设置及地物编码处理,以方便矢量化地形图的后续应用。

(2)正式光栅图像的细化处理

细化处理过程是在正式光栅图像数据中,寻找扫描图像线条的中心线的过程,衡量细化质量的指标有:细化处理所需内存容量、处理精度、细化畸变、处理速度等;细化处理时要保证图像中的线段连通性,但由于原图和扫描的因素,在图像上总会存在一些毛刺和断点,因此要进行必要的毛刺剔除和人工不断,细化的结果应为原线条的中心线。

3.图像纠正

因为地图在扫描的过程中,由于印刷(打印)、扫描的过程会产生误差,存放过程中纸张会有变形,导致扫描到电脑中的地图实际值和理论值不相符,即光栅图像、图幅坐标格网、西南角点坐标、图幅坐标格网、图幅大小及图幅的方向与相对应比例的标准地形图的图幅坐标格网、西南角点坐标、坐标格网、图幅大小及图幅方向不一致。因此,需要对正式光栅图像进行纠正处理。目前,对光栅图像进行纠正的软件非常的多,由于篇幅的原因,不可能对所有的纠正软件进行一一介绍。这里以南方测绘仪器公司开发的地形地籍成图软件 CASS10.0 为例来介绍其纠正扫描地形图的过程。

(1)插入图框

选择要矢量化的地形图扫描图,查看图幅左下角坐标。以图 5.2 为例,左下角坐标为 X=71 000 m,Y=60 750 m(图上的 71.00 和 60.75 是以千米为单位)。

打开南方 CASS10.0 软件,单击【绘图处理】→【标准图幅 50 cm×50 cm】,会弹出图幅整饰对话框,如图 5.3 所示。在其中输入图名、接图表、左下角坐标等,单击“确定”,即可在指定坐标位置插入图框。

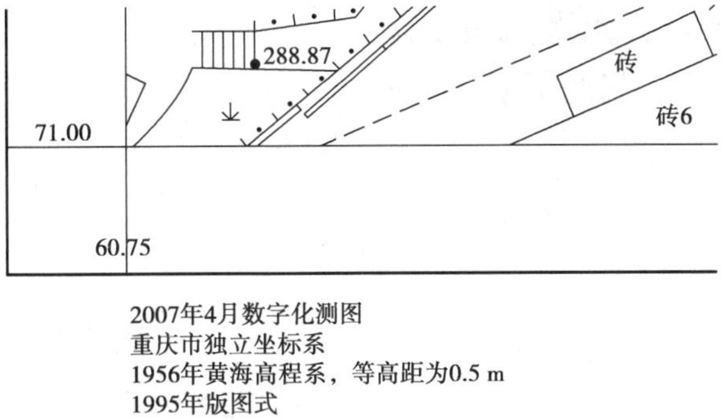

图 5.2　查看图幅左下角坐标

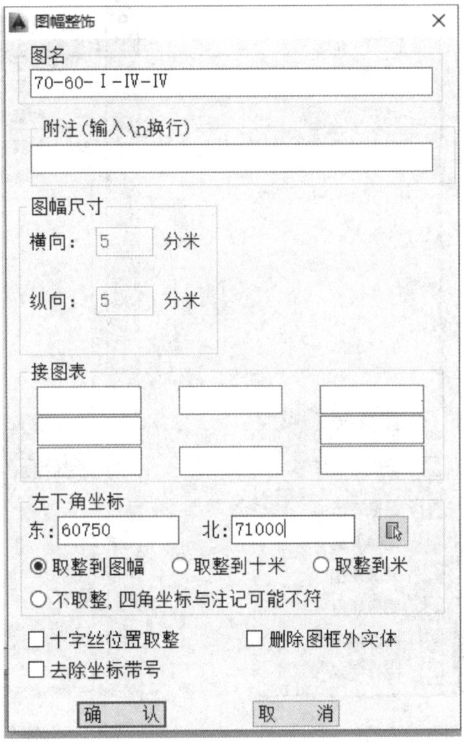

图 5.3　插入图框

(2)插入图像

在南方 CASS10.0 软件界面中,单击【工具】→【光栅图像】→【插入图像】,如图 5.4—图 5.6 所示。

单击“确定”,在图框附近单击鼠标左键确定插入位置,拖动鼠标确定插入图像的缩放比例,图像就插入到绘图区域当中,如图 5.7 所示。

(3)图像纠正

打开南方 CASS10.0 软件,单击【工具】→【光栅图像】→【图像纠正】,如图 5.8 所示。

如图 5.9 所示,在系统弹出的“图像纠正”对话框当中,分别捕捉图框角点的实际坐标,同时拾取扫描图对应点图上位置的坐标,单击“添加”即可采集到纠正的控制点,单击纠正,即可将扫描图按标准图框的大小进行纠正并叠加在一起。

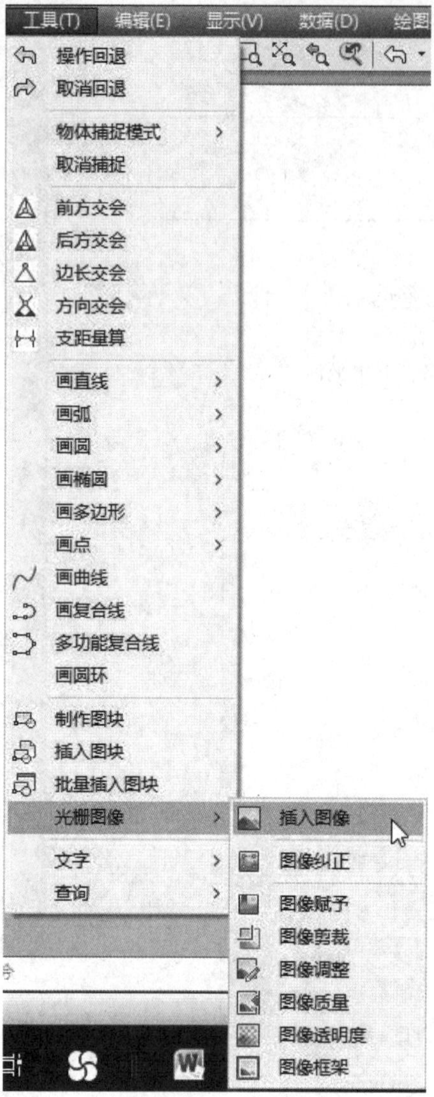

图 5.4　插入图像菜单

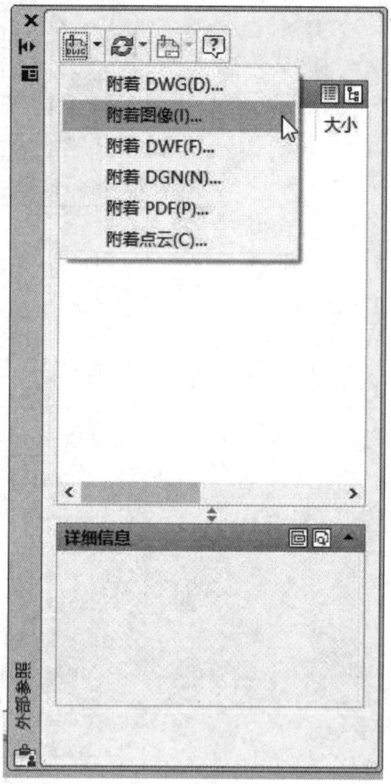

图 5.5　附着图像

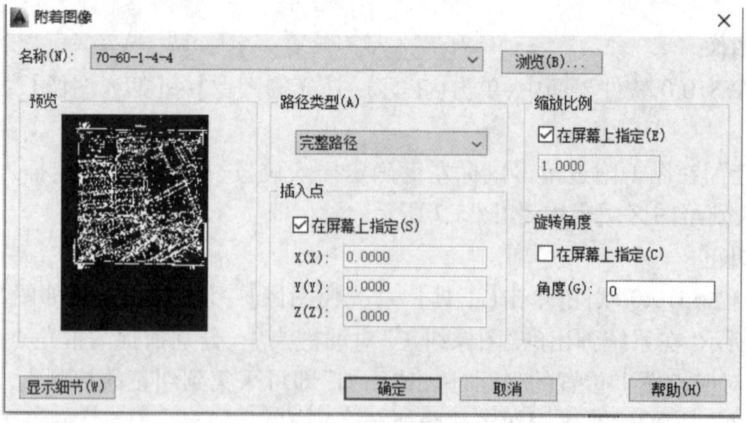

图 5.6　插入图像对话框

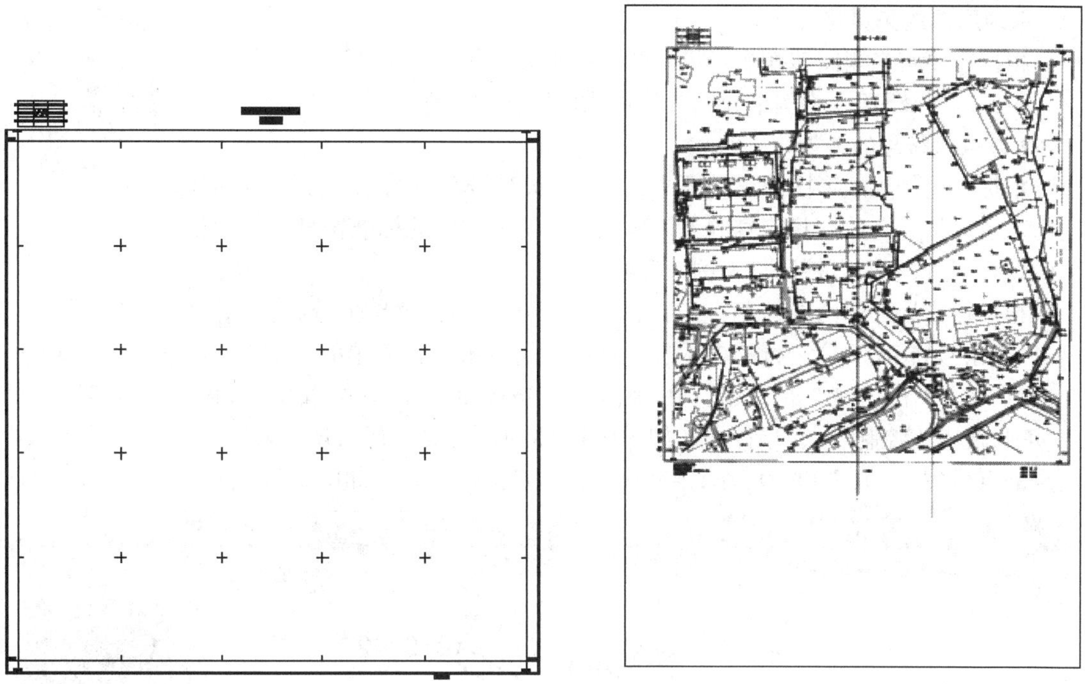

图5.7　插入图像结果

图5.8　调用图像纠正菜单

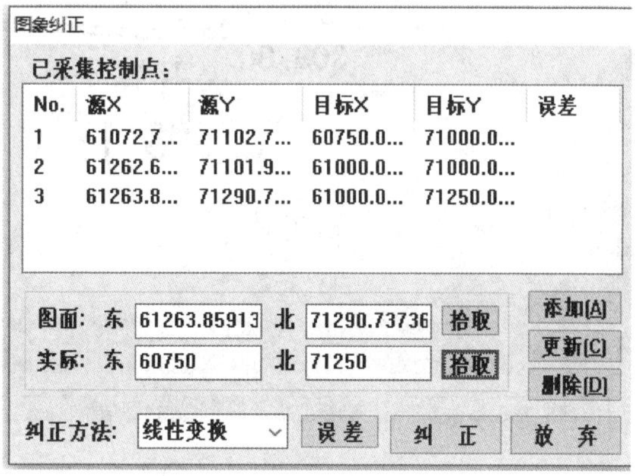

图5.9　图像纠正操作

如图5.10所示,单击“编辑”菜单中的“图形设定”“图层叠放顺序”子菜单,拾取图像,将图像放在最下层以方便后面的描图工作。至此,图像纠正完成。

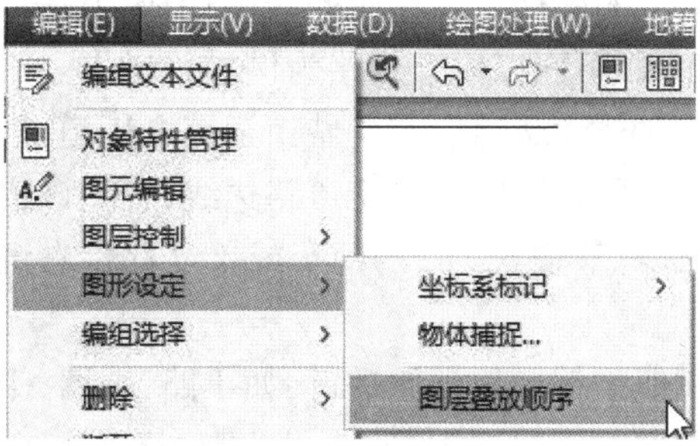

图5.10　改变图层叠放顺序

4.地形图的矢量化

根据需要将光栅图转换成矢量图的过程叫矢量化。

下面以 CASS10.0 为例来介绍其矢量化地形图的过程。

地物和地貌的矢量化

(1)点状符号的矢量化

根据大比例尺地形图图示的要求,每个点状符号都有自己的定位点和特定的表示符号。因此点状符号的矢量化仅需在将定制好的标准符号插入到相应的位置即可,下面以控制点为例来说明。

根据扫描地形图上的控制点类型,在 CASS10.0 屏幕菜单上选择控制点相应的控制点类型,后根据 CASS10.0 命令行的提示进行操作。如单击屏幕菜单的"定位基础—平面控制点—导线点",命令行出现"指定点",用鼠标在栅格图像的相应位置单击;命令行出现"高程(m):",输入该控制点点的高程值(如 308.17)后回车;命令行出现"等级—点名:",输入该控制点的点名(如 S 五 7-1)后回车,则完成了控制点的矢量化。如图 5.11 所示。

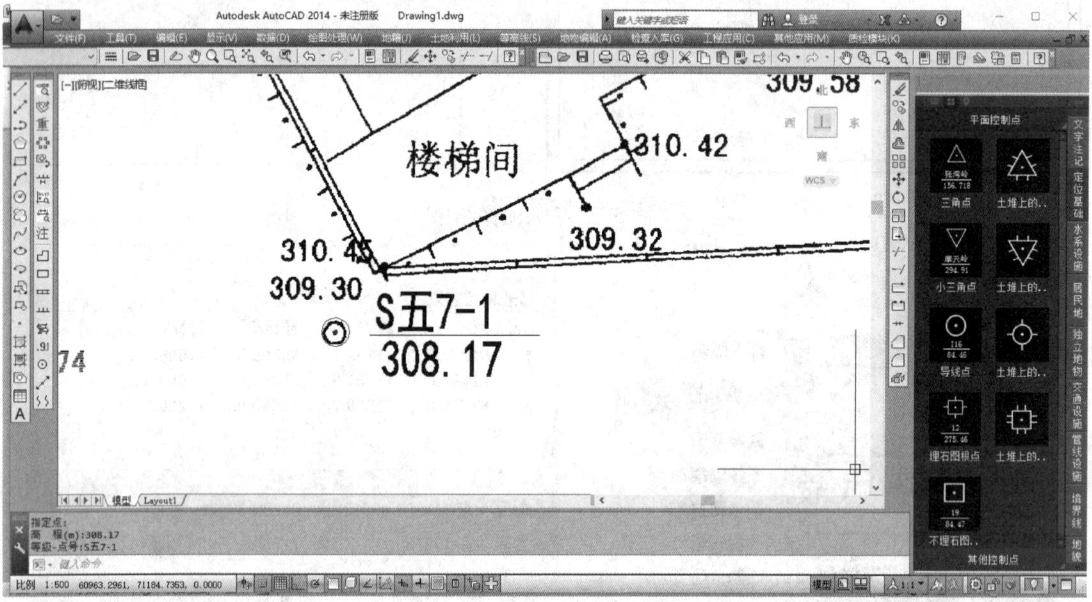

图 5.11 点状地物的矢量化

地形图上的其他点状符号均类此进行,如水准点、地形高程点、路灯、井盖、雕塑、消防栓等的矢量化。

(2)线状符号的矢量化

线状符号一般是由一系列的坐标对和相应的线性构成,其矢量化主要是用特定的线形将扫描的线性地形描绘出来即可,下面以内部道路为例进行操作。

在 CASS10.0 屏幕菜单上选择"交通设施—城市道路—街道次干道",系统提示"第一点:<[跟踪 T/区间跟踪 N]>"时,逐段在原图上描绘道路边线,直到该道路的终点,然后回车或点鼠标右键,命令行出现"拟合<N>?",输入"Y"后回车或单击鼠标右键即可。如图 5.12 为一段已矢量化的内部道路。

地形图上的其他线状地地物符号均类此进行,如小路、围墙、土坎等的矢量化。

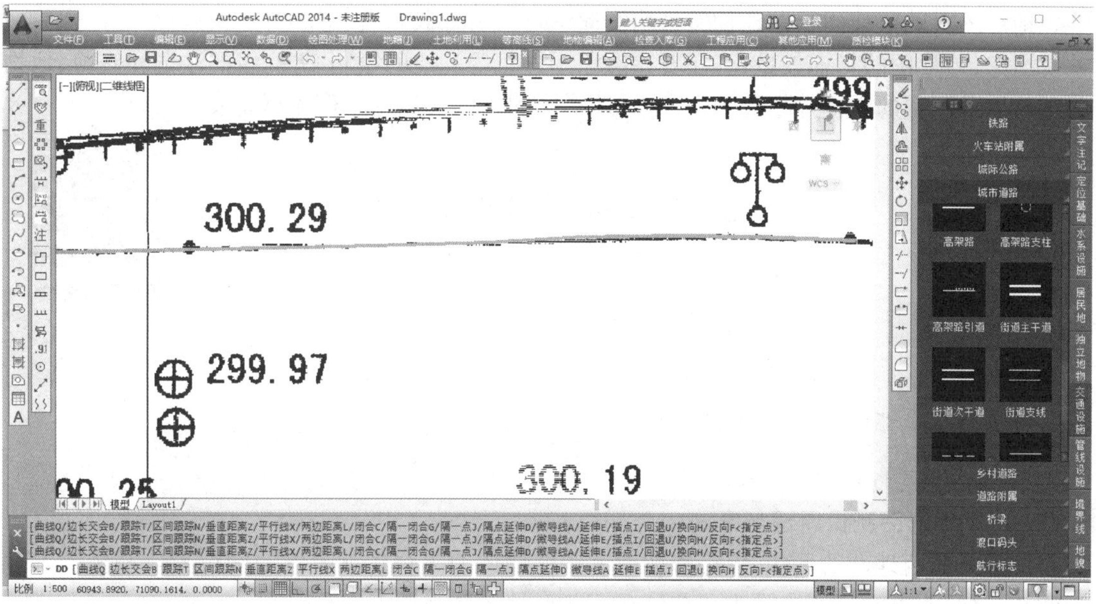

图 5.12 线状地物的矢量化

(3) 面状符号的矢量化

面状符号的矢量化本质上与线状符号的矢量化相似,所不同的是面状符号首尾坐标是相同的,这里以房屋为例来说明。在 CASS10.0 屏幕菜单上选择"居民地——般房屋—四点砖房屋"后,按命令提示进行操作。系统提示:1.已知三点/2.已知两点及宽度/3.已知两点及对面一点/4.已知四点<3>时,例如直接回车选择已知三点绘制房屋,用鼠标左键在栅格图上点取需要矢量化的砖房屋的三个角点后,此时命令行出现输入层数(有地下室输入格式:房屋层数-地下层数) <1>,输入 2 代表房屋的层数后回车,则完成了该砖房屋的矢量化。如图 5.13 所示。

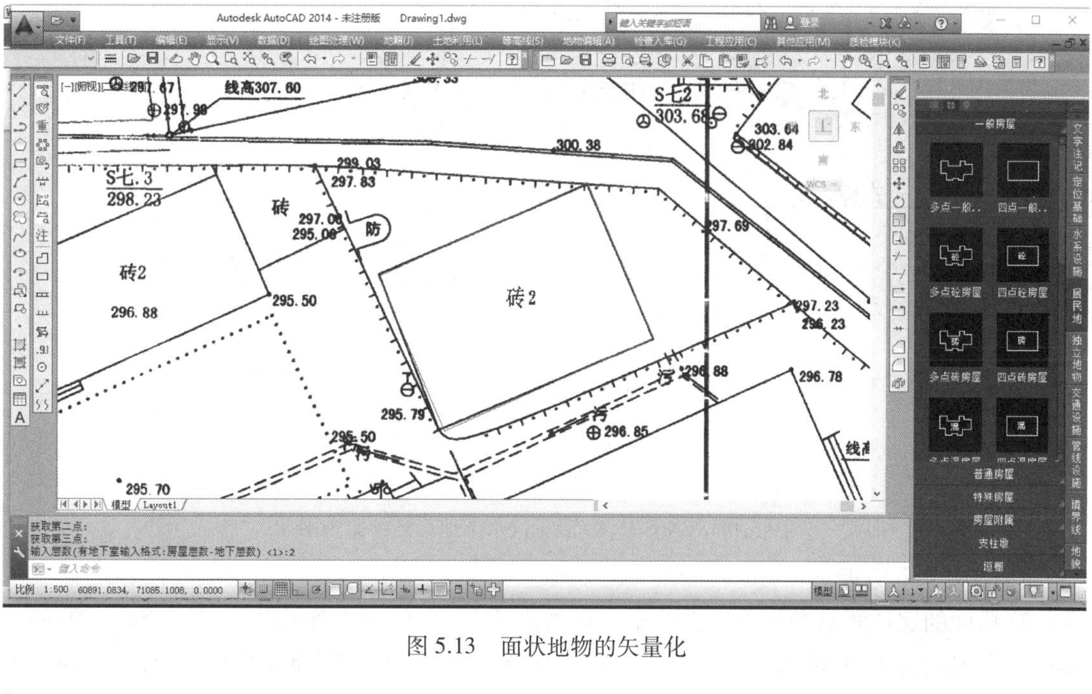

图 5.13 面状地物的矢量化

地形图上的其他面状地地物符号均类此进行,如花圃、斜坡、球场等的矢量化。

当然,地形图的扫描矢量化,还要参照原图进行等高线的绘制、等高线的注记和修剪、地物的编辑以及图幅的整饰等相关工作,这样地形图的扫描矢量化工作才算完成。

水下地形图测绘(1)

任务 5.2　水下地形图测绘

任务描述

- 了解水下地形图测量原理。
- 了解水下地形图测绘的方法与步骤。

知识学习

1.水下地形图测量原理与方法

测量是研究地球的形状、大小和地面上各种物体的集合形状及其空间位置。和传统的地形测绘一样,水下地形测绘是为了获取水下地形的一种测量工作。

(1)GNSS RTK+测深仪水下地形测绘原理

和地面地形测绘不同的是,水下地形测绘多一个水深的获取步骤,水下地形测量包括测点的平面位置和水深测量。平面位置主要采用 GNSS 定位技术确定(可达到厘米级的实时定位),水深主要通过各种类型的单波束回声测深仪得到(一般高精度测深仪也可以达到厘米级的测量精度),由水面高程(水位)减去水深可得测点的水底高程。通过无数个测点的平面位置和水深位置的获取,水下地形即可被测量展现出来。图 5.14 为水下地形测绘示意图:

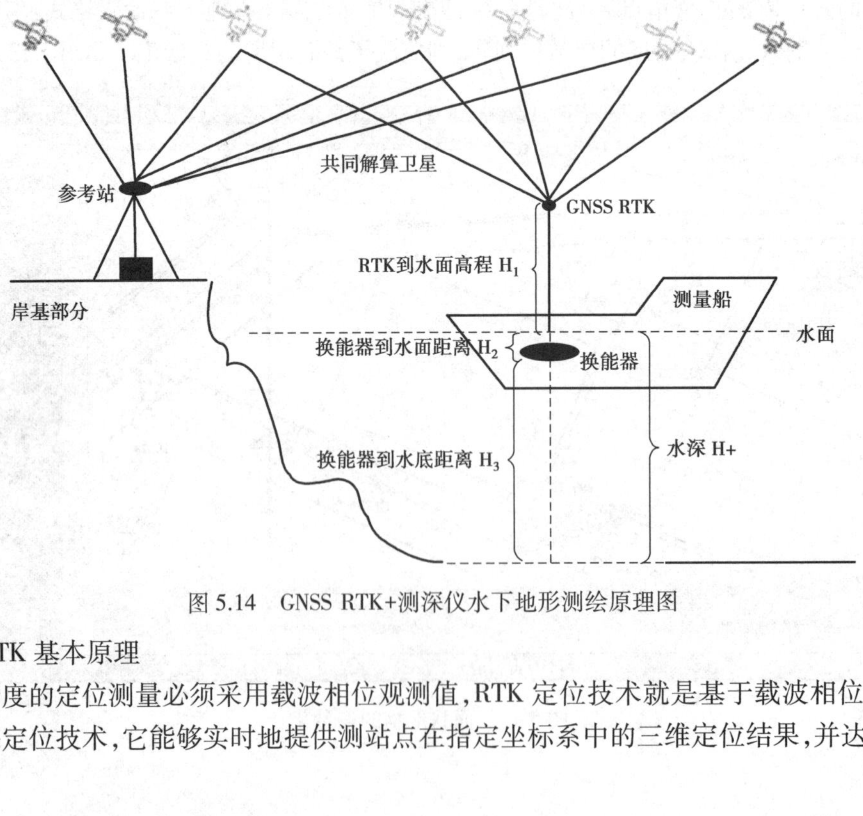

图 5.14　GNSS RTK+测深仪水下地形测绘原理图

1)RTK 基本原理

高精度的定位测量必须采用载波相位观测值,RTK 定位技术就是基于载波相位观测值的实时动态定位技术,它能够实时地提供测站点在指定坐标系中的三维定位结果,并达到厘米级精度。在 RTK 作业模式下,基准站通过数据链将其观测值和测站坐标信息一起传送给流动站。流动站不仅通过数据链接收来自基准站的数据,还要采集 GNSS 观测数据,并在系统内组成差分观测值进行实时处理,同时给出厘米级定位结果,历时不到一秒钟。北斗卫星的投入使用,使得 GNSS 接收机搜索到更多的共同解算卫星(至少 4 颗),甚至可以采用北斗单解算,更多的卫星可以使 GNSS 接收机工作更稳定。

2)单波束测深仪工作原理

20 世纪 20 年代第一次出现了回声探测仪,利用单波束回声测深仪对水下地形进行测量的技术称为常规测深技术,如图 5.15 所示。回声测深仪的出现,是人类探测水下世界的重大突破。其原理是通过换能器向水下发射声波,声波在水中传播,遇到水底后发生反射、透射和散射反射回来的回波,经换能器接收。根据声波在水中的传播速度(C)及往返的时间(T)计算水深。这个水深值只是换能器到水底的距离,通常用 H_3 来表示。而在实际测量过程中,换能器是在水下一定深度,我们称这个深度为吃水深度改正值(吃水水深),用 H_2 表示。实际的水深值用 H 表示,那么实际水深 H 为:

$$H=H_3+H_2$$

$$H_3=C*T/2$$

RTK 达到固定解以后可以设置输出包含位置信息的数据,测深仪通过串口接收到含 WGS84 经纬度的位置信息,再由坐标系参数转化成当地平面坐标系的三维坐标,此时仪器获得的三维坐标是接收机相位中心的位置,通过设置天线至水面高(H1)和超声回声式测深仪测得水深值可以计算出 RTK 正下方水底的三维坐标(X,Y,Z):

$$Z=h-H_1-H$$

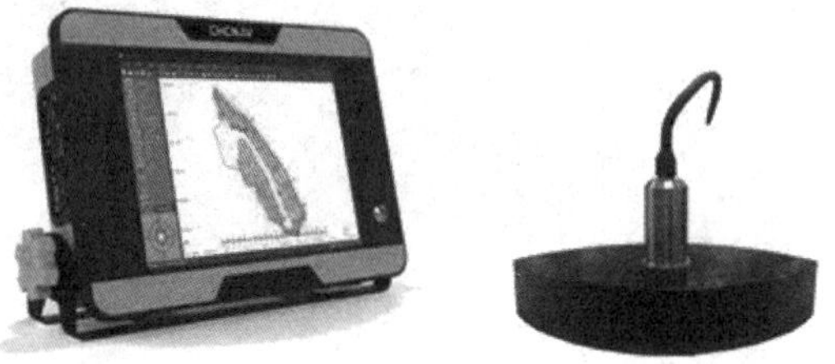

图 5.15　单波束测深仪

(2)传统水下地形测绘作业方式

传统的水下地形测量方法有测深锤、测尺配合全站仪,现已很少使用。现常用的水下地形测绘的作业方式主要有以下三种方式:

①人工手持 RTK 下水测量;

②皮划艇搭载测深仪;

③有人船侧边悬挂式。

三种方式适应不同的环境,也有着各式的优缺点。

1)人工手持 RTK 下水测量

此种方式适合浅水区域水下地形测量,成本低(无须测深仪,无须其他辅助设备),机动性强。但人员的安全得不到保障,精度方面受人为影响较大,深水区域无法采用此种方式,一般不采用此种测量方法,如图 5.16 所示。

图 5.16　人工手持 RTK 下水测量

2)皮划艇搭载测深仪

图 5.17 所示的皮划艇搭载测深仪方式适合静水窄河测量。皮划艇相对来说,携带方便,下水前进行充气即可。此种方式适合中小静水河流水下地形测量,成本相对较低。因皮划艇较小,侧边比较圆润,测深仪难以稳定固定,且测量人员太多,相对船体太小,不是很安全。

图 5.17　皮划艇搭载测深仪

3)有人船侧边悬挂式搭载测深仪

图 5.18 所示的有人船侧边悬挂式搭载测深仪进行水下地形测绘,是被普遍采用的一种方

图 5.18　有人船侧边悬挂式

式。有人船稳定、安全的优点被大众所青睐,悬挂测深仪的方式也较容易。但有人船无法在浅滩进行测量,同时有人船一般较大,灵活性差,这样就很难按照计划线进行测量,测量下来要么多了要么少了。而且每次要提前租船,费用也较高。无人船的出现恰恰是为了解决以上的诸多问题。

(3)无人船水下地形测量

用无人船来进行水下地形测量已被大众广为接受,作为水下地形测绘方式的一种补充,在很大程度上替代了传统的作业方式,如图5.19和图5.20所示。自无人船问世以来,经过多年技术的积累和发展,技术趋近成熟,船的航行已表现非常稳定,现无人船的发展逐步往智能方向靠拢。无人测量船以其轻便、小巧和高效等特点,深受测绘单位的喜爱。

图5.19 无人船和有人船同时在进行水下地形测量

图5.20 无人船水下地形测量中

(4)单波束测深仪测量成果展示

如图5.21所示,单波束测量一般要进行简单的后处理,将假水深或调整或删除,因单波束数据比较稀疏,需要借助第三方后处理软件,如CASS软件,输出水深断面高程图,清淤的项目一般还需要进行构建三角网,通过两次数据对比,算出方量。

(5)水下地形测绘的发展趋势——多波束测深仪

1)多波束测深仪简介

图5.22所示的多波束测深系统,又称为多波束测深仪、条带测深仪或多波束测深声呐等,最初的设计构想就是为了提高海底地形测量效率。与传统的单波束测深系统每次测量只能获

得测量船垂直下方一个海底测量深度值相比，多波束探测能获得一个条带覆盖区域内数百上万个测量点的海底深度值，实现了从“点—线”测量到“线—面”测量的跨越，其技术进步的意义十分突出。

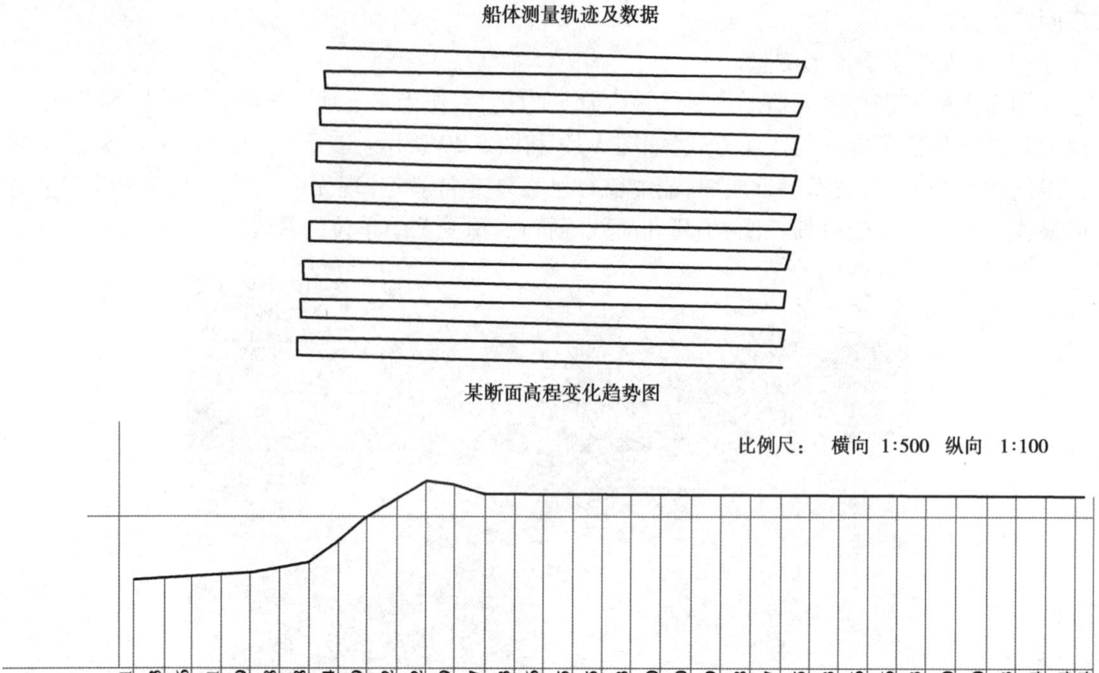

地面高度	38.01	38.03	38.06	38.11	38.19	38.38	38.88	39.24	39.99	40.62	41.22	41.09	40.77	40.73	40.76	40.75	40.75
里　　程	0+000.0	0+005.0	0+010.0	0+015.0	0+020.0	0+025.0	0+030.0	0+035.0	0+040.0	0+045.0	0+050.0	0+055.0	0+060.0	0+065.0	0+070.0	0+075.0	0+080.0

地面高度	40.73	40.70	40.70	40.69	40.68	40.67	40.65	40.63	40.66	40.66	40.63	40.80	40.60	40.63	40.64	40.64	40.64
里　　程	0+085.0	0+090.0	0+095.0	0+100.0	0+105.0	0+110.0	0+115.0	0+120.0	0+125.0	0+130.0	0+135.0	0+140.0	0+145.0	0+150.0	0+155.0	0+160.0	0+165.0

图 5.21　单波束测量成果展示

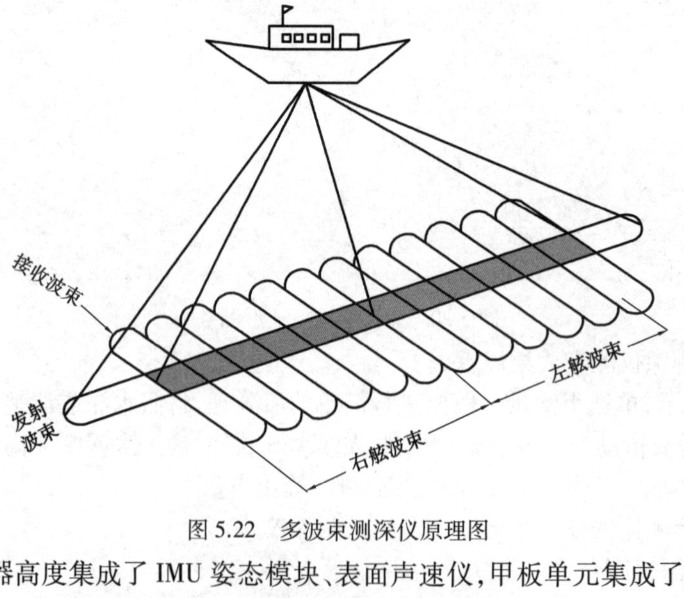

图 5.22　多波束测深仪原理图

多波束换能器高度集成了 IMU 姿态模块、表面声速仪，甲板单元集成了高精度定位定向板卡，使得测量变得更加省时、省力。其操作如图 5.23—图 5.25 所示。

图5.23 多波束换能器操作

图5.24 有人船多波束的安装

图5.25 无人船搭载多波束

2)多波束测深仪成果展示

与单波束回声测深仪相比,多波束测深系统具有测量范围大、测量速度快、精度和效率高的优点,它把测深技术从点、线扩展到面,并进一步发展到立体测图这种多波束测深系统。使海底探测经历了一个革命性的变化,深刻地改变了海洋学领域的调查研究方式及最终成果的质量。多波束的测量从真正意义上达到了所见即所得,如图 5.26 和图 5.27 所示。

水下地形图测绘(2)

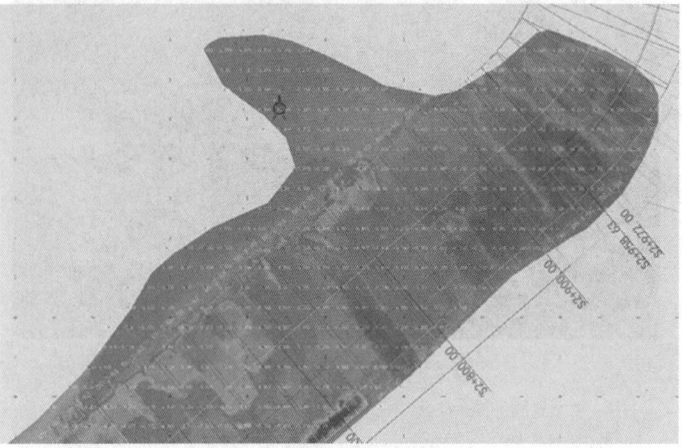

图 5.26　精细化测量

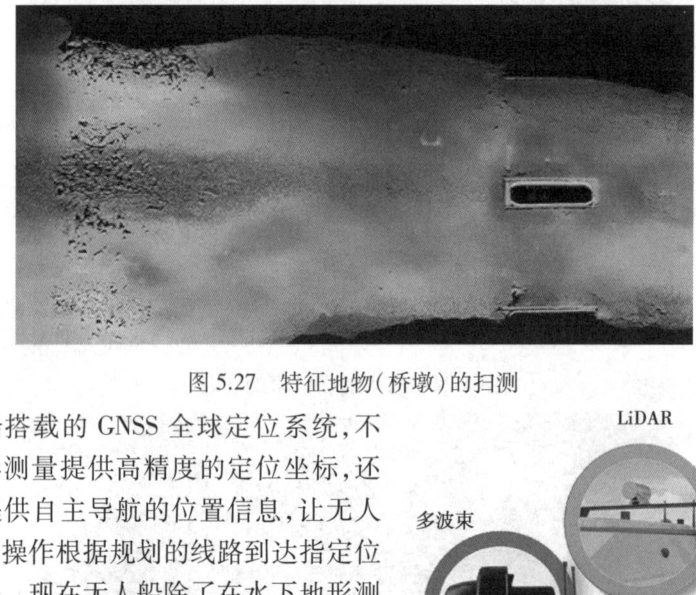

图 5.27　特征地物(桥墩)的扫测

无人测量船搭载的 GNSS 全球定位系统,不仅能为水下地形测量提供高精度的定位坐标,还可以为无人船提供自主导航的位置信息,让无人船真正脱离人的操作根据规划的线路到达指定位置完成相应任务。现在无人船除了在水下地形测绘行业成熟应用,搭载侧扫声呐在水下考古、沉船打捞,搭载 ADCP(声学多普勒流速剖面仪)在河流流场测量,搭载水质仪在水文、河长制中都得到了广泛应用,图 5.28 为无人船搭载不同传感器。

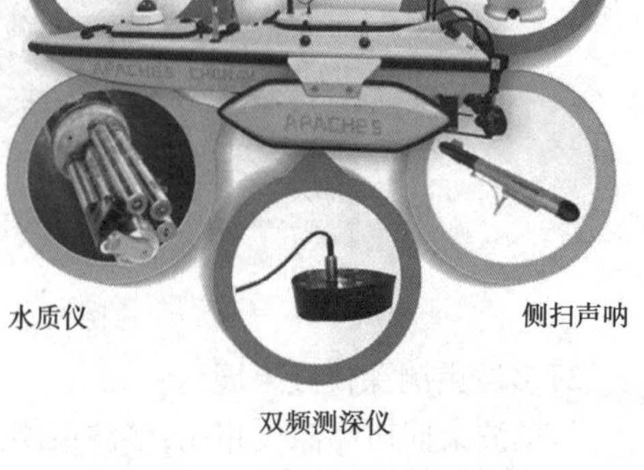

图 5.28　无人船搭载不同传感器

2.水下地形图绘制

下面以中海达无人测量船 iBoat2 为例,介绍利用无人测量船进行水下地形图测绘过程。iBoat 系列智能无人测量船是可以按照既定路线借助卫星定位自动行驶的船,远程即可进行操控,可搭载多种测量传感器替人完成各项任务。

(1)硬件连接

BS2 的硬件连接如图 5.29—图 5.31 所示。

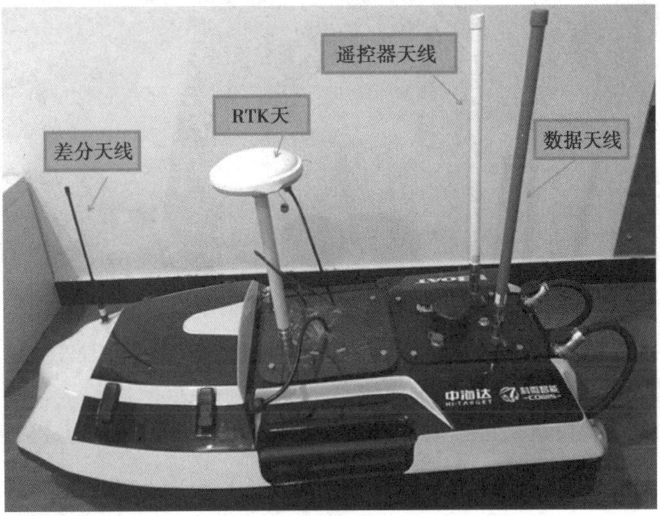

图 5.29 硬件连接(1)

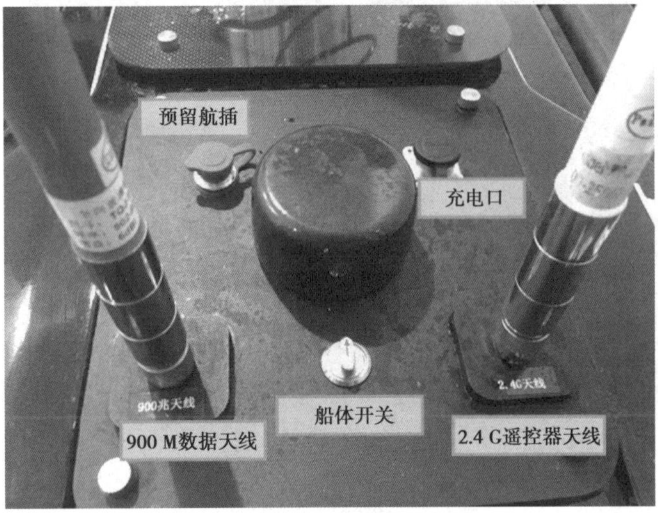

图 5.30 硬件连接(2)

如图 5.32 所示,遥控器的模式切换开关有三种模式,由遥控器正面往下依次是手动,定速(电脑设置速度)和返航。遥控器中的推进器紧急停止按钮是为了在跑测时能锁定住推进器而设置,当拨下按钮时则推进器停止工作。

如图 5.33、图 5.34 所示,两根网线分别连接到电脑和网桥,岸基全向天线旋在基座上,基座有吸盘可以吸附在汽车车顶或任何铁制品上以方便固定。

POE 连接到的是网桥,LAN 连接到的是电脑。基站电源在使用时需要打开,充电时也需要打开。电量显示绿色的为剩余电量,此电源模块可以长时间使用而不用充电,如图 5.35 所示。

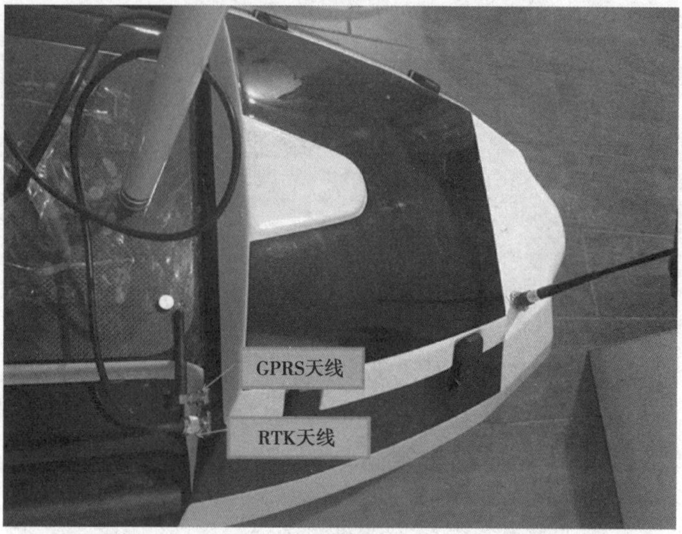

图 5.31　硬件连接(3)

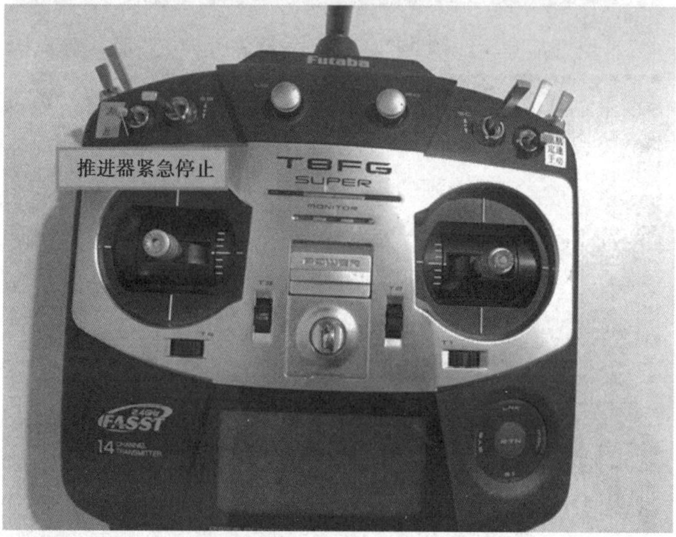

图 5.32　推进器紧急停止按钮

(2)整体操作流程

1)开启遥控器

遥控器在一段时间不用以后会自动报警,此时只需按住遥控器上的 Back 键即可。

2)开启无人船

船的开启按钮打开后会发出“嘀嘀嘀”的声音,等到它一声“嘀”的长鸣以后就是正常开启了,可以用遥控器左右旋转推进器查看船是否正常。

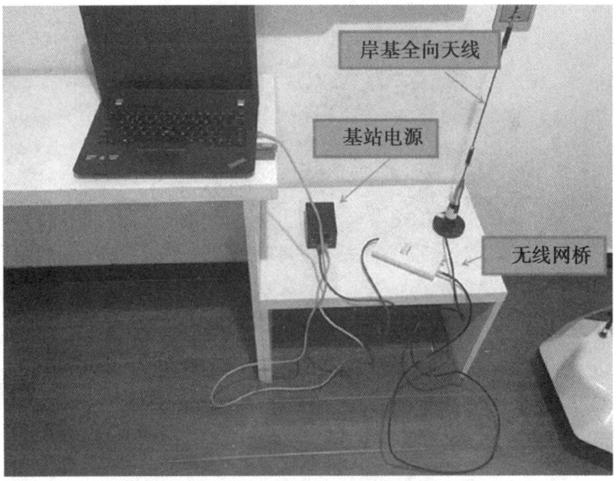

图5.33　天线连接

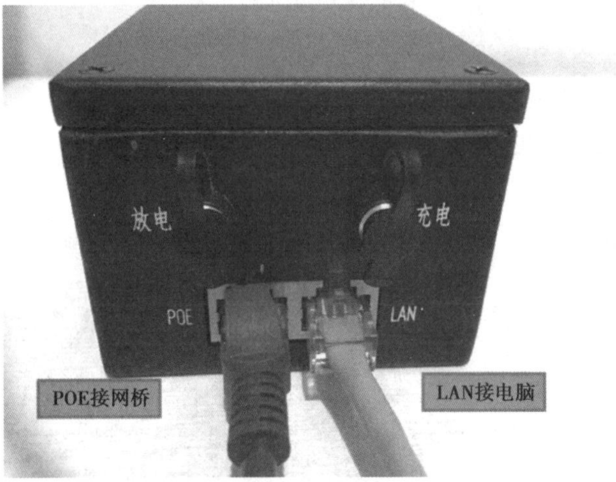

图5.34　网线连接

3)电脑IP设置

打开电脑的网络和共享中心,将本地连接的IP地址改为使用固定IP,即192.168.1.88,子网掩码会自动识别,为255.255.255.0,其他选项不用修改,然后单击确定,如图5.36所示。

4)虚拟串口软件

安装USR虚拟串口软件后,打开软件,单击“添加”按钮,弹出如图5.37所示窗口。

分别添加两个串口如下:(串口号可以自由选择)

串口信号:数据传输

串口号:COM1(自选)

网络协议:TCP Client

图 5.35　电量显示

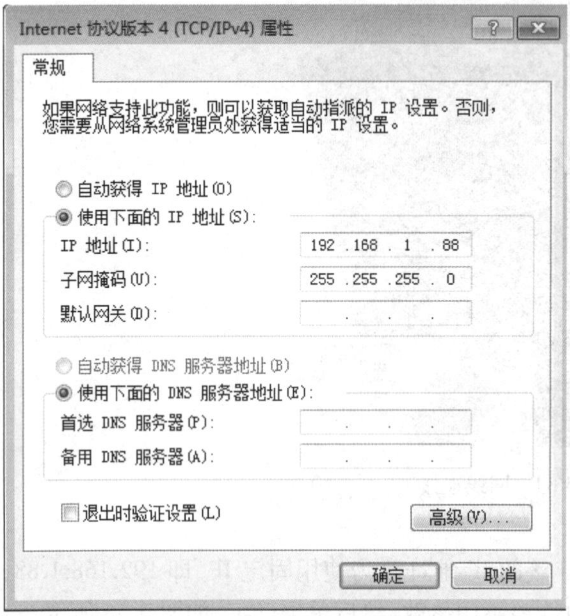

图 5.36　IP 设置

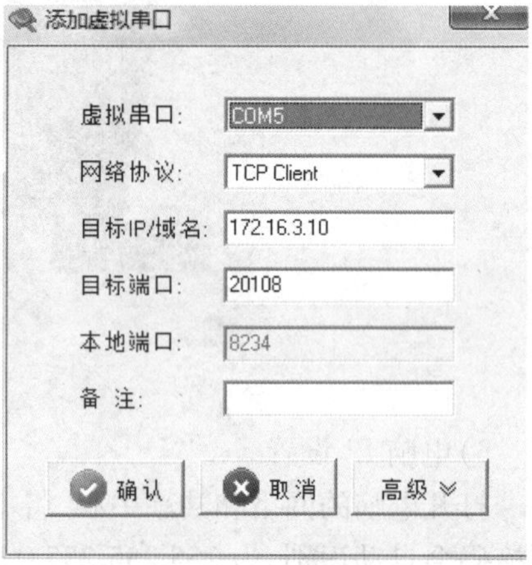

图 5.37　添加虚拟串口

目标 IP：192.168.1.18

目标端口：7000

串口信号：GPS 模块

串口号：COM2

网络协议：TCP Client

目标 IP：192.168.1.28

目标端口：8000

添加成功后，如图 5.38 所示。

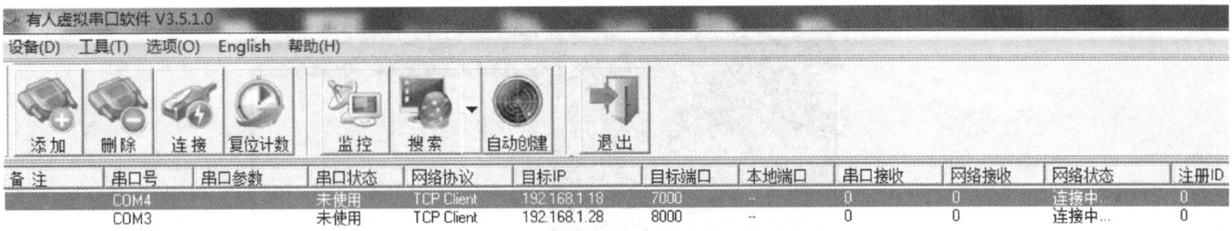

图 5.38　有人虚拟串口软件操作

网络状态显示“已连接”,并且网络接收数据都在变化增加,说明连接成功,即可将软件最小化。

5)操作 HiMAX 测深仪软件设置 GPS

首先插入测深仪软件狗(橙色),并确保未过期。过期会在测深测量界面中报警,可在主界面的“软件注册”中输入注册码注册。

打开“HiMAX 测深仪软件”,界面如图 5.39 所示。

图 5.39　HiMAX 测深仪软件界面

①新建项目。

如图 5.40 所示,新建成功后,会在软件顶部“当前项目”后显示输入的项目名称。后面的设置以及测量数据均保存在该项目中。打开以前的项目可用“导入”键选中项目 pgm 文件即可。

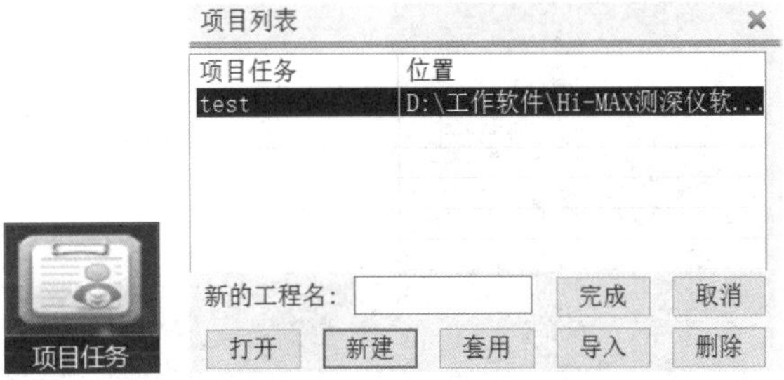

图 5.40　新建项目

②串口调试。

如图 5.41 所示,进行串口调试。

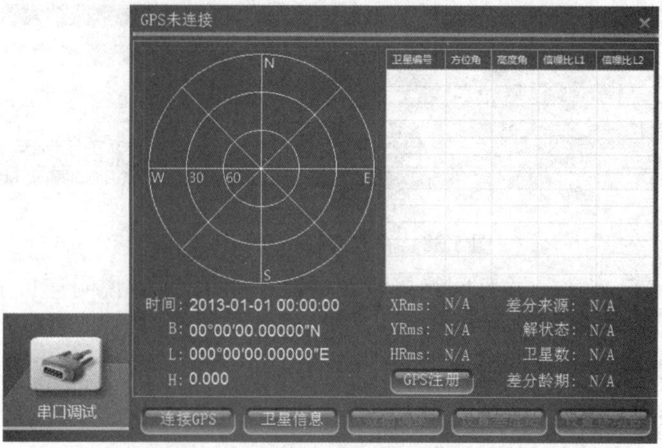

图 5.41　串口调试

单击“连接 GPS”，如图 5.42 所示。

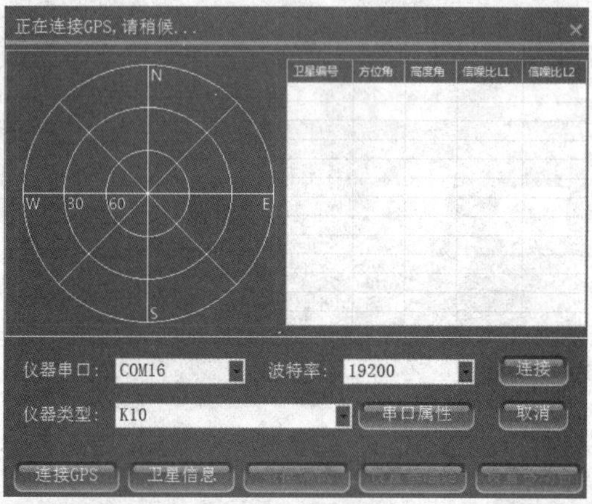

图 5.42　连接 GPS

仪器串口、仪器类型、波特率为之前在“设备连接”界面设置的 COM2，K10，19200，无须手动改动，直接单击“连接”，成功后窗口如图 5.43 所示。

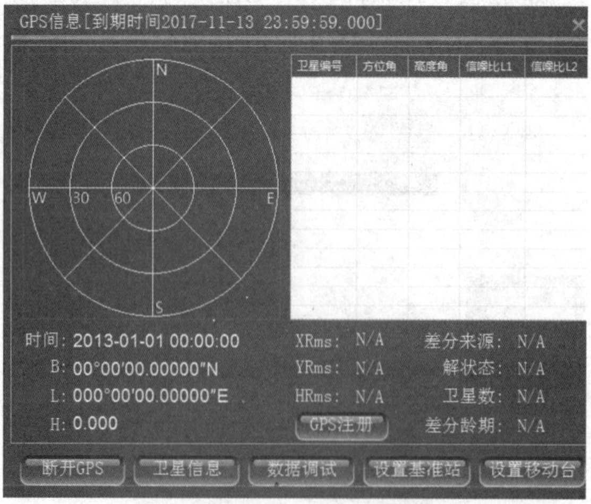

图 5.43　成功连接后的 GPS 信息

顶部显示当前 K10 有效期，如果过期后，则不能使用。需凭 K10 机身侧面的 S/N 码申请注册码，获得注册码后，单击“GPS 注册”，进行注册。注册后，需重启才能正常使用。

单击“设置移动台”，如图 5.44 所示。

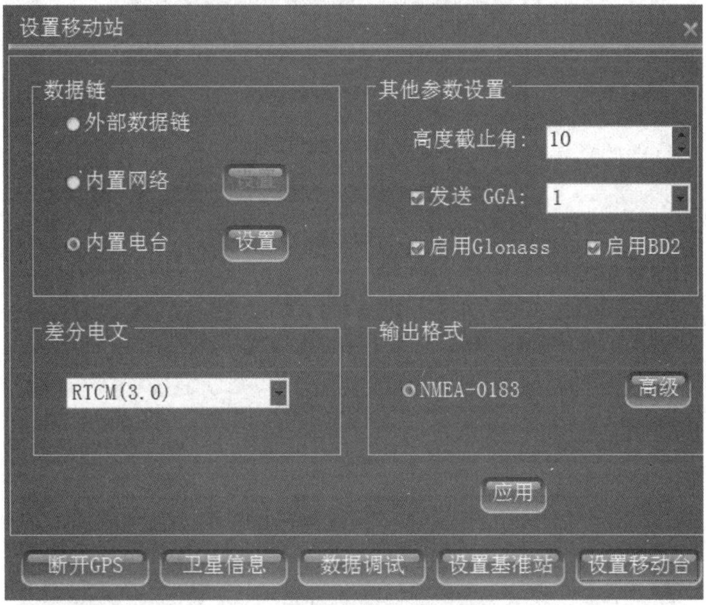

图 5.44　设置移动站

选择数据链格式，架设基站则选择“内置电台”，单击设置，输入频道号，如图 5.45 所示。

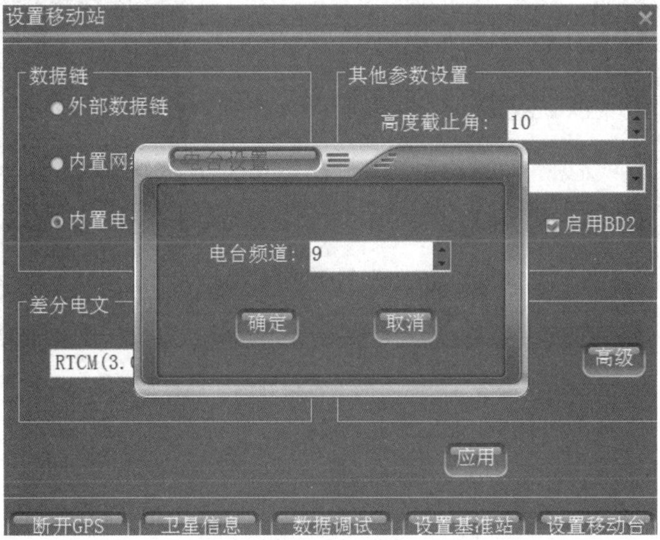

图 5.45　电台设置

输入后，单击“确定”。如果使用 CORS，则选择“内置网络”。单击“设置”，如图 5.46 所示。

输入对应 IP、端口等，单击应用即可。差分电文选择“RTCM3.0”，最后单击“应用”。即完成了船载移动站操作。

接下来进行“数据调试”，如图 5.47 所示。

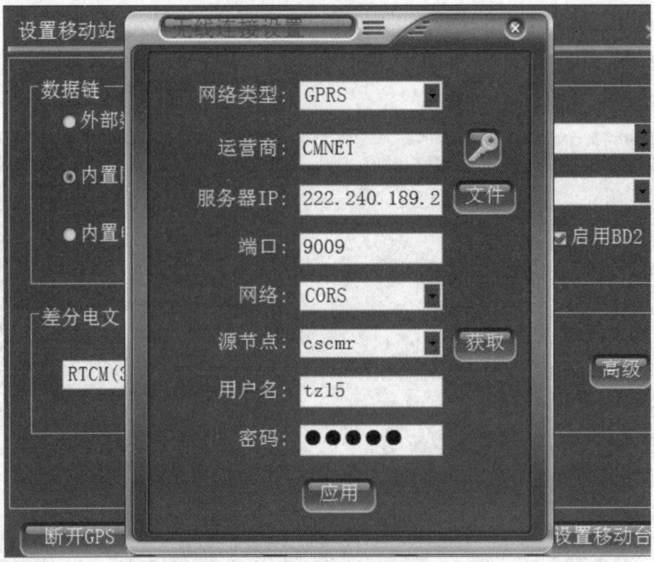

图 5.46　无线连接设置

图 5.47　数据调试

在右侧的“输出命令”选择“OFF”，单击“发送”，可以看到左侧窗口数据停止更新。然后分别发送“GGA”（位置语句）“ZDA”（时间语句）“RMC”（磁偏角）“VTG”（对低速度）四个命令，每个命令 5 Hz。完成后关闭即可。

③设备连接。

仪器串口选择端口号为 8000 的 GPS 口（自定义串口号），仪器类型为 K10，波特率无须改动，天线高为 0.45 m。单击“开始测试”，会有如图 5.47 所示的一串字符信息。正常情况下会显示“数据正常”或者“日期不正常”。日期不正常时进入软件的“串口调试”窗口下再次发送 GGA，ZDA，RMC 和 VTG 命令，再返回来即显示“数据正常”，如图 5.48 所示。

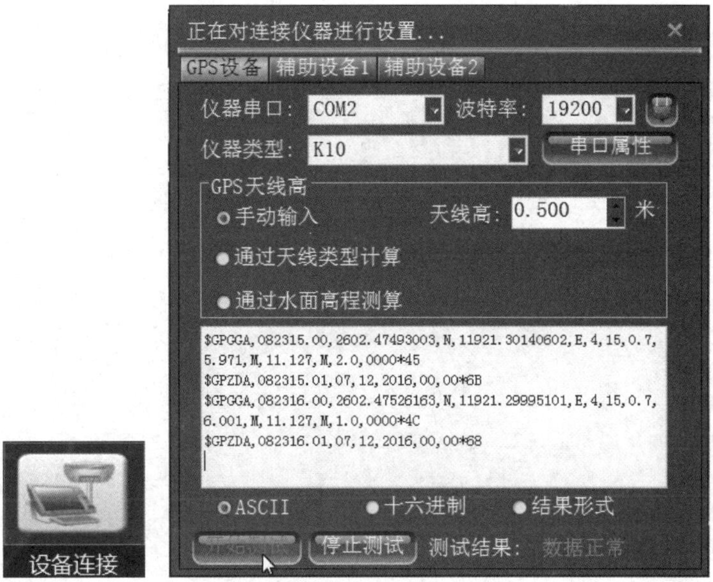

图5.48　设备连接

6）船控软件设置

如图5.49所示，首先插入蓝色的船控软件狗，插入即可使用，无时间限制。没有软件狗软件是无法打开的。

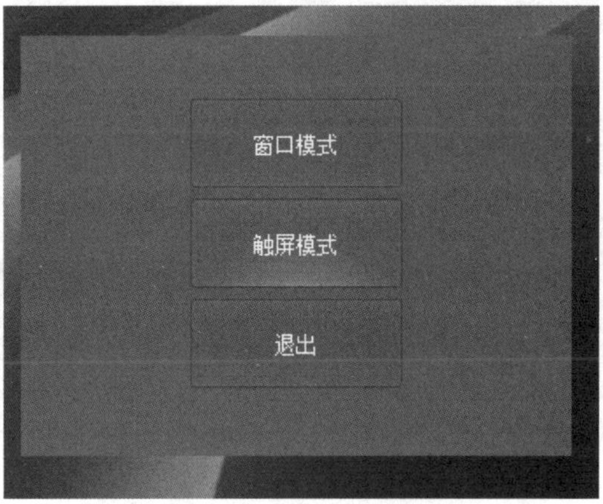

图5.49　船控软件设置

选择窗口模式，进入后选择"连接"，如图5.50所示。

串口选择前面虚拟串口中端口号是7000的船控数传串口，波特率为57600，单击连接。

①"主控任务"界面。

连接成功后，进入"主控任务"界面，如图5.51所示。

其中，左侧显示船头方向、船只航速、船只电压等。状态"manual"表示当前是手动操作模式，"AUTO"表示自动跑线，"RTL"表示返航，"hold"表示保持。

注意，在任何状态下，来回掰动遥控器的模式开关，并最终落在手动挡位上，都可以紧急获取手动控制权，在船只失联、即将发生碰撞时非常重要，可紧急手动控制进行躲避。

定速巡航设置：设置自动航行时船只行驶速度，如图5.52所示。

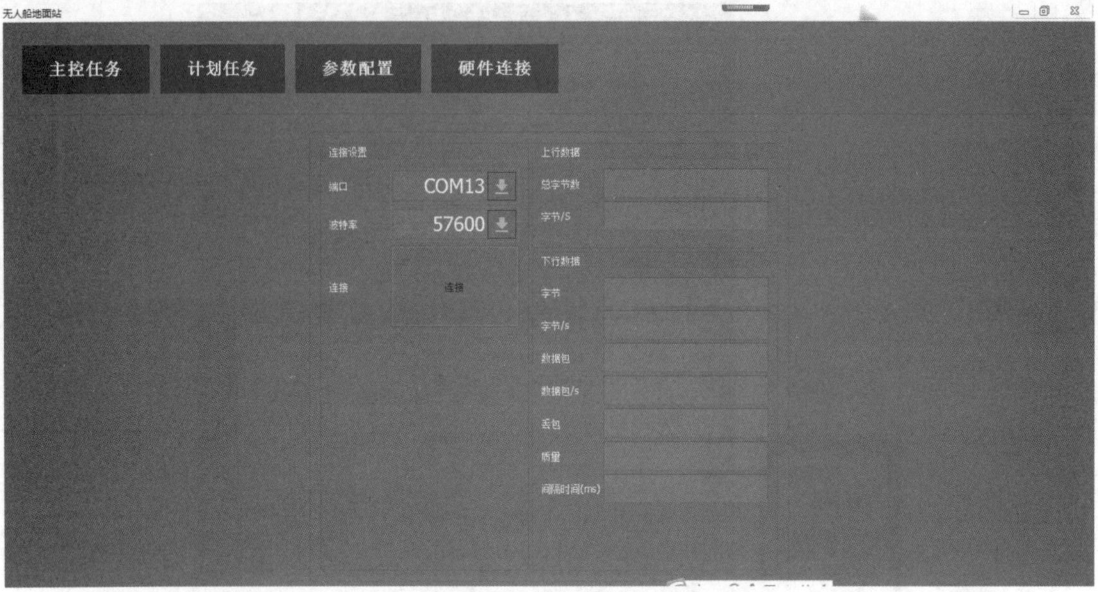

图 5.50　窗口模式

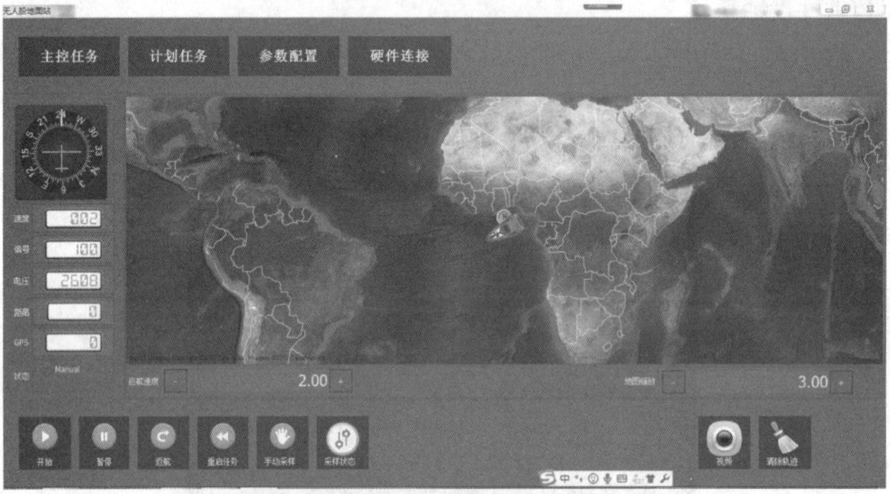

图 5.51　主控任务界面

图 5.52　巡航速度

HOME 点设置:在链接后可直接在地图上拖动 HOME 图标设置 HOME 点,如图 5.53 所示。

图 5.53　HOME 点设置

开始/自动模式：设置好测绘线路之后，切换到自动模式，无人船会自主沿线航行。

暂停/保持模式：无人船推进器停止工作，可能过遥控器切换为其他模式来控制推进器的转动。

返航模式：无人船自主返回到设置的 HOME 点。

重新开始任务：从头启动任务。

②“计划任务”界面。

该界面主要是设置无人船航线，如图 5.54 所示。进入该界面，首先选择左下角“地图工具”界面的“记录航迹”，便可获取无人船的当前位置。

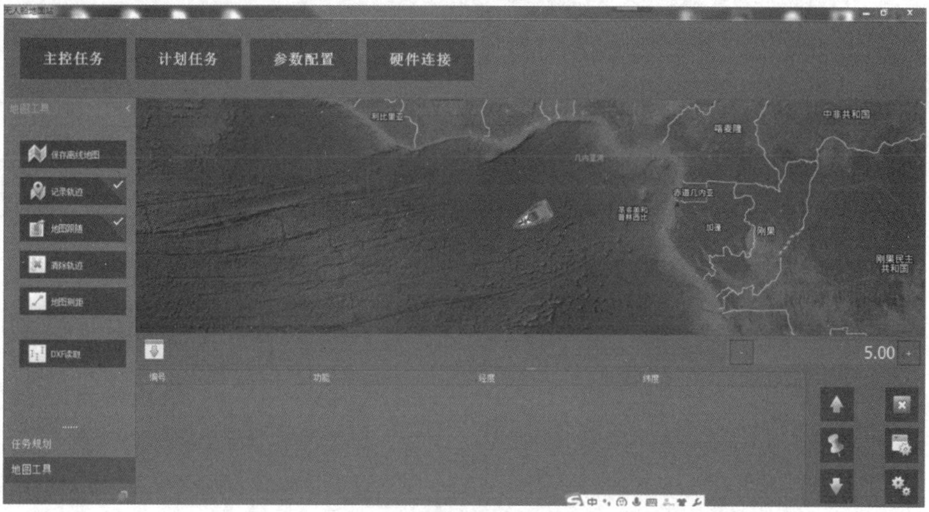

图 5.54　计划任务界面

在左下角的“任务规划”界面，进行任务规划。首先单击“范围或航点”，如图 5.55 所示，可手动在地图上打点，在当前状态下可以通过鼠标移动到航点上修改航点位置。

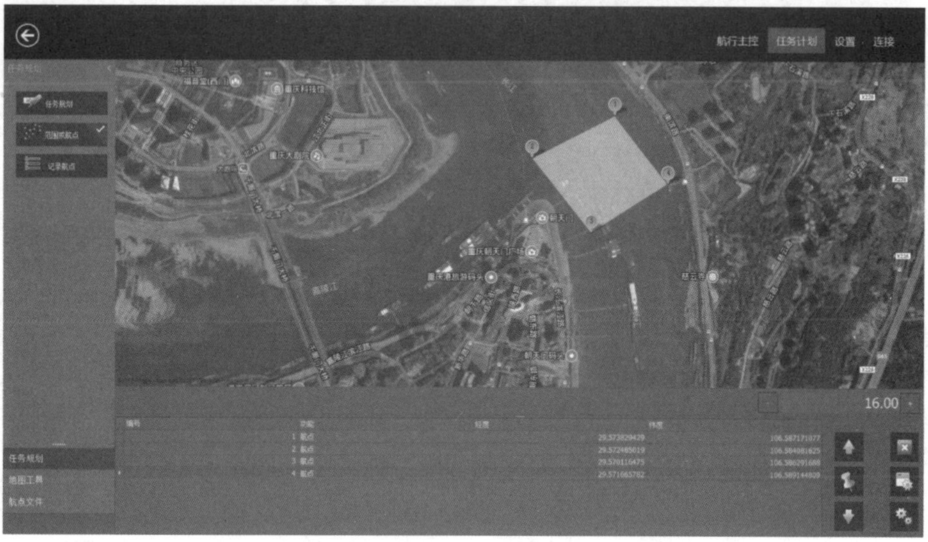

图 5.55　范围与航点

如上图点了 4 个点,然后在左下角“航点文件”里面,依次单击“写入航点”(将航点写入船控系统)→“读取航点”(将航点从船控中再读取出来,确保写入成功)。到此为止,航线规划完毕,回到“主控任务”,单击“开始”,无人船就开始自主跑线了。当跑线完成后,状态显示“HOLD”,来回掰动遥控器模式切换按钮,掰回“手动”挡位,又可以手动控制船只。

以上方法是船沿 1→2→3→4 之间的连线跑线。也可以将其看作一个区域,测量该区域,方法如下:还是选择 1234 四个点,然后单击左侧的“任务规划”,输入要在此区域测量的航线间距和航线旋转角度,单击“确定”,绘制出的多边形如图 5.56 所示。

图 5.56　绘制出的多边形

如图 5.57 所示,单击“记录航点”。

图 5.57　生成区域测量的布线

这样就生成了区域测量的布线,然后在写入读取航点,就可以自动航行了。

除此之外,还有第三种布线方法,即读取.dxf文件来自动生成航线:单击.dxf读取按钮,导入已经做好的DXF文件,并选择对应参数转换文件或者直接输入。这样就可以直接生成自主测线,如图5.58所示。

图5.58 生成自主测线

其他相关功能如下:

加载航点:通过保存的航点文件加载航点。

保存航点:保存当前已规划的航点到文件。

读取航点:从固件中读取已保存的航点。

写入航点:将规划好的航点写入到固件。

清除航点:清除地图上的航线。

保存离线地图:在存在航点矩形时,按照航点范围保存离线地图;在不存在航点时,按照当前缩放比率保存离线地图。

记录轨迹:在连接后勾选,在当前地图记录船只航行轨迹,在规划航线时可作为范围参考。

地图跟随:在连接船只后,以船只位置为地图中心点并调整。

清除轨迹:清除船只记录的航行轨迹。

地图测距:点选后根据单击的开始位置和移动偏移显示测量距离。

③"参数配置"界面。

软件基本配置,如图5.59所示。

地图来源:可选择必应、高德、谷歌等地图来源。

返航模式:可选择直线返航或原路返航。

电池与故障保护(连接后):设置遥控器或者基站与船失联后是否返航,以及是否低电返航,低电压数字可以在上面窗口进行设置。

7)测量前准备

在计划好测线以后,打开Hi-max测量软件。

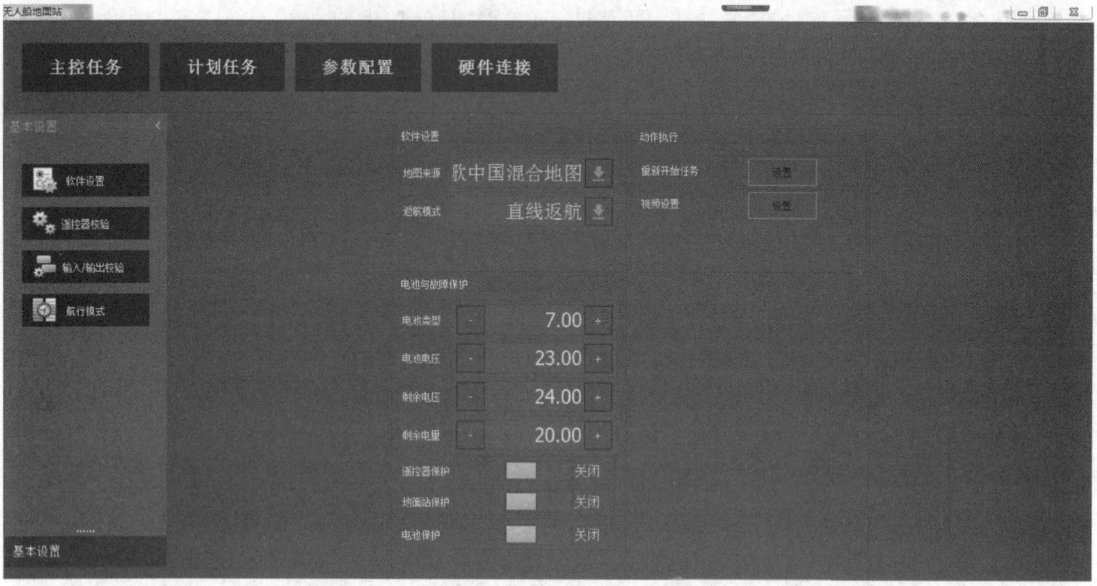

图 5.59　参数配置

①坐标参数。

如图 5.60 所示，按照工程要求，输入坐标转换参数。

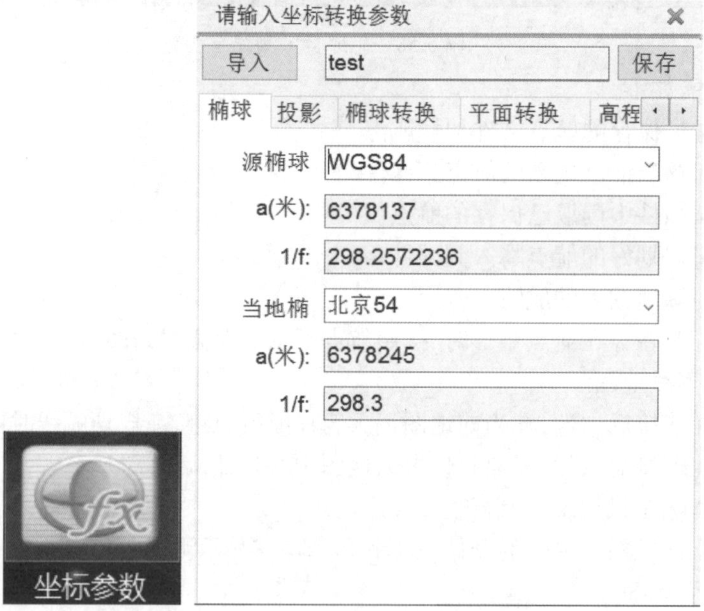

图 5.60　输入坐标转换参数

选择需要的当地椭球坐标系、投影、转换参数等，单击保存，即可将转换参数文件保存下来，然后关掉窗口即可。

②船型设计。

BS2 无人船 GPS 天线比换能器水平位置靠前 8 厘米，需在船艏方向处输入“0.08”，两者均在船的中轴线上，故“右船舷方向”为 0，如图 5.61 所示。

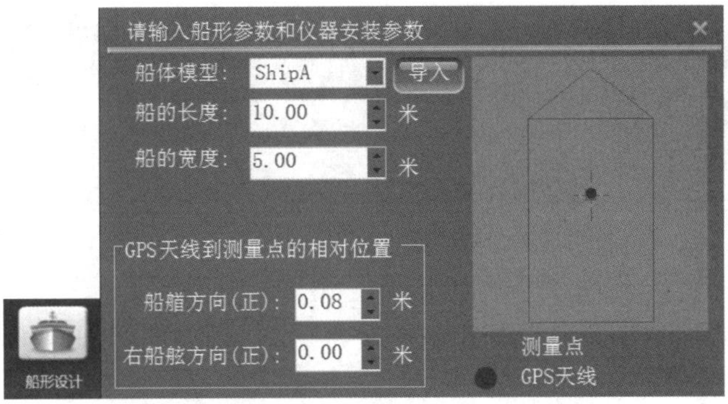

图5.61　输入船型参数和仪器安装参数

③吃水设置。

打开Hi-max软件中的“测深测量”,单击“测深设置”,如图5.62所示。

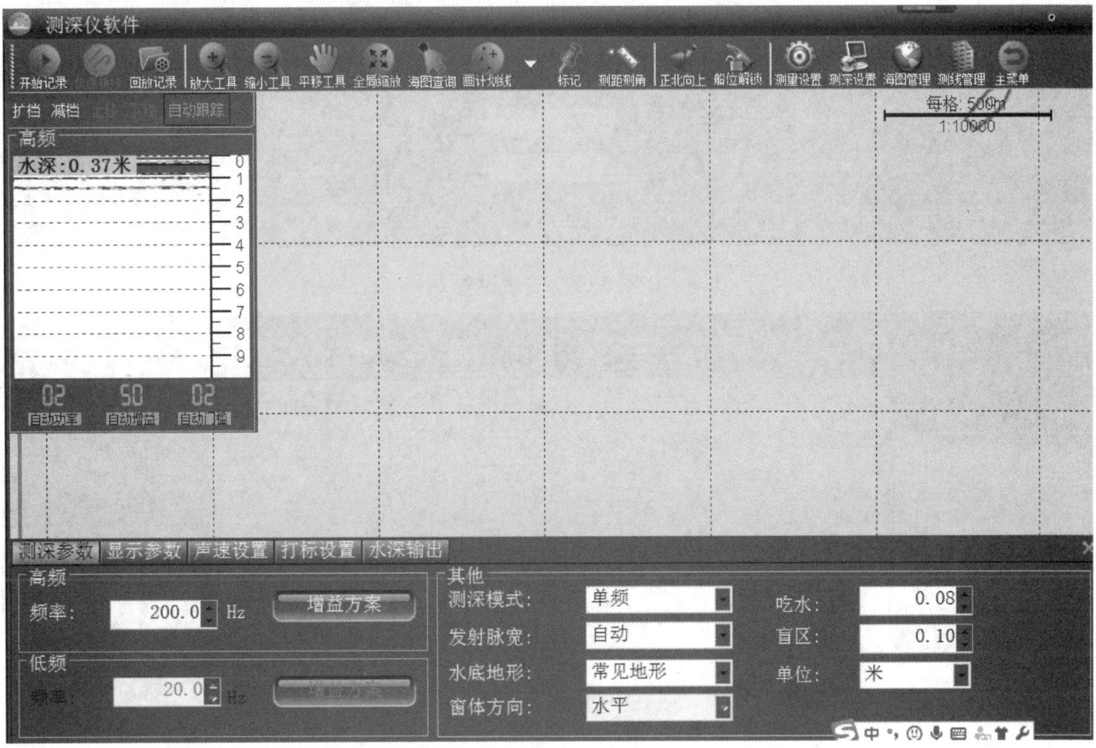

图5.62　测深设置

需输入吃水值,BS2建议吃水值设置为0.08米。单击“测量设置”,如图5.63所示。

可在左下角选择记录条件,记录条件向上兼容。比如选择单点解,则单点解及以上的条件(差分解、固定解)均记录数据;选择固定解,则只记录固定解状态下的数据,差分解、单点解不记录。

8)放船下水

将船在可下放的位置放入水中,先把船头下放,再放船体。

9)测深测量开始

单击Hi-max软件中的测深测量界面,如图5.64所示。

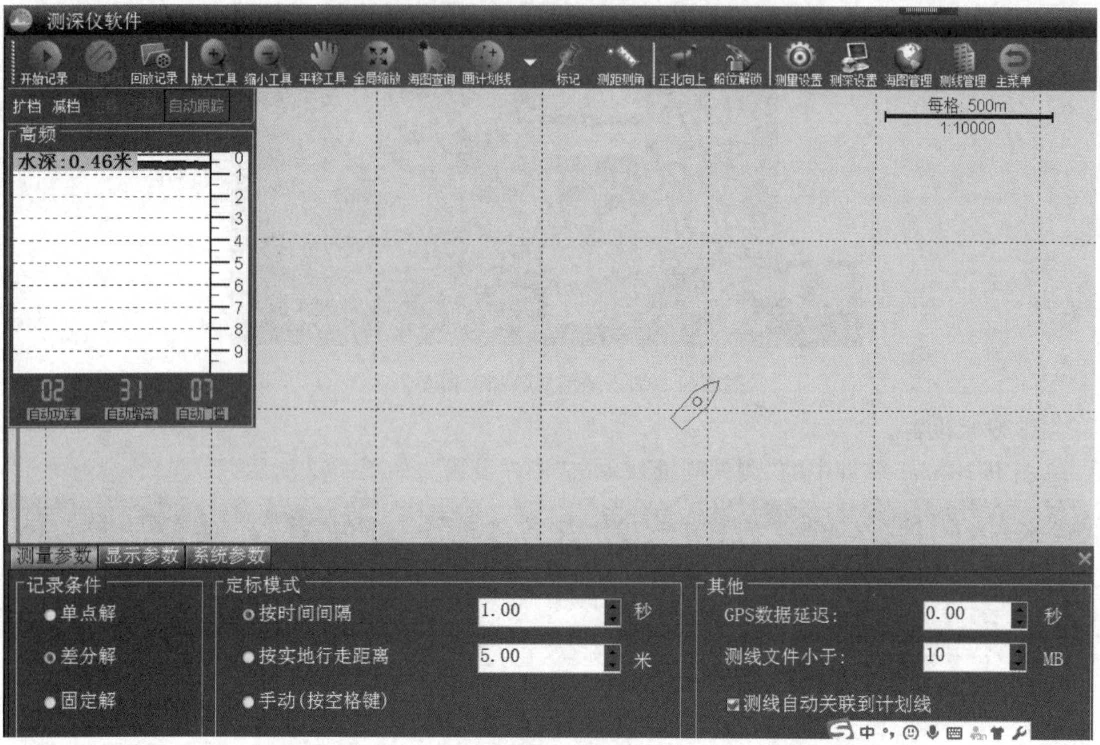

图 5.63　测量设置

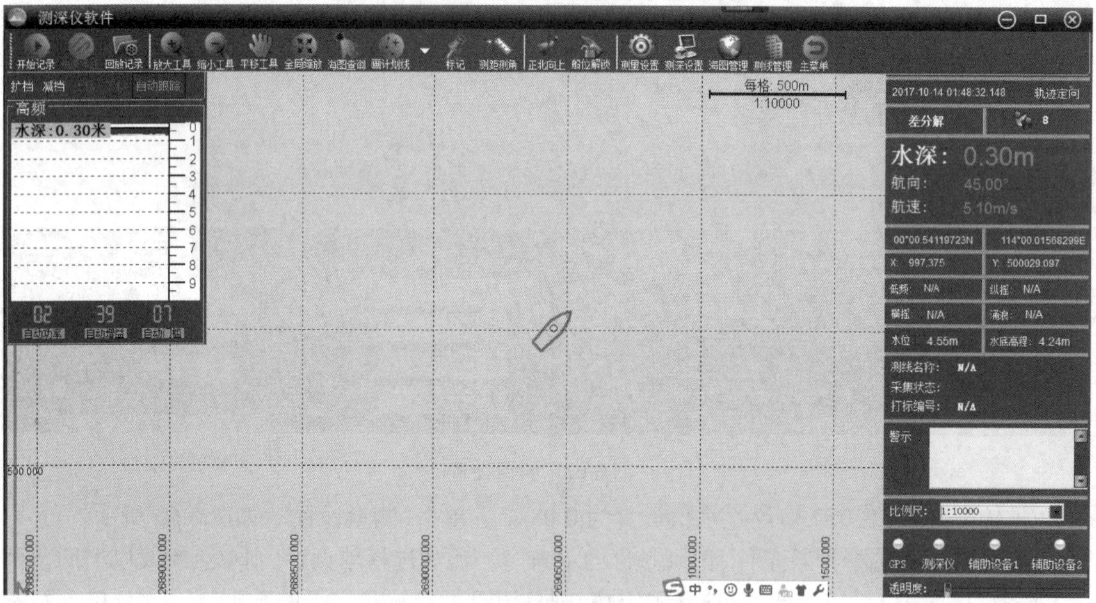

图 5.64　测深测量界面

注意右上角的时间、解状态、水深数据是否正常。左上角的水深显示窗口显示水深应该干净无杂波,大多数水域情况下,无须设置“自动功率、自动增益、自动门槛”,当处于特殊情况下,比如水深较浅时,可手动调节增益以及门槛,进行加减。增益越高,回波放大增益越高,门槛越高,滤波强度越大。比如水深 0.6 米时,增益建议 25,门槛建议 7。

以上设置完成后，单击左上角的“开始记录”按钮，如图 5.65 所示，输入测线名称，则可以开始记录数据。打开船控软件，单击“开始”，船开始跑测计划线，同时数据也在记录，测量开始。

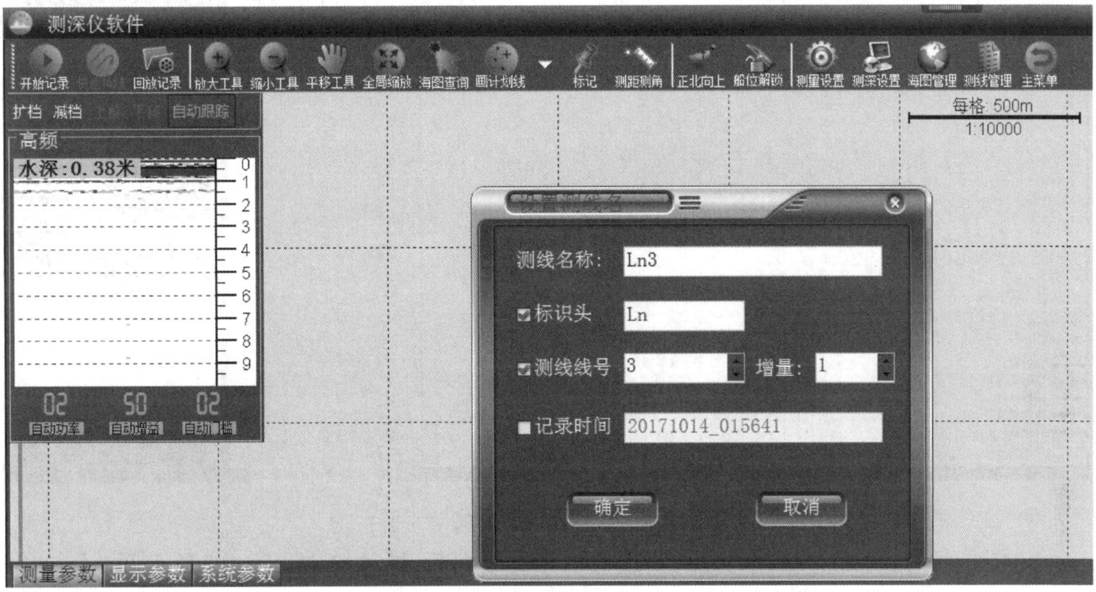

图 5.65　船控软件操作

10）测量结束

测量结束后，再次单击“开始记录”按钮，就能停止记录。

11）收取船只

测量结束后收取船只，将船开到岸边，关掉船的开关，先上船尾，再上船头，最后关掉遥控器。

12）数据后处理

①水深取样。

单击 Hi-max 的水深取样，得到如图 5.66 所示。

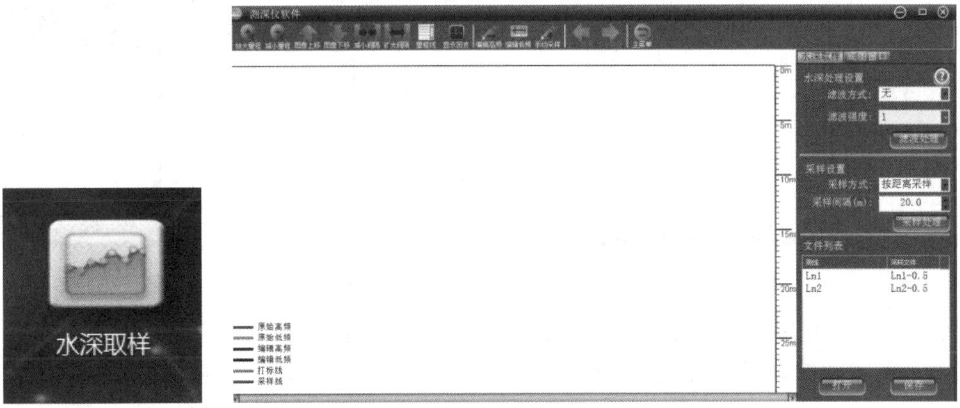

图 5.66　水深取样

在左下角选中一条测线，并打开，如图 5.67 所示。

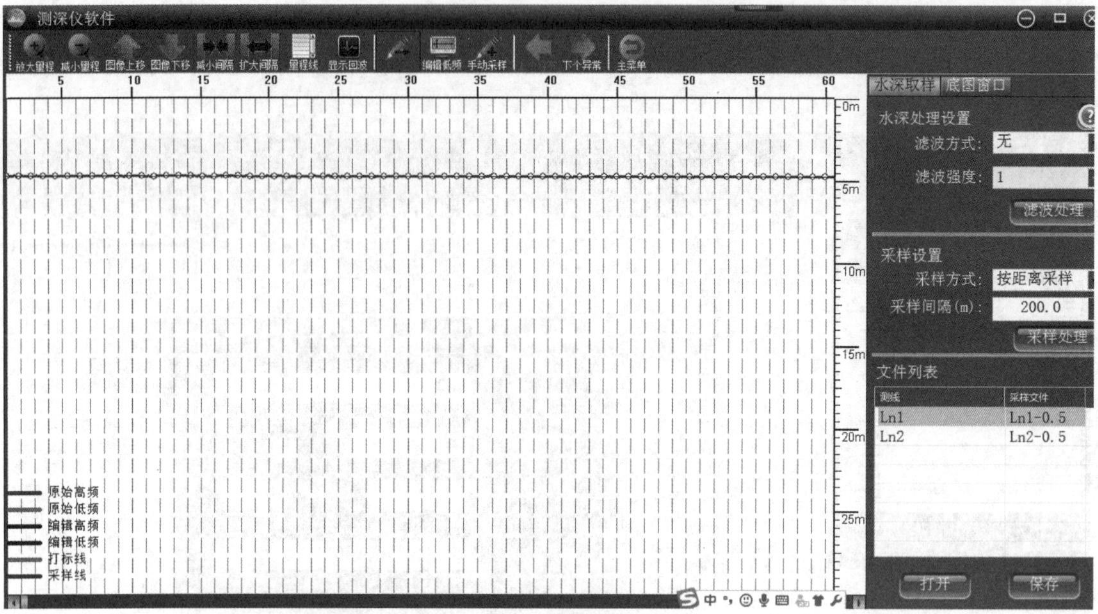

图 5.67　选择测线

该图是没有模拟回波的水深图，要进行水深真假判断，还须单击上方的“显示回波”，如图 5.68 所示。红色粗线是模拟回波，蓝色线为数字水深点，两者匹配，才说明水深真实准确。

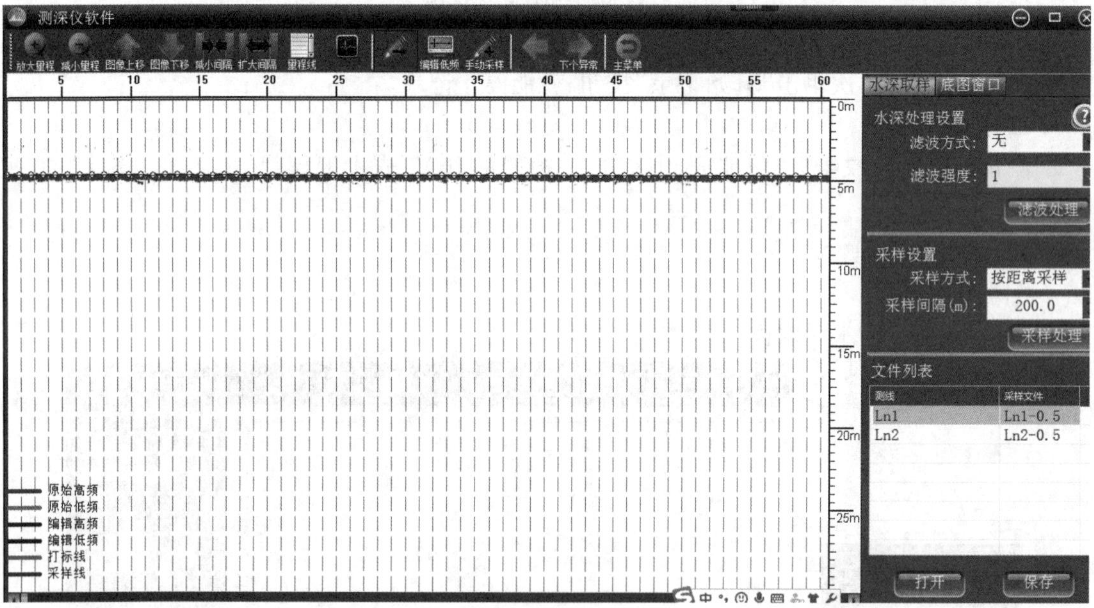

图 5.68　显示回波

然后在右上角选择滤波方式，三种均可，强度一般选择 3 以下，再单击“滤波处理”。滤波后，大部分假水深已经被处理掉了，然后再拖动窗口下方的进度条，找蓝线与红线不匹配的地方，不匹配时，用鼠标左键拖动蓝线，跟红线匹配即可。按照需要的采样间隔在右侧选择采样间隔，输入距离，单击“采样处理”，即可完成按距离的采样。如果两个采样点之间有要特殊点需要提取，单击任务栏上的“手动采样”，即可用鼠标在下方任意单击，进行取点。全部处理完后，单击右下方“保存”，一条测线就处理完成了。

②数据改正。

在主界面单击“数据改正”，进入如图5.69所示的界面。

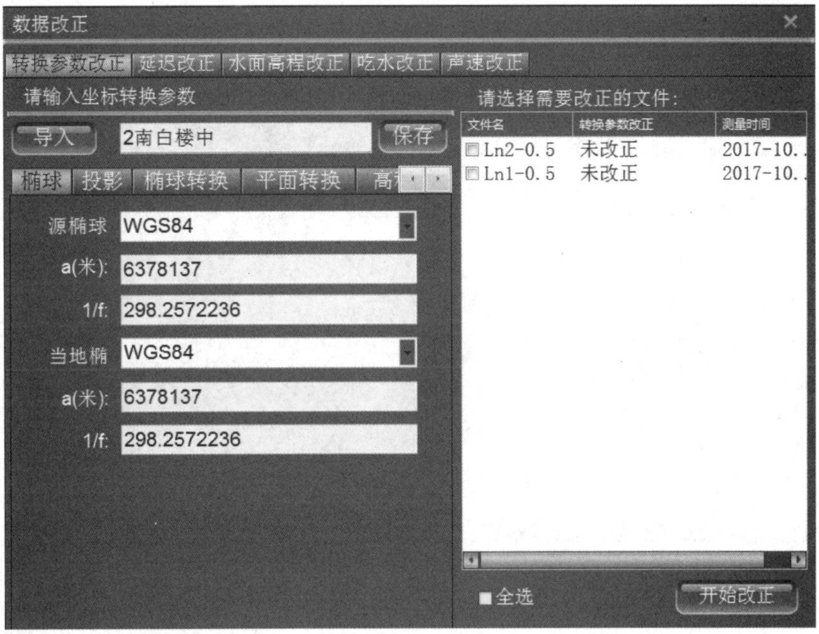

图5.69　数据改正

有了数据改正这项功能，即使测量前期参数输错也没关系，均可进行改正。其中的“水面高程改正”，如图5.70所示。

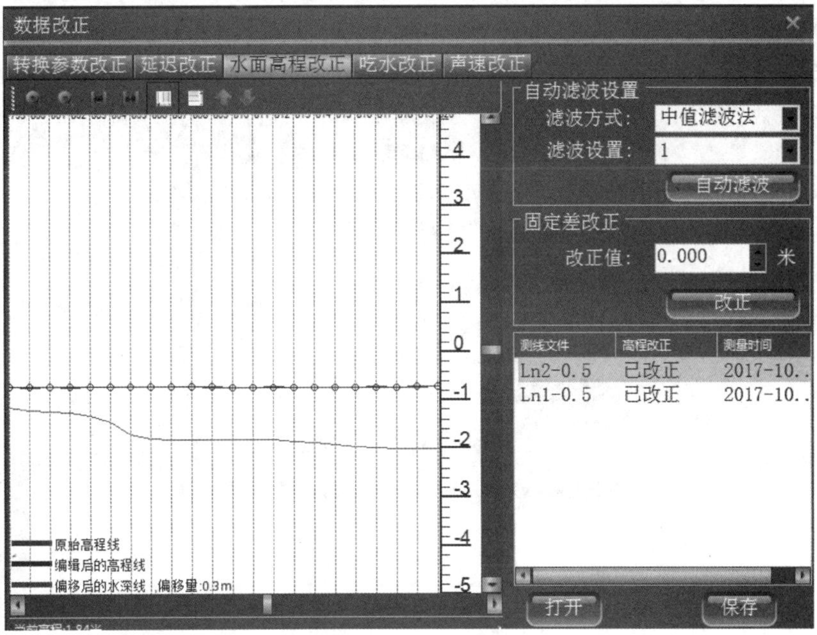

图5.70　水面高程改正

打开一条测线，进行滤波处理，与“水深采样”处类似，左面框中蓝色线是水面高程，因为水面高程变化缓慢，如果是湖泊，水面高程基本不变。蓝色线跳动较大，说明数据不准确，也需要用鼠标将其拉平。处理完成后，单击“保存”，处理完成。

③成果预览。

进入成果预览，如图 5.71 所示。

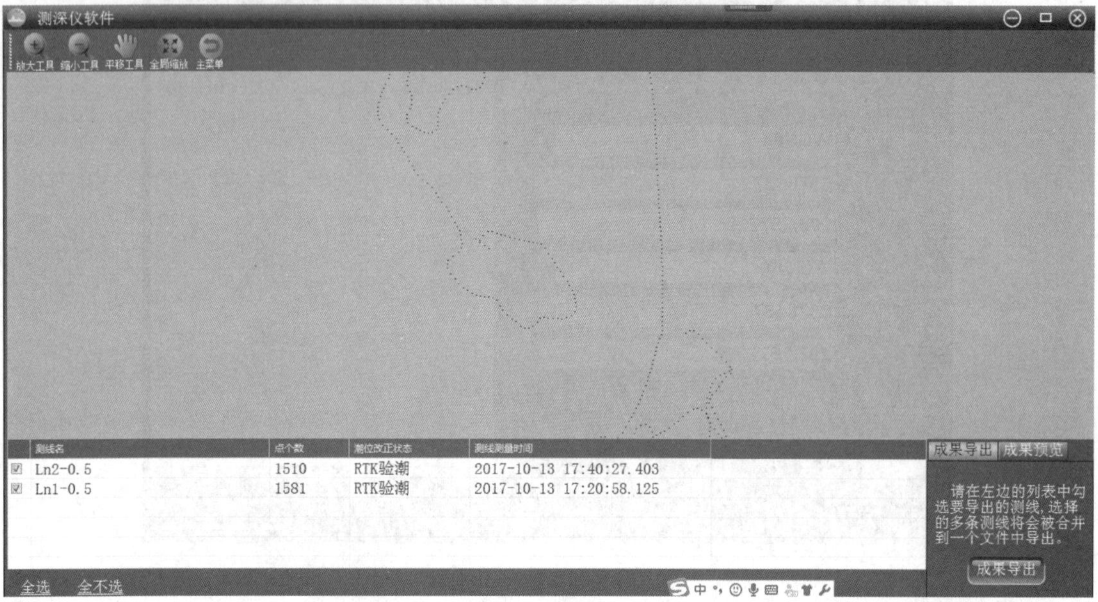

图 5.71　成果预览

选中要输出的测线，单击成果导出，选择要输出的数据格式，如图 5.72 所示。

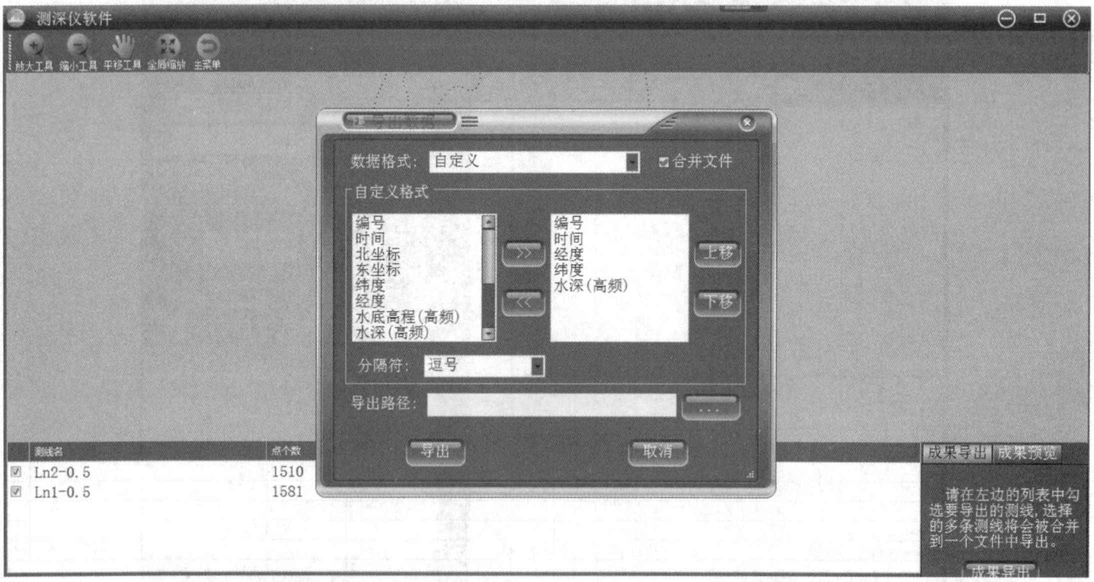

图 5.72　成果导出

HiMAX 支持多种数据格式输出，如需自定义时，在左侧栏中选中，单击朝右的箭头，即可选中输出的数据，在右侧栏中选中项目，单击左向箭头，则删除。然后选择导出路径，确定后，单击“导出”，即可导出数据。或者选择“成果预览”，如图 5.73 所示，选择成图的等值线数字，以及下方选项，即可生成彩色水下地形图。

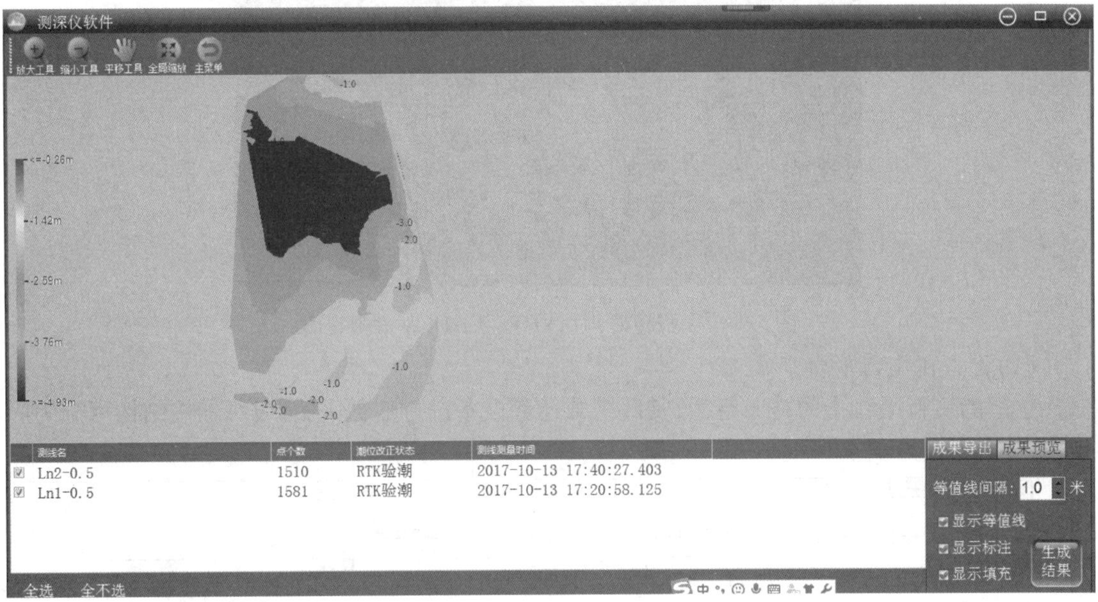

图 5.73　彩色水下地形图

任务 5.3　无人机测图

任务描述

- 了解无人机测图需要哪些硬件与软件。
- 了解无人机测图的工作流程，了解 CASS_3D 三维测图的功能。

知识学习

无人机测图是指利用无人机飞行平台搭载光学摄影系统或激光雷达系统，获取地表真实影像或激光点云，再利用专门的数据处理软件完成室内三维测图的过程。如图 5.74 所示，无人机搭载光学摄影系统即无人机航空摄影测量系统因设备价格低廉，相比于价格昂贵的无人机机载激光雷达系统，在现阶段的无人机测图中应用更为广泛。本章着重以无人机航空摄影测量系统为例介绍无人机测图过程。

相较于传统摄影测量工具，无人机航空摄影测量系统将航空器、卫星定位技术、遥感技术、计算机技术有机结合，具有定位精度高、拍摄精度高、作业效率高等优点，革新了数字摄影测量技术，实现了数字摄影测量自动化。

1.无人机测图的硬件与软件

无人机测图设备由硬件和软件两部分组成，硬件主要包含无人机飞行平台和任务载荷系统，软件主要包含飞行控制地面站软件、建模软件和三维测图软件。

图 5.74　大疆精灵 PHANTOM 4 RTK & 大疆智图

（1）无人机飞行平台

这里的飞行平台指的是飞行器，负载搭载任务设备进行数据采集，飞行器按结构可分为固定翼、旋翼及复合翼。

1）固定翼无人机

固定翼是指由动力装置产生前进的推力或拉力，由机身的固定机翼产生升力，在大气层内飞行的重于空气的航空器。我们生活中常见的民航客机就是固定翼，固定翼无人机不能空中悬停，需要较快的速度才能保持飞行姿态，由于飞行安全限制，距拍摄物体较远，获取的影像分辨率较低，如图 5.75 所示。

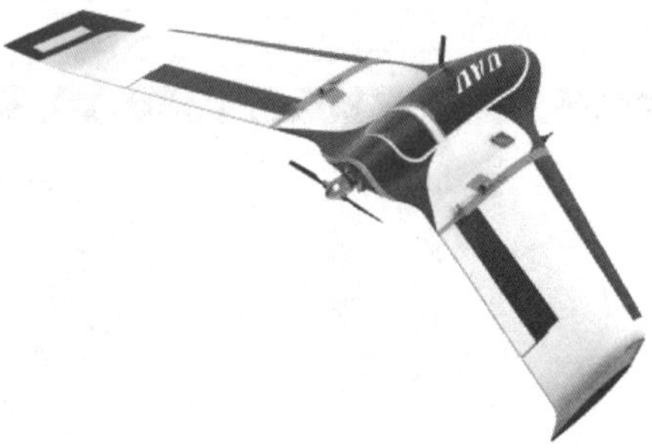

图 5.75　固定翼无人机

2）旋翼无人机

旋翼是指由动力装置产生旋翼驱动力，由相对于机身旋转的旋翼产生升力，在大气层内飞行的重于空气的航空器，三个及以上的旋翼组成的无人机叫作多旋翼无人机，如图 5.76 所示。另一种说法叫作多轴无人机，这里的轴指的是旋翼的旋转轴。根据旋翼数量的不同分为四旋翼无人机、六旋翼无人机、八旋翼无人机，多旋翼无人机能空中悬停，可近距离采集拍摄物体信息，拍摄精度较高，但作业速度及作业时长通常小于固定翼无人机。

图 5.76　多旋翼无人机

3）复合翼无人机

复合翼又称垂直起降固定翼，产生升力的装置既包含固定机翼也包含旋翼，如图5.77所示。它解决了固定翼无人机起降难的问题，但也减少了作业时长。固定翼适合大范围、低分辨率作业任务，垂直起降固定翼适合中等范围、低分辨率任务，旋翼无人机适合小范围、高分辨率任务。

图5.77　复合翼无人机

多旋翼无人机是目前测绘领域运用最广泛的无人机，相较于传统航空摄影测量，它具有以下优势：

①拍摄精度高。

多旋翼可空中悬停，能近距离、多角度、高重叠采集拍摄物信息，生成高精度三维模型。高精度三维模型突破了传统航测地形图的维度与精度限制，将测绘产品的空间维度由二维提升到三维，将测绘成果的精度由分米级提高到厘米级。

②定位精度高。

多旋翼无人机可搭载高精度导航定位系统，定位精度由米级提高到厘米级，可采集高精空间数据信息，大量减少外业工作量，让无控作业成为可能。

③操作门槛低。

多旋翼无人机起降方便，操作灵活，大幅度降低了设备和技术门槛，使全民测绘成为可能，开启了平民化航测新时代。

了解了多旋翼无人机的优势，那么多旋翼无人机飞行原理及构成部分又是怎样的呢？

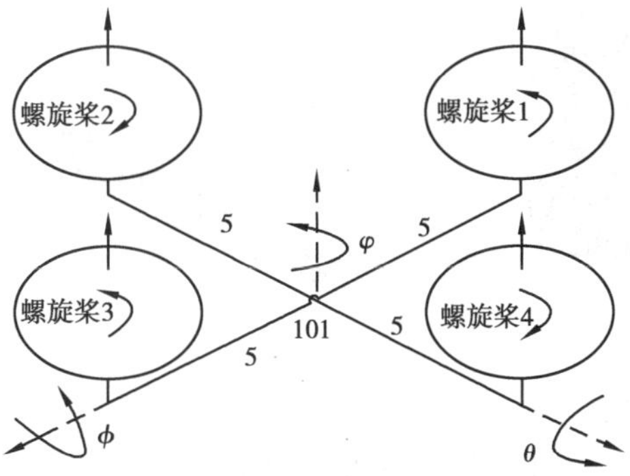

图5.78　飞行原理

①飞行原理。

多旋翼无人机是通过调节螺旋桨的转速，产生不同的升力，从而控制无人机的上升下降前飞后退等动作，如提高螺旋桨转速，让升力大于自身重力，多旋翼无人机就产生了上升的力的动作。力的作用是相互的，螺旋桨旋转会产生反扭力，会让自身沿螺旋桨旋转方向反向旋转。而如果一根轴两端上存在两个转向相反、转速相同的螺旋桨，那它们产生的反作用力就会相时抵消。多旋翼无人机正是采用这样的原理，相邻电机转向相反，互相抵消反扭力，从而实现了整体平衡，如图5.78所示。

②多旋翼无人机系统组成。

多旋翼无人机系统由空中部分、地面部分及连接两者的链路系统组成，主要包括的硬件有：地面端、飞行平台、任务设备，如图5.79所示。地面端负责信息输入输出，将飞手的操作指令传向天空并接收任务设备信息，从而操作飞行平台以及任务设备完成预定的动作要求；飞行平台，通过链路系统接收地面端的指令，通过飞控系统和动力系统，实现稳定悬停、手动飞行、自主飞行等一系列飞行动作；任务设备，通过接收地面段的信号，完成预定的任务动作，如拍摄喷洒、投掷等。

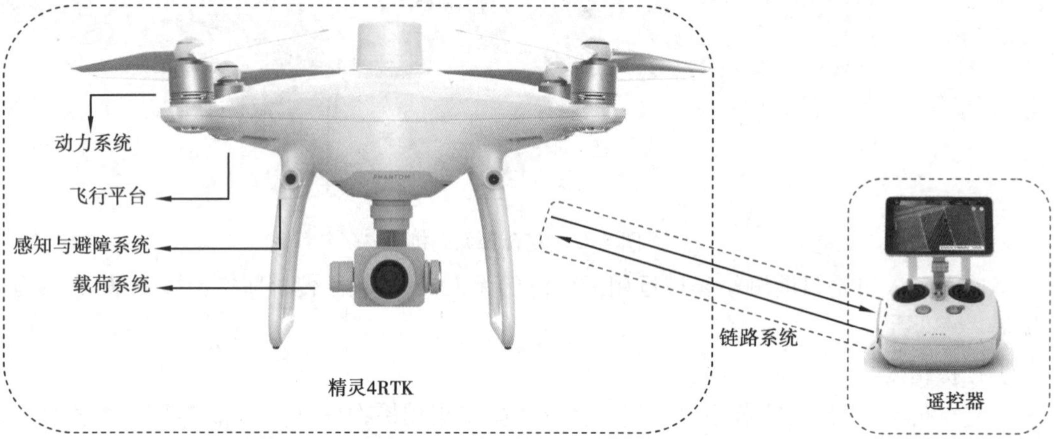

图5.79　系统构成

③动力系统。

动力系统是无人机能够飞行在天空中的保障，包含的部件有电池、电子调速器、电机、螺旋桨等，如图5.80所示。电子调速器简称为电调，英文简称为ESC。电调的作用包括：向电机传送电能、调节电机转速。电机是能量转换的设备，将电能转换为电机旋转的机械能。多旋翼无人机所使用的电机为无刷电机，螺旋桨安装在电机上，通过电机旋转产生升力，是我们在多旋翼无人机上最常见的动力部件，一般也会简称为桨叶。

图5.80　动力系统

智能电池为无人机飞行提供能量，具有电量显示、电池存储自动放电保护、衡充电保护、过充电保护、充电温度保护、充电过流保护、短路保护、电芯损坏检测、电流历史记录、休眠保护、通信等功能。

由于桨叶是最容易损耗的无人机部件，桨叶维护与保养非常重要。需要定期检查，对于有裂纹、破损的桨叶需要及时更换。桨叶松紧也需要注意，如果是折叠桨，飞行前需要展开桨叶，如图 5.81 所示。螺旋桨视材质情况，应保持定期更换，保证飞行安全。

④多旋翼无人机飞控系统。

如图 5.82 所示的多旋翼无人机飞控系统，就像人体的大脑一样，负责控制飞行器各个部件。飞控通过分析各传感器反馈回来的数据，如飞行器的位置、高度、机头朝向等信息，通过控制动力系统保持飞行器自身稳定，以及将地面端的指令发送给动力系统，实现飞行器在空中的各项动作。飞控系统包括主控、磁罗盘、卫星定位、惯性管理单元（IMU）等部件，飞控系统首先要通过“全球卫星定位系统”，获得经纬度位置信息，确定无人机自身位置。然后通过磁罗盘获得方向信息，确定机头朝向。最后利用惯性导航单元（IMU）感知无人机飞行状况，确认飞行姿态。在通过以上部件获取各项飞行数据信息后，飞控系统会通过主控进行一系列计算和校正，输出控制指令给动力系统，实现无人机的自身平衡以及控制。

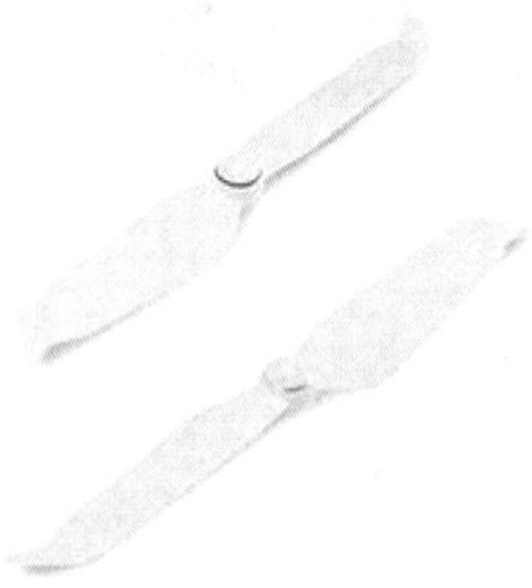

图 5.81　桨叶

图 5.82　飞控系统

⑤感知系统。

感知系统类似人的眼睛，通过视觉、超声波、红外或毫米波雷达等传感器接收环境信息。

双目视觉是通过一组摄像头来模拟人类视觉，是从两个点观察一个物体，以获取在不同视角下的图像，并通过三角测量计算出物体的三维信息。超声波、红外或毫米波雷达都是通过发射信号到接收信号的时间差，经过三角测量计算出与物体的距离。

感知系统与飞控系统结合，可以实时计算飞行器的速度、姿态及空间中的位置，构建飞行器周围的三维地图。这样飞行器在悬停、低速飞行时，可实现定位、避障、识别、跟随等功能，如图 5.83 所示。

在使用时，视觉系统需要物体表面有丰富纹理并且光照条件充足（15 lux，室内日光灯正常照射环境），水面、玻璃等纹理单一的环境，都会影响视觉系统工作。红外感知系统需要物体表面为漫反射材质（反射率>8%）例如墙面、树木、人等。

⑥通信链路。

通信链路系统，类似人体的神经系统，通过传输信号，来接收无人机的反馈信息，同时发送各种指令。如图 5.84 所示，无人机的通信链路系统主要由以下部分构成：

- 控制通信链路：地面设备发射控制信号，天空端接收信号。
- 图像通信链路：无人机回传任务设备获取的图像信息。
- 数据通信链路：无人机发送数据，地面端接收数据。该通信链反馈无人机的飞行状态以及无人机任务设备的状态数据。

图 5.83　感知系统

图 5.84　通信链路系统

为了保证通信链路系统正常工作,我们需要注意以下几点:地面端与天空端的固件必须一致。所以在升级固件时,必须天空端与地面端一起升级,否则会出现通信错误。天线必须展开,天线如不展开将会降低传输效果以及传输距离。遥控器天线顶端不能指向多旋翼无人机机载天线顶端与底端,天线应与飞行器机载天线保持平行。

(2)任务载荷

无人机测图任务载荷系统主要包含光学相机摄影系统和激光雷达系统两种。

1)光学相机摄影系统

在测绘领域,任务设备相机按相机数量可分为单相机及多相机,例如大疆精灵 PHANTOM4RTK 为单相机,它通过云台控制相机朝向来获取不同角度的照片,如图 5.85 所示。

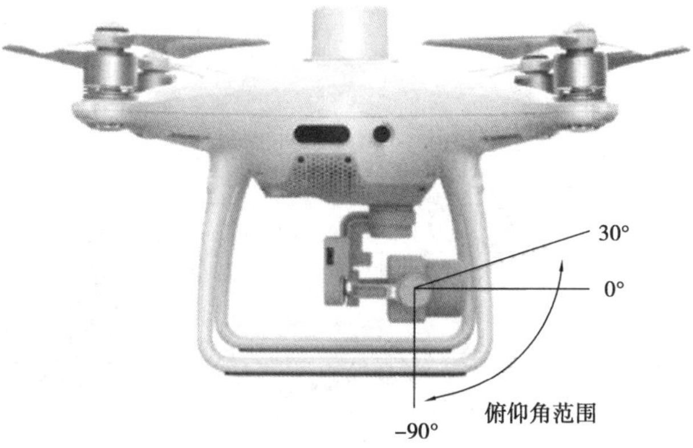

图 5.85　大疆精灵 PHANTOM4RTK 相机

二维重建中需采集正射影像，正射影像为相机主光轴垂直地面拍摄的影像。三维空间中的物体至少有三个面，所以需要从不同的方向、角度进行采集，如果只有一台相机，需要飞行多次。除了正射影像，在拍摄其他角度时，相机相对于地面是倾斜的，我们称这种拍摄方式为倾斜摄影。

多相机一般由垂直向下的相机和多个不同倾斜角度的相机组成，如图 5.86 所示。飞行一次就可以采集不同方向、不同角度的照片，但这种相机体积、重量较大，一般挂载在负载较大的机型上。

图 5.86　多旋翼搭载五镜头相机及五镜头相机

2）激光雷达系统（LIDAR）

无人机搭载光学相机摄影系统是采用可见光成像原理获取地表影像，但它有先天不足，即在地表覆盖较严重的区域，无法准确获取地形信息，获取的数据为植保表面数据，为解决这一问题，激光雷达技术因其地表植被穿透性特点，被用于无人机测图。激光雷达系统集成了 GPS、IMU、激光扫描仪、数码相机等光谱成像设备，如图 5.87 所示。其中主动传感系统（激光扫描仪）利用返回的脉冲可获取探测目标高分辨率的距离、坡度、粗糙度和反射率等信息，而被动光电成像技术可获取探测目标的数字成像信息，经过地面的信息处理而生成逐个地面采样点的三维坐标，最后经过综合处理而得到沿一定条带的地面区域三维定位与成像结果。机载激光雷达系统可分别挂载在固定翼、旋翼、复合翼无人机上。

图 5.87　机载激光雷达

(3)相关软件

无人机测图软件主要包含飞行控制地面站软件、建模软件和三维测图软件，该三种软件分别应用在无人机测图的不同阶段：飞行控制地面站软件是无人机测图数据采集阶段航线规划及飞行参数设置使用，建模软件是数据采集完成后，进行空三处理、二维或三维建模使用，三维测图软件是利用模型进行室内三维测图使用。

1)飞行控制地面站软件

无人机地面控制站软件的功能包括飞行监控、航线规划、任务回放、地图导航等，并且支持多架无人机的控制与管理。无人机与地面控制站通过无线数传电台通信，按照通信协议将收到的数据解析并显示，同时将数据实时存储到数据库中，如图 5.88 所示。在任务结束后读取数据库进行任务回放。不同厂家的无人机一般都带有自己的地面站软件，如大疆精灵 4RTK 自带 DJI GS RTK APP 软件，DJI GS Pro 为一种支持多款大疆系列无人机的地面站软件，也有一些第三方通用软件用于地面站控制，如 Pix4Dcapture 等。

图 5.88　常见地面控制站软件(DJI GS RTK、DJI GS Pro、Pix4Dcapture)

2)建模软件

建模软件是负责将采集的照片数据重建为自己所需要的二维或三维模型。常见的建模软件有:ContextCapture、PhotoScan/Metashape、Pix4DMapper、Altizure、Virtuoso3D、DJI Terra(大疆智图)等。

①ContextCapture。

ContextCapture实景建模软件是美国奔特力系统公司(Bentley Systems, Incorporated)在2015年2月收购了法国Acute3D公司后,于2015年10月在Smar3D Capture3.2基础上推出的升级版产品,软件名称由Smart3D Capture改为Context Capture(40版),如图5.89所示。该软件基于图形运算单元GPU的快速三维场景运算软件,可运算生成基于真实影像的超高密度点云,它能无须人工干预地从简单连续影像中生成逼真的三维场景模型。至2018年,奔特力公司先后推出了与实景三维建模和模型网络化服务相关的产品,主要包括:Context Capture、ContextCapture Center、ContextCapture云处理服务、ContextCapture Mobile、Acute3D Viewer、ContextCapture Editor、ContextCapture connect Edition、ContextCapture Web Viewer等。

图5.89 ContextCapture软件和PhotoScan/Metashap软件

②PhotoScan/Metashape。

PhotoScan/Metashape是俄罗斯Agisoft公司的三维重建软件产品。PhotoScan/Metashape是一款基于影像自动生成高质量三维模型的优秀实景建模软件,如图5.89所示。PhotoScan/Metashape无须设置初始值,无须相机检校,它根据最新的多视图三维重建技术,可对任意照片进行处理,无须控制点,而通过控制点则可以生成真实坐标的三维模型。照片的拍摄位置是任意的,无论是航摄照片还是高分辨率数码相机拍摄的影像都可以使用。整个工作流程无论是影像定向还是三维模型重建过程都是完全自动化的。该软件可生成高分辨率真正射影像(使用控制点可达5 cm精度)及带精细色彩纹理的DEM模型。完全自动化的工作流程,即使非专业人员也可以在一台电脑上处理成百上千张航空影像,生成专业级别的摄影测量数据。

③Pix4DMapper。

瑞士Pix4D公司是在瑞士洛桑联邦理工学院计算机视觉实验室和当地政府的支持下,由克里斯托夫·斯特查(Christoph Strecha)和奥利维尔·昆(Olivier King)于2011年在瑞士洛桑创建。Pix4DMapper软件是由瑞士Pix4D公司研发,是一款集全自动、快速、专业精度为一体的无人机数据和航空影像数据处理软件,如图5.90所示。无须专业知识,无须人工干预,即可将数千张影像快速制作成专业的、精确的二维地图和三维模型。

图5.90 Pix4DMapper软件和Altizure软件

④Altizure。

2018 年深圳珠科创新技术有限公司先后推出了 Altizure 开发平台、Altizure 三维实景一体机、Altizure 私有云部署、Altizure 星球等产品，打通了三维模型从生产、重建、应用整个流程。Altizure 是一个基于无人机拍摄的三维实景建模平台，服务于摄影爱好者、无人机发烧友、摄影测量学专家、建筑师等人群，如图 5.90 所示。平台提供云服务把无人机照片转换为实景和物体的真三维模型，具有以图片为输入全自动建模、云端处理、在线发布、管理、编辑等多种功能，主要应用于建筑行业。

⑤Virtuoso3D。

2018 年 12 月 7 日，武汉航天远景科技股份有限公司正式发布了 Virtuoso3D V1.0 全自动倾斜摄影三维建模集群系统，系统界面如图 5.91 所示。该系统有效融合了计算机视觉技术和摄影测量原理，可对倾斜影像进行高度自动化和高精度的空三处理，是一套高性能的倾斜影像三维建模空三处理系统。

⑥DJI Terra(大疆智图)。

大疆创新在德克萨斯州达拉斯举行的 Airworks 2018 大会上首次推出了 DJI Terra。从那以后，大疆一直在努力完善其软件应用程序。DJI Terra 是一款提供自主航线规划、飞行航拍、二维正射影像与三维模型重建的 PC 应用软件，如图 5.91 所示。一站式解决方案帮助行业用户全面提升航测内外业效率，将真实场景转化为数字资产，使用 DJI Phantom 4 RTK 等无人机获取数据，绘制区域并分析数据。绘制区域或结构的图对于建筑目的，基础设施项目，对输电塔的检查，事故现场分析，农业分析和摄影可能很有用。

图 5.91 Virtuoso3D 软件和 DJI Terra(大疆智图)软件

3)三维测图软件

三维测图软件主要负责在二维、三维模型的基础上，在室内进行二维数字线画图(DLG)的制作，即所谓的裸眼测图。现常见的三维测图软件有清华山维 EPS、SV360 三维智测系统、南方数码 iData3D、DP-Modeler、航天远景 MapMatrix3D、ES3D 智绘系统、CASS_3D 等。

①清华山维 EPS。

EPS 三维测图工程版是基于 EPS3D Survey 三维测图系统打造的精简版。系统提供正射影像、实景三维模型的二三维高效采编功能，支持大数据浏览及采编制图建库一体化技术。

②SV360 三维智测系统。

SV360 智能三维测绘系统是基于多版本 AutoCAD 平台开发的测绘软件，以“智能、专业、高效、开放”为设计目标开发的新一代地理数据采集、编辑和建库系统，力求做测绘地理信息业的 360 软件。系统集成了三维测图、坐标系统、地形处理、图像处理、数字地模、无人机辅助、不动产调查、土地确权、部件普查和数据转换等专业测绘模块。软件提供的“三维测图”是革命性的测绘新技术，利用实景三维模型或精细模型“裸眼”测图，可以满足 1∶1 500～1∶2 000 地形测绘、不动产测量界址点 5 厘米的高精度要求，减少 80%以上外业工作量，大幅降低生产成本，提高成图效率和成图质量，必将取代传统的全站仪测图或航测立体测图。

③南方数码 iData3D。

南方三维立体数据采集软件［简称 iData3D］，是以 iData 数据工厂为基础，结合南方数码自主知识产权 3D 平台，贴合海量点云数据和数字表面模型（DSM）上的数字线划地图（DLG）采集生产流程，同时满足 GIS 入库要求。

④DP-Modeler。

天际航图像快速建模系统 DP- Modeler 是自主研发的一款精细化单体建模及 Mesh 网格模型修饰软件。通过特有的摄影测量算法，支持航测摄影、地面影像、车载影像、全景影像、激光点云等多数据源集成，实现空地一体化作业模式，有效地提高三维建模的精度及质量。

⑤航天远景 MapMatrix3D。

武汉航天远景科技股份有限公司的图阵三维智能测图系统 MapMatri3DV1.2，有效地解决了三维模型精细化处理，将实景三维建模产品带入自动应用阶段，助推倾斜摄影在各行各业的快速应用，通过对三维数据进行漏洞修补、悬空物裁切、范围裁切等编辑，使三维模型具备了较好的可观性；并且，通过对三维场景进行绝对定向，使三维模型具备了可测量性；最后，在此基础上可以直接输出真正射影像图 TDOM、数字地表模型 DSM 等基础测绘产品，并且开创了基于倾斜三维模型的立体测图模式，包括特征线提取、对象属性编辑、制图编辑等。

⑥ES3D 智绘系统。

ES3D 智绘系统面向影像、高程、实景三维、在线地球，基于应用最为广泛的 CAD 系统（AutoCAD、中望 CAD）底层研发，使得 CAD 全面支持加载正射影像、高程、在线三维地球、实景三维能力，实现无人机航测的 CAD 全面应用。软件支持加载 IMG 等大型影像数据、后台叠加高程模型动态采集高程，同时全面融入倾斜摄影成果、三维地球实现三维制图。保留原 CAD 的所有命令和操作习惯，用户可以在二维中采集也可以三维界面中采集，或二维三维部分联合采集，全面实现 CAD 的航测二三维一体化功能。

⑦CASS_3D。

CASS_3D 是由南方数码自主研发，挂接式安装在 CASS 平台，支持矢量数据与倾斜三维模型数据叠加，并基于三维模型进行 DLG 采集，编辑，修补测的裸眼三维测图软件。

2.无人机测图的工作流程

一般来说，无人机测图项目的主要目的就是建立精细的地表三维模型，并根据用户的要求生产相关的测绘产品和成果数据，主要包括：

①3DM（3D Model）三维实景模型。

②DSM（Digital Surface Model）数字表面模型。

③DEM（Digital Elevation Model）数字高程模型。

④TDOM（Digital True-Orthophoto Map）数字真正射影像图。

⑤DLG（Digital Line Graphic）核心要素数字线划图。

⑥DOB（Digital Object model）对象化模型。

而具体的项目要求和成果内容则根据情况多有不同。

无人机测图项目实施的主要流程和工作内容如图 5.92 所示。

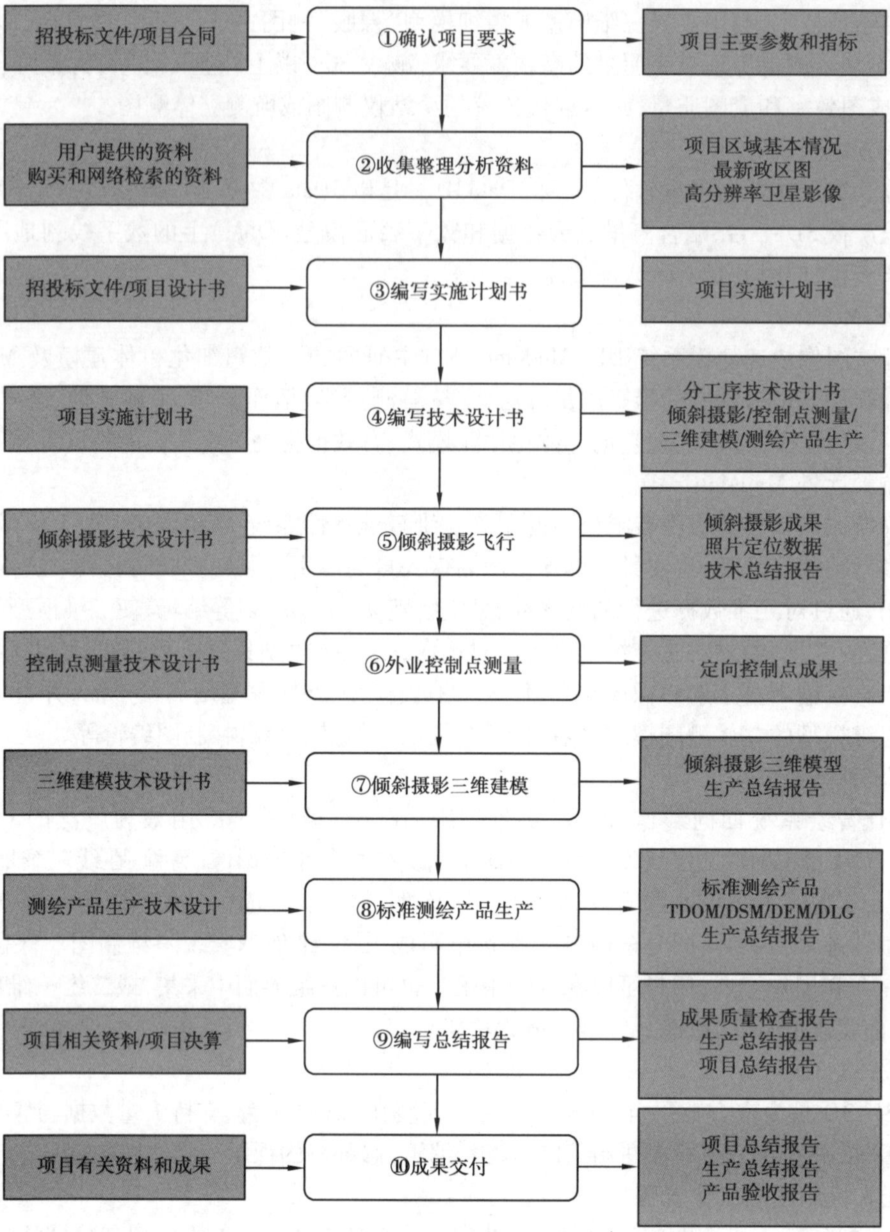

图 5.92　无人机测图项目实施主要流程和工作内容

(1)确认项目要求

“确认项目要求”是所有项目实施者必须关注的首要环节。虽然多数项目在开始实施前，甲方都会通过招标文件、投标文件、项目合同、项目总体设计书、项目任务书等文件，以书面形式给出相对明确的工作内容、技术指标、进度安排、实施期限等要求，但往往也存在叙述不完整、指标不明确、专业有局限等情况，特别是当项目涉及多个部门或多种专业时，每个部门和每个专业对项目的具体要求不一，定会完整地写入甲方提供的项目文件中。因此，项目实施者必须根据甲方提供的材料，通过自己的理解和经验，再次与项目的相关部门和负责人就具体工作内容和技术指标等进行沟通确认，以得到完整准确的项目描述。

确认的项目内容应该包括：项目范围、成果用途、工作内容、技术指标、成果形式工艺要求、实施期限、甲方参与单位和联系人、适用标准、其他特殊要求等，并形成文字材料，供编写项目实施计划书参考。

根据甲方提供的项目基本情况，项目承担单位组成了总体组和实施组。总体组主要负责项目管理和协调，编写项目实施计划书，编制项目预算和决算，进行项目总结。实施组主要负责各工序技术设计书的编写，生产组织和进度管理，产品质量控制等项工作。如果项目实施涉及多家承担单位，则还需要与各方分别签订相关的合同或协议，明确各方的责任、权利和义务。

"确认项目要求"是一个随项目进展不断深化的过程，也是一个固化项目需求的过程。虽然项目招标书和项目合同等文件中，对项目内容和要求都有基本的描述，但甲方对项目内容和成果的要求，通常会随着项目实施过程中与各方交流的不断深化而调整和改变，而乙方则会因技术实现难度加大、工作量增加、时间延长、成本增加等因素要尽量减少和控制这种变化。因此，最后确认的项目要求应该是书面的、明确的、可实施的、各方接受的、满足项目招标文件或项目合同要求的结果，是多方互动的结果。除了与甲方确认项目要求以外，乙方还要逐一与承担任务的其他各方明确和细化项目要求，并确保与项目的总体要求一致。

从许多项目实施的经验来看，明确指定一名具有相当技术水平和工作经验、且能在项目实施单位内协调相关资源的项目总负责人（项目经理）是确保项目顺利实施的重要因素。当项目实施涉及多个单位时，每个单位也需要指定相应的项目负责人。

（2）收集整理分析资料

明确项目要求之后，实施方要通过多种渠道收集项目实施所需要的各种数据和资料。首先，可以通过互联网的搜索网站，政府门户网站、地图网站、行政区划网站等收集项目所在地区的基本情况，包括行政区划、地理位置、行政区划地图、高清卫星影像地貌和地物特征、建筑物形态（密集程度、高度等）、交通情况、天气情况、民风民俗、相关政府机构等。

其次，向甲方和通过甲方，收集项目实施所涉及的信息和数据，建立与项目参与各方的直接联系，了解项目成果的应用场景和相关业务工作流程，进一步明确项目成果提交的格式、坐标系统、投影系统、精度指标、验收依据等。

然后，根据项目实施内容，收集和了解相似项目案例资料、相关的技术标准和作业规定等资料。

最后，对所有收集的信息和资料进行整理和分析，按照项目实施的需要，分别整理汇编成文，并针对项目的实施提出初步方案和建议，供参与项目实施的各方参考。通过收集整理分析资料，也可以使项目实施方进一步明确项目要求，制订出更加切合实际的项目实施计划和技术设计书。收集资料时，有一点非常重要，就是要收集项目区域的带有乡镇界线的最新版行政区划地图和高分辨率卫星影像，以便准确标绘出项目区域，并作为下一步进行倾斜摄影分区范围划分和航线设计的依据，也是相关数据生产的范围依据。

（3）编写实施计划书

明确了项目要求和各参与单位的任务分工后，就可以开始编写项目实施计划书。项目实施计划的主要内容包括：

项目简况：项目来源，招标和投标情况，业主单位，主要工作内容，项目实施周期等；

项目区域简况：行政区划，地理位置，地形地貌特征，交通，人口，气候，相关政府机构，主要用户等；

项目承担单位简况:各单位简况,任务分工,项目负责人等;

组织机构:根据需要设置项目组织机构(如总体组、专家组、技术组、实施组等)单位会商机制,部门会商机制等;

资金情况:资金来源,支付方式,支付节点和数量等;

成果要求:成果内容和数量,格式要求,数据生产标准,成果验收依据等;

技术路线:相关工序的主要技术指标和工艺流程,建议采用的设备和标准等;

进度计划:项目整体进度计划,分工序进度计划,分单位进度计划,成果提交的内容、数量和时间节点等;

成果验收:成果汇总单位,验收单位,验收模式等。

(4)编写技术设计书

按照项目工序安排,分别编写倾斜摄影、外业控制、外业调绘,三维建模、数字真正影像生产,核心要素数字线划图生产、对象化要素采集等技术设计书,明确技术要求和作业规程。

倾斜摄影技术设计书的主要内容包括:任务区基本情况,摄影分区划分原则和分区范围线,影像地面分辨率,航向和旁向重叠度,飞行平台选择,倾斜摄影系统选择,飞行天气标准,每日飞行时段,照片及曝光点位置文件命名方式,数据格式和提交介质,存储目录命名,飞行记录文件,影像验收标准等。摄影分区的划分除了要考虑飞行的要求之外,也要考虑三维建模计算时的分区要求。

外业控制点测量技术设计书的主要内容包括:任务区基本情况,外业控制点(像控点)布设原则和点位略图,成果的坐标系统和投影系统,测量精度要求,测量方法,点之记内容和格式,不同于传统摄影测量按照航线间隔数和基线间隔数来布设外业控制点的方法,倾斜摄影一般是根据影像地面分辨率和成果精度要求,采用等间距格网田字型法布设外业控制点,其经验值可参考表 5.1 所列数据。

表 5.1　外业控制点间距与影像地面分辨率的关系满足成图比例尺

影像地面分辨率	三维模型量测精度	外业控制点测量精度	外业控制点间距	满足成图比例尺
2 cm	5~10 cm	±2~5 cm	500~1 000 m	1:500
5 cm	20~30 cm	±5~10 cm	1 000~2 000 m	1:1 000
10 cm	30~50 cm	±5~10 cm	2 500~3 000 m	1:2 000

外业调绘技术设计书的主要内容包括:任务区基本情况,调绘的内容和要求,调查成果提交格式等。由于倾斜摄影三维模型能够从多角度展现地物和地貌特征,因此可以通过三维模型判断出大部分地物和地貌显性属性,如房屋结构和建筑材料、道路铺装材料、植被类型、土地利用类型等。而对地名、房屋用途、权属、管理属性等隐性属性,则需要通过收集资料和现场调查等方式进行补充和核实。

三维建模技术设计书的主要内容包括:任务区基本情况,航摄分区范围,每个分区的航线数量和照片数量,外业控制点布测方法和点位略图,三维模型建模精度要求,采用的空三计算软件和三维建模软件,成果的坐标系统和投影系统,提交的数据格式等。三维建模计算的分区通常与摄影分区相同。

数字真正射影像生产技术设计书的主要内容包括:任务区基本情况,航摄分区范围维模型建模精度指标，成果的坐标系统和投影系统，影像图分幅范围和尺寸，提交成果的数据格式等，三维建模计算的分区通常与摄影分区相同。

核心要素数字线划图生产技术设计书的主要内容包括：任务区基本情况，三维模型建模精度指标，需要采集的核心要素内容和方法，要素编码体系，成果的坐标系统和投影系统，分幅范围和尺寸，提交成果的数据格式等。

对象化要素采集技术设计书的主要内容包括：任务区基本情况，三维模型建模精度指标，对象化要素采集的内容和方法，对象化要素编码体系，成果的坐标系统和投影系统提交成果的数据格式等。

(5)倾斜摄影飞行

执行倾斜摄影飞行的单位，应及时向有关单位申请飞行空域，并在实施飞行前对任务区进行现场踏物，准确掌握任务区的地貌和地物特征，特别是要标识出任务区及周边2千米范围内的高大建筑物、高压线塔、飞行禁区范围，如根据现场情况需要对摄影分区，航高等进行调整时，应征得甲方的同意，并确定最终的摄影分区范围线，影像地面分辨率，航向和旁向重叠度等参数。

执行倾斜摄飞行的机组，应根据倾斜摄影技术设计书的要求和给定的参数进行航线设计和飞行任务安排，根送每日飞行计划，做好飞行日志，提交相应的成果。

(6)外业控制点测量

外业控制点测量作业单位应按照外业控制点测量技术设计书的要求组织，布设和施测外业控制点，通常情况下，外业控制点测量采用GPS-RTK(全球定位系统实时差分)方法施测。

与传统摄影测量外业控制点布设方法不同，倾斜摄影的外业控制点布设方法是按照一定的格网间距均匀布设的，而不必考虑航线数和基线数的间隔。外业控制点布设的格网间距一般与摄影分区的范围和影像地面分辨率相关。

为了及时检查三维模型的精度，外业控制点布设时可以采用双点法，即在同一布点范围内相距50米以内布测主点和副点两个控制点，主点作为控制点参与三维模型的定向，副点不参与定向计算，仅作为检查点使用。

(7)倾斜影像三维建模

三维建模计算的第一步就是要对所有倾斜影像进行检查，研究摄影分区、飞行架次、照片数量等，配准照片GPS定位数据，剔除试片、空片等，根据三维建模软件和计算机集群的计算能力，在摄影分区的基础上进行计算分区。然后根据计算分区范围将照片导入三维建模软件中进行三维建模计算。

(8)测绘产品生产

按照测绘产品生产技术设计书的要求，制作相应的测绘产品。标准测绘产品主要包括：3DM(3 D Model)三维实景模型、DSM(Digital Surface Model)数字表面模型、DEM(Digital Elevation Model)数字高程模型、TDOM(Digital True.-Orthophoto Map)数字真正射影像图、DLG(Digital Line Graphic)核心要素数字线划图、DOB(Digital Object model)对象化模型，所有测绘产品都要按要求进行质量检查，并提交质检报告。

(9)编写总结报告

完成所有倾斜摄影三维建模和测绘产品生产工作后，需要编写项目执行的总结报告，汇总相关技术设计书和作业规定，统计原始数据和成果数据的数量和工作量，做好验收和向用户提交成果准备工作。

总结报告要说明任务来源、项目要求、技术标准、成果形式、实施过程、成果数量检查验收情况等,还应说明成果的使用范围和注意事项。如果对用户的应用场景和使用环境有一定的了解,也可以就如何更好地使用成果提出一些建议。

(10)成果交付

按照项目要求完成所有数据生产并经检查验收后,就可以根据项目进度和数量要求向甲方交付成果。

3.CASS_3D 三维测图

(1)软件安装

在安装软件之前需安装 AutoCAD 以及 CASS 软件,支持 AutoCAD 2005 以上版本,支持所有 CASS 版本,安装完成所需 AutoCAD 以及 CASS 软件之后,进行 CASS_3D 软件安装,如图 5.93、图 5.94 所示。

图 5.93　安装向导

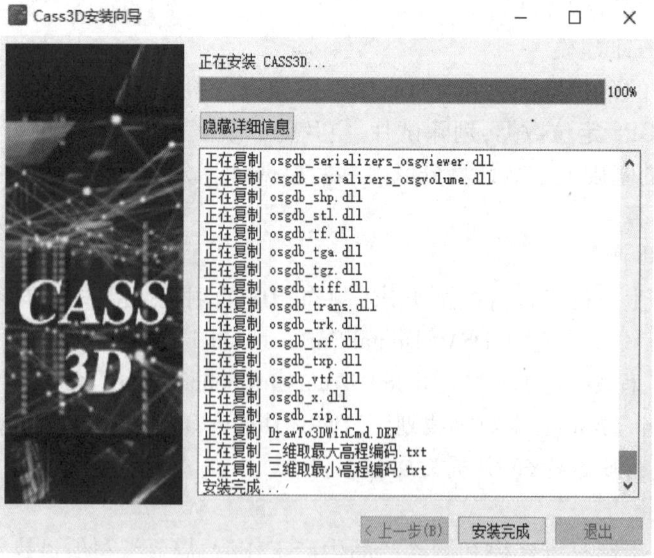

图 5.94　软件安装中

(2)数据准备

支持的三维模型数据格式为:xml/osgb/s3c/obj。

生产的矢量数据格式为:dwg。

支持的 DOM 影像数据格式为:tif/img/jpg。

(3)操作指导

1)启动软件

启动后软件界面如图5.95所示。

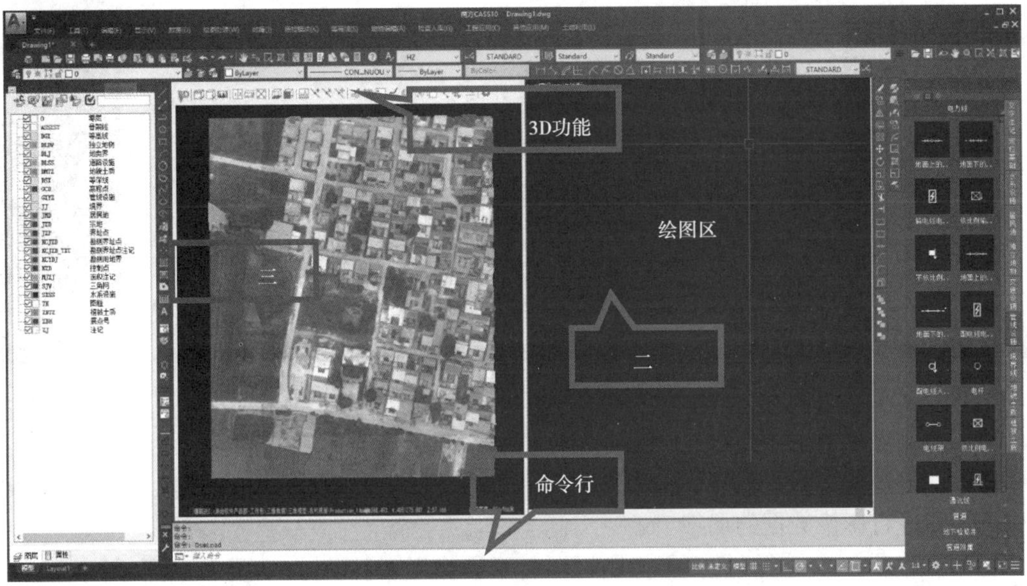

图5.95　软件界面

2)三维模型数据加载

加载三维模型数据,加载三维模型数据之后即可在立体模型上进行数据采集。

①在 CASS 3D 工具栏中单击如图5.96所示的“3D”图标。

图5.96　CASS 3D 图标

②弹出打开窗口,选择三维模型数据,如图5.97所示。

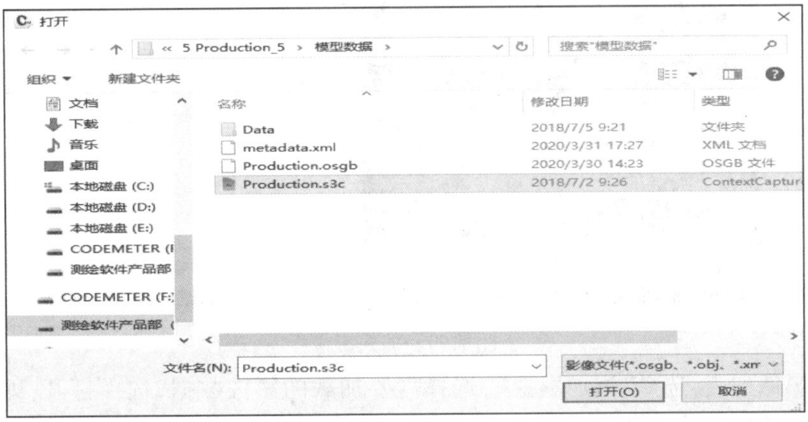

图5.97　选择文件

③选择“打开”,即可打开三维模型数据,如图 5.98 所示。

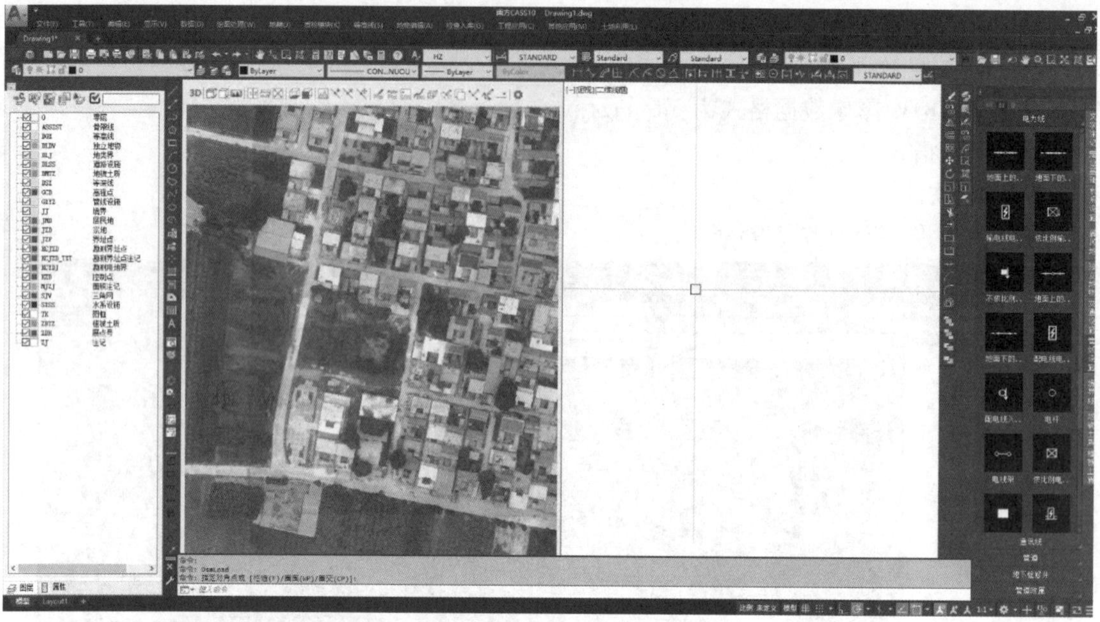

图 5.98　打开三维模型数据

3)影像数据加载

在软件上进行三维数据立体采集,如有需要在二维窗口加载影像数据作为作业参考,可按照如下步骤进行影像数据的加载。

①在 3D 菜单栏,选择“插入影像”功能,打开影像列表目录树,如图 5.99 所示。

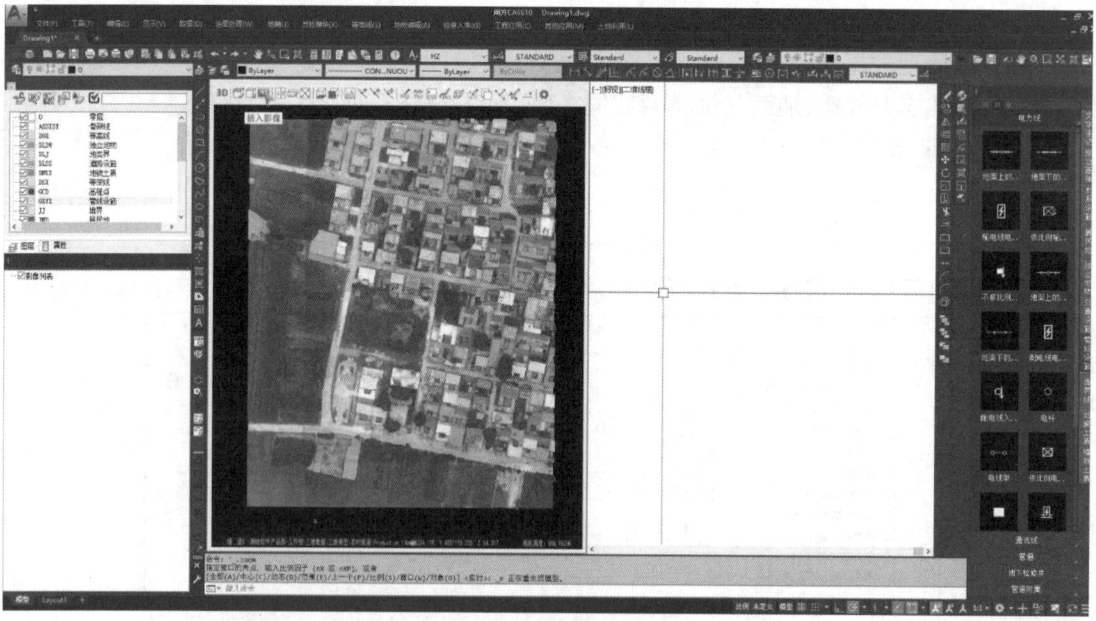

图 5.99　插入影像

②右键影像列表,选择“添加影像”,选择需要加载的影像数据,选择打开,即可在二维窗口加载完影像数据,如图 5.100 所示。

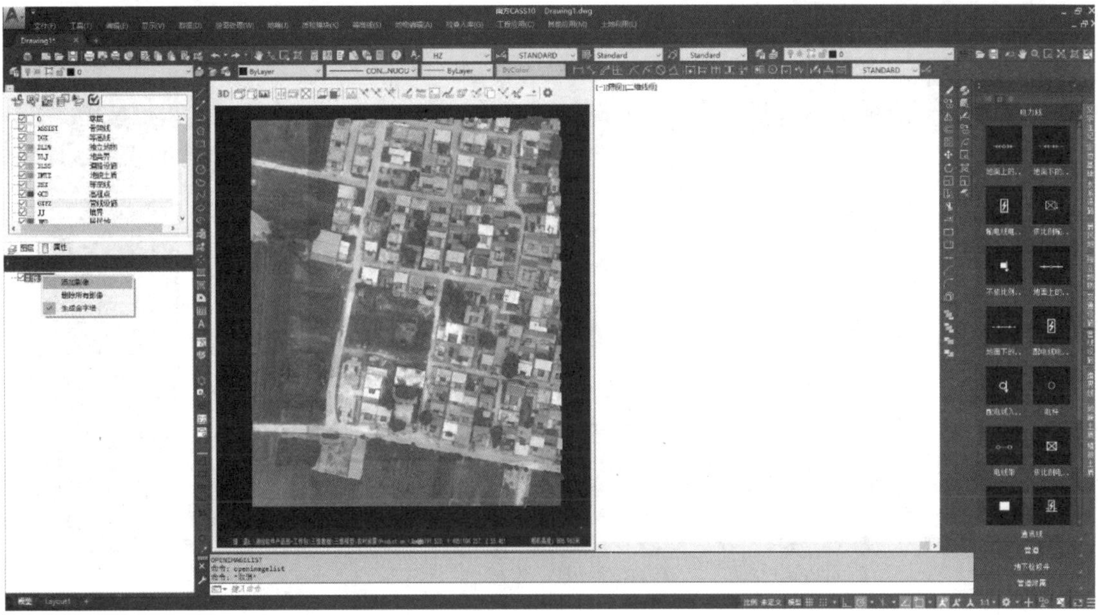

图 5.100　添加影像

4)数据浏览

数据浏览方式以鼠标操作为主,键盘操作为辅,二三维窗口操作基本一致,具体可参考表 5.2。

表 5.2　数据浏览操作表

浏览操作	三维窗口	二维窗口
放大	滚轮向前推动	相同
缩小	滚轮向后推动	相同
平移	按住滚轮,同时移动光标	相同
旋转	按住左键,同时移动光标	按住 Alt 键,滚轮向前推动为逆时针旋转,向后推动为顺时针旋转
正北	按住 Ctrl 键,再按 Tab 键	无
转 90°	按 Tab 键	无
全屏正摄	双击滚轮	相同

(4)基础绘图

1)点绘制

绘制单点地物,如控制点、路灯、检修井等。

在右侧地物绘制面板中找到要绘制的地物,双击需要绘制的点状地物,然后在三维窗口中,在要画点的地方单击鼠标左键,即可完成点状地物的绘制,重复同一类地物绘制可按空格键进行重复上次命令操作。

以绘制路灯为例,操作流程如下:

在右侧地物绘制面板中选择路灯,在三维窗口根据命令窗口提示,选择路灯底部位置,即可在光标位置处插入该编码的点状地物,如图 5.101 所示。

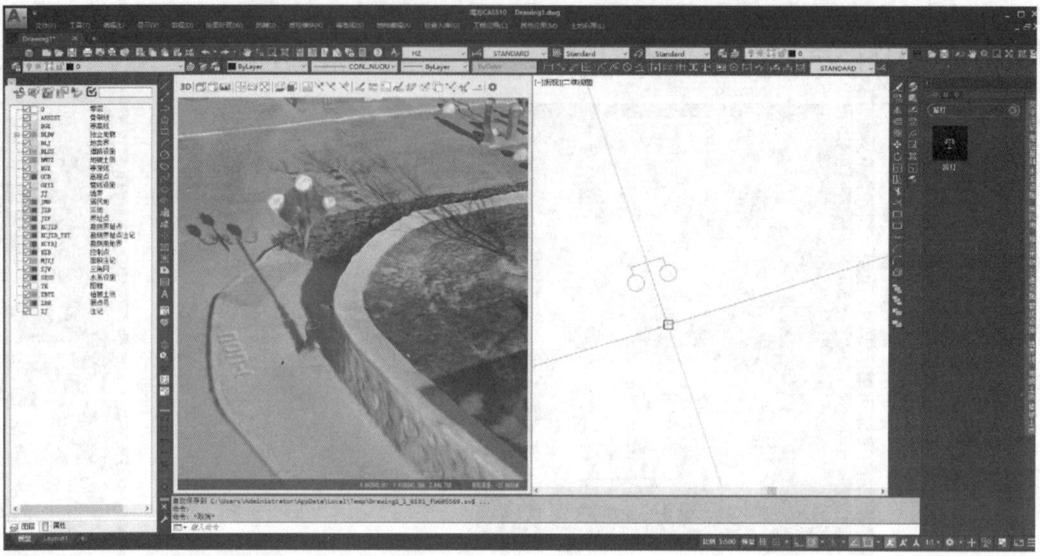

图 5.101　点绘制

2)线绘制

线绘制主要是绘制线状地物,如道路、电力线等地物。

在右侧地物绘制面板中选择需要绘制的地物,双击要绘制的线状地物,在三维窗口中,在要画线的地方依次单击鼠标左键,进行线状地物绘制,最后空格键确定,即可完成。分别以单线地物绘制和闭合线地物绘制为例,进行操作描述。

以绘制地面上的输电线为例,操作流程如下:

在右侧地物绘制面板中选择需要绘制的地物:地面上的输电线,根据命令窗口提示,在三维窗口中,找到电杆底部位置,依次进行绘制,电杆位置绘制完成后,选择按回车键,根据命令窗口提示,选择端点符号绘制方式,这里我们选择“绘制电杆和箭头”,在命令窗口输入“1”,按回车键,即可完成地面上的输电线绘制,如图 5.102 所示。

图 5.102　线绘制

3)注记绘制

添加文字注记,如果园类型、电力线电压值等。

在右侧地物绘制面板选择要绘制的注记实体,然后在三维视图窗口要添加文字注记的地方单击鼠标左键,即可完成注记绘制。

以水泥路注记绘制为例,操作流程如下;

在右侧地物绘制面板选择水泥注记,在三维窗口,需注记的地方左击,即可注记出水泥字样,如图5.103所示。

图5.103　注记绘制

4)三维数据编辑

①更改矢量高度。

修改所绘制实体的标高(即高程),共提供三种修改高程的方式:输入标高、单击图面点、贴合模型表面。

输入标高:将选中的实体高程值修改为输入的标高值。

单击图面点:在三维窗口中的模型上单击一点,将这点的高程值赋给选中实体的高程。贴合模型表面:将选中实体自动贴到各节点对应的模型最高点,如图5.104所示。

图 5.104　更改矢量高度

②节点编辑。

为方便在三维窗口中对矢量数据进行节点编辑操作，提供基于三维窗口的移动节点、增加节点、删除节点等功能，如图 5.105 所示。

图 5.105　节点编辑

③修线。

在 3D 功能菜单条上，选择“修线”，绘制边线，对图形进行修正，如图 5.106 所示。绘制的修正线必须与原实体相交，可组成闭合区域，否则修线无效。

④修角。

修复绘制过程中房角点位置处的折线角，使其符合实际房屋范围线的节点。单击需要修角的折线段，程序会自动识别线段两侧边线并将其延长至交点。

在 3D 功能菜单条上，选择“修角”，将鼠标移至需要修改的折线段处，左击鼠标即可完成修角，如图 5.107 所示。

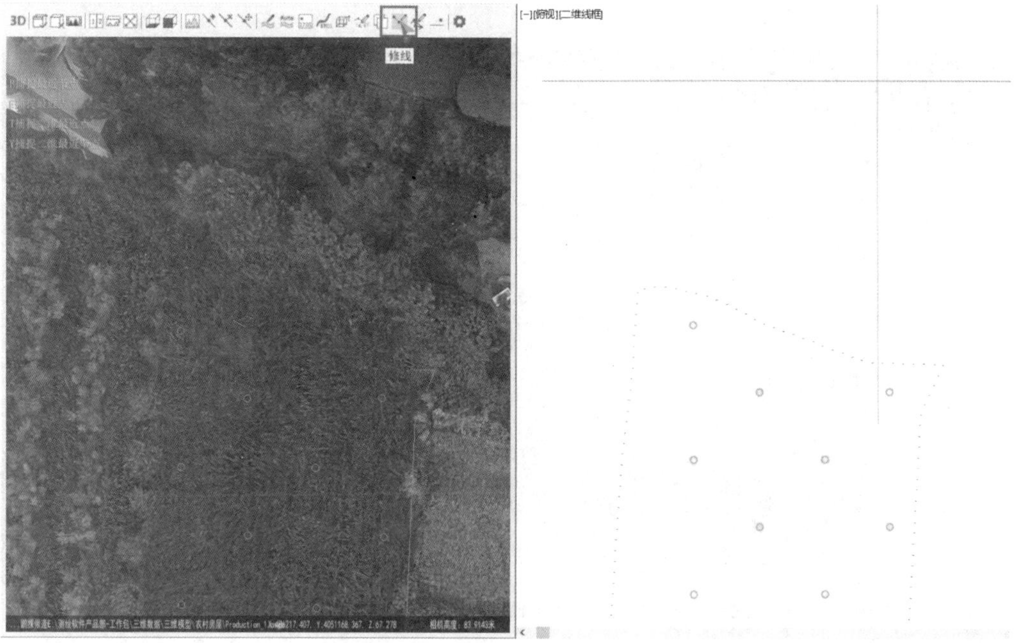

图5.106　修线

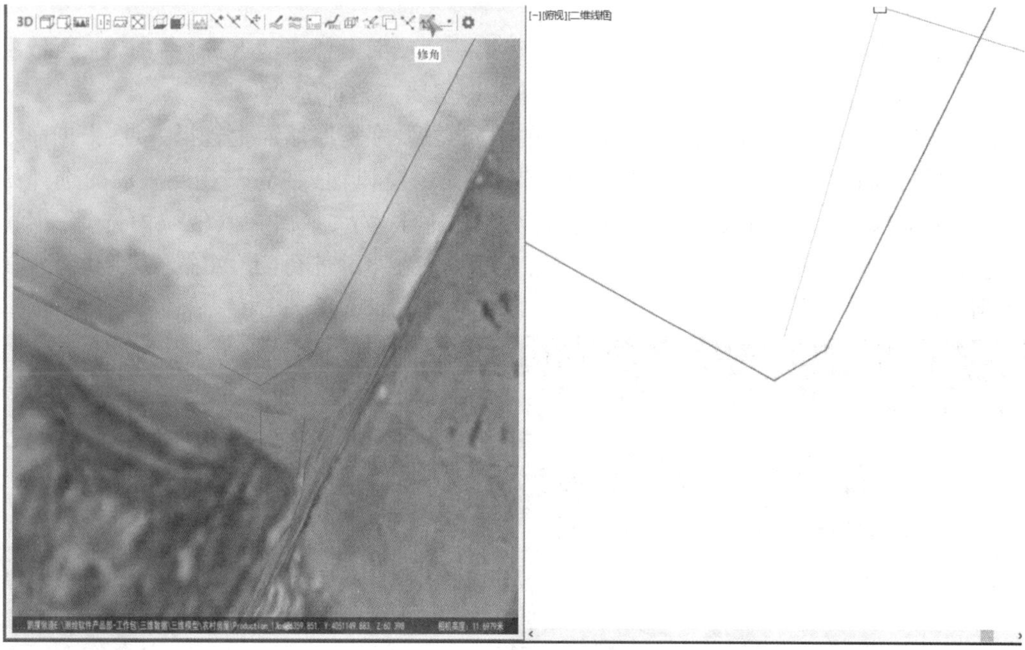

图5.107　修角

⑤居民地采集。

针对不同质量的房屋模型，可采用不同的绘制方式。

- 普通绘制

屋顶范围线的各个角点位置清晰可见，则可使用普通绘制方式采集。操作流程如下：

在右侧地物绘制面板选择需要绘制的房屋类型，选择四点一般房屋，输入房屋结构，输入房屋层数,如图 5.108 所示。

图 5.108　普通绘制方式采集

• 直角绘房

一般多用于墙面较平整的房屋,可通过采集第一个墙面上任意两点进行初定向,再依次采集其他各墙面上任意一点,便可绘制出直角房屋(即房屋内角都为 90°)。

在右侧属地物绘制面板上选择需要绘制的房屋类型,在房屋墙面上选择一点,根据命令窗口提示,选择绘制方式,此处我们选择直角绘制,在命令窗口输入"W",在同一墙面选择另外一点进行定向(两点尽量选择距离两边墙角位置),根据提示,依次在其他墙面选择一点(按 Tab 键可将模型旋转 90°),最后一个墙面选点之后,输入"C"进行闭合,输入房屋层数,如图 5.109所示。

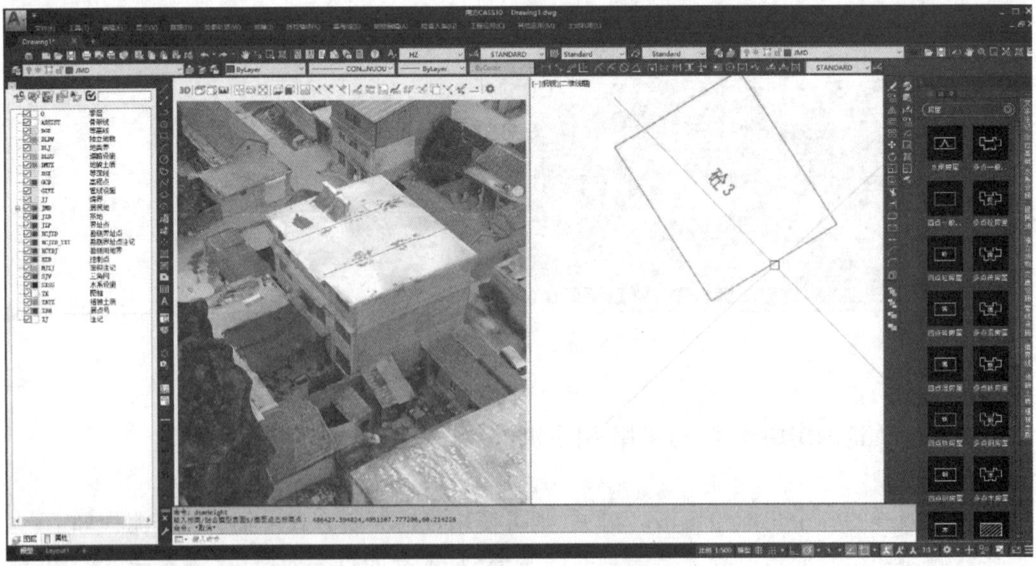

图 5.109　直角绘房

• 偏移绘制

偏移构面主要是选择已绘图形单边或边界两点内线段，将其作为基底内外推动快捷构面，多用于阳台、飘窗等地物绘制。

在 3D 功能菜单处，选择“偏移拷贝功能”，输入绘制实体的编码，以绘制阳台为例，输入“140001”；根据命令窗口提示，选择“单边偏移/两点偏移”，如图所示的阳台（阳台的起点和终点并非房屋主体端点），选择两点偏移，在需要绘制阳台的房屋主体相应位置进行阳台绘制，根据绘图实际情况，选择是否进行换向，回车即可完成绘制，如图 5.110 所示。

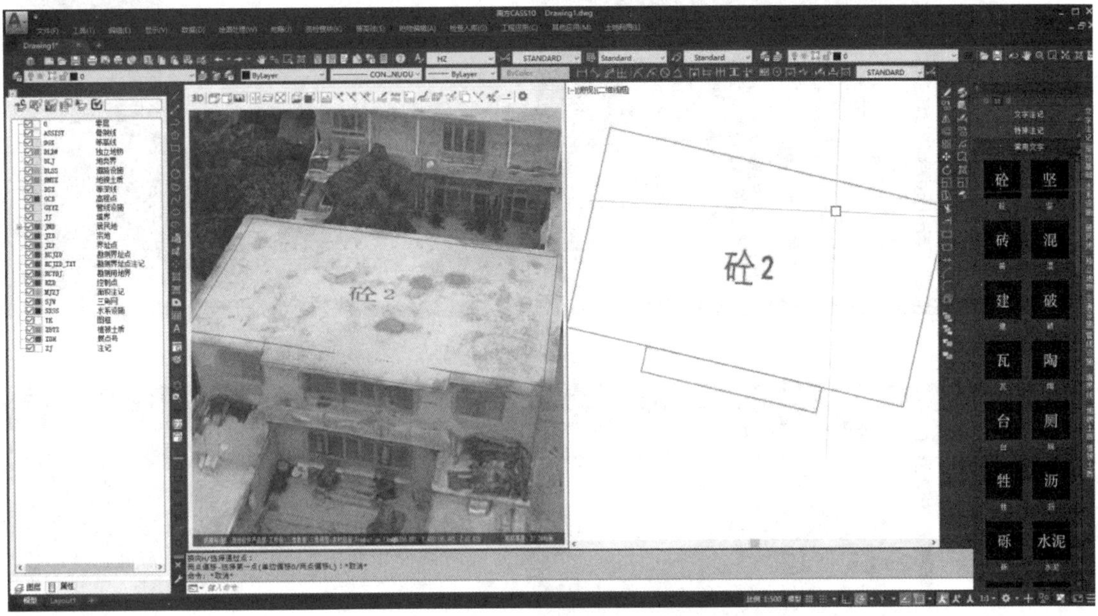

图 5.110　偏移绘制

（5）高程点提取

对于裸地表或建筑物和植被不多的模型，可采用自动提取方式采集高程点。自动提取的原理为：根据设定的高程点间距，在模型上指定线上或者范围线内，按照指定方向紧贴模型，等距生成高程点。

1）提取线上高程点

在 3D 功能菜单条上，选择“线上提取高程点”，选择需要提取高程点的线，根据命令窗口提示，选择提取方式，选择完提取方式后，再次根据命令窗口提示输入等分数量或者间隔距离，回车即可提取高程点，如图 5.111 所示。

2）提取范围线内高程点

在 3D 功能菜单条上，选择“闭合区域提取高程点”，选择范围线或者按 D 键，绘制一条范围线，根据命令窗口提示，指定高程起始点和终止点，输入等分距离，等待进度条执行完毕，高程点生成成功，如图 5.112 所示。

（6）等高线生成

等高线的绘制也有两种方式，一种是人工绘制，另一种根据高程点建立三角网后自动生成等高线。

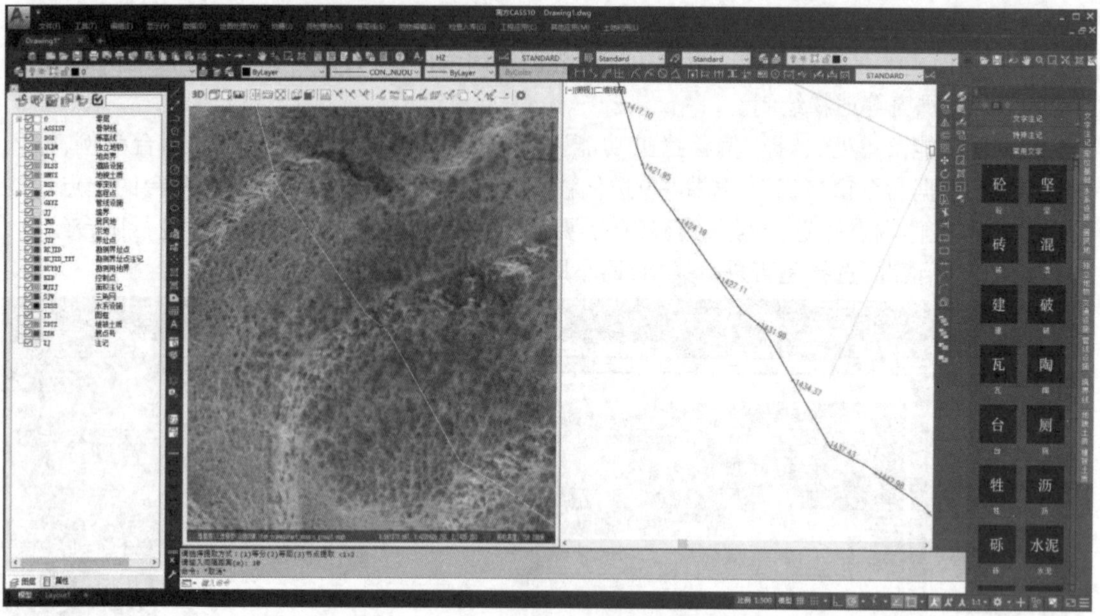

图 5.111　提取线上高程点

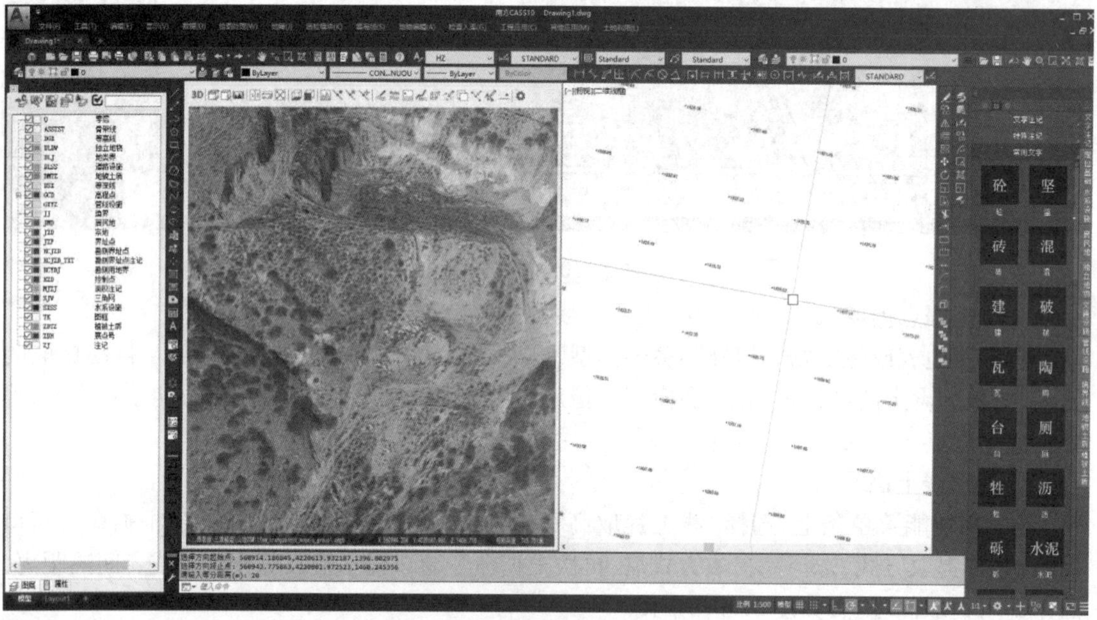

图 5.112　提取范围线内高程点

1) 人工绘制

人工绘制等高线时,需进行高程固定,此时,无论是绘制还是编辑,都在同一高程平面上进行。

在 3D 菜单窗口,选择“绘制等高线”,输入等高距,输入或者点选固定高程,软件会隐藏低于高程值的三维模型；沿着隐藏的高程模型边,进行等高线采集即可,如图 5.113 所示。

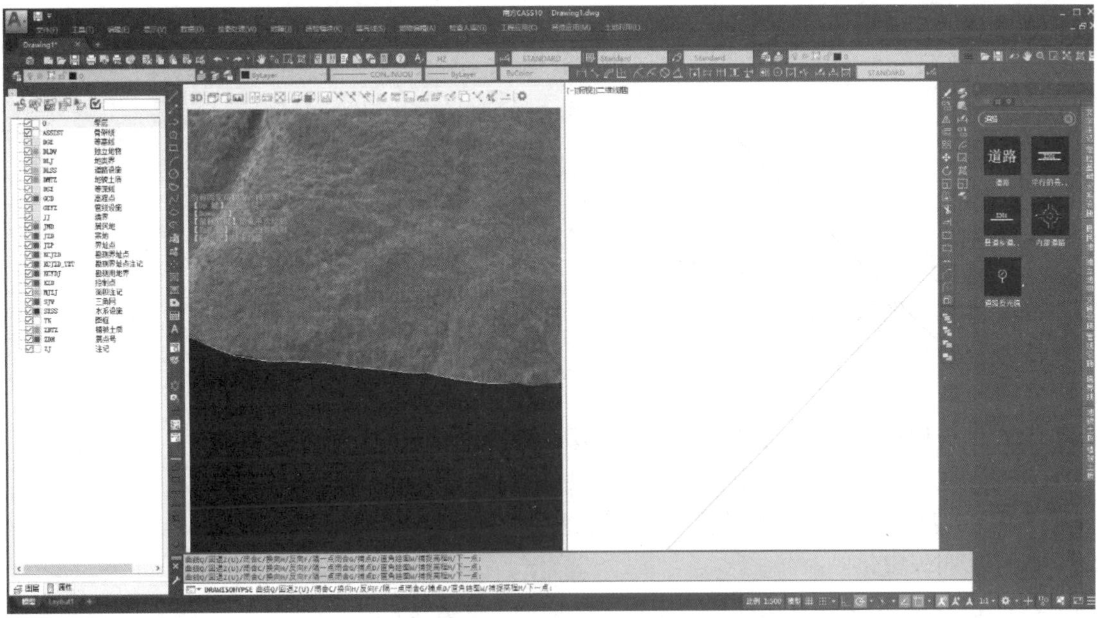

图 5.113　绘制等高线

2) 自动生成等高线

对于裸地表或建筑物和植被不多的模型,可采用自动提取方式采集高程点。自动提取的原理为:根据设定的高程点间距,在模型上指定范围线内,按照指定方向紧贴模型,等距生成等高线。

在 3D 功能菜单处,选择“提取等高线”,命令窗口提示,选择或者绘制范围线,设置等高距,确定后软件即可在指定范围内自动生成等高线,如图 5.114 所示。

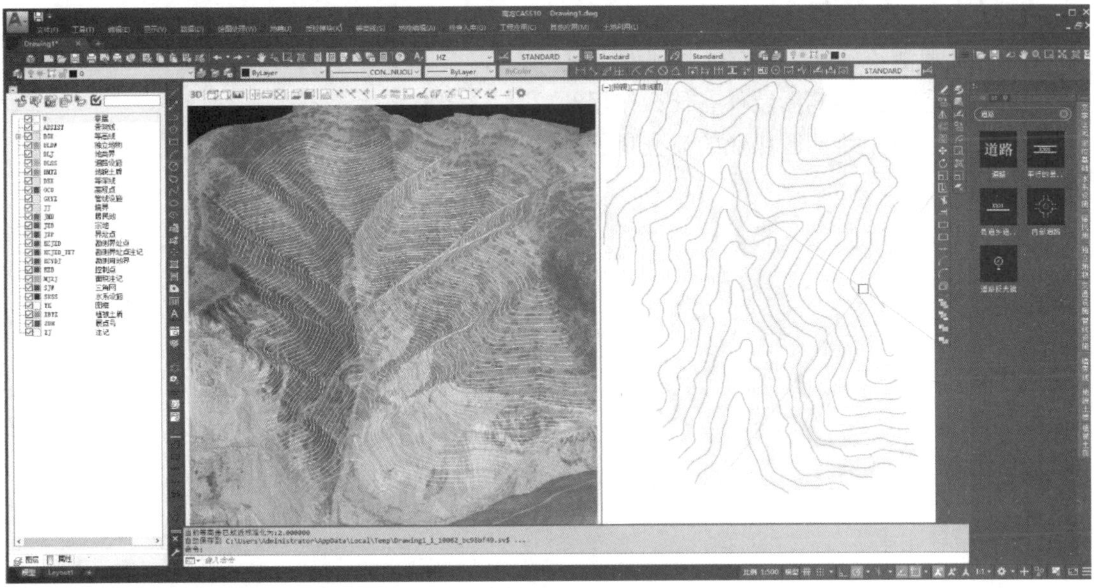

图 5.114　自动生成等高线

(7)保存 dwg 数据

单击“文件”——“图形存盘”,保存 dwg 数据。

思考与练习题

1.简述地形图矢量化的基本流程。
2.简述栅格图与矢量图的区别与联系。
3.栅格数据文件主要有哪些文件格式?
4.什么叫地形图的矢量化?
5.在进行地形图的矢量化工作之前,需要对栅格地形图进行哪些处理?
6.简述在南方 CASS10.1 中用“四点法”纠正栅格地形图的方法与步骤。
7.简述“四点法”与“逐格网法”纠正栅格地形图的差异。
8.什么叫矢量化?
9.简述 CASS10.1 矢量化地形图中点、线、面的主要方法。
10.简述 CASS10.1 矢量化地形图图幅的方法。
11.传统的水下地形测量的原理是什么?
12.传统的水下地形测量方法有哪些?
13.现常用的水下地形测绘的作业方式有哪三种方式?各有什么优缺点?
14.水下地形图测绘的流程是什么?
15.无人机测图的流程是什么?
16.无人机测图用到哪些硬件或软件?
17.无人机有哪些类型?各有什么特点?
18.无人机测绘硬件系统有哪些部件组成?
19.CASS_3D 三维测图软件有什么作用?
20.CASS_3D 三维测图作业的流程是怎样的?

表一　　专业能力考核表

<table>
<tr><td colspan="3">项目 5:其他数字成图方式简介</td><td colspan="4">日期:　　　年　　　月　　　日</td><td colspan="4">考评员签字:</td></tr>
<tr><td colspan="3">姓名:</td><td colspan="4">学号:</td><td colspan="4">班级:</td></tr>
<tr><td rowspan="3">地形图扫描矢量化及其他成图方式能力考核</td><td rowspan="2">1.完成 1 幅 50 cm×50 cm 的 1∶500 比例尺地形图的扫描矢量化全流程,并进行相关操作</td><td>以 m 为单位写出原图的 X 坐标</td><td>以 m 为单位写出原图的 Y 坐标</td><td>插入图像</td><td>图像纠正</td><td>将扫描图放在图层的最底层</td><td>用雁行字列注记其中一处地物名称</td><td>绘制一处花圃</td><td>填充花圃符号使间距与原图相同</td><td>绘制一处台阶</td></tr>
<tr><td>X=</td><td>Y=</td><td>□完成
□否</td><td>□完成
□否</td><td>□完成
□否</td><td>□完成
□否</td><td>□完成
□否</td><td>□完成
□否</td><td>□完成
□否</td></tr>
<tr><td>2.在实训操作的基础上,熟悉 4 个问题的内容,并从中任意抽取 1 题,作详细陈述</td><td colspan="9">①水下地形图测绘的工作流程是什么?
②用大疆精灵无人机测图的外业和内业步骤?
③水下地形图绘制等高线的方式与陆地上有何不同?
④无人机测图的空三加密是指什么?如何操作?</td></tr>
</table>

表二　评价考核评分表

<table>
<tr><td>评分项</td><td>内容</td><td>分值</td><td>自评</td><td>互评</td><td>师评</td></tr>
<tr><td rowspan="4">职业素养考核 40%</td><td>积极主动参加考核测试教学活动</td><td>10 分</td><td></td><td></td><td></td></tr>
<tr><td>团队合作能力</td><td>10 分</td><td></td><td></td><td></td></tr>
<tr><td>交流沟通协调能力</td><td>10 分</td><td></td><td></td><td></td></tr>
<tr><td>遵守纪律,能够自我约束和管理</td><td>10 分</td><td></td><td></td><td></td></tr>
<tr><td rowspan="2">专业能力考核 60%</td><td>1.完成 1 幅 50 cm×50 cm 的 1∶500 比例尺地形图的扫描矢量化全流程,并进行相关操作</td><td>40 分</td><td></td><td></td><td></td></tr>
<tr><td>2.在实训操作的基础上,熟悉 4 个问题的内容,并从中任意抽取 1 题,作详细陈述</td><td>20 分</td><td></td><td></td><td></td></tr>
<tr><td colspan="3">得分合计</td><td></td><td></td><td></td></tr>
<tr><td rowspan="2">总评</td><td rowspan="2">自评(20%)+互评(20%)+师评(60%)=</td><td>综合等级</td><td colspan="3" rowspan="2">教师(签名):</td></tr>
<tr><td></td></tr>
</table>

项目 6

数字测图的质量控制

项目目标

- 掌握数字测图成果的质量要求元素,掌握数字地形图内外业检查与验收方法。
- 通过介绍数字测图成果质量检验流程和要求,要求学生树立质量意识和标准意识。

任务 6.1　大比例尺数字地形图质量要求

任务描述

- 了解大比例尺数字地形图有哪些质量要求,各有具体内容。

知识学习

1.大比例尺数字地形图的数据说明

数据说明是数字地形图的一项重要质量特性,数字地形图的质量要求应包含数据说明部分。数据说明可存储于产品数据文件的文件头中或以单独的文件存储为文本文件,内容编排格式可以自行确定。数字地形图的数据说明应包括表 6.1 所示内容。

表 6.1　数字地形图的数据说明内容

产品名称、范围说明	产品名称,图名、图号,产品覆盖范围,比例尺
存储说明	数据库名或文件名,存储格式和(或简要说明)
数学基础说明	椭球体,投影,平面坐标系,高程基准,等高距
采用标准说明	地形图图式名称及编号,测绘规范名称及编号,地形图要素分类与代码标准的名称及编号,其他
数据源和数据采集方法说明	摄影测量方法采集,地形图数字化,野外采集
数据分层说明	层名,层号,内容
产品生产说明	生产单位,生产日期
产品检验说明	验收单位,精度与等级,验收日期
产品归属说明	归属单位
备注	

2.大比例尺数字地形图的数据分类与代码

大比例数字地形图的数据分类与代码应遵循科学性、系统性、可扩延性、兼容性与适用性原则，符合《1∶500、1∶1 000、1∶2 000 地形图要素分类与代码》(GB 14804—1993)的要求。

补充的要素及代码应在数据说明备注中加以说明。

3.大比例尺数字地形图的质量元素与权重

数字地形图成果的质量模型分为质量元素、质量子元素与检查项三个层次，每个层次之间为一对多关系。数字地形图成果的质量元素包括数字精度、数据及结构正确性、地理精度、整饰质量、附件质量等内容。质量元素由质量子元素组成，每一个质量子元素又由一项或多项检查内容(检查项)组成。具体的质量元素、质量子元素及检查项如表6.2所示。

表6.2　大比例尺数字地形图成果质量元素及权重表

质量元素	权	质量子元素	权	检查项
数学精度	0.2	数学基础	0.2	(1)坐标系统、高程系统的正确性 (2)各类投影计算、使用参数的正确性 (3)图根控制测量精度 (4)控制点间图上距离与坐标反算长度较差
		平面精度	0.4	(1)平面绝对位置中误差 (2)平面相对位置中误差 (3)接边精度
		高程精度	0.4	(1)高程注记点高程中误差 (2)等高线高程中误差 (3)接边精度
数据及结构正确性	0.2			(1)文件命名、数据组织正确性 (2)数据格式的正确性 (3)数据不全或无法读出 (4)要素分层及颜色的正确性、完备性 (5)属性代码的正确性 (6)属性接边质量
地理精度	0.3			(1)地理要素的完整性与正确性 (2)地理要素的协调性 (3)注记与符号的正确性 (4)综合取舍的合理性 (5)地理要素接边质量
整饰质量	0.2			(1)符号、线条质量 (2)注记质量 (3)图面要素协调性 (4)图面、图廓外整饰质量
附件质量	0.1			(1)元数据文件的正确性、完整性 (2)检查报告、技术总结内容的全面性及正确性 (3)成果资料的完整性 (4)各类报告、附图(结合图、网图)、附表、簿册整饰的规整性 (5)资料装帧

4.大比例尺数字地形图数据的位置精度

(1)平面、高程精度

地物点、高程注记点、等高线相对最近的野外控制点的点位中误差不得大于表6.3中规定,特殊困难地区精度可按地形类别放宽0.5倍。规定以两倍中误差为最大误差,超限视为粗差。

表6.3　大比例尺数字地形图数据的位置精度

地形类别	1:500			1:1 000			1:2 000		
	地物点/mm	注记点/mm	等高线/m	地物点/mm	注记点/mm	等高线/m	地物点/mm	注记点/mm	等高线/m
平地	0.6	0.4	0.5	0.6	0.5	0.7	0.6	0.5	0.7
丘陵地	0.6	0.4	0.5	0.6	0.5	0.7	0.6	0.5	0.7
山地	0.8	0.5	0.7	0.8	0.7	1.0	0.8	1.2	1.5
高山地	0.8	0.7	1.0	0.8	1.5	2.0	0.8	1.5	2.0

注:地物点精度为图上点位中误差,高程注记点及等高线精度为实地点位中误差。

(2)形状保真度

各要素的图形能正确反映实地地物的特征形态,并无变形扭曲,就是形状保真度。

(3)接边精度

在几何图形方面,相邻图幅接边地物要素在逻辑上保证无缝接边;在属性方面,相邻图幅接边地物要素属性应保持一致;在拓扑关系方面,相邻图幅接边地物要素拓扑关系应保持一致。

5.数字地形图要素的完备性

数字地形图中各种要素必须正确、完备、不能有遗漏或重复现象。

(1)数据分层的正确性

所有要素均应根据其技术设计书和有关规范的规定进行分层。数据分层应正确,不能有重复或漏层。

(2)注记的完整性、正确性

各种名称注记、说明注记应正确,指示明确,不得有错误或遗漏,注记的属性、规格、方向应与图式一致。当与技术设计书要求不一致时,以技术设计书为准,高程注记点密度为图上每100 cm^2 内5~20个。

6.数字地形图的图形质量

数字地形图模拟显示时,其线条应光滑、自然、清晰,无抖动、重复等现象。符号表示规格应符合相应比例尺地形图图式规定。注记应尽量避免压盖地物,其字体、文字大小、字数、字向、单位等应符合相应比例地形图图式的规定。符号间应保持规定的间隔,达到清晰、易读。

7.数字地形图的其他要求

(1)分类

数字地形图比例尺分类的方法与普通地形图相同,这里不再赘述。数字地形图按照数据形式分为矢量数字地形图和栅格数字地形图,代号分别为DV和DR。数字地形图应包含密级要求，密级的划分按照国家有关的保密规定执行。

(2)产品标记

数字地形图的产品标记规定：产品名称+分类代号+分幅编号+使用标准号。例如分幅编号为J500001001的矢量数字地形图，其产品标记：DVJ500001001 GB/T 18315—2001。

(3)构成

数字地形图由分幅产品和辅助文件构成。每一分幅产品由元数据、数据体和整饰数据等相关文件组成。辅助文件包括使用说明、支持文件等，但辅助文件不作为数字地形图产品的必备部分。元数据作为一个单独文件，用于记录数据源，数据质量、数据结构、定位参考系、产品归属等方面的信息。数据体用于记录地形图要素的几何位置、属性、拓扑关系等内容。使用说明用于帮助、解释和指导用户使用数字地形图产品，可以包括分层规定、要素编码、属性清单、特殊约定、帮助文件(例如各种专用 * shx 文件等)、版权、用户权益等内容。

任务6.2　作业过程质量控制

任务描述

- 了解大比例尺数字地形图测绘在作业过程进行质量控制的方法。

知识学习

ISO9000标准是国际公认的质量管理和质量保证的统一标准，从质量计划、管理职责、人力资源、质量记录到过程控制、产品标识、不合格品控制、产品检验等都作了规定并形成文件，使质量管理系统化、规范化、科学化，保证产品的任何工序都得到有效控制。将大比例尺地形图测绘的质量控制与ISO9000标准结合起来，形成测图的质量控制，有效地控制测图的质量。

1.质量策划

根据测绘范围及时限，制定合理的人力及设备资源配置，详细可行的施测方案和质量计划，影响质量的关键环节及其控制措施，确定测绘过程中各级人员的质量职责及质量目标。严格控制工作、工序质量，使每一道工序始终处于受控状态，坚持“以工作质量保证工序质量，工序质量保证产品质量”的原则。

2.过程控制

过程控制包括外业过程控制和过程跟踪监督检查。作业人员严格按规范要求操作，保证对地表地物调查到位，测绘到位，做到不错、不漏、不差；采用基于便携计算机和PAD掌上电脑，自动传输观测数据并转换为图形，进行实时编辑，最大限度地减少测绘过程中的差、错、漏，从而保证了外业数据采集过程的质量；质检人员对测绘过程实施跟踪检查，监督检查作业方法是否规范，成果是否达到要求，对过程结果进行监督检查，确保所有过程的质量都处于受控状态。

3.成果检查

由单位质量管理部门对经过过程检查修改后的成果进行抽查，进一步降低测绘成果的缺陷，提高最终产品的质量。

4.持续改进

对检查过程中发现的问题由质检部门提出整改要求,限期整改,针对测绘过程中存在的质量通病制定出纠正预防措施,杜绝类似问题的再次发生,不断提高地形图的测绘质量。

任务6.3 成果检查验收与质量评定

任务描述

• 了解大比例尺数字地形图测绘成果检查验收及质量评定的方法和步骤。

知识学习

数字地形图及其有关资料的检查验收工作,是测绘生产的一个不可缺少的重要环节,是测绘生产技术管理工作的一项重要内容。对地形图实行二级检查(测绘单位对地形图的质量实行过程检查和最终检查),一级验收制(验收工作由任务的委托单位组织实施,或由该单位委托具有检验资格的检验机构验收)。

数字地形图的检查验收工作,要在测绘作业人员自己作充分检查的基础上,提请专门的检查验收组织进行最后总的检查和质量评定。若合乎质量标准,则应予验收。地形图质量检验的依据是有关的法律法规,有关的国家标准、行业标准、设计书、测绘任务书、合同书和委托检验文件等。

1.内业检查

地形图室内检查主要包括:应提交的资料是否齐全;控制点的数量是否符合规定,记录、计算是否正确;控制点、图廓、坐标格网展绘是否合格;图内地物、地貌表示是否合理,符号是否正确;各种注记是否正确、完整;图边拼接有无问题等。如果发现疑点或错误可作为野外检查的重点。

2.外业检查

在内业检查的基础上进行外业检查。

(1)野外巡视检查

检查人员,携带测图图纸到测区,按预定路线进行实地对照查看。主要查看原图的地物、地貌有无遗漏;勾绘的等高线是否逼真合理,符号、注记是否正确等。这是检查原图的方法,一般应在整个测区范围内进行,特别是应对接边时所遗留的问题和室内图面检查时发现的问题做重点检查。发现问题后应在当场解决,否则应设站检查。样本图幅野外巡视范围应大于图幅面积的四分之三。

(2)野外仪器检查

对于室内检查和野外巡视检查过程中发现的重点错误、遗漏,应进行更正和补测。对一些怀疑点,地物、地貌复杂地区,图幅的四角或中心地区,也需抽样设站检查。

平面、高程检测点位置应分布均匀,要素覆盖全面。检测点(边)的数量视地物复杂程度、比例尺等具体情况确定,一般每幅图应在20~50个,尽量按50个点采集。

平面绝对位置检测点应选取明显地物点,主要为明显地物的角隅点,独立地物点,线状地物交点、拐角点,面状地物拐角点等。同名高程注记点采集位置应尽量准确,当遇难以准确判读的高程注记点时，应舍去该点，高程检测点应尽量选取明显地物点和地貌特征点，且尽量分布均匀，避免选取高程急剧变化处；高程注记点应着重选取山顶、鞍部、山脊、山脚、谷底、谷口、沟底、凹地、台地、河川湖池岸旁、水涯线上等重要地形特征点。

对居民地密集且道路狭窄，散点法不易实施的区域，应采用平面相对位置精度的检验法。其基本思想为：以钢（皮）尺或手持测距仪实地量取地物间的距离，与地形图上的距离比较，再进行误差统计得出平面位置相对中误差。检查时应对同一地物点进行多余边长的间距检查，以保证检验的可靠性，统计时同一地物点相关检测边不能超过两条。检测边位置应分布均匀，要素覆盖全面，应选取明显地物点，主要为房屋边长、建筑物角点间距离、建筑物与独立地物间距离、独立地物间距离等。

检查结束后，对于检查中发现的错误和缺点，应立即在实地对照改正。如错误较多，上级业务单位可暂不验收，并将上交原图和资料退回作业组进行修测或重测，然后再作检查和验收。

各种测绘资料和地形图，经全面检查符合要求，即可予以验收，并根据质量评定标准，实事求是地做出质量等级的评估。

3.数学精度检查

（1）平面精度检查

①同名地物点坐标采集。

采集同名地物点的坐标，与实地检测的同名点计算坐标差，统计地形图平面绝对位置中误差 M。

$$\Delta P=\sqrt{(X_{测}-X_{图})^2+(Y_{测}-Y_{图})^2} \tag{6.1}$$

$X_{测}$、$Y_{测}$ 为检测的 X、Y 值，$X_{图}$、$Y_{图}$ 为成果的 X、Y 值。

当进行高精度检测时，中误差按式计算：

$$M=\pm\sqrt{\frac{\sum_{i=1}^{n}\Delta P_i^2}{n}} \tag{6.2}$$

式中，M 为成果中误差；n 为检测点总数；ΔP_i 为较差。

当进行同精度检测时，中误差按式计算：

$$M=\pm\sqrt{\frac{\sum_{i=1}^{n}\Delta P_i^2}{2n}} \tag{6.3}$$

式中，M 为成果中误差；n 为检测点总数；ΔP_i 为较差。

平面点精度检测表如表6.4所示。

表6.4　平面点精度检测表

<table>
<tr><td>图幅号</td><td colspan="3"></td><td>部门</td><td colspan="2"></td><td>中队</td><td colspan="2"></td></tr>
<tr><td rowspan="2">序号</td><td rowspan="2">部位</td><td colspan="2">图解坐标</td><td colspan="2">实测坐标</td><td colspan="3">较差</td><td rowspan="2">备注</td></tr>
<tr><td>X/m</td><td>Y/m</td><td>X/m</td><td>Y/m</td><td>ΔX/m</td><td>ΔY/m</td><td>ΔP/m</td></tr>
<tr><td>1</td><td></td><td></td><td></td><td></td><td></td><td></td><td></td><td></td><td></td></tr>
<tr><td>2</td><td></td><td></td><td></td><td></td><td></td><td></td><td></td><td></td><td></td></tr>
</table>

续表

序号	部位	图解坐标		实测坐标		较差			备注
		X/m	Y/m	X/m	Y/m	ΔX/m	ΔY/m	ΔP/m	
3									
4									
5									
6									
7									
8									
9									
10									
…									
点位中误差									

②同名边长采集。

检测边长应分布均匀并具有代表性，用检测合格的钢尺或测距仪量测实地地物点间距，量测边长一般一幅图不少于 25 条。与数字地形图上的距离进行比较，计算较差。统计地形图相邻地物点间距中误差 M。

$$\Delta S = (S_{测} - S_{图}) \tag{6.4}$$

式中，$S_{测}$ 为野外量测的相邻地物点间距；$S_{图}$ 为图内量取的相邻地物点间距。

当进行高精度检测时，中误差按式计算：

$$M = \pm\sqrt{\frac{\sum_{i=1}^{n}\Delta S_i^2}{n}} \tag{6.5}$$

式中，M 为成果中误差；n 为检测边长总数；ΔS_i 为较差。

当进行同精度检测时，中误差按式计算：

$$M = \pm\sqrt{\frac{\sum_{i=1}^{n}\Delta S_i^2}{2n}} \tag{6.6}$$

式中，M 为成果中误差；n 为检测边长总数；ΔS_i 为较差。

注意：同一地物点相关检测边不能超过两条。

地物点间距精度检测表如表 6.5 所示。

表 6.5　地物点间距精度检测表

图幅号			部门			中队	
序号	间距点号		图上边长值/m	实测边长值/m	较差 ΔS/m	备注	
1							
2							

续表

序号	间距点号		图上边长值/m	实测边长值/m	较差 ΔS/m	备注	
3							
4							
5							
6							
7							
8							
9							
10							
…							
间距中误差							

(2)高程精度检验

高程精度检验时,检验点应尽量选取明显地物点和地貌特征点(尽量避免选取高程急剧变化处)。每幅图应选取25个点,且位置准确分布均匀。用水准测量或全站仪三角高程测量的方法施测明显的硬化地面的高程点,与成果中的同名点进行比较,计算高程中误差。以图幅为单位按公式统计地形图高程注记点高程中误差。

$$\Delta H = H_{测} - H_{图} \tag{6.7}$$

式中,$H_{测}$ 为野外量测的高程值;$H_{图}$ 为图内量取的高程值。

当进行高精度检测时,中误差按式计算:

$$M = \pm\sqrt{\frac{\sum_{i=1}^{n}\Delta H_i^2}{n}} \tag{6.8}$$

式中,M 为成果中误差;n 为高程点总数;ΔH_i 为较差。

当进行同精度检测时,中误差按式计算:

$$M = \pm\sqrt{\frac{\sum_{i=1}^{n}\Delta H_i^2}{2n}} \tag{6.9}$$

式中,M 为成果中误差;n 为高程点总数;ΔH_i 为较差。

地物高程精度检测表如表6.6所示。

表6.6　地物高程精度检测表

图幅号		部门			中队	
序号	部位	图上高程/m	实测高程/m	较差 ΔS/m	备注	
1						
2						

续表

序号	部位	图上高程/m	实测高程/m	较差 ΔS/m	备注	
3						
4						
5						
6						
7						
8						
9						
10						
…						
高程中误差						

4.入库检查

数字化测图的最终目的是将地形图转入 GIS 系统的数据库，入库的数据必须根据 GIS 系统的要求进行检查，检查的主要内容有：

①完整性检查：包括数据分层的完整性、数据层内部文件的完整性、要素的完整性、属性的完整性等。

②逻辑一致性：包括属性一致性、格式一致性、分层一致性、拓扑关系的正确性、多边形闭合差等。

属性精度主要检查点、线、面的属性代码及属性值的正确性、唯一性，注记的正确性，数据分层的正确性。接边检查包括位置接边和属性接边，检查数据格式说明及附属资料的正确性等。

5.数字地形图验收

(1)基本规定

数字测绘产品质量实行优级品、良级品、合格品、不合格品评定制。数字测绘产品质量由生产单位评定，验收单位则通过“检验批”进行核定。数字测绘产品“检验批”质量实行“合格批”和“不合格批”评制定。

1)单位产品质量等级的划分标准

优级品：N=90~100 分

良级品：N=75~89 分

合格品：N=60~74 分

不合格品：N=0~59 分

2)“检验批”的质量判定

对“检验批”质量按规定比例抽取样本，若样本中全部为合格品以上产品，则该“检验批”判为合格批。若样本中有不合格产品，则该“检验批”为一次性检验未通过批，应从检验批中再抽取一定比例的样本进行详查。若样本中仍有不合格产品，则该“检验批”判为不合格批。

(2)单位产品质量评定元素及错漏扣分标准

数字地形图成果的质量模型分为质量元素、质量子元素、检查项三个层次,每个层次之间为一对多的关系,根据国家测绘地理信息局发布的《测绘成果质量检查与验收》(GB/T 24356—2009),将数字测图产品错漏类型分为A、B、C、D四类,成果质量错漏见表6.7。

表6.7　数字地形图质量错漏分类表

质量元素	A类	B类	C类	D类
数学基础	(1)坐标或高程系统采用错误,独立坐标系统投影或改算错误 (2)平面或高程起算点使用错误 (3)图根控制测量精度超限			
平面精度	(1)地物点平面绝对位置中误差超限 (2)相对位置中误差超限			
高程精度	(1)高程注记点高程中误差超限 (2)等高线高程插求点高程中误差超限			
数据集结构正确性	(1)数据无法读取或数据不齐全 (2)文件命名、数据格式错误 (3)属性代码普遍不接边 (4)漏有内容的层或数据层名称错 (5)其他严重的错漏	(1)数据组织不正确 (2)部分属性代码不接边 (3)其他较重的错漏	(1)个别属性代码不接边 (2)其他一般的错漏	其他轻微的错漏
地理精度	(1)一般注记错漏达到20% (2)线及以上境界错漏达图上15 cm (3)错漏比高在2倍等高距以上,图上长度超过15 cm的陡坎	(1)双线河流、双线道路、乡镇级居民地名称错漏 (2)行政村及以上行政名称错漏 (3)图根点密度、埋石点数量不符合设计或规范要求 (4)一般注记错漏达10%~20%	(1)错漏比高在2倍等高距以上,图上长度超过5 cm的陡坎 (2)双线道路路面材料错漏 (3)水系流向错漏	其他轻微的错漏

续表

质量元素	A类	B类	C类	D类
地理精度	(4)漏绘面积超过图上4 cm^2 的二层及以上房屋,6 cm^2 的一层房屋 (5)图幅普遍不接边,或等级河流、道路、县级及县级以上境界不接边 (6)存在普遍的综合取舍不合理 (7)地貌表示严重失真 (8)漏绘一组等高线 (9)其他严重的错漏	(5)有方位意义的重要独立地物错漏 (6)管线(ϕ30 cm以上)类别、转折点错漏 (7)高程注记点密度与规定不符 (8)地物、地貌各要素主次不分明,线条不清晰,位置不准确,交代不清楚,造成判读困难 (9)重要地物、地貌符号用错 (10)多数特征位置漏注高程注记 (11)比高在2倍等高距以上,图上长度超过10 cm的陡坎错漏 (12)自然及人工水体及其主要附属物错漏 (13)较高经济价值的植被图上15 cm^2 错漏 (14)漏绘面积图上2 cm^2 二层及以上房屋,4 cm^2 的一层房屋 (15)乡及以上境界错漏达图上10 cm (16)主要地物、地貌不接边 (17)漏绘高压线、通信线超过图上5 cm (18)漏绘垣栅超过图上5 cm (19)标石完好的国家等级控制点,在图上标注错漏 (20)漏绘双线道路或水系超过图上10 cm (21)主要地物、地貌明显的综合取舍不合理 (22)其他较重的错漏	(4)错漏小片明显特征地貌 (5)错漏双线道路或水系超过图上5 cm,双线桥梁及其附属建筑物 (6)较高经济价值的植被图上10 cm^2 错漏 (7)漏绘面积图上1 cm^2 二层及以上房屋,2 cm^2 的一层房屋 (8)漏绘垣栅超过图上2 cm (9)自然村及以下地名错漏 (10)楼房层次错 (11)其他一般的错漏	其他轻微的错漏

续表

质量元素	A类	B类	C类	D类
整饰质量	(1)图名、图号同时错漏 (2)符号、线划、注记规格与图式严重不符 (3)其他严重的错漏	(1)图廓整饰明显不符合图式规定 (2)图名或图号错漏 (3)部分符号、线划、注记规格不符合图式规定,或压盖普遍 (4)其他较重的错漏	(1)图廓整饰不符合图式规定 (2)符号、线划、注记规格不符合图式规定,或压盖较多 (3)其他一般的错漏	其他轻微的错漏
质量元素	(1)缺主要成果资料 (2)其他严重的错漏	(1)缺主要附件资料 (2)缺技术总结或检查报告 (3)上交资料缺项 (4)其他较重的错漏	(1)无成果资料清单或成果资料清单不完整 (2)技术总结、检查报告内容不全 (3)其他一般的错漏	其他轻微的错漏

数字测图产品采用百分制表示单位产品的质量水平,采用缺陷扣分法。数字测图产品成果质量扣分标准见表6.8。

表6.8　成果质量错漏扣分标准

差错类型	扣分值
A类	42分
B类	12/T分
C类	4/T分
D类	1/T分

注:一般情况下取t=1。需要调整时,以困难类别为原则,按《测绘生产困难类别细则(平均困难类别T=1)》。
T为缺陷值调整系数,根据单位产品的复杂程度而定,一般范围取值0.8~1.2,设单位产品由简单到复杂分别为三级、四级或五级,则T可取值0.8、1.0、1.2或0.8、0.9、1.0、1.1或0.8、0.9、1.0、1.1、1.2,缺陷值保留一位小数,小数点后第二位数字四舍五入。

(3)单位成果质量评定

1)数学质量元素评分标准

数学质量元素评分标准见表6.9。

表6.9　数学质量元素评分标准

数学精度值	质量分数
$0 \leqslant M \leqslant 1/3M_0$	$S=100$
$1/3M_0 \leqslant M \leqslant 1/2M_0$	$90 \leqslant S \leqslant 100$
$1/2M_0 \leqslant M \leqslant 3/4M_0$	$75 \leqslant S \leqslant 90$
$3/4M_0 \leqslant M \leqslant M_0$	$60 \leqslant S \leqslant 75$

续表

数学精度值	质量分数
$M_0=\pm\sqrt{M_1^2+M_2^2}$ 式中：M_0 为允许中误差的绝对值；M_1 为规范或相应技术文件要求的成果中误差；M_2 为检测中误差（高精度检测时取 $M_2=0$）。	

注：M 为成果中误差的绝对值；S 为质量分数（分数值根据数学精度的绝对值所在区间进行插值）。

数学精度质量得分 S_1 的计算公式为：

$$S_1=\sum_{i=1}^{n}(S_{2i}P_i) \tag{6.10}$$

式中，S_1、S_{2i} 为质量元素、相应质量子元素的得分；P_i 为相应质量子元素的权；n 为质量元素中包括的质量子元素个数。

2）其他质量元素评分

每个质量元素得分预制为 100 分，根据相对于元素错漏逐个扣分。单位产品得分 S_i 按公式 6.11 计算。

$$S_i=100-\left[a_1\frac{12}{T}+a_2\frac{4}{T}+a_3\frac{1}{T}\right] \tag{6.11}$$

式中，a_1、a_2、a_3 为质量元素中相应的 B 类错漏、C 类错漏、D 类错漏个数；T 为扣分值调整系数。

3）单位成果质量评分

采用加权平均法计算单位成果质量得分 S 的公式为：

$$S=\sum_{i=1}^{n}(S_{1i}P_i) \tag{6.12}$$

式中，S 为单位成果质量；S_{1i} 为质量元素得分；P_i 为相应质量元素的权；n 为单位成果中包含的质量元素个数。

4）单位成果质量评定标准

单位成果质量评定标准如表 6.10 所示。

表 6.10　单位成果质量等级评定标准

质量等级	质量得分
优	$S\geqslant 90$
良	$75\leqslant S<90$
合格	$60\leqslant S<75$
不合格	$S<60$
	单位成果中出现 A 类错漏
	成果质量高精度检测、平面位置精度及相对位置精度检测，任一项粗差（大于 2 倍中误差）比例超过 5%

5)部门级检查批成果质量评定

优级:优良品率达到 90%以上,其中优品率达到 50%;

良级:优良品率达到 80%以上,其中优品率达到 30%;

合格:未达到上述标准的。

6.检查验收报告

检查和验收工作结束后,生产单位和验收单位分别撰写检查报告和验收报告。检查报告经生产单位领导审核后,随产品一并提交验收。验收报告经验收单位主管领导审核(委托验收的验收报告送委托单位领导审核)后,随产品归档,并抄送生产单位。检查验收报告的详细要求请参见《测绘成果质量检验报告编写与基本规定》(CHZ 1001—2007)。

(1)检查报告的主要内容

1)任务概要

2)检查工作概况(包括仪器设备和人员组成情况)

3)检查的技术依据

4)主要质量问题及处理情况

5)对遗留问题的处理意见

6)质量统计和检查结论

(2)验收报告主要内容

1)任务概要

2)验收工作概况(包括仪器设备和人员组成情况)

3)验收的技术依据

4)验收中发现的主要问题及处理意见

5)验收结论

6)其他意见及建议

思考与练习题

1.大比例尺数字地形图的数学精度包括哪些内容?

2.数学基础包括什么指标?

3.平面精度包括什么指标?

4.高程精度包括什么指标?

5.数字地形图要素的完备性有什么要求?

6.数字测图作业过程的质量控制是如何进行的?

7.什么是过程控制?

8.数字测图内业检查都需要检查哪些内容?

9.数字测图外业检查都有哪些步骤?

10.数学精度检查都有什么要求?

11.数字测图的成果质量是如何评定的?

12.数字测图的检查验收报告都包括哪些内容?

表一　专业能力考核表

<table>
<tr><td colspan="3">项目 6：数字测图的质量控制</td><td colspan="4">日期：　　年　　月　　日</td><td colspan="4">考评员签字：</td></tr>
<tr><td colspan="3">姓名：</td><td colspan="4">学号：</td><td colspan="4">班级：</td></tr>
<tr><td rowspan="3">1：500 比例尺数字地形图成果质量检查能力考核</td><td rowspan="2">1.取一幅 1：500 大比例尺数字地形图的局部范围，抽查平面精度 4 处，高程精度 5 处，分别给定实测坐标和高程，要求从图上图解数据，计算差值，判断是否满足精度要求</td><td>平面精度抽查点 1</td><td>平面精度抽查点 2</td><td>平面精度抽查点 3</td><td>平面精度抽查点 4</td><td>高程精度抽查点 1</td><td>高程精度抽查点 2</td><td>高程精度抽查点 3</td><td>高程精度抽查点 4</td><td>高程精度抽查点 5</td></tr>
<tr><td>X=
Y=
ΔX=
ΔY=</td><td>X=
Y=
ΔX=
ΔY=</td><td>X=
Y=
ΔX=
ΔY=</td><td>X=
Y=
ΔX=
ΔY=</td><td>H=
ΔH=</td><td>H=
ΔH=</td><td>H=
ΔH=</td><td>H=
ΔH=</td><td>H=
ΔH=</td></tr>
<tr><td>2.在实训操作的基础上，熟悉 4 个问题的内容，并从中任意抽取 1 题，作详细陈述</td><td colspan="9">①数学精度当中哪些内容对数字地形图的精度影响最大？
②如何理解地图的保密问题？
③数字地形图是否满足要求，究竟是由哪些人说了算？并说明原因。
④要使自己所测绘的大比例尺数字地形图成为单位产品质量等级划分标准当中的“良级品”，需要达到什么条件？</td></tr>
</table>

表二　评价考核评分表

<table>
<tr><td>评分项</td><td>内容</td><td>分值</td><td>自评</td><td>互评</td><td>师评</td></tr>
<tr><td rowspan="4">职业素养考核 40%</td><td>积极主动参加考核测试教学活动</td><td>10 分</td><td></td><td></td><td></td></tr>
<tr><td>团队合作能力</td><td>10 分</td><td></td><td></td><td></td></tr>
<tr><td>交流沟通协调能力</td><td>10 分</td><td></td><td></td><td></td></tr>
<tr><td>遵守纪律，能够自我约束和管理</td><td>10 分</td><td></td><td></td><td></td></tr>
<tr><td rowspan="2">专业能力考核 60%</td><td>1.取一幅 1：500 大比例尺数字地形图的局部范围，抽查平面精度 4 处，高程精度 5 处，分别给定实测坐标和高程，要求从图上图解数据，计算差值，判断是否满足精度要求</td><td>40 分</td><td></td><td></td><td></td></tr>
<tr><td>2.在实训操作的基础上，熟悉 4 个问题的内容，并从中任意抽取 1 题，作详细陈述</td><td>20 分</td><td></td><td></td><td></td></tr>
<tr><td colspan="3">得分合计</td><td></td><td></td><td></td></tr>
<tr><td rowspan="2">总评</td><td rowspan="2">自评(20%)+互评(20%)+师评(60%)=</td><td>综合等级</td><td colspan="3" rowspan="2">教师(签名)：</td></tr>
<tr><td></td></tr>
</table>

项目 7
数字地形图的应用

项目目标

• 了解数字地面模型 DTM 的基本概念、建立步骤及其应用。

• 能够用数字地形图查询地形图常见几何要素，能够进行面积计算、土石方量计算、断面图绘制以及根据数字地形图的点或线生成坐标数据文件等。

• 通过介绍数字地形图在诸多工程领域的应用以及测绘为众多行业服务的情况，培养学生的工程意识、服务意识和大局意识。

任务 7.1　地形图常见几何要素查询

数字地形图的工程应用(1)

任务描述

• 了解南方 CASS 软件中可在地形图上查询哪些常见的几何要素。

• 掌握南方 CASS 软件中查询点的坐标，查询两点间距离和方位，查询线长，查询实体面积等的操作方法。

知识学习

1.查询指定点的坐标

在南方 CASS 10.1 软件中，我们可以直接查询单点坐标，具体操作方法如下：

用鼠标单击“工程应用”菜单(图 7.1)中的“查询指定点坐标”子菜单。用鼠标点取所要查询的点即可。

也可以先进入点号定位方式，再执行菜单“查询指定点坐标”，输入要查询的点号。

系统左下角状态栏显示的三维坐标是笛卡尔坐标系中的坐标，与测量坐标系的 X 和 Y 的顺序相反。用此功能查询时，系统会在命令行直观地给出被查询点的 X、Y、Z 坐标，这就是我们所需要的测量坐标，查询结果如图 7.2 所示。

2.查询两点距离及方位

查询两点距离及方位，具体操作方法如下：

用鼠标单击“工程应用”菜单中的“查询两点距离及方位”子菜单，并根据命令区提示操作：

第一点，鼠标捕捉指定第1点。

第二点，鼠标捕捉指定第2点，系统会立即显示被查询两点之间的水平距离和坐标方位角，查询结果如图7.3所示。

需要说明的是，南方CASS软件中，上述查询显示的是两点间实地的水平距离和方位角。

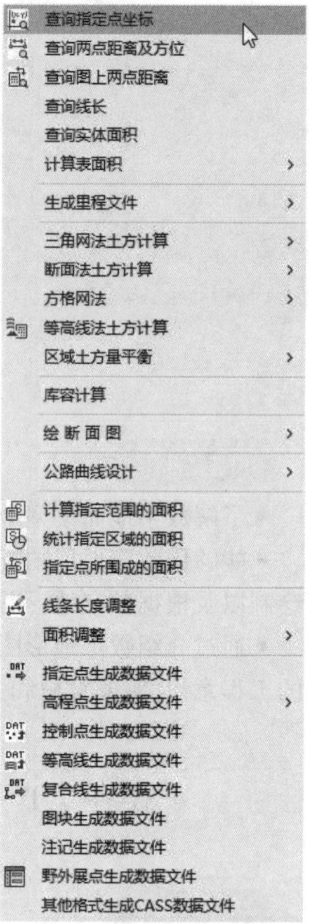

图7.1 “工程应用”菜单

3.查询图上两点距离

南方CASS 10.1软件新增了“查询图上两点距离”子菜单，用于查询当前比例尺地形图中两点之间的图上距离。具体操作方法如下：

用鼠标单击“工程应用”菜单中的“查询图上两点距离”子菜单，并根据命令区提示操作：

第一点，鼠标捕捉指定第1点。

第二点，鼠标捕捉指定第2点，系统会立即显示被查询两点之间的图上距离，并提示当前图形的比例尺，查询结果如图7.4所示。

4.查询线长

在南方CASS软件中，我们可以查询各种线条的长度，例如查询直线的长度、多段线的长度、样条曲线的长度、圆或圆弧的长度、陡坎的长度、房屋的周长、等高线的长度等。具体操作方法如下：

用鼠标单击“工程应用”菜单中的“查询线长”子菜单，并根据命令区提示操作：

选择对象，用鼠标拾取需要查询的对象即可。

查询结果如图7.5和图7.6所示。

```
命令: CXZB
指定查询点:
测量坐标: X=31401.658米  Y=53457.124米  H=41.695米
```

图7.2 查询指定点坐标

```
命令: distuser
第一点:
第二点:
两点间距离=19.298米,方位角=202度5分56.88秒
```

图7.3 查询两点实地距离及方位

```
命令: DISTGRAPH
选择第一点:
选择第二点:
两点的图面距离为:0.038671 米, 当前图形比例尺为 1:500.00
```

图7.4 查询两点图上距离及方位

图 7.5　查询线长在绘图区的结果显示

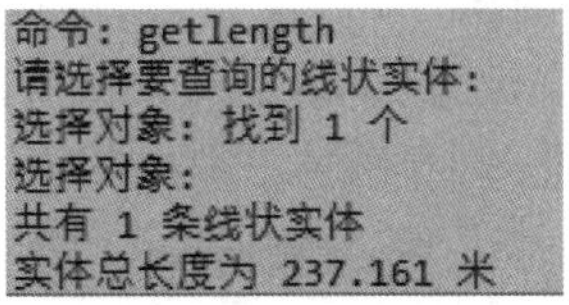

图 7.6　查询线长在命令行的结果显示

5.查询实体面积

在南方 CASS 软件中,我们可以查询圆、矩形、多段线围成的闭合图形、房屋、等高线围成的范围等实体的面积。该面积为平面面积。

(1)选取实体边线

用鼠标单击“工程应用”菜单中的“查询实体面积”子菜单,并根据命令区提示操作:

选取实体边线,用鼠标拾取需要查询的对象即可。

例如,查询一条等高线围成的范围的面积,查询结果如图 7.7 所示。

(2)点取实体内部点

用鼠标单击“工程应用”菜单中的“查询实体面积”子菜单,并根据命令区提示操作:

点取实体内部点,用鼠标在需要查询的实体内部空白处单击,系统会用黑色突出显示所选区域,并在命令行询问:

“区域是否正确? (Y/N)”,输入 Y 确认即可查询出显示结果。

例如,查询一条多段线围成的范围的面积,查询结果如图 7.8 所示。

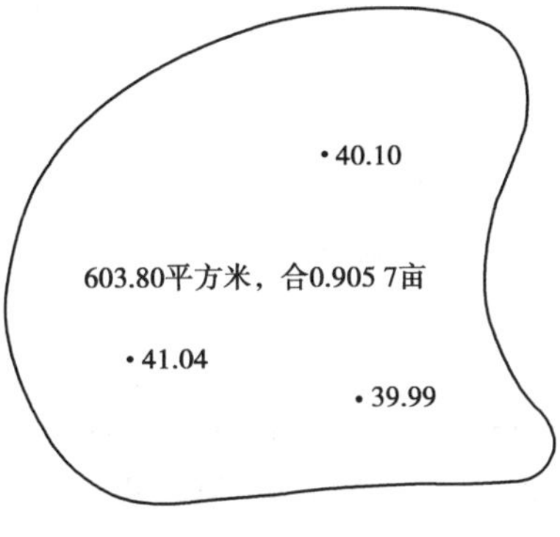

图 7.7　查询实体面积(选取实体边线)

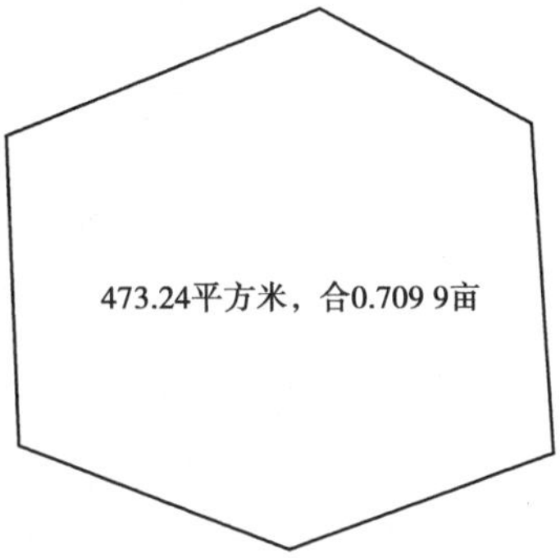

图 7.8　查询实体面积(点取实体内部点)

任务 7.2　面积计算

任务描述

- 了解南方 CASS 软件中可在地形图上进行哪些面积计算。

• 掌握计算实体面积、指定范围的面积、统计指定区域的面积以及指定点所围成面积的方法。

知识学习

1.计算表面积

在南方 CASS 软件中,我们可以计算地形图上地表某一区域的表面积(非平面面积)。主要方式有“根据坐标文件”“根据图上高程点”“根据三角网”三种方式,如图 7.9 所示。

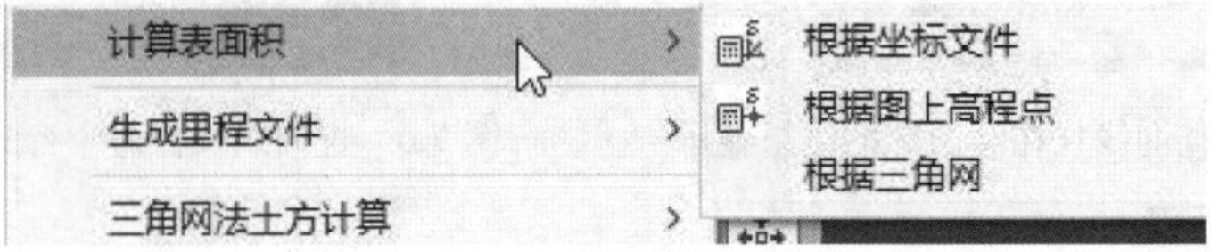

图 7.9 计算表面积菜单

计算表面积时,首先需要确定计算范围。该范围可以是房屋围成的范围、地类界围成的范围或者用 pline 命令绘制多段线围成的范围等。具体操作方法如下:

用鼠标单击“工程应用”菜单中的“计算表面积”子菜单,选择“根据坐标文件”方式,并根据命令区提示操作:选取计算区域边界线,鼠标拾取图 7.10 中的地类界范围边界线。

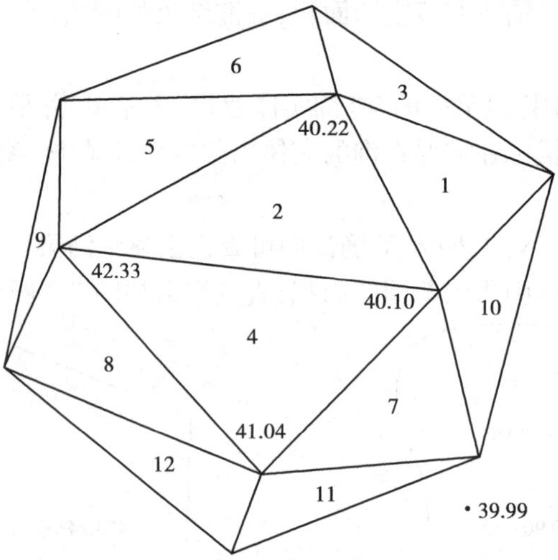

图 7.10 计算表面积选取计算边界

输入高程点数据文件名,如指定 D:\CASS10.1 For AutoCAD2014\demo\dgx.dat。

请输入边界插值间隔(米):<20>,根据计算精度要求输入插值间隔(值越小则精度越高,通常输入 20 米、15 米、10 米等值),如直接回车输入 20,则系统计算出表面积为4 693.195平方米(图 7.11)。

图 7.11 计算表面积在命令行的显示

2.计算指定范围的面积

南方 CASS 软件还可以计算地形图上矩形、多段线围成的图形、四点房屋、多点房屋、闭合等高线圈出的范围、地类界围成的范围（拟合和不拟合的均可）等图形对象的面积。具体操作方法如下：

用鼠标单击“工程应用”菜单中的“计算指定范围的面积”子菜单，并根据命令区提示操作：

［（1）选目标/（2）选图层/（3）选指定图层的目标/（4）建筑物］<1>，例如选择“（1）选目标”，系统提示：

选择对象：选择图7.12所示的多点房屋对象后回车，系统提示：

是否对统计区域加青色阴影线？<Y>，直接回车加阴影线，则自动计算出：总面积＝1 382 m^2。

上述计算过程中，也可以使用“（2）选图层”等其他选项，例如：

（2）选图层，系统提示：

图层名，输入“JMD”表示选择整个居民地图层，系统提示：

是否对统计区域加青色阴影线？<Y>，直接回车加阴影线，则自动计算出JMD图层上所有居民地面积的总和，并逐个用阴影显示每一处居民地的面积。

3.统计指定区域的面积

对于上述已经用“计算指定范围的面积”子菜单计算出的图上各区域面积，我们可以用“统计指定区域的面积”子菜单进行面积的统计工作。具体操作方法如下：

用鼠标单击“工程应用”菜单中的“统计指定区域的面积”子菜单，并根据命令区提示操作：

选择对象，用窗口（W.C）或多边形窗口（WP.CP）等方式选择已计算过面积的区域。

选择对象，指定对角点：找到10个，回车结束选择，则系统统计出窗口区域的总面积＝1 645 m^2，如图7.13所示。

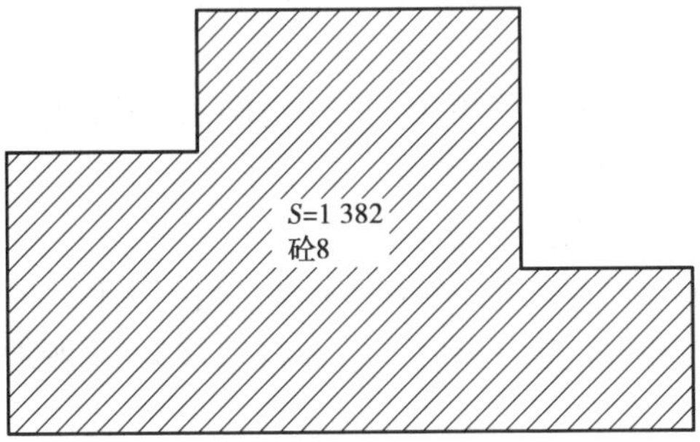

图7.12　计算指定范围的面积

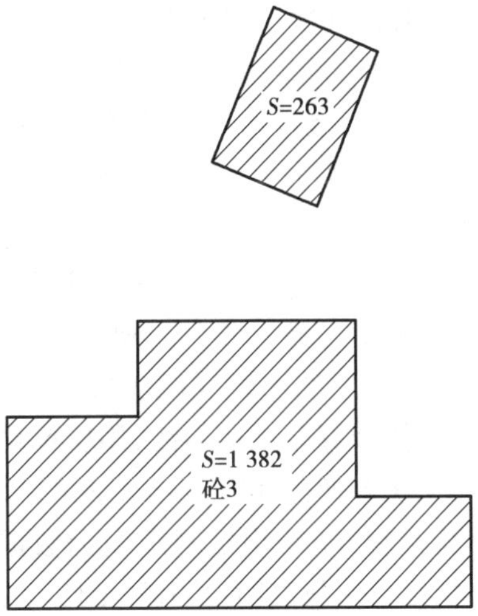

图7.13　统计指定区域的面积

4.计算指定点所围成的面积

计算指定点所围成的面积，主要是用捕捉的方式，在地形图上指定3个及3个以上的点，系统自动计算出指定点所围成的几何图形的平面面积。具体操作方法如下：

用鼠标单击“工程应用”菜单中的“指定点所围成的面积”子菜单,并根据命令区提示操作:

指定点:用鼠标捕捉房屋的第 1 点

指定点:用鼠标捕捉房屋的第 2 点

指定点:用鼠标捕捉房屋的第 3 点

指定点:用鼠标捕捉房屋的第 4 点

指定点:再直接回车,则显示 4 个指定点所围成的面积=45 平方米,如图 7.14 所示。

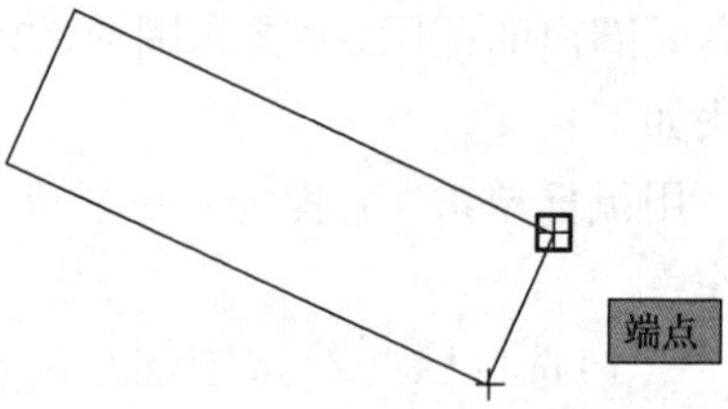

图 7.14　计算指定点所围成范围的面积

任务 7.3　土方量计算

数字地形图的工程应用(3)-土方计算

任务描述

• 了解用南方 CASS 软件在地形图上进行土方量计算有哪些方式。

• 掌握方格网法土方计算、断面法土方计算、三角网法土方计算以及区域土方平衡的方法。

知识学习

在工程建设中,经常需要进行土石方量的计算,这实际上是一个体积计算问题。由于各种实际工程项目的不同,地形复杂程度不同,因此需计算体积的形体是复杂多样的。

用南方 CASS 软件完成土方计算,与过去的手工方式计算相比,无论是计算效率,还是计算精度,都有了非常大的提升,通常有以下四种主要的计算方式。

1.方格网法土方计算

方格网法是根据地形图来量算平整土地区域的填挖土方量的常用方法。对于纸质地形图,首先在平整土地范围内按一定间隔绘出方格网,然后量算出方格点的地面高程,标注在相应方格点的右上方,再逐一进行每一方格的填挖方量计算。具体计算公式和计算方法在工程测量课程当中有较详细的介绍,不必赘述,在此重点介绍在南方 CASS 10.1 软件如何用方格网法进行土方计算。具体操作方法如下:

在命令行输入命令:fgwtf,或者用鼠标单击“工程应用”菜单中的“方格网法”子菜单下的“方格网法土方计算”(图 7.15),并根据命令区提示操作:

选择计算区域边界线,用鼠标拾取多段线圈定的施工区域范围。

系统会弹出如图 7.16 所示的“方格网法土方计算”对话框,在其中输入“数据文件”名称、“目标高程”、“输出格网点坐标数据文件”、“输出 Excel 报表路径”、“方格宽度”(一般取 20 米,精度要求较高时也可输入 15 米或 10 米等)。

输入完成后,单击“确定”按钮,系统会显示:最小高程=24.368,最大高程=43.900。

请确定方格起始位置:<缺省位置>,鼠标指定方格网的绘制位置后,系统会绘制图 7.17 所示的计算图并显示:总填方=5 475.3 m^3,总挖方=6 616.7 m^3。

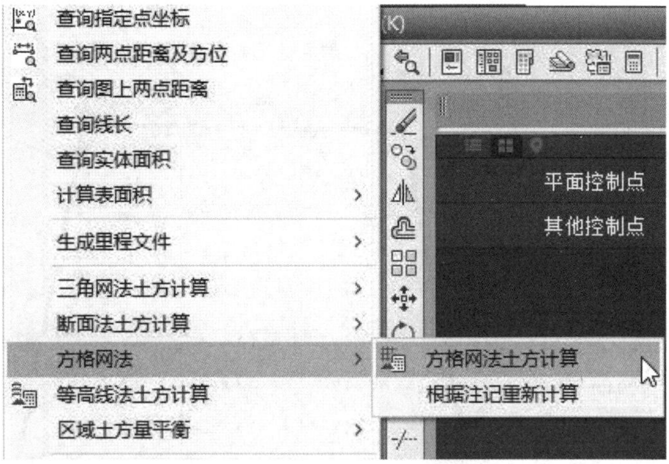

图 7.15　方格网法土方计算菜单

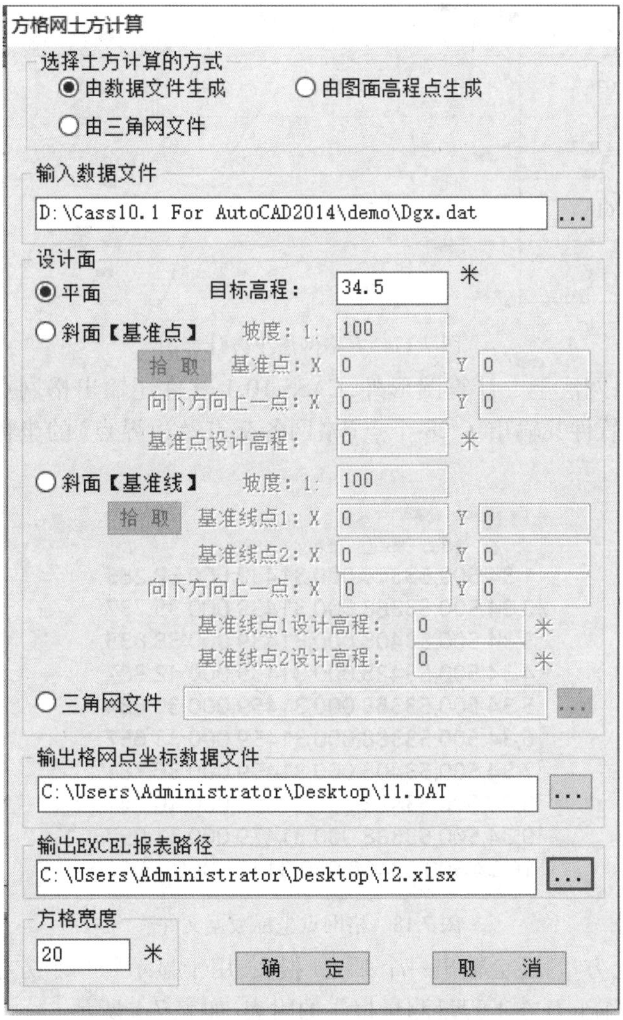

图 7.16　“方格网土方计算”对话框

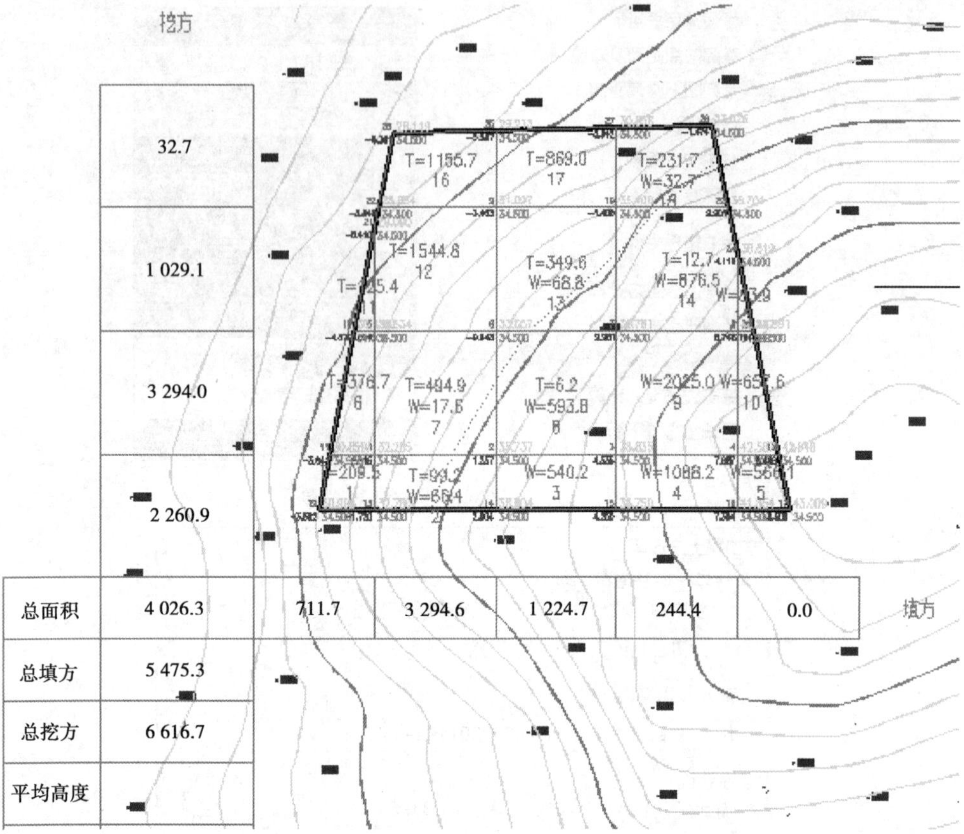

图 7.17　方格网法土方计算图

除输出上述方格网法土方计算图形外，CASS 10.1 软件还输出格网点坐标数据文件。图 7.17 所示的方格网，软件共输出了 28 个点（格网各交点及边界点）的坐标。坐标数据文件如图 7.18 所示。

11.DAT - 记事本

文件(F)　编辑(E)　格式(O)　查看(V)　帮助(H)

1,34.500,53368.000,31439.000,32.285
2,34.500,53388.000,31439.000,35.737
3,34.500,53408.000,31439.000,38.835
4,34.500,53428.000,31439.000,42.387
5,34.500,53368.000,31459.000,30.634
6,34.500,53388.000,31459.000,33.657
7,34.500,53408.000,31459.000,36.781
8,34.500,53428.000,31459.000,40.247
9,34.500,53388.000,31479.000,31.097
10,34.500,53408.000,31479.000,33.100

图 7.18　格网点坐标数据文件

方格网法计算土方量，还会输出一个 Excel 报表，用于显示每一个方格的填挖方量是如何计算的，该报表可用作土石方工程量测量报告的附表，如表 7.1 所示。

表 7.1　方格网法计算土方量 Excel 报表

方格网编号	格网点坐标			目标高程	差值	平均差值/m		格网面积/m^2		总方量/m^3	
	X	Y	Z（内插值）			填方	挖方	填方	挖方	填方	挖方
1	53360.639	31439.000	30.86	34.50	-3.64	-2.76920	0.000000	75.6475	0.000000	209.48	0.0000
	53358.799	31429.865	31.00	34.50	-3.50						
	53368.000	31429.865	32.78	34.50	-1.72						
	53368.000	31439.000	32.28	34.50	-2.22						
2	53368.000	31429.865	32.78	34.50	-1.72	-0.98368	0.810345	100.768	81.9020	99.153	66.368
	53388.000	31429.865	36.50	34.50	2.00						
	53388.000	31439.000	35.74	34.50	1.24						
	53368.000	31439.000	32.28	34.50	-2.22						
3	53388.000	31429.865	36.50	34.50	2.00	0.000000	2.95657	0.00000	182.700	0.0000	540.16
	53408.000	31429.865	38.75	34.50	4.25						
	53408.000	31439.000	38.83	34.50	4.33						
	53388.000	31439.000	35.74	34.50	1.24						
4	53408.000	31429.865	38.75	34.50	4.25	0.000000	5.95630	0.00000	182.700	0.0000	1088.2
	53428.000	31429.865	41.85	34.50	7.35						
	53428.000	31439.000	42.39	34.50	7.89						
	53408.000	31439.000	38.83	34.50	4.33						
5	53428.000	31429.865	41.85	34.50	7.35	0.000000	8.04933	0.00000	70.3313	0.0000	566.11
	53436.654	31429.865	43.01	34.50	8.51						
	53434.744	31439.000	42.95	34.50	8.45						
	53428.000	31439.000	42.39	34.50	7.89						
6	53360.639	31439.000	30.86	34.50	-3.64	-3.52289	0.000000	106.940	0.000000	376.73	0.0000
	53368.000	31439.000	32.28	34.50	-2.22						
	53368.000	31459.000	30.63	34.50	-3.87						
	53364.667	31459.000	30.13	34.50	-4.37						

2.断面法土方计算

断面法计算土方,通常在横断面图的基础上进行。所以,本节先介绍生成里程文件和绘制横断面图的方法,再讲述断面法土方计算。

(1)生成里程文件

要绘制横断面图,须先绘制数字地形图等高线,再用多段线 Pline 命令绘制纵断面线,然后按下述方式生成里程文件。

如图 7.19 所示,用鼠标单击“工程应用”菜单中的“由纵断面线生成”的“新建”子菜单,并根据命令区提示操作:

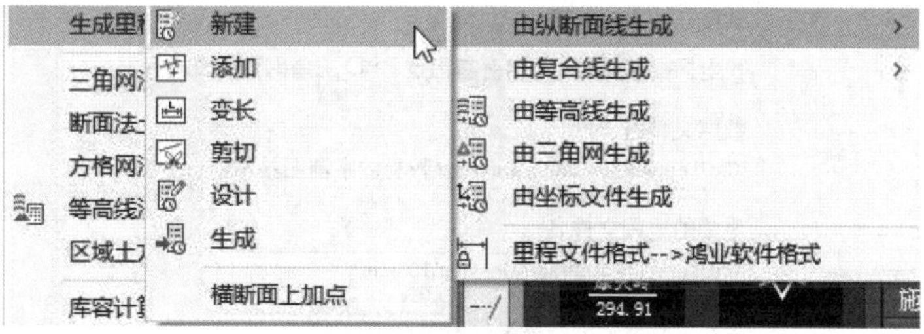

图 7.19　生成里程文件菜单

选择纵断面线,用鼠标拾取纵断面线,会弹出图 7.20 所示的“由纵断面生成里程文件”对话框,在其中设置横断面间距(例如 20 m)、横断面左边长(例如 10.25 m)、横断面右边长(例如 10.25 m),单击“确定”,即可生成图 7.21 所示的横断面线。

如图 7.22 所示,用鼠标单击“工程应用”菜单中的“由纵断面线生成”的“生成”子菜单,并根据命令区提示操作:

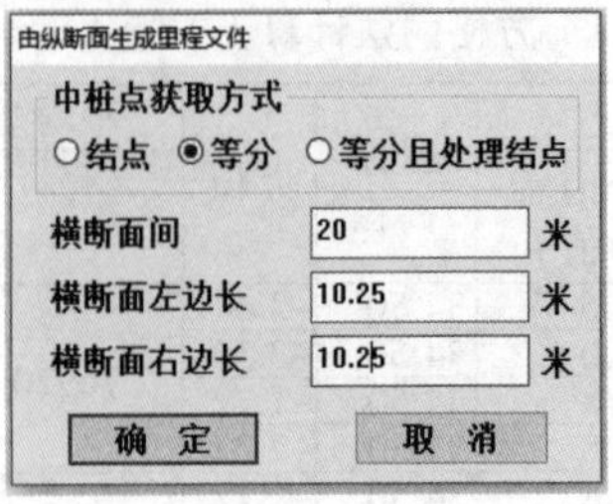

图 7.20 “由纵断面生成里程文件”对话框

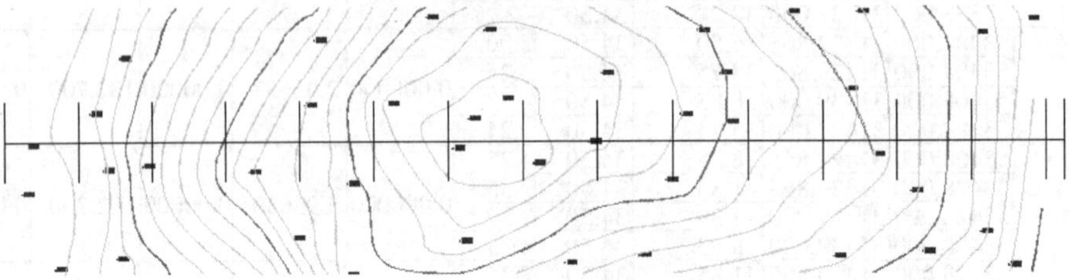

图 7.21 横断面线

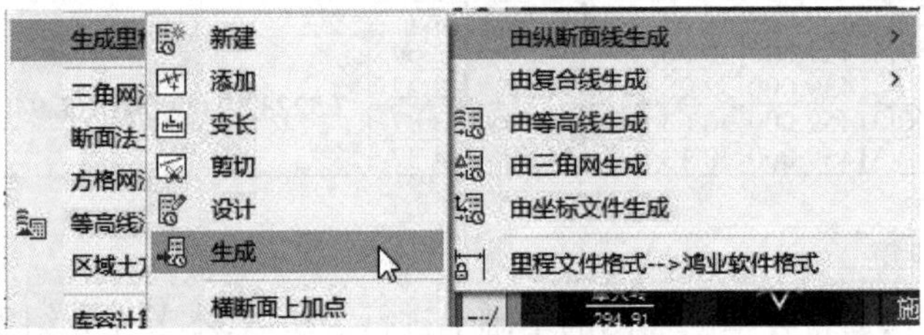

图 7.22 调用“生成”子菜单

选择纵断面线，用鼠标拾取图 7.21 中的纵断面线，会弹出图 7.23 所示的“生成里程文件”对话框，在其中输入原地形图绘制等高线的数据文件名、即将生成的里程文件名、即将生成的里程文件对应的数据文件名、输入起始里程、选择是否自动取与地物交点、选择是否输出 Excel 表格，单击“确定”，即可生成图 7.24 所示的横断面桩号和表 7.2 所示的横断面成果 Excel 表。

图 7.23 “生成里程文件”对话框

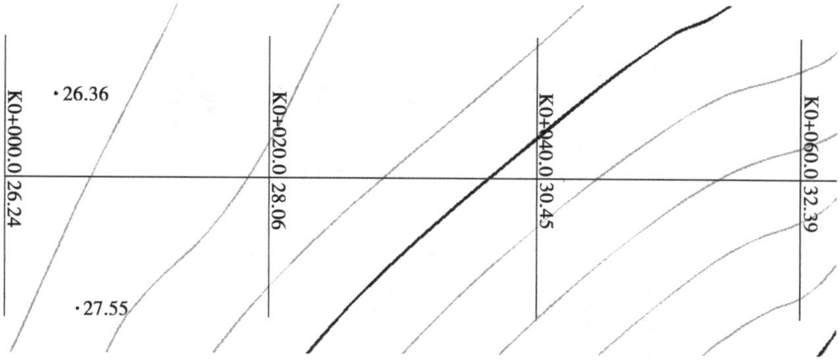

图 7.24　横断面桩号

表 7.2　各横断面成果 Excel 表

观测：		记录：		量距	计算：			
左边：（以面向前进方向）				桩号	右边：（以面向前进方向）			
	10.250	7.750	3.750	K0+000.000	10.250			
	26.321	26.310	26.359	26.243	26.754			
		10.250	2.639	K0+020.000	7.996	10.250		
		27.803	28.000	28.058	29.000	29.472		
	10.250	9.648	2.899	K0+040.000	3.655	10.250		
	28.895	29.000	30.000	30.448	31.000	32.002		
	10.250	7.896	2.260	K0+060.000	3.208	8.723	10.250	
	30.684	31.000	32.000	32.394	33.000	34.000	34.244	
10.250	8.396	4.669	0.767	K0+080.000	3.799	8.859	10.250	
33.507	34.000	35.000	36.000	36.176	37.000	38.000	38.360	
10.250	8.469	5.341	2.205	K0+100.000	0.939	6.208	10.250	
35.523	36.000	37.000	38.000	38.719	39.000	40.000	40.570	
10.250	9.122	5.831	2.501	K0+120.000	0.850	4.246	7.660	10.250
35.634	36.000	37.000	38.000	38.703	39.000	40.000	41.000	41.519
	10.250	6.991	2.387	K0+140.000	2.226	6.849	10.250	
	36.178	37.000	38.000	38.519	39.000	40.000	40.515	
10.250	8.414	4.593	1.474	K0+160.000	2.205	8.345	10.250	
34.449	35.000	36.000	37.000	37.418	38.000	39.000	39.267	

（2）南方 CASS 软件道路横断面图绘制方法

用鼠标单击“工程应用”菜单中的“断面法土方计算”的“道路断面”子菜单，系统会弹出图 7.25 所示的“断面设计参数”对话框，在其中指定前面生成的里程文件、横断面设计文件、道路宽度等参数后，单击“确定”按钮，会弹出“绘制纵断面图”对话框（图 7.26），在其中设置比例、绘图位置等，单击“确定”后，系统会按照对话框中指定的坐标位置绘制纵断面图，如图 7.27 所示。

绘制纵断面图后，系统会提示指定横断面图起始位置，鼠标指定位置后会绘制横断面图，如图 7.28 所示。

上述绘制过程中，涉及横断面设计文件，这里作简略介绍。事实上，南方 CASS 软件安装后，在 DEMO 文件夹下就有一个横断面设计文件 ZHD.TXT，格式如下：

1，H＝89，I＝1∶1，W＝10，A＝0.02，WG＝1.5，HG＝0.5

2，H＝89，I＝1∶1，W＝10，A＝0.02，WG＝1.5，HG＝0.5

3，H＝89，I＝1∶1，W＝10，A＝0.02，WG＝1.5，HG＝0.5

4，H＝89，I＝1∶1，W＝10，A＝0.02，WG＝1.5，HG＝0.5

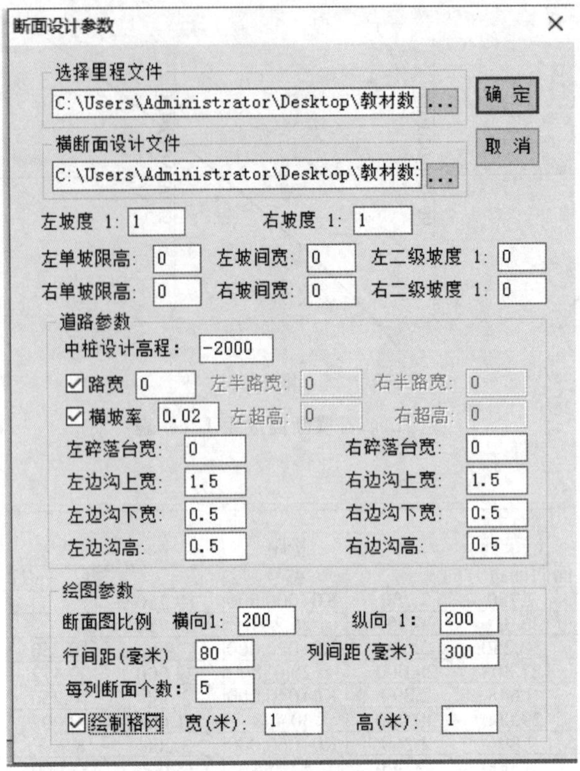

图 7.25 “断面设计参数”对话框

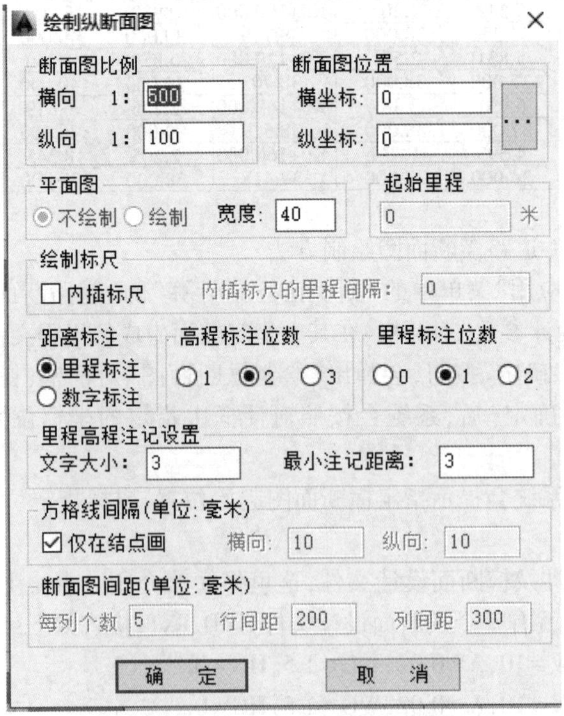

图 7.26 “绘制纵断面图”对话框

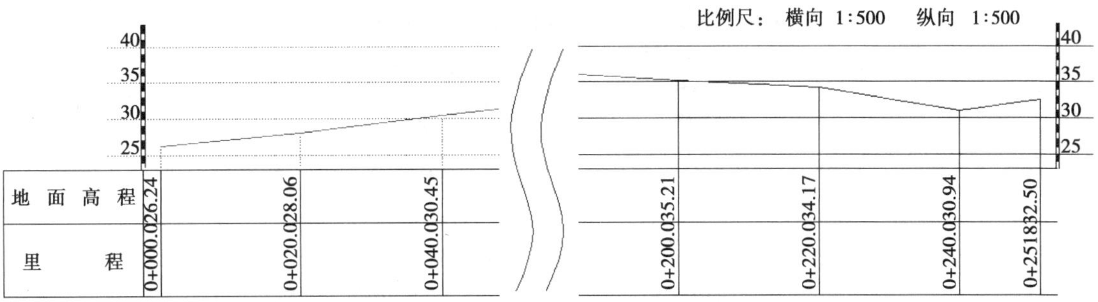

图7.27　纵断面图

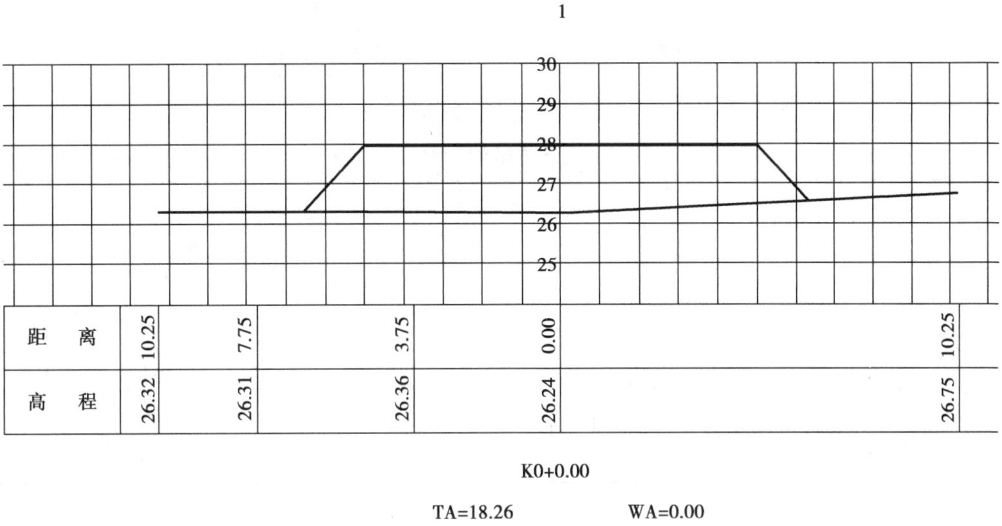

图7.28　横断面图

5,H=89,I=1:1,W=10,A=0.02,WG=1.5,HG=0.5
6,H=89,I=1:1,W=10,A=0.02,WG=1.5,HG=0.5
7,H=89,I=1:1,W=10,A=0.02,WG=1.5,HG=0.5
8,H=89,I=1:1,W=10,A=0.02,WG=1.5,HG=0.5
9,H=89,I=1:1,W=10,A=0.02,WG=1.5,HG=0.5
END

其中,第一列序号为横断面序号,H为中桩设计高,I为坡度,W为路宽,A为横坡率,WG为沟上宽,HG为沟高。以上文件定义了9个横断面的中线桩设计高、坡比和宽度等参数,只有编辑好横断面设计文件才能生成需要的各个横断面的断面图。

(3)南方CASS软件道路断面土方计算

用鼠标单击“工程应用”菜单中的“断面法土方计算”的“图面土方计算”子菜单(图7.29),并按命令行提示进行操作:

选择要计算土方的断面图,框选需要计算土方量的断面,系统会提示找到了多少个对象。

指定土石方计算表左上角位置,鼠标指定土石方计算表在图上的位置,即可绘制土石方计算表。同时系统会显示计算结果,如“总挖方=12 578.3 m^3,总填方=9 011.7 m^3”。

如果用鼠标单击“工程应用”菜单中的“断面法土方计算”的“图面土方计算(Excel)”子菜单,选择要计算的断面后,系统会自动产生如表7.3所示的“土石方数量计算表”(Excel表)。

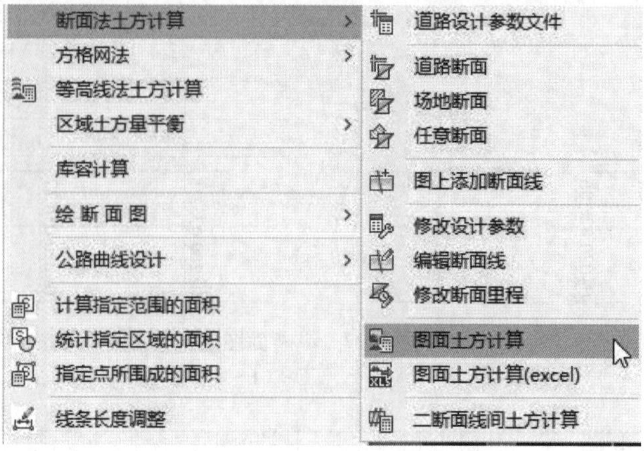

图 7.29 “图面土方计算”子菜单

表 7.3 土石方数量计算 Excel 表

土石方数量计算表									
里程	中心高(m)		横断面积(m * m)		平均面积(m * m)		距离	总数量(m * m * m)	
	填	挖	填	挖	填	挖		填	挖
K0+0.00	1.1		45.6	0					
					37.7	0	20	754	0
K0+20.00	0.8		29.8	0					
					19.6	0	20	392	0
K0+40.00	2.3		9.4	0					
					22.35	0	20	447	0
K0+60.00	0.4		35.3	0					
合计								1 593	0

3.三角网法土方计算

三角网法也是南方 CASS 软件土方计算的重要方法。它与方格网法的显著不同是,把采集的地形点连接成三角网,以每个三角形为单位进行土方计算。具体操作方法如下:

用鼠标单击“工程应用”菜单中的“三角网法土方计算”子菜单,会有“根据坐标文件”“根据图上高程点”“根据图上三角网”“计算两期间土方”四种方式(图 7.30)。限于篇幅,本书介绍“根据坐标文件” “计算两期间土方”。

图 7.30 “三角网法土方计算”子菜单

(1)根据坐标文件

单击“根据坐标文件”子菜单,并根据命令区提示操作:

选择计算区域边界线,用鼠标拾取多段线圈定的施工区域范围。

输入高程点坐标数据文件名,例如输入 D:\Cass10.1 For AutoCAD2014\demo\Dgx.dat 后,系统会弹出如图 7.31 所示的“DTM 土方计算参数设置”对话框,在其中输入平场标高(如 33 m),输入边界采样间隔(如 20 m),输入导出 Excel 表格路径和文件名(如 C:\Users\Administrator\

Desktop\13.xlsx)，单击“确定”即可进行土方计算。

接着屏幕会显示计算结果，本例的挖方量 = 36 870.3 m^3，填方量 = 0.0 m^3，如图 7.32 所示。

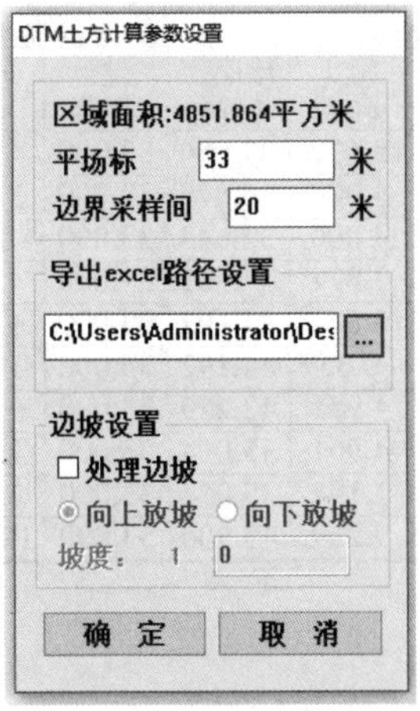

图 7.31　“DTM 土方计算参数设置”对话框

图 7.32　三角网法土方计算屏幕显示结果

请指定表格左下角位置：<直接回车不绘表格>，在绘图区空白处用鼠标指定表格左下角位置，即可绘制如图 7.33 所示的三角网法土方计算图。

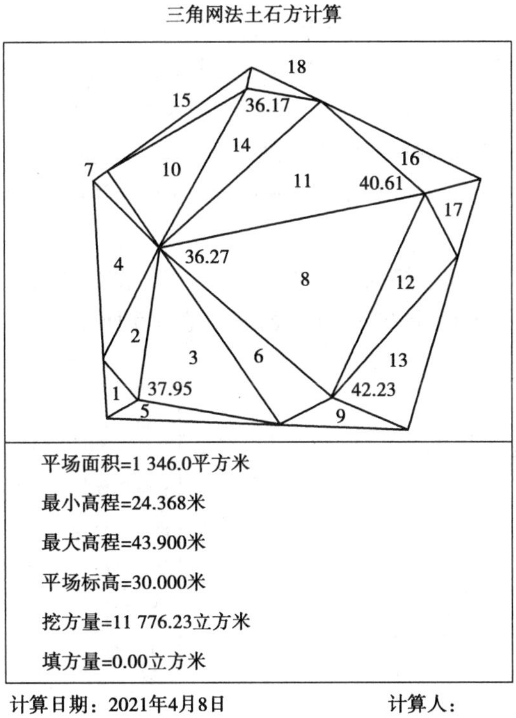

图 7.33　三角网法土方计算图

导出的Excel文件,显示了每个三角形的计算结果,如表7.4所示。

表7.4　三角网法土方计算Excel表

				三角形节点1			三角形节点2			三角形节点3			
三角形编号	挖方	填方	三角形面积	开挖前标高	设计标高	施工高度	开挖前标高	设计标高	施工高差	开挖前标高	设计标高	施工高差	平均高差
1	576.18	0.00	106.391	39.555	33.000	6.555	38.692	33.000	5.692	37.000	33.000	4.000	5.416
2	1024.19	0.00	212.893	39.555	33.000	6.555	37.000	33.000	4.000	36.877	33.000	3.877	4.811
3	230.67	0.04	74.116	38.692	33.000	5.692	37.000	33.000	4.000	32.643	33.000	-0.357	3.112
4	1304.76	0.00	254.449	39.555	33.000	6.555	36.877	33.000	3.877	37.951	33.000	4.951	5.128
5	316.91	0.00	104.831	37.000	33.000	4.000	36.877	33.000	3.877	34.192	33.000	1.192	3.023
6	133.58	0.19	82.774	37.000	33.000	4.000	32.643	33.000	-0.357	34.192	33.000	1.192	1.612
7	1597.74	0.00	231.167	39.555	33.000	6.555	37.951	33.000	4.951	42.229	33.000	9.229	6.912
8	367.14	0.00	100.835	36.877	33.000	3.877	37.951	33.000	4.951	35.094	33.000	2.094	3.641
9	153.45	0.00	64.263	36.877	33.000	3.877	34.192	33.000	1.192	35.094	33.000	2.094	2.388
10	2215.14	0.00	249.042	39.555	33.000	6.555	42.229	33.000	9.229	43.900	33.000	10.900	8.892

(2)计算两期间土方

南方CASS软件的计算两期间土方,是一种非常灵活的计算开挖前后土石方变化工程量的方式。它的操作方式非常简单,即开挖前(或填方前),测量施工区域的第一期间地形图,并把数字地形图输出成第一期三角网;开挖后(或填方后)测量施工区域的第二期间地形图,并把数字地形图输出成第二期三角网。系统根据第一期三角网和第二期三角网,即可计算出两期之间的土石方量变化,即施工前后的总挖方量(或总填土方量)。

单击“计算两期间土方”子菜单,并根据命令区提示操作:

第一期三角网:[(1)图面选择/(2)三角网文件] <2>,例如输入:“第1期三角网.SJW”;

第二期三角网:[(1)图面选择/(2)三角网文件] <1>2,例如输入:“第2期三角网.SJW”,系统即计算出了:挖方量 = 153 864.8 m^3,填方量 = 0.0 m^3,并在绘图区显示图7.34所示计算结果。

请指定表格左上角位置:<直接回车不绘表格>,在绘图区的空白处用鼠标单击计算表格的绘制位置,即可绘制出两期间土方计算的表格,如表7.5所示。

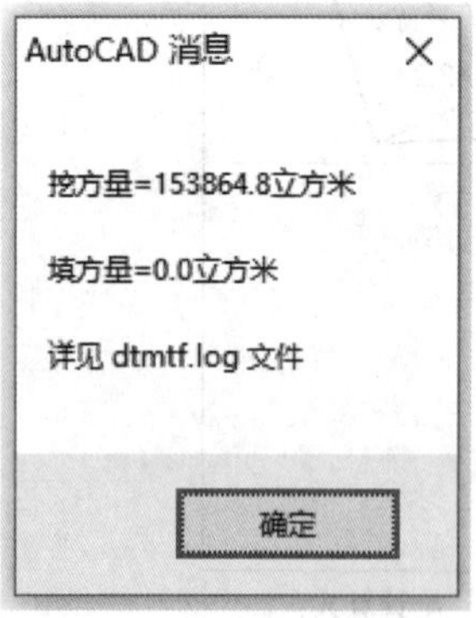

图7.34　两期间土方计算的屏幕显示结果

表7.5　两期间土方表

	一期	二期
平场面积	50 487.3平方米	50 487.3平方米
三角形数	224	224
最大高程	43.900米	40.900米
最小高程	24.368米	21.368米
挖方量	153 864.8立方米	
填方量	0.0立方米	

计算日期:2020年7月28日　　计算人:
审核人:

4.区域土方平衡

所谓区域土方平衡,是指在某一施工区域,确定一个合理的场地平整施工标高,使本区域内的填方和挖方工程量相等。该设计标高将作为计算填挖土方工程量、进行土方平衡调配、选择施工机械、制定施工方案的依据。

如图 7.35 所示，用鼠标单击“工程应用”菜单中的“区域土方量平衡”子菜单，会有“根据坐标文件”和“根据图上高程点”两种方式，现以第一种方式为例进行操作。

选择计算区域边界线，用鼠标拾取用多段线绘制的施工区域闭合边界。

请输入边界插值间隔(m)：<20>，默认 20 则直接回车。系统会弹出如图 7.36 所示的对话框。

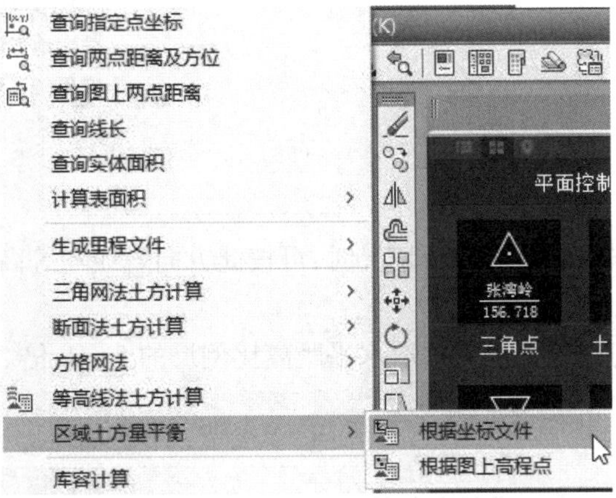

图 7.35　区域土方平衡菜单

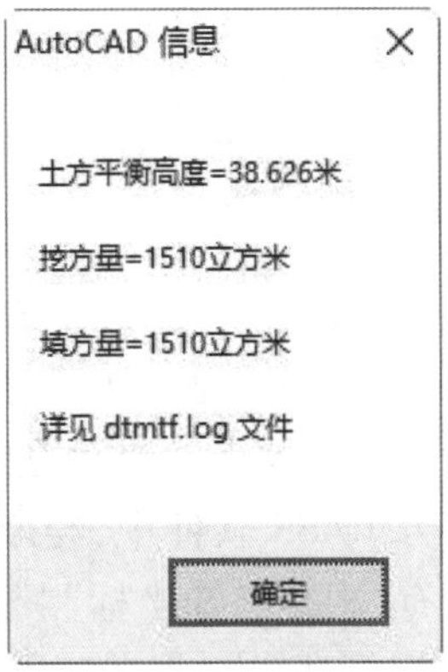

图 7.36　区域土方平衡计算结果

可以看出，通过计算，得出土方平衡高度 = 38.626 m，挖方量 = 1 510 m^3，填方量 = 1 510 m^3，即平场标高为 38.626 m。

请指定表格左下角位置：<直接回车不绘表格>，用鼠标指定绘制土方平衡图的位置，则系统自动绘制出图 7.37 所示的土石方计算图。图中会显示平场面积(即施工区域的平面积)、最

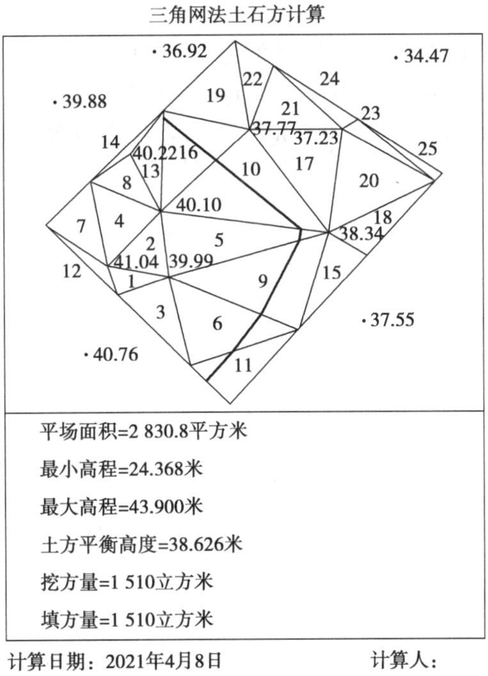

图 7.37　区域土方平衡计算图

小高程、最大高程、土方平衡高度、挖方量和填方量等，并绘制一个计算图，图中的黑色线条，即填挖分界线。

数字地形图的工程应用(2)-绘断面图

任务7.4　断面图绘制

任务描述

- 掌握绘制纵断面图的方法。

知识学习

在工程设计中，当需要知道沿某一方向的地面起伏情况时，可按此方向直线与等高线交点求得平距与高程，绘制断面图。

为了明显地表示地面的起伏变化，高程比例尺通常取水平距离比例尺的5~10倍。

南方CASS软件中，绘断面图的方法主要有“根据已知坐标”“根据里程文件”“根据等高线”“根据三角网”四种方式。各种方法大同小异，下面以使用较多的“根据等高线”绘制断面图为例来说明如何操作。

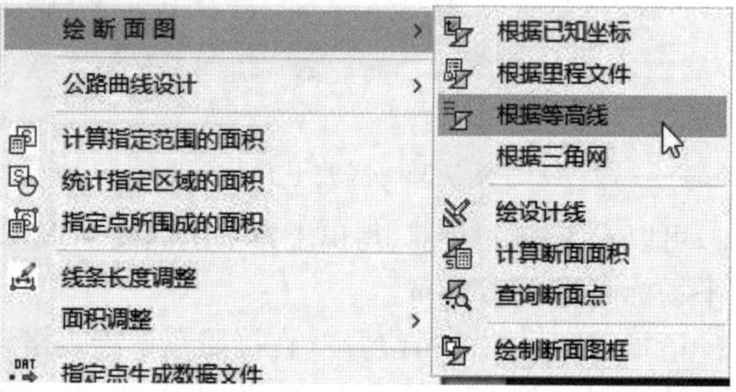

图7.38　绘断面图菜单

单击“绘断面图”的“根据等高线”子菜单(图7.38)，并按命令区提示操作：

请选取断面线：鼠标选择如图7.39所示的断面图(用多段线绘制)；系统会弹出如图7.40所示的“绘制纵断面图”对话框，在其中设置横向比例、纵向比例、断面图位置、起始里程、高程标注位数和里程注记位数等数据，单击“确定”，即可在指定位置绘制断面图(图7.41)。

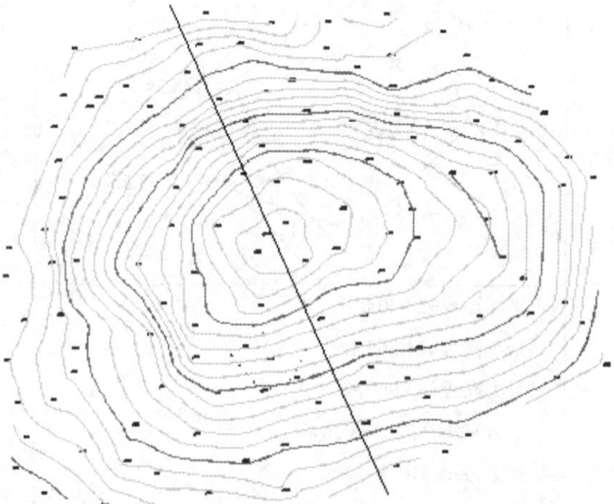

图7.39　选取断面线

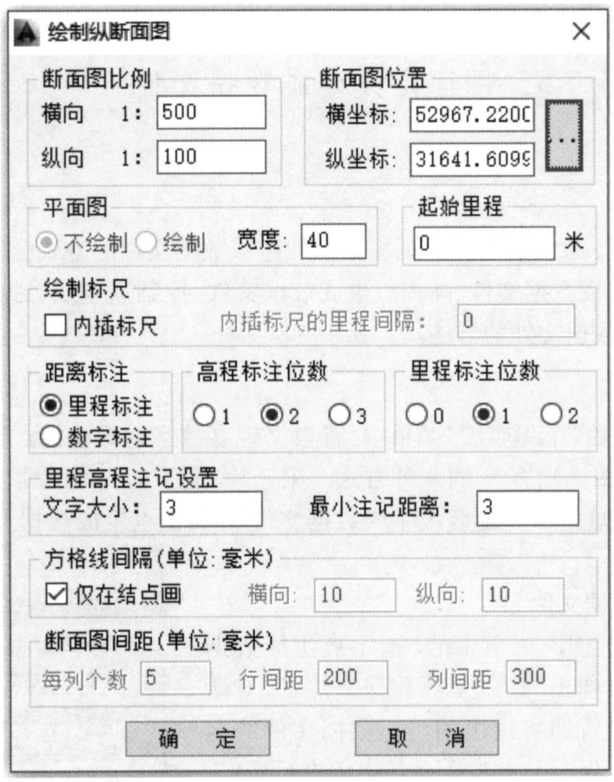

图 7.40　“绘制纵断面图”对话框

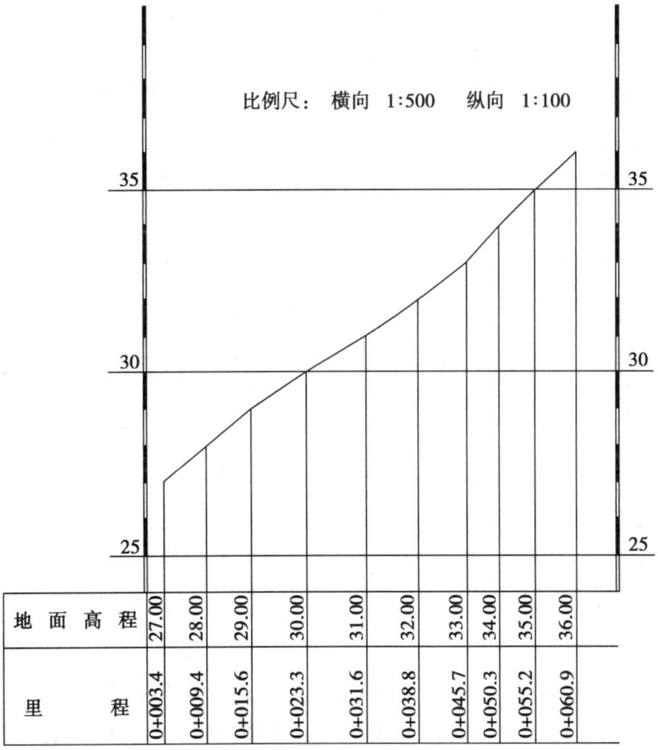

图 7.41　断面图

任务 7.5　图面点线生成数据文件

数字地形图的工程应用(4)-生成数据文件.

任务描述

- 了解南方 CASS 软件有哪些根据图面点线生成数据文件的方式。
- 掌握指定点生成数据文件、高程点生成数据文件、控制点生成数据文件、等高线生成数据文件、复合线生成数据文件的方法。

知识学习

南方 CASS 软件的“工程应用”菜单中，有根据现有数字地形图的点线要素重新生成坐标数据文件，主要为如图 7.42 所示的 9 种方式。限于篇幅，下面介绍日常工程应用当中使用较多的“指定点生成数据文件”“复合线生成数据文件”“高程点生成数据文件”“等高线生成数据文件”等主要方式。

1.指定点生成数据文件

鼠标单击“工程应用”菜单中的“指定点生成数据文件”子菜单，系统会弹出“输入坐标数据文件名”对话框，在此对话框中，设置即将输出的坐标数据文件的名称和存储目录，单击“保存”，并按命令行提示进行操作：

指定点：鼠标捕捉图上某一地物点位。

地物代码：如不需要输入地物代码，可回车忽略。

高程<38.200>：如认可所捕捉点位的高程，可直接回车，系统显示该捕捉点的点位信息，测量坐标系：X=31 388.900 m，Y=53 437.350 m，Z=38.200 m。

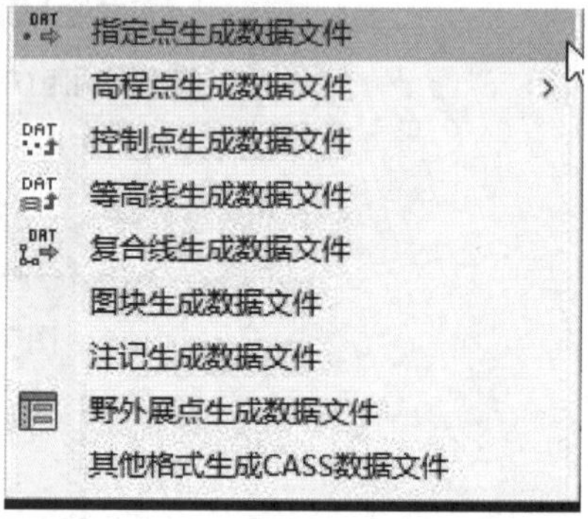

图 7.42　生成坐标数据文件子菜单

请输入点号：<1>，可键盘输入点号，如默认该点号可直接回车。至此完成了第一点的指定和输入。系统会要求依次指定第 2 点、第 3 点……

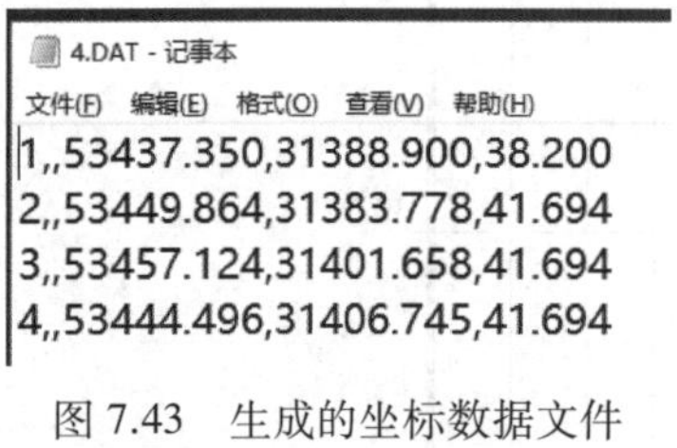

图 7.43　生成的坐标数据文件

当所有点均指定完成，系统继续提示“指定点：”时，可再回车结束点的指定。系统会继续提示：是否删除点位注记？（Y/N）<N>，直接回车表示不删除点位注记，系统会提示已自动保存到坐标数据文件当中。用记事本打开输出的坐标数据文件，会看到每一个点的点号、编码、Y 坐标、X 坐标、H 高程，如图 7.43 所示。

2.高程点生成数据文件

在“工程应用”菜单中的“高程点生成数据文件”子菜单中，还有“有编码高程点”“无编码高程点”“无编码水深点”“海图水深注记”4 种方式，如图 7.44 所示。下面以无编码高程点生成数据文件为例。

单击“高程点生成数据文件”下的“无编码高程点”子菜单，系统会弹出“输入坐标数据文件名”对话框，在此对话框中，设置即将输出的坐标数据文件的名称和存储目录，单击“保存”，并按命令行提示进行操作：

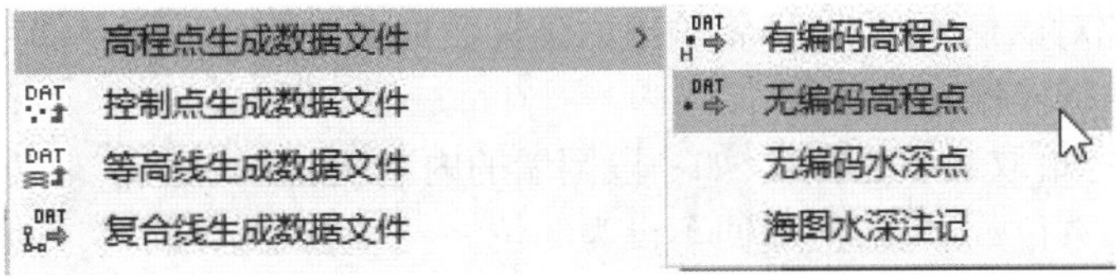

图 7.44　无编码高程点生成数据文件

请输入高程点所在层：输入所有高程点所在的层 gcd；

请输入高程注记所在层：<直接回车取高程点实体 Z 值>，直接回车；系统会显示共读入 了多少个高程点，并将所读取的数据存入到坐标数据文件当中。其形式如图 7.44 所示。

3.控制点生成数据文件

鼠标单击“工程应用”菜单中的“控制点生成数据文件”子菜单，系统会弹出“输入坐标数据文件名”对话框，在此对话框中，设置即将输出的坐标数据文件的名称和存储目录，单击“保存”，系统会显示共读入 5 个控制点。

用记事本打开控制点生成的数据文件，会显示序号、控制点号、Y 坐标、X 坐标、H 高程，如图 7.45 所示。

4.等高线生成数据文件

鼠标单击“工程应用”菜单中的“等高线生成数据文件”子菜单，系统会弹出“输入坐标数据文件名”对话框，在此对话框中，设置即将输出的坐标数据文件的名称和存储目录，单击“保存”，并按命令行提示进行操作：

请选择：［（1）处理全部等高线结点/（2）处理滤波后等高线结点］<1>，例如直接回车选择 1，就立即将全部等高线结点生成了坐标数据文件，其形式如图 7.46 所示（每一条等高线结点从 1 开始连续编号）。

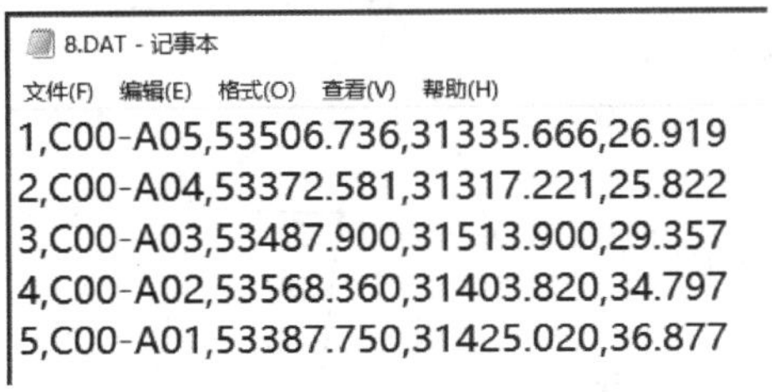
8.DAT - 记事本
文件(F)　编辑(E)　格式(O)　查看(V)　帮助(H)
1,C00-A05,53506.736,31335.666,26.919
2,C00-A04,53372.581,31317.221,25.822
3,C00-A03,53487.900,31513.900,29.357
4,C00-A02,53568.360,31403.820,34.797
5,C00-A01,53387.750,31425.020,36.877

图 7.45　控制点生成数据文件

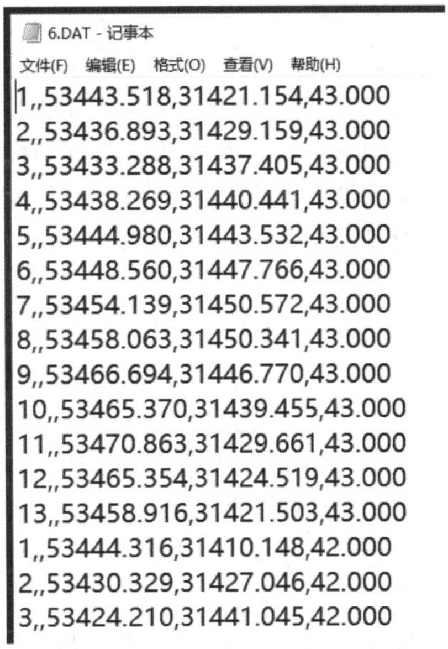
6.DAT - 记事本
文件(F)　编辑(E)　格式(O)　查看(V)　帮助(H)
1,,53443.518,31421.154,43.000
2,,53436.893,31429.159,43.000
3,,53433.288,31437.405,43.000
4,,53438.269,31440.441,43.000
5,,53444.980,31443.532,43.000
6,,53448.560,31447.766,43.000
7,,53454.139,31450.572,43.000
8,,53458.063,31450.341,43.000
9,,53466.694,31446.770,43.000
10,,53465.370,31439.455,43.000
11,,53470.863,31429.661,43.000
12,,53465.354,31424.519,43.000
13,,53458.916,31421.503,43.000
1,,53444.316,31410.148,42.000
2,,53430.329,31427.046,42.000
3,,53424.210,31441.045,42.000

图 7.46　等高线生成数据文件

5.复合线生成数据文件

单击“工程应用”菜单下的“复合线生成数据文件”子菜单，系统会弹出“输入坐标数据文件名”对话框，在此对话框中，设置即将输出的坐标数据文件的名称和存储目录，单击“保存”，并按命令行提示进行操作：

选择对象：鼠标拾取某一复合线，如一段围墙的内边线。

请输入坐标小数位数 <3>：例如回车设为3位。

请输入高度小数位数 <3>：例如回车设为3位。

是否在多段线上注记点号[（1）是/（2）否]<1>，回车选择“是”结束操作，系统将复合线的坐标数据存入到坐标数据文件当中。

任务7.6 数字地面模型的建立与应用

任务描述

- 了解数字地面模型DTM的概念及特点；了解数字地面模型的主要建立方法；了解数字地面模型DTM有哪些主要应用。

知识学习

1.数字地面模型的概念

（1）数字地面模型概述

1956年，美国麻省理工学院Miller教授在研究高速公路自动设计时首次提出数字地面模型DTM（Digital Terrain Model）。20世纪60—70年代，很多学者为解求DTM上任一点的高程，进行了大量研究，并提出了多种实用的内插算法。20世纪80年代以来，对DTM的研究与应用已涉及DTM系统的各个环节。

数字地面模型DTM是地形起伏的数字表达，它由对地形表面取样所得到的一组点的X、Y、Z坐标数据和一套对地面提供连续的描述算法组成。简单地说，DTM是按一定结构组织在一起的数据组，代表地形特征的空间分布。DTM是建立地形数据库的基本数据，可以用来制作等高线图、坡度图、专题图等多种图解产品。

根据数据获取方法的不同，DTM的数据来源可以分为以下四种：

1）野外实地测量。在实地直接测量地面点的平面位置和高程。一般使用全站仪或RTK进行观测。

2）由现有地形图上采取。现在常用的方法是使用扫描装置采取。

3）从摄影测量立体模型上采取。大多数立体测图仪、解析测图仪的数字化系统都能从遥感相片上采取数据。自动化的摄影测量系统则采用自动影像相关器，沿着扫描断面产生高密度的高程点。

4）由遥感系统直接测得。航空和航天飞行器搭载雷达和激光测高仪获得的数据。

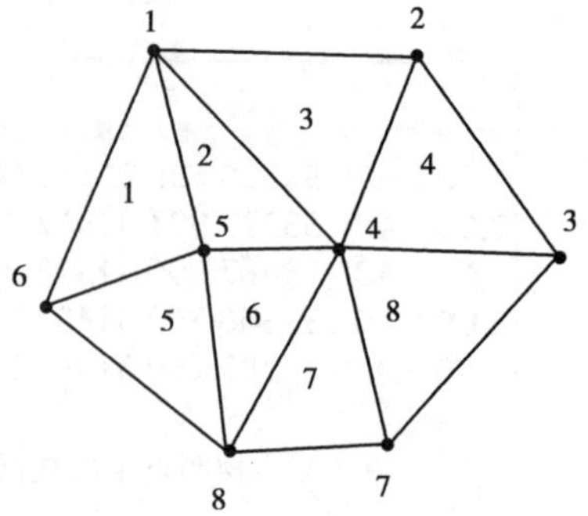

图7.47 不规则三角形格网

DTM的表示形式主要包括两种：不规则的三角网（TIN）和规则的矩形格网（GRID）。不规则的三角网，按一定规则连接每个地形特征采集点，形成一个覆盖整个测区互不重叠的不规则三角形格网（图7.47）。其优点是地貌特征点表达准确,缺点是数据量太大。规则的矩形格网,是用一系列在X、Y方向上等间隔排列的地形点高程Z表示。其优点是存储量小、易管理、应用广泛,缺点是不能很准确地表达地形结构的细部。

数字高程模型DEM(Digital Elevation Model)是在高斯投影平面上规则格网点的平面坐标(X,Y)及其高程(Z)的数据集。DEM的水平间距可随地貌类型的不同或实际工程项目的要求而改变。

(2)数字地面模型的特点

与传统地形图比较,DEM作为地形表面的一种数字表达形式具有以下特点:

1)精度不会损失。常规地形图随着时间的推移,图纸将会变形,失掉原有的精度。而DEM采用数字媒介,因而能保持精度不变。另外,由常规地形图用人工方法制作其他种类的地形图,精度会受到损失,而由DEM直接输出,精度可得到控制。

2)容易以多种形式显示地形信息。地形数据经过计算机软件处理后,产生多种比例尺的地形图、纵横断面图和立面图。而常规地形图一经制作完成后,比例尺不容易改变,改变或者绘制其他形式的地形图,则需要人工处理。

3)容易实现自动化、实时化。常规地形图要增加和修改都必须重复相同的工作,劳动强度大而且周期长,不利于地形图的实时更新。而数字形式的DEM,当需要增加或改变地形信息时,只需将修改信息直接输入到计算机,经过软件处理后可立即产生实时化的各种地形图。

1∶5万数字高程模型DEM由国家测绘局建设,国家基础地理信息中心负责维护和管理。其覆盖中国范围内的陆地和海岛,共24 230幅。其DEM数据以Grid格式存储,数据量为80 GB。

2.数字地面模型的建立

数字地面模型DTM的测量制作过程概括如下:首先,按一定的测量方法(如野外直接测量、室内立体摄影测量等),在测区内测量一定数量离散点的平面位置和高程,这些点称为控制点(数据点或参考点)。接着,以控制点为网络框架,在其中内插大量的高程点,内插是由计算机根据一定的计算公式并依照某种规则图形(如方格网)求解的。控制点和内插点的平面位置和高程数据的总和,即该测区的数字地面模型。它以数字的形式表示了该测区地貌形态的平面位置,即点的X、Y坐标表示平面位置,Z坐标表示地面特征。

(1)数字地面模型数据采集方法

数字地面模型的数据获取就是提取并测定地形的特征点,即将一个连续的地形表面转化成一个以一定数量的离散点表示的离散的地表。离散点数据的获取是建立数模最费工时而又最重要的一步,它影响着建模的正确性、精度、效率、成本。

常见的数字地面模型数据采集方法主要有:

地面测量:利用全站仪测量方式直接测量地形的特征点的空间位置。

数字摄影测量系统:这是DEM数据采集最常用的方法之一。利用立体测图仪或立体坐标仪、解析测图仪及数字摄影测量系统,进行人工、半自动或全自动的测量来获取数据,高效、自动提取 DTM/DEM。

GNSS 定位系统:利用 GNSS 卫星定位系统,结合雷达和激光测高仪等进行数据采集。

(2)数据预处理

获得建立数字地面模型 DTM 所需的数据来源后,应当进行 DTM 数据预处理。DTM 的数据预处理是 DTM 内插前的准备工作,它是整个数据处理的一部分,它一般包括数据格式转换、坐标系统变换、数据编辑、栅格数据的矢量化转换和数据分块等内容。如果数据采集的软件具有数据预处理的相关功能,数据预处理相关内容也可以在数据采集的时候同时进行。

1)格式转换

因为数据采集的软、硬件系统各不相同,所以数据的格式也可能各不相同。常用的数据代码有 ASCII 码、BCD 码和二进制码。每一记录的各项内容及每项内容的数据类型,所占位数也可能各不相同。在进行 DTM 数据内插前,要根据内插软件的要求,将各种数据转换成该软件所要求的格式。

2)坐标变换

在进行 DTM 数据内插前,要根据内插软件的要求,将采集的数据转换到地面坐标系下。地面坐标系一般采用国际坐标系,也可以采用局部坐标系。

3)数据编辑

将采集的数据用图形方式显示在计算机屏幕上,作业人员根据图形交互式地剔除错误的、过密的、重复的点,发现某些需要补测的区域并进行补测,对断面扫描数据,还要进行扫描系统误差的改正。

4)栅格数据转换为矢量数据

若 DTM 的数据来源是由地图扫描数字化仪获取的地图扫描影像,其得到的是一个灰度阵列。首先要进行二值化处理,再经过滤波或形态处理,并进行边缘跟踪,获取等高线上按顺序排列的点坐标,即矢量数据,供以后建立 DTM 使用。

5)数据分块

由于数据采集方式不同,数据的排序顺序也不同。例如:等高线数据是按各条等高线采集的先后顺序排列的,但内插时,待定点常常只与其周围的数据点有关,为了能在大量的数据点中迅速查找到所需要的数据点,必须要将数据进行分块。一般情况下,为了保证分块单元之间的连续性,相连单元间要有一定的重叠度。

6)子区边界的选取

根据离散的数据点内插规则格网 DTM,通常是将测区地面看作一个光滑的连续曲面。但实际上,地面上存在各式各样的断裂线,例如:陡坎,山崖和各种人工地物,使得测区地面并不光滑,这就需要将测区地面分成若干个子区,使每个子区的表面为一个连续光滑曲面。这些子区的边界由特征线与测区的边界线组成,使用相应的算法进行提取。

(3)数据内插

数字地面模型 DTM 的表示形式主要包括不规则的三角网和规则的矩形格网。在实际生产中,最常用的是规则矩形格网的数字高程模型 DEM。格网通常是正方形,它将区域空间切分为规则的格网单元,每个格网单元对应一个二维数组和一个高程值,用这种方式描述地面起伏称为格网数字高程模型。

数字高程模型 DEM 的数据内插就是根据参考点(已知点)上的高程求出其他待定点上的高程,在数学上属于插值问题。由于所采集的原始数据排列一般是不规则的,为了获得规则格网的 DEM,内插是必不可少的过程。内插的方法很多,但任何一种内插方法都认为邻近的数据点之间存在很大的相关性,这才有可能由邻近的数据点内插出待定点的数据。对于一般地面,连续光滑条件是满足的,但大范围内的地形是很复杂的,因此整个测区的地形很可能不能像通常的数学插值那样用一个多项式来拟合,而应采用局部函数内插。需要将整个测区分成若干分块,对各个分块根据地形特征使用不同的函数进行拟合,并且要考虑相连分块函数间的连续性。对于不光滑甚至不连续的地表面,即使是在一个计算单元内,也要进一步分块处理,并且不能使用光滑甚至连续条件。

(4)数据存储

经内插得到的数字高程模型 DEM 数据需要用一定的结构和格式存储起来,便于各种应用。通常以图幅为单位建立文件。文件里存放有关的基础信息,包括数据记录格式、起点(图廓的左下角点)平面坐标、图幅编号、格网间隔、区域范围、原始资料有关信息、数据采集仪器、采集的手段和方法、采集的日期与更新日期、精度指标等。

各格网点的高程是 DEM 数据主体。对小范围的 DEM,每一记录为一点高程或一行高程数据。但对于较大范围的 DEM,其数据量较大,一般采用数据压缩的方法存储数据。除了格网点高程数据外,文件中还应存储该地区的地形特征线、特征点的数据,它们可以用向量方式存储,也可以用栅格方式存储。

3.数字地面模型的应用

数字地面模型已经有很广泛的应用领域,实质都是分析或研究二维或三维空间离散点数据的分布情况,而这些离散点可以是地理位置坐标点,也可以是色彩之间的像素点,还可以表示质量、温度等可量化的、具有实际意义的离散点,其发展空间极其广阔。限于篇幅,下面仅罗列数字地面模型 DTM 在一些实际工程领域的应用。

(1)数字地面模型在道路工程中的应用

数字地面模型在道路工程中主要应用于原始地面的分析、设计面的表达、分析地面和设计面的关系等方面:

1)原始地面的分析

采集地面离散点数据,生成三角网从而模拟出地形模型,从而根据模型分析地貌、地势等特征。

2)设计面的表达

在地面三角网模型的基础上,根据道路中线,在某桩号处作中线的垂线,则该直线在三角网上的投影即为道路横断面地面线,从而可以提取道路横断面的数据。

3)分析地面和设计面的关系

将道路设计面的数据建立三角网叠加到地面三角网上,可以为分析道路各桩号处地面和设计面的相互关系提供直观的形象依据,如图7.48所示。

(2)数字地面模型在公路勘测设计中的应用

数模在路线优化设计中的应用最具广阔前景的是借助三维模型的立体线形的优化技术。通过数模表示的三维地形表面与工程设计模型叠加而产生的带真实背景的三维实体工程模型,可进行工程设计的评估和修改,以期消除后患,提高工程设计质量,还可以在模型基础上进行环境、绿化等设计。随着计算机技术和路线CAD技术的发展,道路数字地面模型的优势也将愈加明显。

1)路线优化设计

在道路数字地面模型建立的基础上,只需把选定的平面线起讫点、交点的平面坐标及平曲线要素输入CAD系统,计算机便可自动从数模中内插出路线设计所需的地形数据以及为绘制路线平面图所需的地形等高线串状数据,配合路线优化及辅助设计程序就可快速完成路线设计的各项内业工作,并输出各项成果设计文件。数模与航测、路线CAD相结合,将形成覆盖数据采集与处理、路线设计与计算及设计图表输出的设计全过程的路线设计一体化系统,这是公路测设现代化的发展方向。

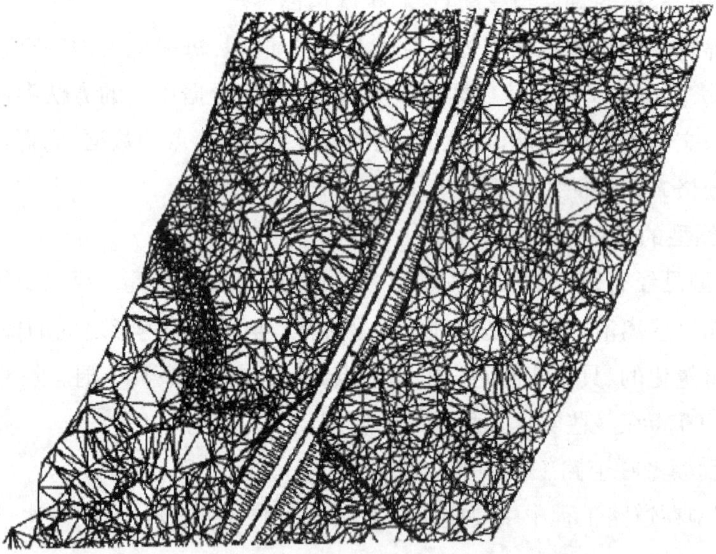

图7.48　道路地面与设计面的数字地面模型

路线优化设计有2种情况:迭代寻优和方案比选。基于多种原因,后者在实际中应用比较多,但前者一直是公路界研究的方向。不管在哪种情况中,数字地面模型都是为每一个可行方案提供内插纵、横断面地面线数据之用。数模在路线优化设计中的最大功能是可使设计人员在不需作进一步测量的情况下,比较所有可能的平面线形,进行路线平面优化及空间优化,从而找出最佳路线方案。

2)制作公路全景透视图

通过路线 CAD 系统提供的路线平面逐桩坐标,在数模上插值出路线纵断面地面线、横断面地面线。路线 CAD 系统利用插值出的地面线进行路线纵断面、横断面设计,生成路线纵断面、横断面设计线数据。通过路线 CAD 系统建立路基三维模型(设计曲面模型),通过道路数字地面模型子系统生成地形三维模型(地表曲面模型),设计曲面模型和地表曲面模型在 CAD 中经叠合、消影(消隐),生成静态三维全景透视图。然后借助 3D SMAX 做渲染和动画,生成公路动态全景透视图。

(3)数字地面模型在三维地质建模中的应用

许多地质调查和观察的结果为一系列离散的、空间上分布不均匀的数据,而对许多现象的解释,往往都是基于这些数据做出的。这就要求大量使用插值技术、三维可视化技术以及对数据或模型的操作,来检验多个理论假说。许多地质现象都是三维的或多维的,因此,运用交互的三维模拟与可视化方法,可以更加准确地表示和描述复杂的地质现象,如断层、地层及复杂的岩石特性等的变化。

通常一个三维地质模型需要表达地形、地层、岩性、断层、结构面、风化线、地下水位线、覆盖层与基岩分界线等要素。把各种要素按照其几何形态分为 2 类:(1)面状要素,如地形、断层、结构面、风化线、地下水位线、覆盖层与基岩分界线等;(2)体状要素,如地层、岩性等。面状要素通常可抽象为一个三维表面,可用不规则三角网格来描述;而体状要素通常可抽象为一个三维实体,用实体模型进行描述,如图 7.49 所示。

图 7.49　实体模型

(4)三角网在其他相关领域中的应用

1)TIN 模型可以用在处理和空间拓扑相关的问题

如自动生成骨架线,2.5 维可视化,与其他数据的表面叠加,坡度阴影,填挖方分析,表面特化和重建,和地表面可见性分析,而且应用起来比较简单。举个例子,在测量和收集特征点的属性值和其他信息之后,TIN 可以利用随机分布的数据点生成一系列连续的三角形来逼近地表面,也就是通常所说的数字地面模型 DTM,然后把相关的信息和相应的属性带入单值逼近函数。得到的函数值近似这些特征点,那么每一个小三角形所代表的地面参数,如倾斜度、表面积和周长等,都能由此计算出来;并且作为小三角形的相关属性被存储起来。TIN 模型的优点之一是能够根据相关信息内容的多少、不同层次地描述地表,能够精确地描述比较复杂的表面;而且比特殊方法的栅格数据模型用的时间和空间少,如数字高程模型 DEM 就是一个例子。随着约束条件,如基线和边界排除的引入,TIN 的扩展能够比以往更恰当、更合理地描述地表基线是具有线状特征的,例如山脊、山谷。以前常根据其连续性和光滑度来确定和控制表面的行为。相似的,边界排除也明显地确定了面的区域边界和其突变。它们可以描述内部边界(如海岸线和研究区域内的建筑物),也可以确定研究区域框架最外部边界。用 TIN 模型描述地表,其中约束基线是起关键作用的。

2)地图模式识别

地图模式识别是一种智能技术,它是研究如何使用计算机实现人对地图的阅读和理解,探讨采用与模拟人类视觉系统,以及人脑对视觉信息的分析判决过程。它可以从二维数字扫描图像中自动提取目标的色彩、形状和语义信息,并通过对特征信息的处理与分析,完成对不同地图的分类和决策。研究与发展地图模式识别的时机已经成熟,并且具有深远意义和广阔的前景。国内外一些学者和专家已经在这方面做出了一定的尝试,并且取得了较好的效果。Yi Xiao 和 Hong Yan 实现了应用 Delaunay 三角网对文档图像中的文字区域进行提取。主要思想是根据文档图像的文字和非文字区域所生成的 Delaunay 三角网的性质不同,从而把它们识别开来。并且 Joon Hong Park 和 HyunWook Park 已经用图像灰度 Delaunay 三角网实现了立体影像的快速内插视图,生成的图像效果非常清晰,完全保证图像特征。这是 Delauna 三角网在识别和图像处理领域里一个重大的应用,有兴趣者可参看文献。因此笔者在这里做出大胆的假设,可以分析不同地图符号的 Delaunay 三角网的性质。拿点状符号来说,可以把点状符号的各个连接成分的质心作为离散数据点,在此基础上生成 Delaunay 三角网,分析 Delaunay 三角网的几何特点或三角形的个数,从而来识别不同的地图符号。还可以从颜色的角度识别不同颜色的地图实体。目前,扫描地图除掉由于扫描仪硬件和地图本身质量的影响因素,还缺乏有效的识别算法。如果把 Delaunay 三角网的对偶图 Voronoi 图引入到颜色的三维空间,例如河流蓝色,并不是每一个蓝色像素的 RGB 值都相同,而且不同的地图不同区域也将有所不同,但是蓝色在颜色三维空间中的分布应该是一个确定有限的空间区域。如果能用空间 Voronoi 确定这个空间区域,即某种颜色的三维最小凸壳体,也就是确定某种颜色的 RGB 值的取值范围,对从扫描地图中去除这种颜色的实体是很有效的。虽然这里可能会有些难度,但仍可以从地图扫描图像上进行地图信息的识别与提取,为地图信息识别与提取增加一条新路径。

3)TIN 模型在温度场研究中的应用

温度场是反映某一区域的温度分布状况的专题图,是温度值依据空间位置连续分布的概念。其应是地形属性为温度的数字地形模型(数字地形模型是地形表面形态属性信息的数字表达,是带有空间位置特征和地形属性特征的数字描述)。温度场是一种二维场,就是在空间任何已知的地点上,都有一个温度值和它对应。

温度场在现实生活中的应用非常广,比如某一核电站的冷却循环系统;城市热岛效应的调查等。通过获取区域温度的分布状况,便可发现温度异常点,通过与周围环境状况的分析和对比,可找出造成异常的原因。例如,在城市热岛效应的研究中就可以调查异常点的位置、通风状况、建筑的材质等,以此来找出导致热岛效应的原因。

利用 GIS 的空间建模功能来表达温度场可以提高精度和其在项目应用方面的效率和直观性。通过对实地温度值的测量来提高精度,将连续的空间区域离散化,以点的温度值代替微小面元的温度状况,利用空间插值将离散点的测量数据转换为连续的数据曲面。利用不规则三角网(TIN)模型来对区域温度进行建模,利用空间场的空间自相关性,通过相邻采样点来局部插值出未知点的温度值。从而达到通过离散的温度特征点来对区域温度分布状况进行布控的目的,进而利用 GIS 的各种专题表达手段来对温度场进行形象描述。

思考与练习题

1.南方 CASS 软件中可在地形图上查询哪些常见的几何要素?

2.叙述在南方 CASS 软件中如何计算指定点所围成的面积,其操作步骤是什么。

3.在南方 CASS 软件中计算土石方量都有什么方法?

4.叙述方格网法土方计算的步骤。

5.叙述断面法土方计算的步骤。

6.叙述三角网法土方计算的步骤。

7.区域土方平衡是如何操作的?

8.在南方 CASS 软件中如何绘制纵断面图? 试说出其操作步骤。

9.哪些图面点线可以生成数据文件? 生成的坐标数据文件都有什么作用?

10.什么是数字地面模型和数字高程模型?

11.数字地面模型有什么优缺点?

12.举例说明数字地面模型的应用有哪些。

表一 专业能力考核表

项目7:数字地形图的应用		日期: 年 月 日					考评员签字:			
姓名:		学号:					班级:			
数字地形图应用能力考核	1.方格网法土方计算:给定某个区域原地面的dat文件及平场标高,用8个拐点的X、Y坐标确定平场范围,在南方CASS软件中用方格网法完成计算土方	用原地面的dat文件绘地形图	用8个拐点坐标绘制平场范围	在软件中完成方格网法相关设置	计算其中一个方格的面积	计算其中一个方格的平均挖填高度	计算其中一个方格的填挖方量			
		□完成 □否	□完成 □否	□完成 □否	□完成 □否	□完成 □否	□完成 □否			
	2.绘制纵断面图:给定数字地形图,以及断面线两端点X、Y坐标,在南方CASS软件中绘制纵断面图,在熟悉操作的基础上,从4个问题中任意抽取1题,作详细陈述	①在"绘制纵断面图"对话框中,需要进行哪些设置? ②断面图的绘制位置是如何确定的? ③断面图的纵横比例尺是如何设置的? ④纵断面图上的里程是如何确定的?								
	3.指定点生成数据文件:给定一幅1∶500比例尺数字地形图,从中提取2处四点房屋的角点坐标,并生成坐标数据文件	第1处房屋角点1	第1处房屋角点2	第1处房屋角点3	第1处房屋角点4	第2处房屋角点1	第2处房屋角点2	第2处房屋角点3	第2处房屋角点4	
		X= Y=	X= Y=	X= Y=	X= Y=	X= Y=	X= Y=	X= Y=	X= Y=	

表二　评价考核评分表

评分项	内容	分值	自评	互评	师评
职业素养考核 40%	积极主动参加考核测试教学活动	10 分			
	团队合作能力	10 分			
	交流沟通协调能力	10 分			
	遵守纪律,能够自我约束和管理	10 分			
专业能力考核 60%	1.方格网法土方计算:给定某个区域原地面的 dat 文件及平场标高,用 8 个拐点的 X、Y 坐标确定平场范围,在南方 CASS 软件中用方格网法完成计算土方	20 分			
	2.绘制纵断面图:给定数字地形图,以及断面线两端点 X、Y 坐标,在南方 CASS 软件中绘制纵断面图,在熟悉操作的基础上,从 4 个问题中任意抽取 1 题,作详细陈述	20 分			
	3.指定点生成数据文件:给定一幅 1∶500 比例尺数字地形图,从中提取 2 处四点房屋的角点坐标,并生成坐标数据文件	20 分			
得分合计					
总评	自评(20%)+互评(20%)+师评(60%)=	综合等级	教师(签名):		

附 录

附录1 南方 CASS 软件使用常见问题解答

1.CASS 10.1 支持的 AutoCAD 平台是什么？

AutoCAD2010—2017，2019—2020，包含 32 位和 64 位。

2.CASS 10.1 支持苹果电脑吗？

暂不支持。

3.CASS 10.1 支持无人机采集的数据立体测图吗？

因为 AutoCAD 平台的三维线不能挂接线型，不能完成拟合，所以短期内可能无法支持。立体测图可以使用 CASS_3D 和 iData_3D 软件。

4.如何注册 CASS 10.1 正版、延长授权？

插上软件锁，登录生态圈，单击在线激活即可。

无法联网的用户，可采取以下方式激活。

打开用户许可工具，单击如图按钮，选择“加密锁数据升级”，在下图界面选择授权文件，单击“升级”按钮即可。

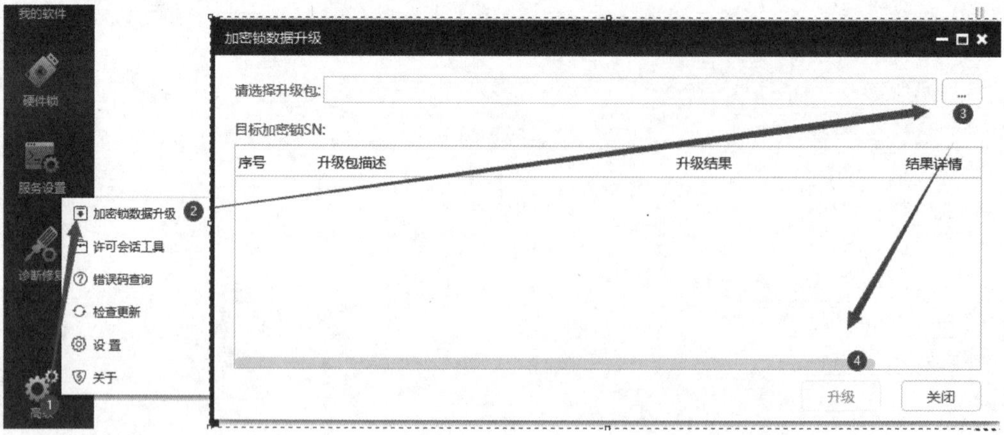

5.如何获取 CASS 10.1 **电子版用户手册**？

电子版用户手册在安装目录：CASS10.1\system\CASS 10.1 参考手册.chm。

6.在安装南方 CASS **软件后，如何单独运行** AutoCAD？

直接打开南方 CASS 软件，在文件菜单下找到“生成纯 CAD 快捷方式”按钮，单击即可，如下图所示。

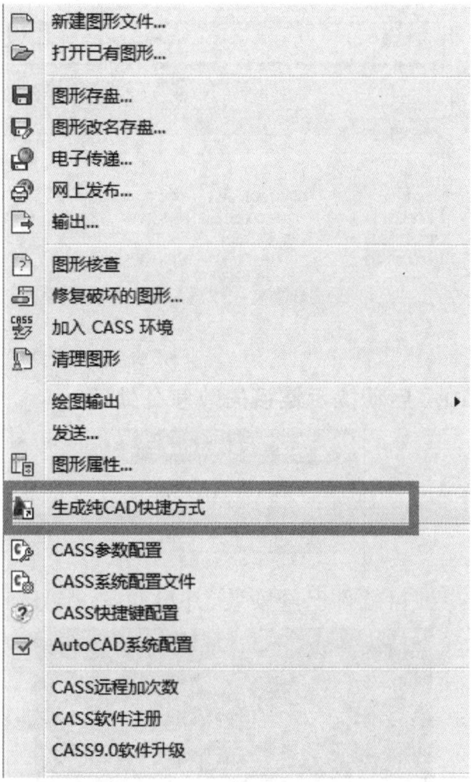

7.CASS 10.1 **的配置文件** cassconfig.db **怎么打开**？

要打开、编辑此文件，请安装 SQLite Expert Professional 软件。

8.南方 CASS **软件找不到安装环境怎么办**？

a.安装 AutoCAD，并正常运行一次，生成 AutoCAD 运行环境。

b.AutoCAD2010 以后，分为 32 位和 64 位版本，CASS 也要使用对应位数的安装包。

9.CASS **软件功能不能使用，提示未知命令，如何处理**？

a.安装软件狗驱动，驱动软件狗未过期。

b.以管理员身份运行软件，Win10 系统软件不要安装在 C 盘系统盘。

c.确定 CASS 路径是否成功添加，AutoCAD2014 是否添加信任。

10. 南方 CASS **软件启动提示连接数据库失败，如何处理**？

根据电脑系统位数，安装对应 32 位或者 64 位 Access Database Engine 数据库驱动。

11.CAD **无法启动：缺少** aclst16.dll **文件。如何处理**？

a.安装微软常用运行库合集 2017.10(32 位+64 位)。

b.设置系统 CAD 环境变量，详见文档“CAD 无法启动：缺少 aclst16.dll 文件”，如下图所示。

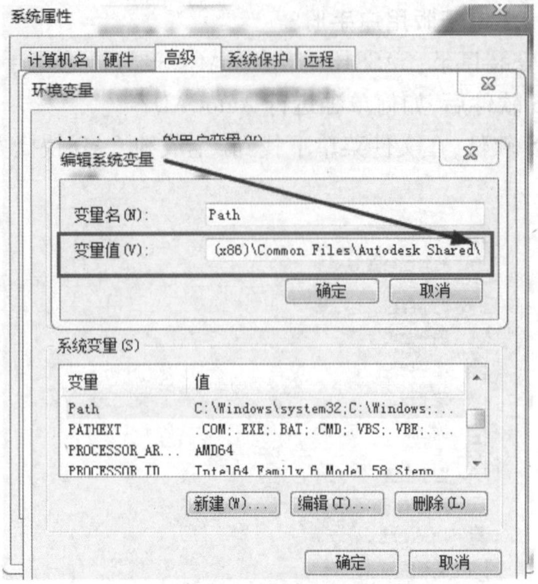

12. **如下图所示,CASS 10.1 启动提示连接失败怎么处理?**

确定电脑已经联网,用户许可软件已经安装,并启动 SS 服务。

13.如何启动南方软件 CASS 软件锁的服务?

启动深思数盾用户管理工具,按下图设置:

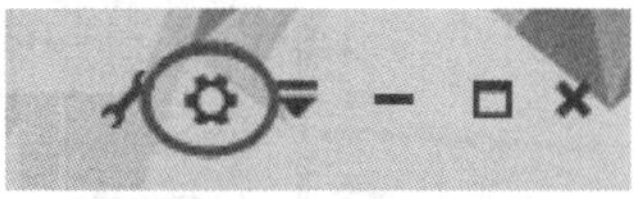

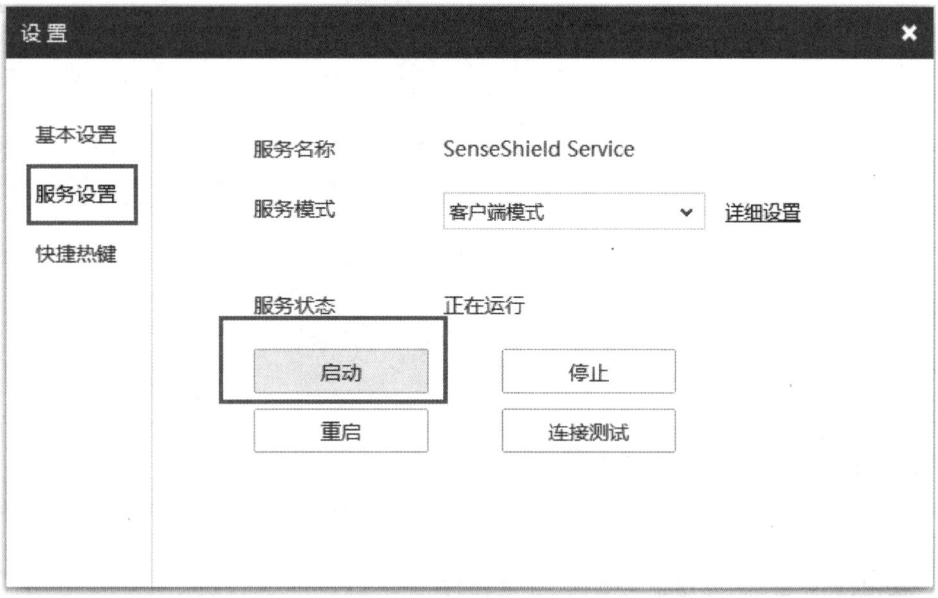

14.CASS 10.1 右侧菜单栏关闭后如何重新调出来?

单击菜单“显示-地物绘制菜单”。

15.启动 CASS 10.1,无法加载菜单和面板的原因是什么?

可能安装后,没有自动添加 CASS 10.1 的安装路径。在命令行输入 config,按下图所示添加。

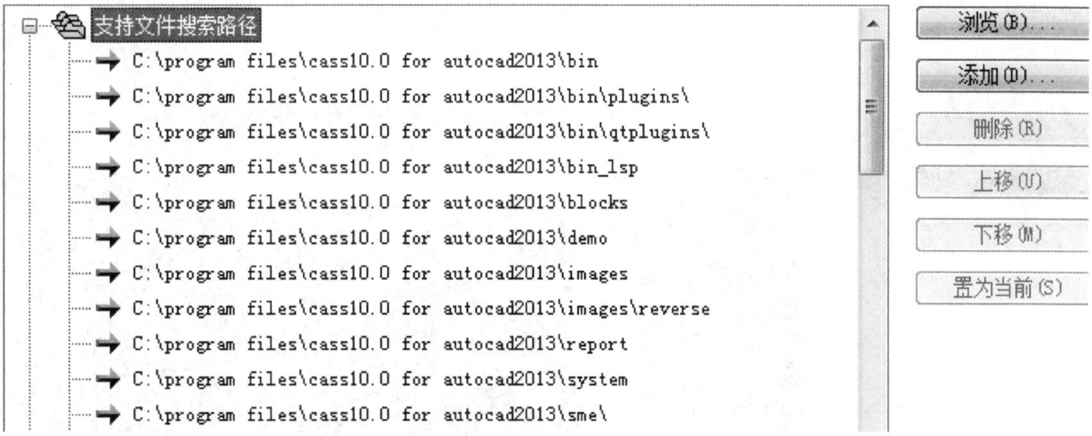

16.如何在 CASS 10.1 中添加快捷工具条?

在命令行输入 cui,回车。在下图界面中操作后,单击“应用”按钮即可。从左侧找到需要添加的工具栏,左键单击,拖到右侧“工具栏”。

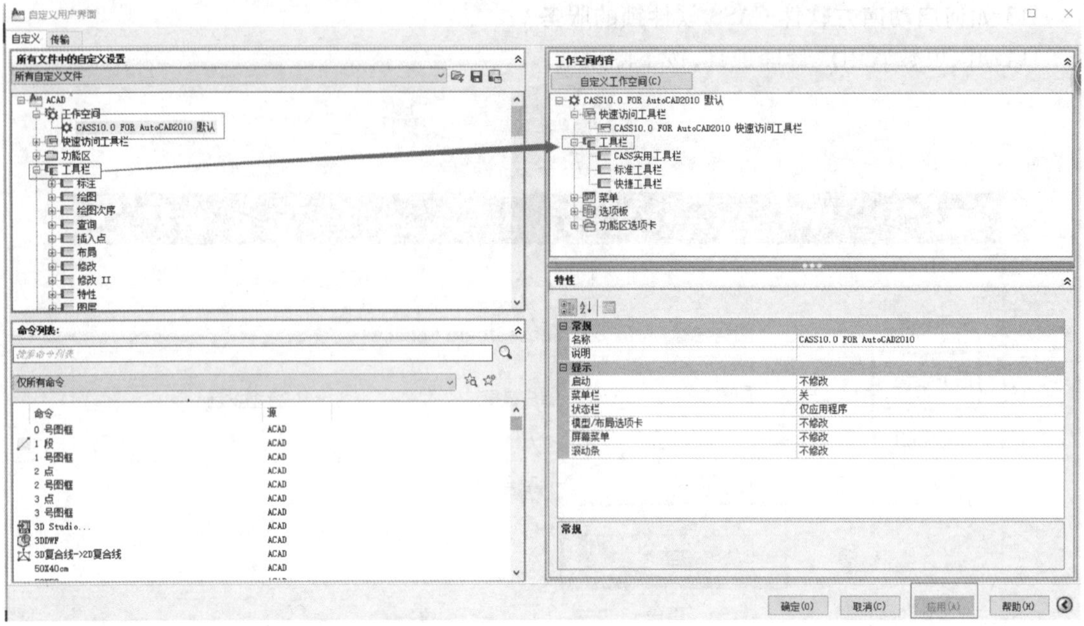

17.**点云数据用什么工具转换格式？**

南方 CASS 软件目前只支持 pcg 格式的点云数据，其他点云格式，用 Autodesk ReCap 工具转换。

18.**“粘贴到原坐标”菜单命令变灰，无法执行，怎么办？**

单击“绘图处理”下的子菜单“改变当前图形比例尺”，直接回车后，此菜单可恢复。也可以输入命令 pasteorig。

19.**南方 CASS 软件加载的大影像数据，支持哪些格式？**

支持 tiff,jpg,img 影像格式，现在只支持 8 位的深度。

20.如下图,加载菜单提示无写入权限,怎么处理?

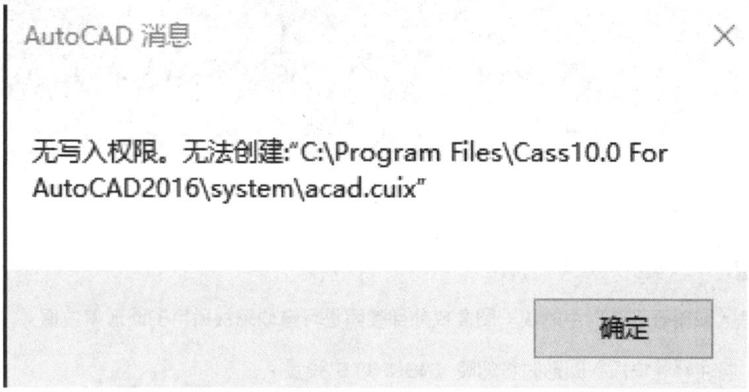

设置一下 windows 目录的读写权限即可。

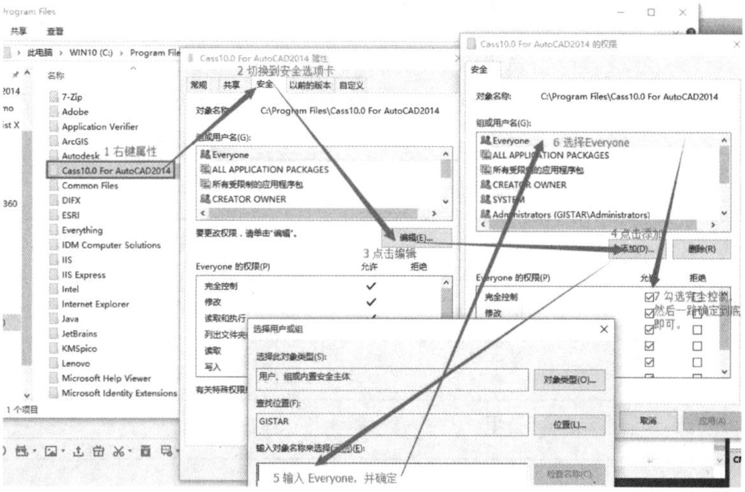

21.如何改变插入图块的单位?

执行 insert 命令,在下图界面中,修改插入单位。

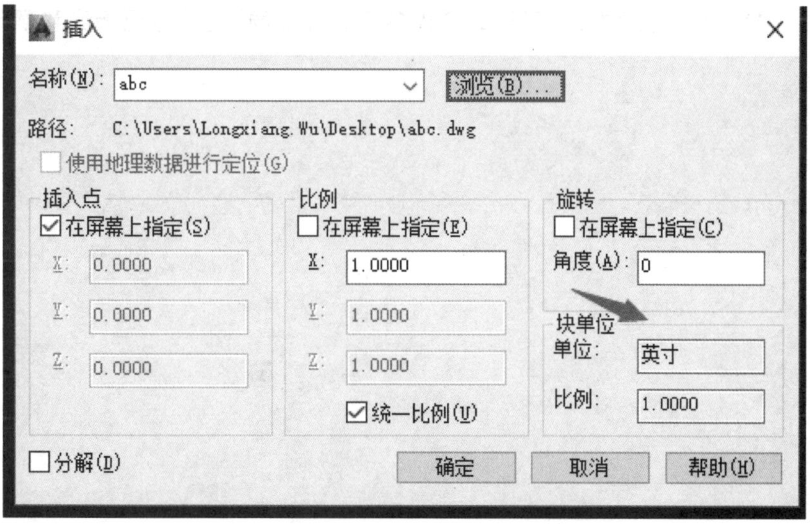

或者打开 dwg 图形,执行 units 命令。把单位改回来,再保存。

AutoCAD

系统变量 > 字母 I 开头的系统变量 >

INSUNITS

概念　操作步骤　**快速参考**

类型： 整数
保存位置：图形
初始值： 1（英制）或 4（公制）

指定插入或附着到图形中的块、图像或外部参照进行自动缩放所用的图形单位值。

注意 将注释性块插入图形时将忽略 INSUNITS 设置。

0	不指定（无单位）
1	英寸
2	英尺
3	英里
4	毫米
5	厘米
6	米
7	公里
8	微英寸
9	英里

22.AutoCAD2010 **以上版本，无限放大带拐角房屋等地物，显示出现折线和飘动的情况，怎么解决？**

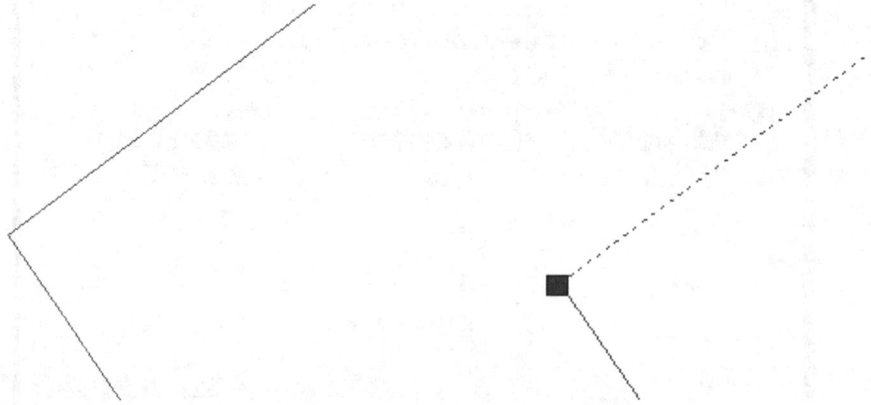

选择前，在命令行输入 options，按下图设置。

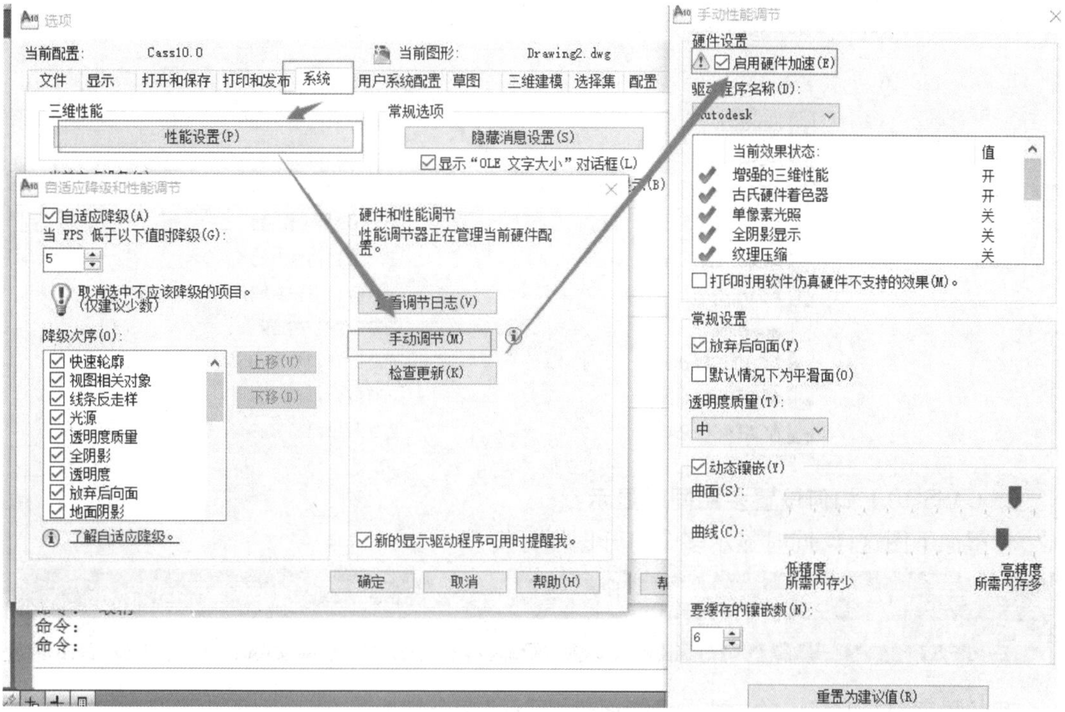

23.AutoCAD2015 之后 ddptype 命令失效了,怎么办?

点样式设置命令 ddptype,在 AutoCAD2015 之后,改成 Ptype。

24.如下图,南方 CASS 软件的工具条按钮全部是问号,怎么恢复?

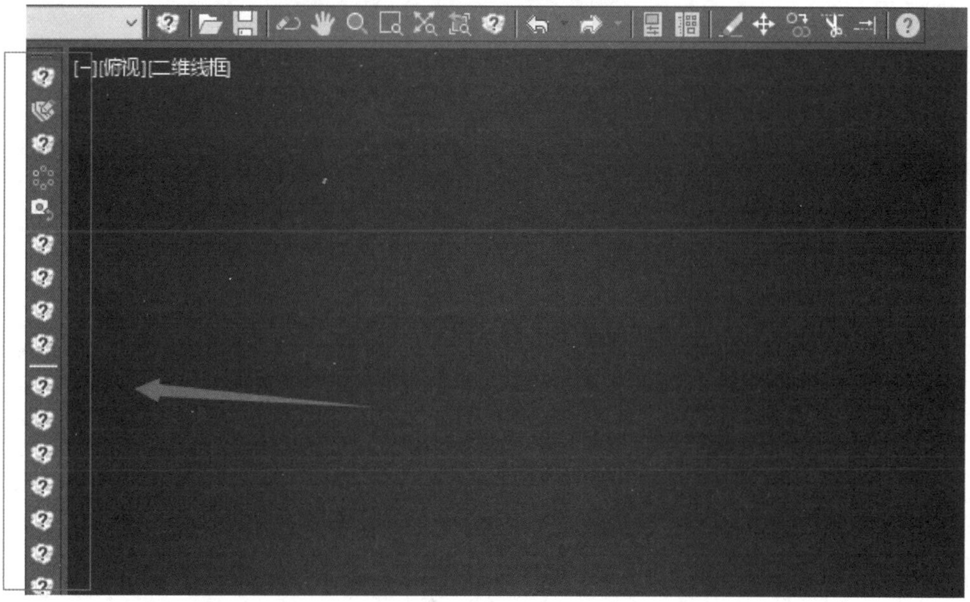

有两种方法可以解决:

方法 1:命令行输入 menu,加载 cass\system\acad.cuix。

方法 2:删除 acad.mnr 文件,然后启动 CASS 10.1。

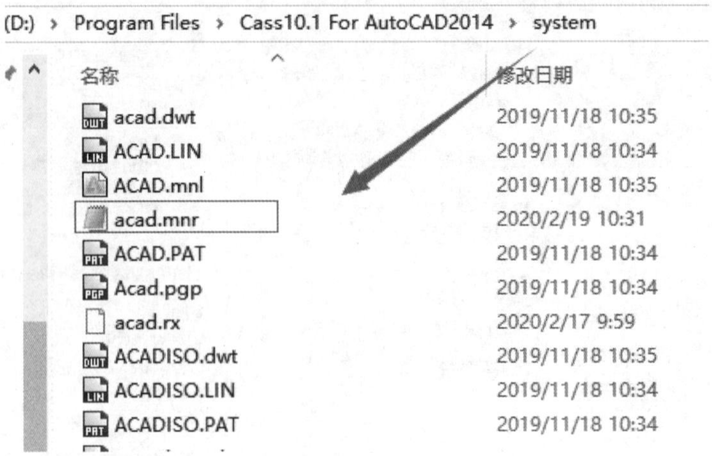

25.CASS 10.1 **如何设置多图同时显示**？

希望像下图这样，同时显示多个打开图形标签。

我的界面只能显示一个，要么只能通过“显示”命令切换。

命令行输入 options，按下图步骤设置，然后重启南方 CASS 软件即可。

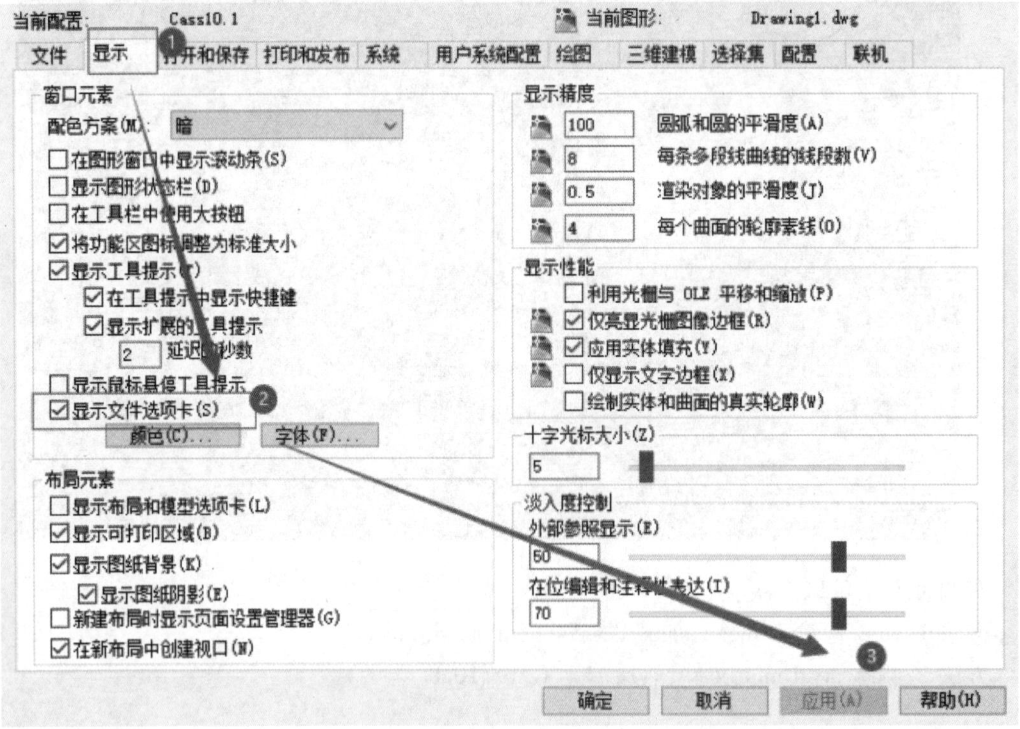

26.软件绘地形图出现问号,字体不显示怎么办?

安装字库:复制字体文件,粘贴到计算机路径“C:\Windows\Fonts”。

27.软件批量插入 dwg 图形,坐标偏移怎么办?

检查 dwg 图形的单位(units)是否统一,是否都是以米为单位。

28.软件展高程点,窗口变黑,找不到数据,怎么办?

检查 dat 数据和当前 dwg 的坐标是否匹配,单位是否统一,应都以米为单位。可以采用软件的“地物编辑-坐标转换”功能进行处理。

29.使用 CASS3D 的偏移功能,每次输入 CASS 编码不方便怎么办?

可以通过命令行调用 CASS 编码实现(*.lsp):

(defun C:zf()(command "dd" "141121")(princ));;砖房

(defun C:zf2()(command "3D_OFFSET" "141121")(princ));;偏移砖房

(defun C:yt()(command "dd" "140001"));;阳台

(defun C:yt2()(command "3D_OFFSET" "140001"));;偏移阳台

(defun C:yt3()(command "3D_OFFSET" "140001" "D"));;偏移单边阳台

(defun C:yt4()(command "3D_OFFSET" "140001" "L"));;偏移两点阳台

附录2 常见地物表示方法对照表

地物类型		常见地物	实景图片	CASS 10.1 表达样示	屏幕菜单操作步骤
水利设施	自然河流	岸线		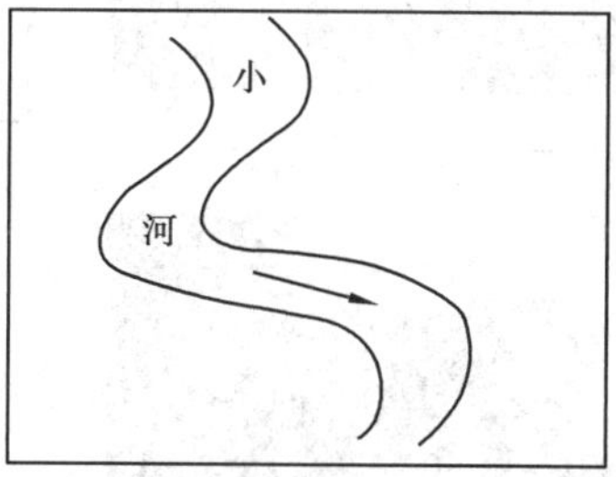	水利设施→自然河流→岸线
	人工河渠	运河		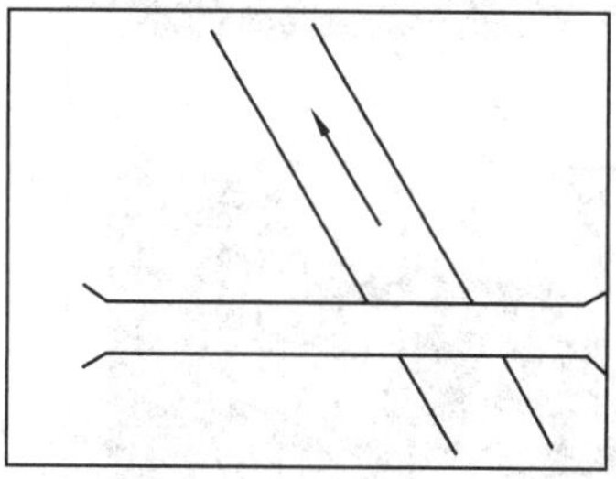	水利设施→人工河渠→运河

续表

地物类型		常见地物	实景图片	CASS 10.1 表达样示	屏幕菜单操作步骤
水利设施	湖泊池塘	湖泊		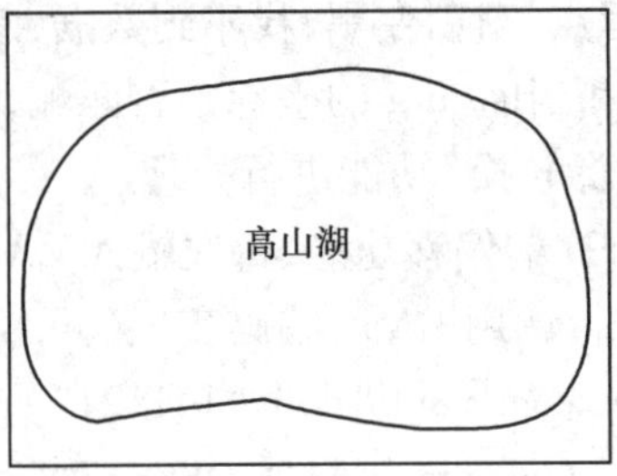	水利设施→湖泊池塘→湖泊
	水库	水库岸线及堤坝		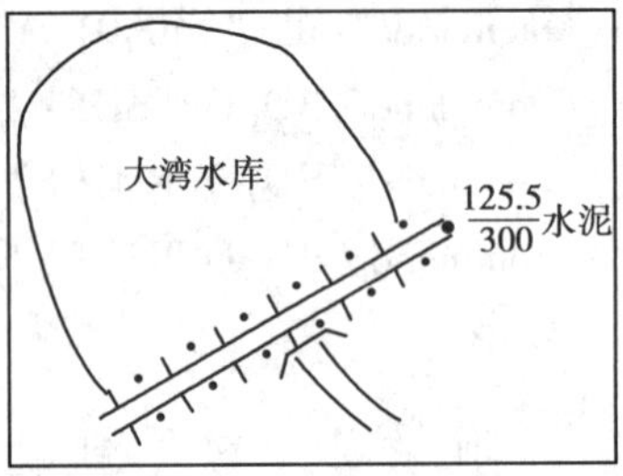	水利设施→水库→水库岸线及堤坝
	水利设施	水闸		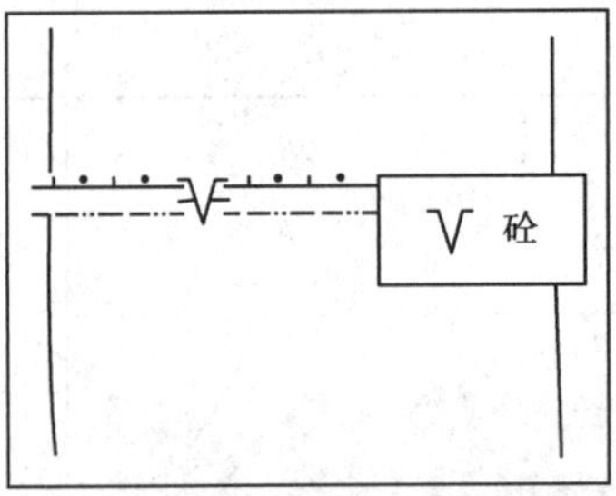	水利设施→水利设施→不能通车水闸→水闸房屋
居民地	一般房屋	多点房屋		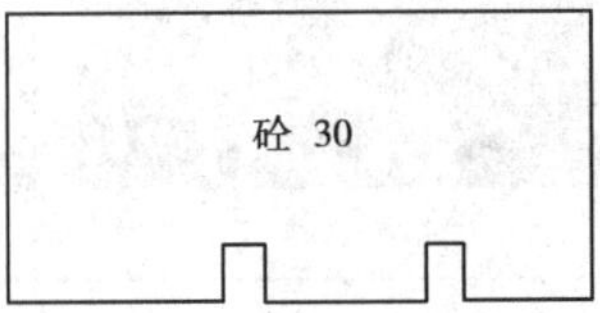	居民地→一般房屋→多点房屋
	普通房屋	架空房屋			居民地→普通房屋→架空房屋

续表

地物类型		常见地物	实景图片	CASS 10.1 表达样示	屏幕菜单操作步骤
居民地	特殊房屋	窑洞		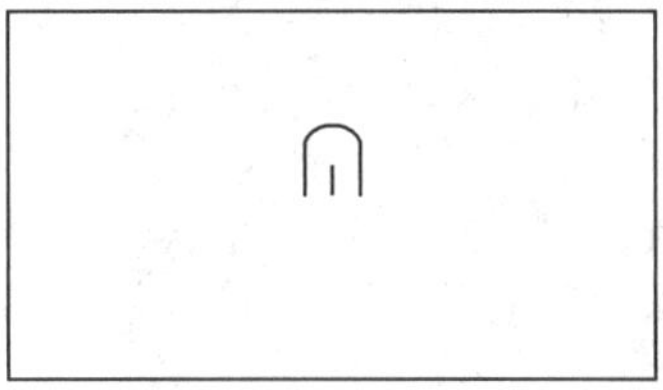	居民地→特殊房屋→窑洞
	房屋附属	挑廊		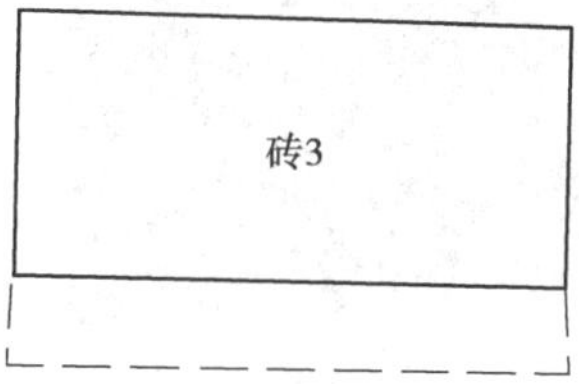	居民地→房屋附属→挑廊
		阳台		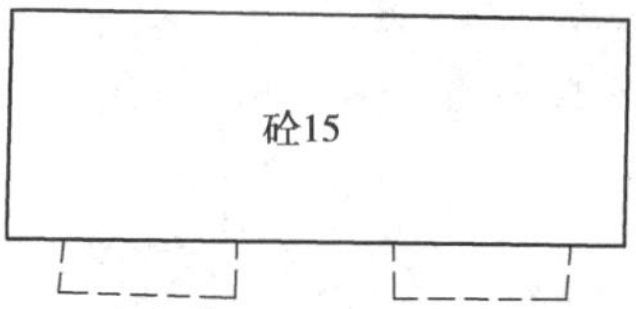	居民地→房屋附属→阳台
		台阶		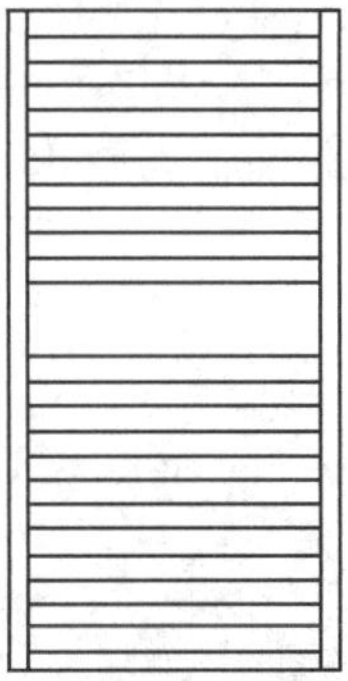	居民地→房屋附属→台阶

续表

<table>
<tr><th colspan="2">地物类型</th><th>常见地物</th><th>实景图片</th><th>CASS 10.1 表达样示</th><th>屏幕菜单操作步骤</th></tr>
<tr><td rowspan="3">居民地</td><td rowspan="2">房屋附属</td><td>柱廊</td><td></td><td>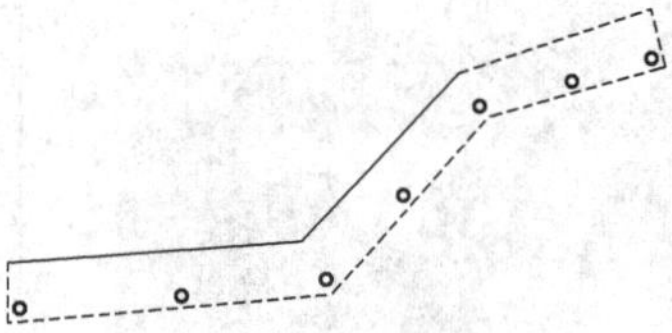</td><td>居民地→房屋附属→柱廊有墙壁边→柱廊无墙壁边（支柱墩→不依比例尺支柱墩）</td></tr>
<tr><td>下跨道</td><td></td><td>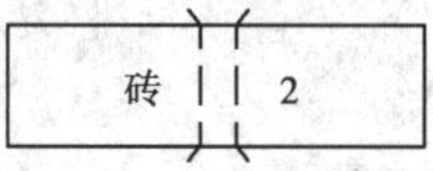</td><td>居民地→房屋附属→建筑物下跨道</td></tr>
<tr><td>垣栅</td><td>栅栏</td><td></td><td></td><td>居民地→垣栅→栅栏栏杆</td></tr>
<tr><td rowspan="2">独立地物</td><td>矿山开采</td><td>斜井</td><td></td><td>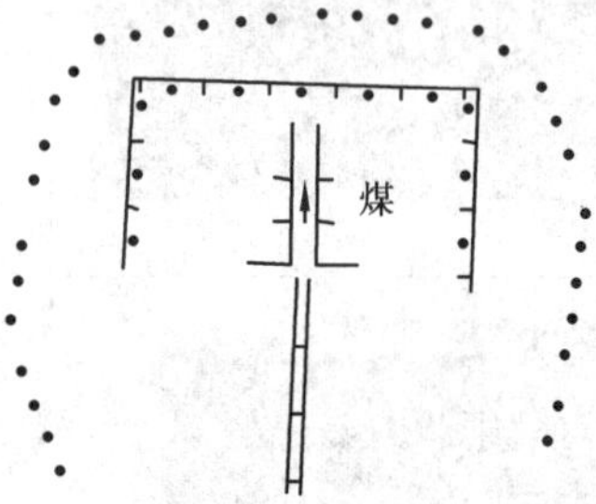</td><td>独立地物→矿山开采→开采的斜井井口</td></tr>
<tr><td>工业设施</td><td>烟囱</td><td></td><td>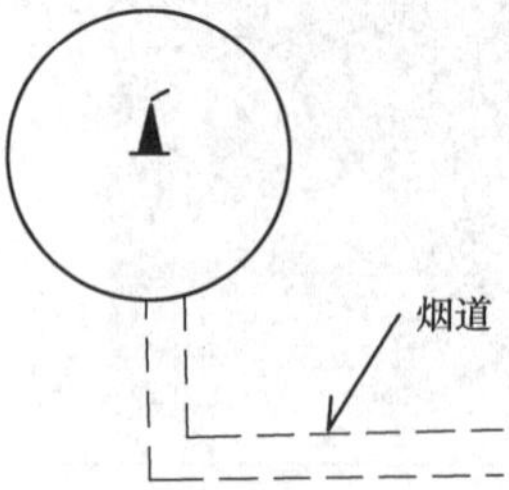</td><td>独立地物→工业设施→烟囱</td></tr>
</table>

续表

地物类型		常见地物	实景图片	CASS 10.1 表达样示	屏幕菜单操作步骤
独立地物	农业设施	打谷场			独立地物→农业设施→打谷场
	公共设施	剧院电影院		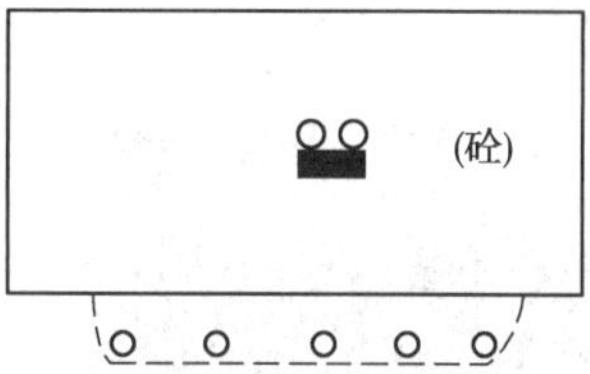	独立地物→公共设施→剧院电影院
	名胜古迹	纪念碑		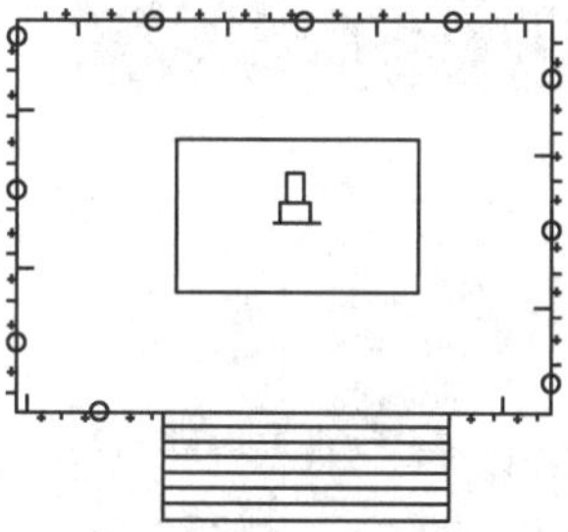	独立地物→名胜古迹→纪念碑
		彩门		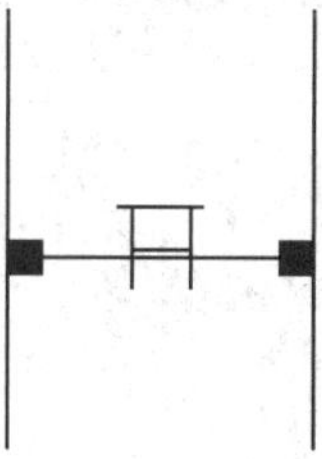	独立地物→名胜古迹→依比例尺彩门牌坊
	其他设施	广告牌		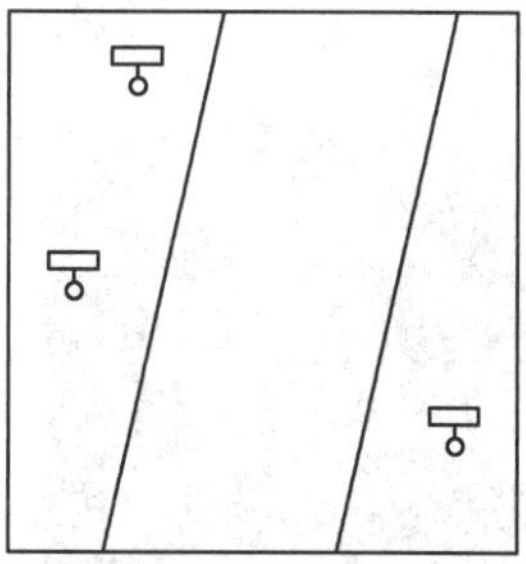	独立地物→其他设施→广告牌

续表

地物类型		常见地物	实景图片	CASS 10.1 表达样示	屏幕菜单操作步骤
独立地物	其他设施	路灯		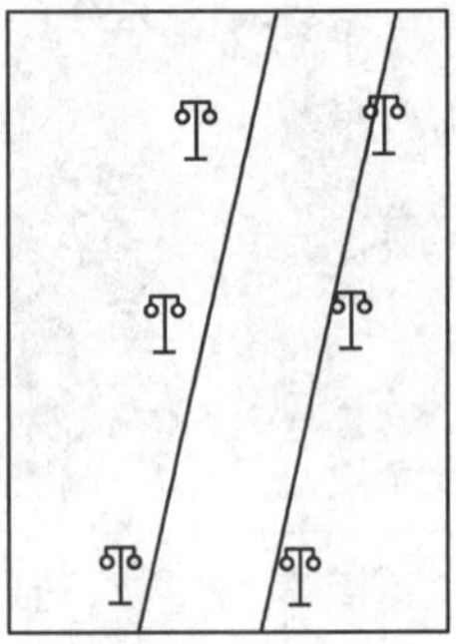	独立地物→其他设施→路灯
交通设施	城际公路	高速公路		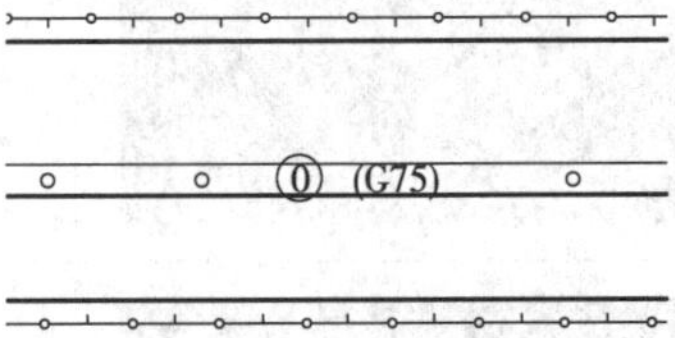	交通设施→城际公路→平行高速公路
交通设施	道路附属	路标		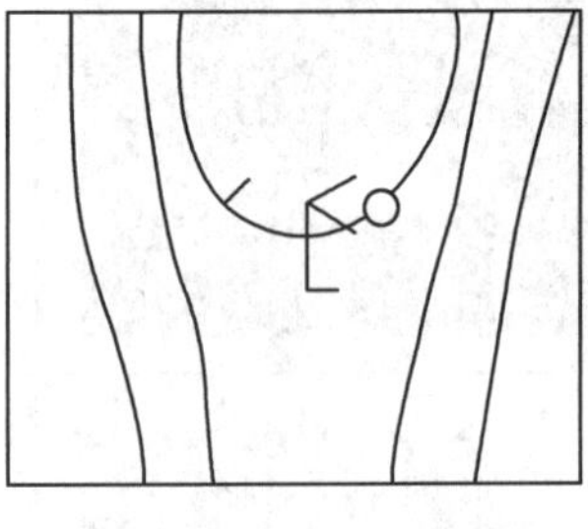	交通设施→道路附属→路标
交通设施	道路附属	里程碑		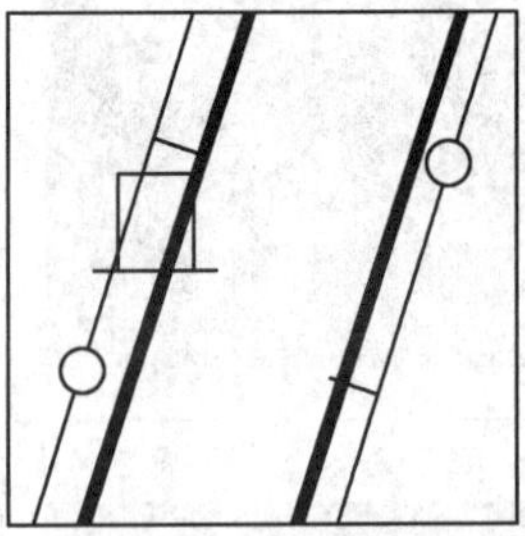	交通设施→道路附属→里程碑
交通设施	桥梁	亭桥		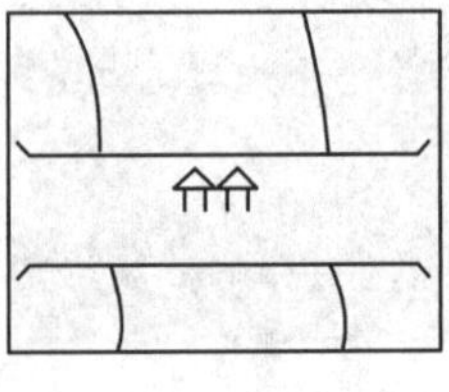	交通设施→桥梁→亭桥

续表

地物类型		常见地物	实景图片	CASS 10.1 表达样示	屏幕菜单操作步骤
交通设施	桥梁	栈桥		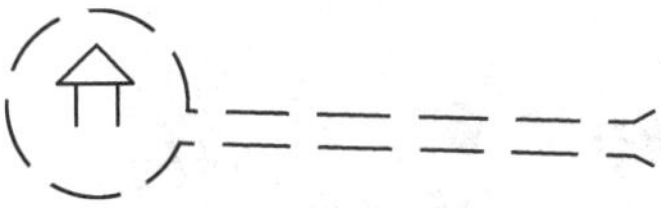	交通设施→桥梁→栈桥
交通设施	渡口码头	车渡		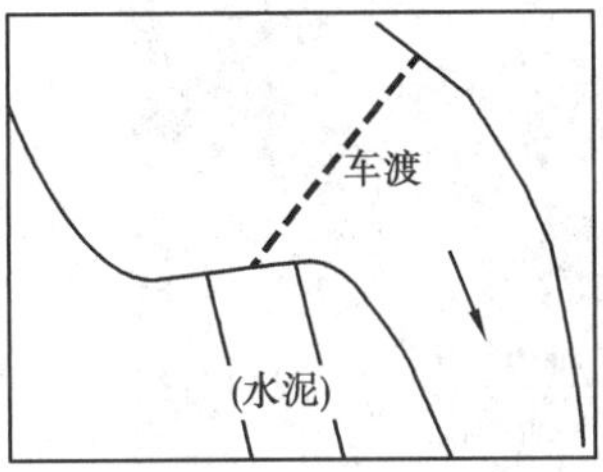	交通设施→渡口码头→车渡
交通设施	渡口码头	跳墩		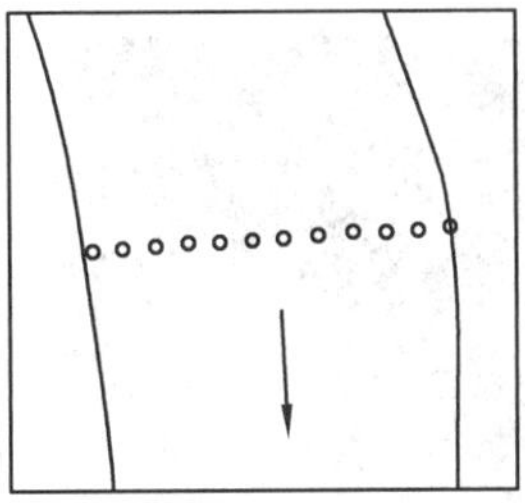	交通设施→渡口码头→跳墩
管线设施	电力线	地面上电力线		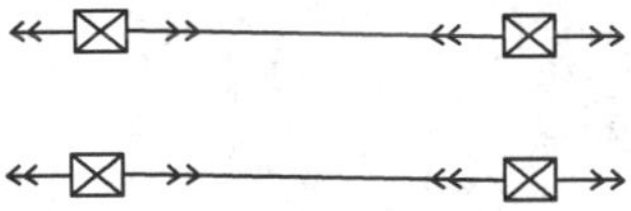	管线设施→电力线→地面上电力线
管线设施	电力线	电杆上变压器		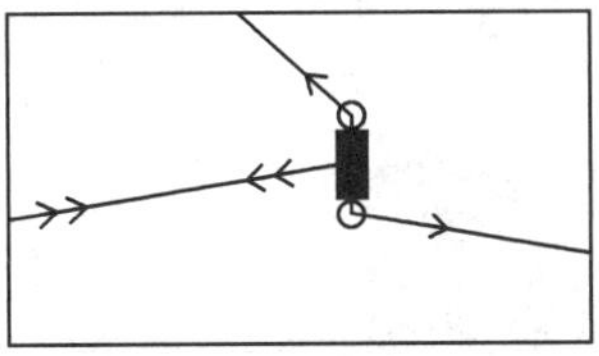	管线设施→电力线→电杆上变压器

续表

地物类型		常见地物	实景图片	CASS 10.1 表达样示	屏幕菜单操作步骤
管线设施	管道	煤气管道		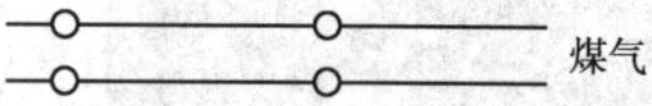	管线设施→管道→煤气管道
	管道附属	消火栓			管线设施→管道附属→消火栓
	管道附属	污水篦子		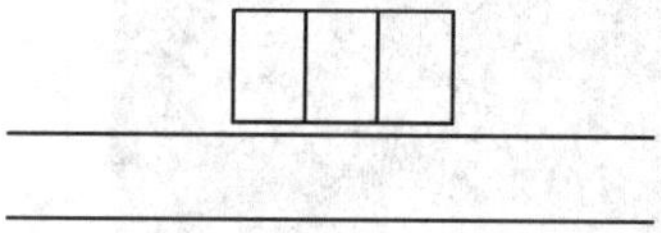	管线设施→管道附属→污水篦子
	地下检修井	给水检修井		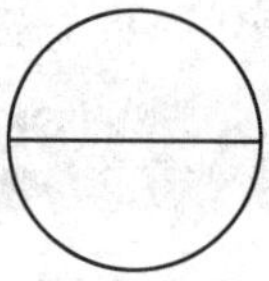	管线设施→地下检修井→给水检修井
		电力检修井	 		管线设施→地下检修井→电力检修井

续表

地物类型		常见地物	实景图片	CASS 10.1 表达样示	屏幕菜单操作步骤
地貌土质	自然地貌	独立石		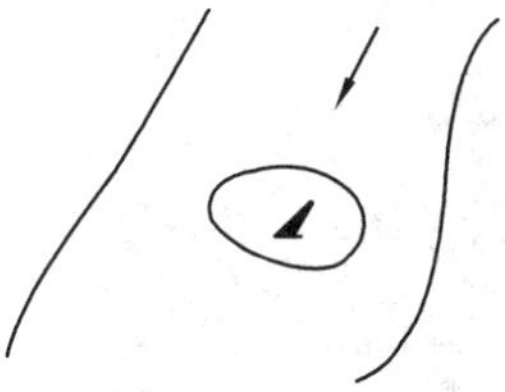	地貌土质→自然地貌→独立石
		冲沟		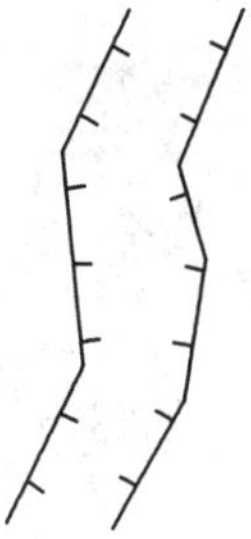	地貌土质→自然地貌→冲沟
		陡崖			地貌土质→自然地貌→陡崖
		漏斗		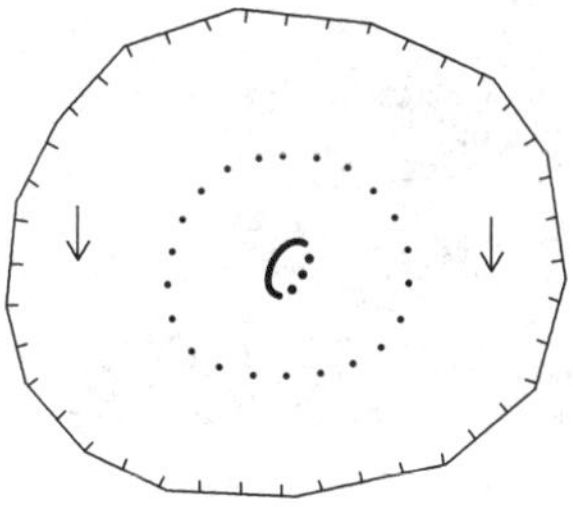	地貌土质→自然地貌→漏斗
	人工地貌	加固斜坡		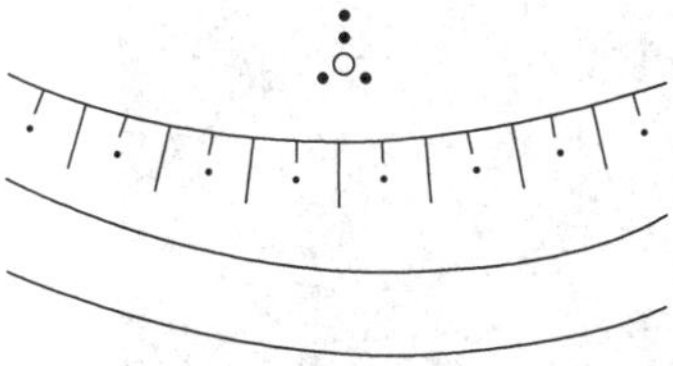	地貌土质→人工地貌→加固斜坡

续表

地物类型		常见地物	实景图片	CASS 10.1 表达样示	屏幕菜单操作步骤
地貌土质	人工地貌	梯田		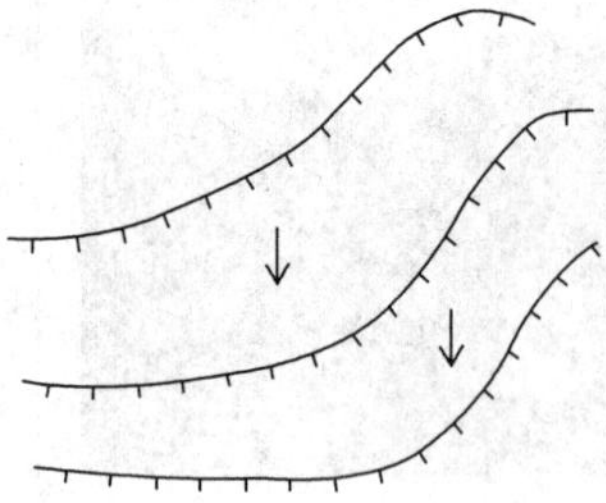	地貌土质→人工地貌→梯田
植被土质	耕地	旱地		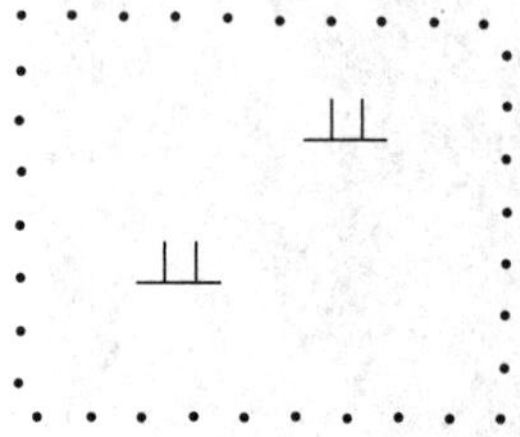	植被土质→耕地→旱地
	园地	果园		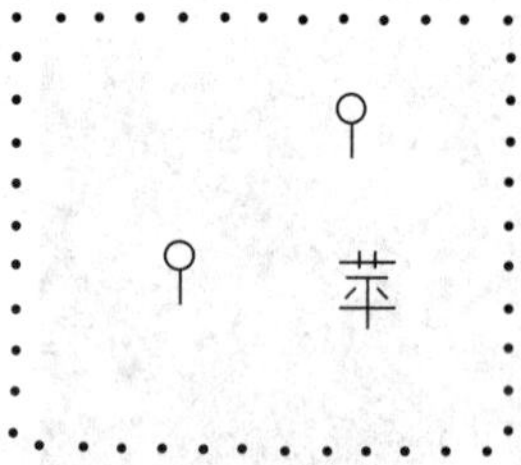	植被土质→园地→果园
	林地	独立树			植被土质→林地→独立树
	草地	人工草地		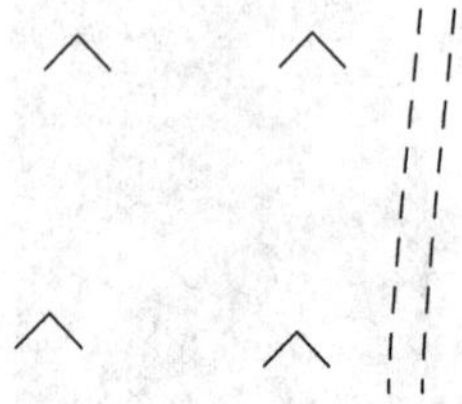	植被土质→草地→人工草地

续表

地物类型		常见地物	实景图片	CASS 10.1 表达样示	屏幕菜单操作步骤
植被土质	土质	沙砾滩		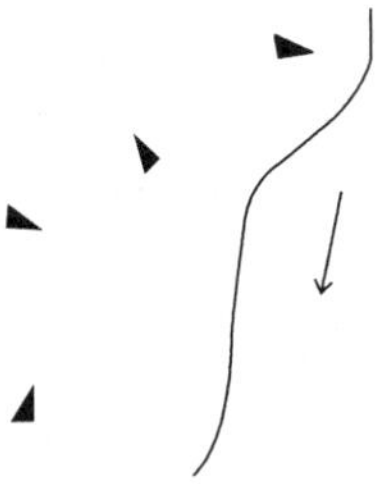	植被土质→土质→沙砾滩

参考文献

[1] 徐宇飞.数字测图技术[M].郑州:黄河水利出版社,2005.
[2] 崔书珍.数字测图[M].北京:机械工业出版社,2016.
[3] 李京伟,周金国.无人机倾斜摄影三维建模[M].北京:电子工业出版社,2019.
[4] 麻金继,梁栋栋.三维测绘新技术[M].北京:科学出版社,2018.
[5] 卢满堂.数字测图[M].北京:中国电力出版社,2007.
[6] 潘正风,杨正尧,等.数字测图原理与方法[M].武汉:武汉大学出版社,2004.
[7] 孙雪梅.数字测图技术[M].郑州:黄河水利工业出版社,2012.
[8] 王正荣.数字测图[M].郑州:黄河水利工业出版社,2012.
[9] 冯大福.建筑工程测量[M].天津:天津大学出版社,2013.
[10] 杨德麟.大比例尺数字测图的原理方法与应用[M].北京:清华大学出版社,1998.
[11] 何保喜.全站仪测量技术[M].郑州:黄河水利出版社,2005.
[12] 覃辉.建筑工程测量[M].北京:中国建筑出版社,2007.
[13] 邓耀坤,等. CASS7.0 成图软件参考手册[M].广州:南方测绘仪器公司,2005.
[14] 刘宏恺,等.地形地籍成图软件用户手册[M].广州:南方测绘仪器公司,2007.
[15] 文衍宁.大比例尺数字测图的发展现状及展望[M].科技创新导报,2008.
[16] 杨国清.中文 AutoCAD 2004 应用培训教程[M].北京:冶金工业出版社,2004.
[17] 中华人民共和国国家标准(GB/T 7929—1995).1:500,1:1 000,1:2 000 地形图图式.北京:中国标准出版社,1995.
[18] 中华人民共和国国家标准(GB/T 20257.1—2017).1:500,1:1 000,1:2 000 地形图图式.北京:中国标准出版社,2017.
[19] 中华人民共和国国家标准(GB/T 14942—2017).1:500,1:1 000,1:2 000 外业数字测图规程.北京:中国标准出版社,2017.
[20] 中华人民共和国国家标准(GB/T 14942—2017).1:500,1:1 000,1:2 000 外业数字测图规程.北京:中国标准出版社,2017.
[21] 中华人民共和国行业标准(CJJ 8—99).城市测量规范.北京:中国标准出版社,1999.
[22] 中华人民共和国行业标准(CJJ 8—2012).城市测量规范.北京:中国标准出版社,2012.

[23] 中华人民共和国行业标准(GB/T 18315—2001).数字地形图系列和基本要求.北京:中国标准出版社,2001.

[24] 中华人民共和国行业标准(GB/T 18316—2008).数字测绘成果质量检查与验收.北京:中国标准出版社,2008.